Griep / Meyer / Stalljohann / Weber (Hrsg.)

Praxishandbuch Schweinefütterung

bedarfsgerecht, effizient, nachhaltig

Bibliografische Information der Deutschen Nationalbibliothek
Die Deutsche Nationalbibliothek verzeichnet diese Publikation in der Deutschen Nationalbibliografie; detaillierte bibliografische Daten sind im Internet über
http://dnb.dnb.de abrufbar.

ISBN 978-3-86263-162-9

Alle in diesem Buch enthaltenen Angaben, Daten, Ergebnisse usw. wurden nach bestem Wissen erstellt und mit größtmöglicher Sorgfalt überprüft. Dennoch sind inhaltliche Fehler nicht völlig auszuschließen. Daher erfolgen die Angaben und Hinweise ohne jegliche Verpflichtung oder Garantie des Verlages, der Herausgeber oder der Autoren. Diese übernehmen deshalb keinerlei Haftung.

Agrimedia ist eine Marke des
©2022 ERLING Verlag GmbH & Co. KG
mail@agrimedia.com · www.agrimedia.com
Satz, Layout und Covergestaltung: Helge Putzier
Korrektorat: Nicole Schulze-Wons, Finja Moll
Gedruckt in der Europäischen Union
Der Inhalt dieses Buches ist auf säurefreiem, alterungsbeständigem Papier
gedruckt, hergestellt aus chlorfrei gebleichtem Zellstoff aus FSC-zertifiziertem Holz.

Griep / Meyer / Stalljohann / Weber (Hrsg.)

Praxishandbuch
Schweinefütterung

bedarfsgerecht, effizient, nachhaltig

1. Auflage

AGRIMEDIA

Inhalt

1 Schweinefleisch, Fütterung und mehr Nachhaltigkeit

1.1 Schweinefleisch als Lebensmittel

Wilke Griep

Die Bezeichnung Schweinefleisch bezieht sich auf die essbaren Teile des ausgeweideten Schlachtkörpers vom Hausschwein. Das Hausschwein zählt zu den am längsten domestizierten Haustieren in der menschlichen Zivilisationsgeschichte und wird heute weltweit nahezu ausschließlich zur Fleischerzeugung gehalten. Die Tierart ist ein Allesfresser oder Omnivore. Das bedeutet, dass sich die Kost dieser Tiere aus Stoffen von Pflanzen und Tieren zusammensetzt. Da Schweine sich schon immer als »Nahrungsgeneralisten« auszeichneten, verwertete man bei der Fütterung dieser Haustiere früher in der Regel die Küchenreste. In kleinbäuerlich geprägten Gesellschaften wurden insbesondere in ländlichen Regionen wenige Tiere je Haushalt im näheren Lebensumkreis der Menschen gehalten. Das Fleisch wurde insbesondere durch Hausschlachtungen gewonnen. Die Umstände und Möglichkeiten erlaubten oftmals nur einen sehr geringen Hygienestandard.

In neuzeitlichen modernen und industrialisierten Gesellschaften mit einem hohen Hygienestandard erfolgt die Schweinehaltung in spezialisierten großen Beständen fernab von den Lebens- und Arbeitsräumen der meisten Menschen der Gesellschaft. Die Schlachtung und Fleischverarbeitung vollzieht sich in wenigen, stark automatisierten Großschlachthöfen und Zerlegebetrieben.

Im Laufe der letzten 30 Jahre hat sich ein stetiger Strukturwandel vollzogen. Sehr viele kleinstrukturierte Betriebe mit vielfältiger Tierhaltung, Feldfutterwirtschaft und Ackerbau in nahezu allen Regionen haben noch in der zweiten Hälfte des 20. Jahrhunderts die Landwirtschaft geprägt. Eine spezialisierte arbeitsteilige land- und agrarwirtschaftliche Wertschöpfung bis zum Schweinefleisch mit sehr großen Tierbeständen hat sich in den letzten Jahrzehnten mit Schwerpunkten in ausgewählten Regionen entwickelt. In Europa zeichnen sich Gebiete in Nordwestdeutschland, im südlichen Teil der Niederlande, in Belgien, in der französischen Bretagne oder im Nordosten Spaniens durch eine räumliche Verdichtung von großen Schweinebeständen aus. Andere Regionen sind dagegen nahezu ohne nennenswerte Schweinetierhaltung in den landwirtschaftlichen Betrieben gekennzeichnet. Schweineverdichtungsregionen wie Nordwestdeutschland sind zugleich Verdichtungsgebiete des Geflügels, der Rinderhaltung und der Biogaserzeugung. Daraus erwachsen die Herausforderungen, Nährstoffüberschüsse und Emissionen zu beherrschen.

Es wird zumindest in Deutschland der Trend erkennbar, dass vom Konsumenten zunehmend nur die edlen Schlachtkörperteile nachgefragt werden. Damit gehört der Export von weniger wertvollen Teilstücken, wie Innereien, Schwarte, Speck, Pfoten oder Köpfe, in ferne asiatische Märkte untrennbar zur wirtschaftlich erfolgreichen Wertschöpfung beim Schweinefleisch dazu. Im Binnenmarkt hat die Fleischveredlung bis zum Convenienceprodukt immer mehr Bedeutung erlangt.

Seit Ende der 1990er Jahre wurde die Fleischerzeugung in Deutschland erheblich ausgeweitet. Deutschland ist gleichzeitig weltweit eines der bedeutendsten Produktions-, Verbrauchs-, Export- und Importländer. Während der inländische Verbrauch von Fleisch insgesamt seit der Jahrtausendwende eher stagniert, ist die Erzeugung um etwa 30 % im gleichen Zeitraum gestiegen. Der Erzeugungszuwachs in diesem Zeitraum war in Deutschland sogar größer als in der globalen Erzeugung (23 %).

In Deutschland ist der Verzehr von Schweinefleisch mit mehr als 50 % Anteil am Gesamtverzehr von etwa 60 kg je Kopf der Bevölkerung (vgl. Abb. 1-1) kulturell bedingt sehr stark dominierend. Statt Verzehrsteigerung ist eher ein Rückgang bzw. die Tendenz zum Mehrverbrauch wertvoller Teilstücke zu beobachten.

In dem Wirtschaftssektor der Ernährungswirtschaft ist die Fleisch verarbeitende Branche mit 23,5 % Umsatzanteil die wichtigste Gruppe (vgl. Abb. 1-2). Dem allgemeinen Trend zur Spezialisierung und Kapazitätsvergrößerung folgend sind die Verdichtungsregionen dieser Branche ebenfalls in Nordwestdeutschland.[2] Verbraucher geben nur noch einen Bruchteil (10 %)

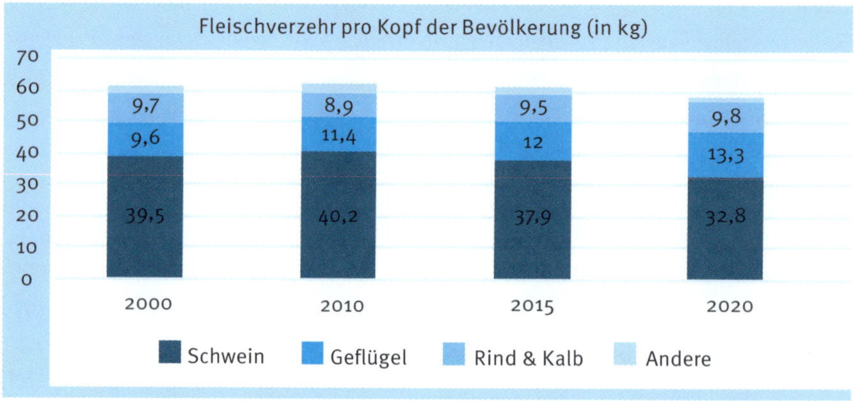

Abb. 1-1: Fleischverzehr pro Kopf der Bevölkerung (in kg)

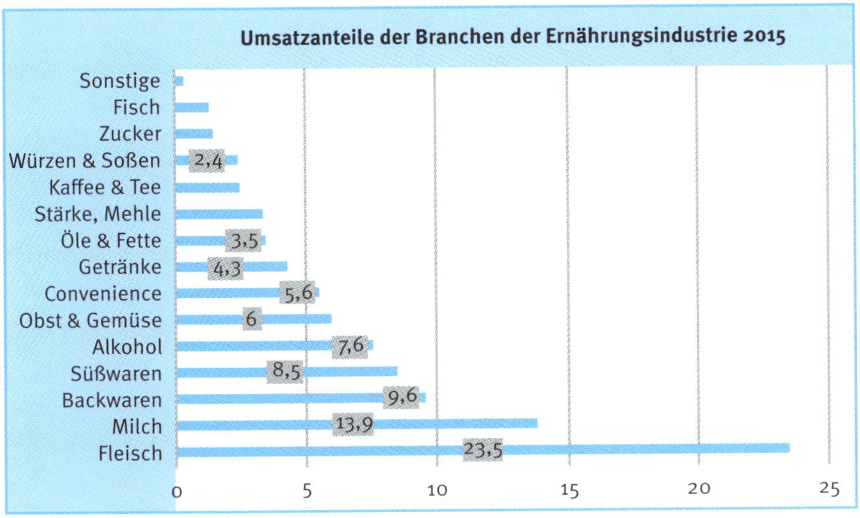

Abb. 1-2: Umsatzanteile (in %) der Branchen der Ernährungsindustrie 2015

ihrer Ausgaben für privaten Konsum für Lebensmittel aus. Grundbedürfnisse nehmen einen Anteil von etwa die Hälfte an den Gesamtkonsumausgaben ein. Die mittleren Ausgaben von 225 € pro Kopf und Monat für Nahrungsmittel entsprechen nur etwa einem Fünftel der Ausgaben für Grundbedürfnisse (vgl. Abb. 1-3).

In Abhängigkeit vom Wohlstand der Gesellschaft verändert sich die Präferenz für Lebensmittel, Fleisch und auch für Schweinefleisch.

1.2 Futtermittel und Mischungen

Die für die Humanernährung wichtigen Nutztiere Rinder, Schweine und Geflügel werden fast ausschließlich mit Futtermitteln pflanzlicher Herkunft gefüttert. Pflanzliche Proteine werden durch die heutigen Formen der Tierhaltung und -nutzung zu hochwertigen Proteinen tierischer Herkunft veredelt. Der Anteil

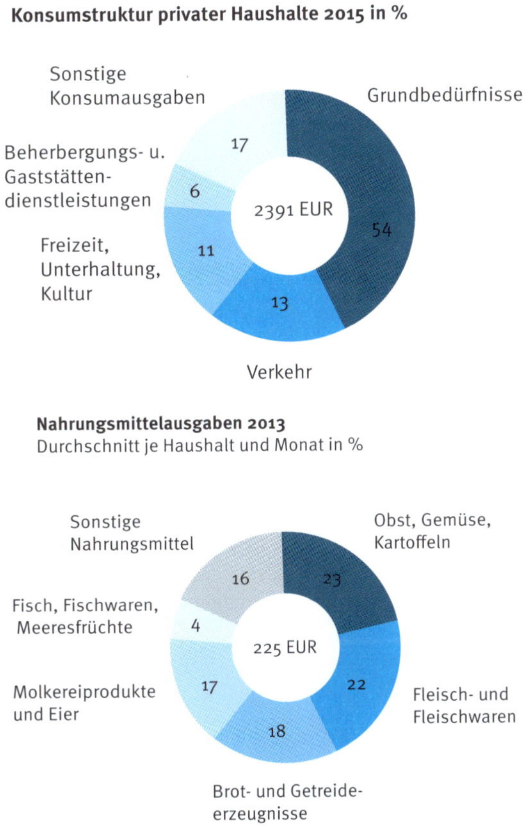

Abb. 1-3: Konsumverhalten privater Haushalte

Futter tierischer Herkunft am Gesamtfutterverbrauch beträgt < 1 % auf deren Energielieferung bezogen.

Der Tiere haltende Landwirt hat in erster Linie das unternehmerische Ziel, auf seinen landwirtschaftlich genutzten Flächen pflanzliche Erträge zu erwirtschaften, die in der Tierhaltung veredelt werden. Die ernährungsphysiologisch höherwertigen Proteine stecken in den Erzeugnissen, wie Milch, Eier oder Fleisch, die der Landwirt als Lebensmittelausgangserzeugnisse an die Ernährungswirtschaft verkauft. Von Tierhaltern gelangen die vergleichsweise geringen Erntegütermengen direkt auf die Verkaufsmärkte oder zu den Futterherstellern. Beim Verfüttern von Eigenmischungen verbleibt aber bei einer leistungsorientierten und bedarfsgerechten Fütterung von Nutztieren ein Ergänzungsfutterbedarf mit Proteinen und Mineralstoffen sowie Vitaminen. Denn weder die Körner der wichtigsten Körnerfrüchte noch die oberirdischen Teile der ganzen Pflanze enthalten Proteine bzw. die essenziellen Aminosäuren in einem ausgewogenen Verhältnis und ausreichender Konzentration, um den Bedarf für höhere physiologische Leistungen der Tiere zu decken. Eine bedarfsdeckende Versorgung von Nutztieren gelingt daher in der Regel nur mit einer ausreichenden Ergänzung von eiweiß- und mineralstoffreichen Einzel- und Mischfuttermitteln. Während Wiederkäuer, Pferde oder Kaninchen eher eine Mischung aus Grob- und Konzentratfuttermitteln benötigen, erfordern hohe physiologische Leistungen und günstige Nährstoffverwertungseffizienzen bei Schweinen und beim Geflügel Mischungen aus hoch verdaulichen Konzentraten. Alleinfuttermischungen bestehen weltweit hierfür in der Regel aus energiereichen Körnerfrüchten, wie Getreide, Mais, Hirse und proteinreichen Ergänzungsfuttermitteln, die mit einer Mineralfutter- und Mikrokomponentenmischung passend für eine Tierkategorie kombiniert werden. Als Proteinträger, die in leistungsorientierten Schweinefuttermischungen das Proteindefizit der stärkereichen Getreidekörner auszugleichen haben, werden vor allem die Extraktionsschrote und Kuchen von Ölsaaten, insbesondere aus der Sojabohne und der Rapssaat, zugemischt. Während in Deutschland für die Mast von Schweinen Mais und Getreide in ausreichenden Mengen zur Verfügung steht, gibt es für die Versorgung mit Proteinträgern noch einen großen Importbedarf. Derzeit liegt der Wert bei 3,5–4,0 Mio. t für den Schweinebereich. Die Tendenz ist sinkend.

1.3 Nachhaltigkeit in der Schweinefütterung

Wenn das Stichwort Nachhaltigkeit in landwirtschaftlichen Kreisen zur Sprache kommt, herrscht vielfach Unverständnis und Skepsis vor. Insbesondere reagieren Schweinehalter so, weil doch technischer Fortschritt und moderne Formen der Schweinehaltung über die letzten Jahrzehnte immer auch Verbesserungen in der Tierhaltung, in der Tiergesundheit und im Tierwohl mit sich gebracht haben. Trotzdem nimmt der gesellschaftliche Druck, Änderungen einzuplanen und einzuführen, in sehr unterschiedlichen Formen massiv zu. Außerdem wirken sich in den kommenden Jahren Veränderungen im Dünge- und Umweltrecht (z. B. DüV Stoffstrombilanzverordnung TA-Luft) und die Einhaltung von klima- und umweltpolitischen Zusagen zur Reduktion von Emissionen auf die landwirtschaftliche Tierhaltung deutlicher als bislang aus. Viele hören nun immer häufiger die Forderung, dass die Wertschöpfung bis zum Lebensmittel Fleisch nachhaltiger werden muss und dabei die Tierhalter mit Ihrer Fütterung eine besondere Verantwortung haben. Landwirte, Fütterungsexperten und Agrarwissenschaftler fragen sich deshalb immer wieder, was denn zum Beispiel bei Schweinen unter einer nachhaltigeren Fütterung zu verstehen ist. Warum ist es denn heute wichtiger denn je, die Fütterung nachhaltiger als bisher zu gestalten?

Trotz vieler positiver Entwicklungen für Mensch, Tier und Umwelt, hat die regionale Konzentrierung von großen Schweinehaltungen in einigen Regionen Deutschlands erhebliche Umweltbeanspruchung mit sich gebracht. Bei sehr hohen Viehdichten ist zu befürchten, dass ungünstige Folgen für Wasser- und Luftqualität, der Klimaerwärmung, der Artenvielfalt oder der Gesundheit von Mensch, Tier und Umwelt entstehen und zunehmen werden. In den Arealen mit vielen großen Schweinebeständen fallen mehr Emissionen und größere Nährstofffrachten aufgrund von Gülle an, als der Mensch, die Tiere, der Boden, das Grundwasser, die Flüsse sowie die Natur in dieser Region oder die Prozesse zur Entstehung der Klimaerwärmung vertragen können.

Die entstandenen Strukturveränderungen in der Land-, Agrar- und Ernährungswirtschaft brauchen jetzt die verstärkte Ausrichtung auf eine nachhaltigere Fütterung und ein nachhaltigeres Angebot von Lebensmitteln, damit die bereits entstandenen Beeinträchtigungen und Belastungen vermindert werden und die Klimaerwärmung durch eine Reduktion der Emissionen von Treibhausgasen abgeschwächt wird.

Die hohe Intensität von landwirtschaftlicher Tierhaltung ist unter anderem der Tatsache zuzuordnen, dass weltweit die Menschen bei einer stetigen Verknappung der Agrarfläche immer mehr Lebensmittel von der Pflanze und vom Tier nachfragen werden. Die derzeitige Schweinehaltung in den

Ballungsräumen der Veredelung in Nordwestdeutschland und in den südöstlichen Teilen Bayerns lässt sich nicht einfach in eine räumlich auf ganz Deutschland gleichmäßig verteilte Schweinefleischbereitstellung umwandeln, weil es sich um gewachsene Strukturen mit stetig verbessertem Know-how handelt. Diese Wunschvorstellung dürfte nicht nur viel Zeit beanspruchen, aufwendig sein und immense Investitionskosten verursachen, sondern auch sehr negativ bei der Bevölkerung in den wenig mit Schweinehaltung besetzten Regionen Deutschlands sein.

Außerdem wollen viele Verbraucher von den geringen Preisen profitieren, die auch durch Synergien in einer konzentrierten Veredelungswirtschaft entstehen. Das spricht dafür, alle technologischen und produktionstechnischen Möglichkeiten auszuschöpfen, die Erzeugungskette bis zum Lebensmittel Fleisch in allen Betrieben nachhaltiger zu gestalten. In den Räumen mit stark ausgeprägter Viehhaltung lassen sich mit dem erworbenen Know-how größere Fortschritte mit geringerem Aufwand erzielen.

Maßgebend ist das allgemeine Leitbild der Nachhaltigkeit. Das Bundesministerium für Ernährung und Landwirtschaft (BMEL) benennt für seinen Zuständigkeitsbereich zehn Handlungsfelder, um der Neuauflage der Nachhaltigkeitsstrategie der Bundesregierung vom 11.01.2017 zu folgen.

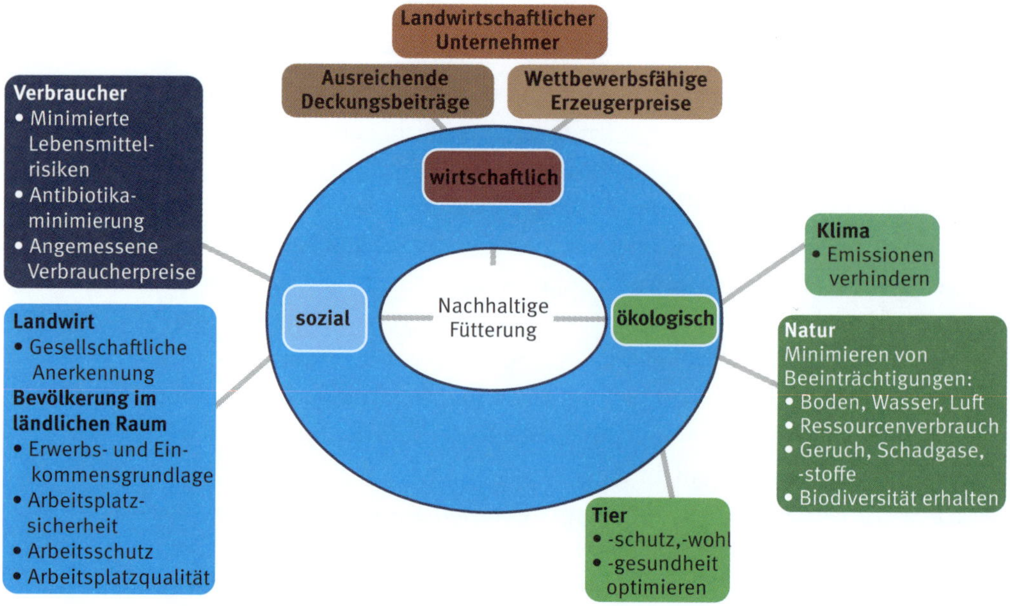

Abb. 1-4: Ansprüche und Bedürfnisse der Zielgruppen in einer nachhaltigen Schweinefütterung

Für die Landwirtschaft mit Tieren oder das Füttern von Schweinen lässt sich daraus folgern, wer davon betroffen ist und was man sich unter den »Säulen« mit den Eigenschaften wirtschaftlich, sozial und ökologisch konkret hinsichtlich der Schweinefütterung vorstellen kann. Während die ökologischen Auswirkungen das Klima, die Natur und die Tiere in der Tierhaltung betreffen, sind wirtschaftliche und soziale Auswirkungen beim Landwirt, Verbraucher und der Bevölkerung im ländlichen Raum (vgl. Abb. 1-4) festzustellen.

Die Nachhaltigkeitsprinzipien bilden ein weltweit anerkanntes Leitbild für Entscheidungen in der Politik und Wirtschaft. Dem Begriff der Nachhaltigkeit liegt bereits eine 300-jährige Tradition zugrunde. Er stammt ursprünglich aus der Forstwirtschaft und dem Bergbau und bezieht sich auf das Prinzip, nicht mehr zu nutzen als nachwächst. Seit den 1970er Jahren wurde daraus ein Leitbild entwickelt, welches alle Politikfelder verbindet. Nachhaltigkeit zielt weltweit auf eine Entwicklung ab, die das Wohlergehen künftiger Generationen einbezieht.

Für den Schweine haltenden landwirtschaftlichen Unternehmer bedeutet das, dass er in der strategischen Fütterungsplanung nach einer ausgewogenen Balance zwischen den wirtschaftlichen, ökologischen und sozialen Ansprüchen und Bedürfnissen sucht. Dabei werden dem Landwirt die ökologischen und sozialen Gesichtspunkte teilweise durch gesetzlich vorgeschriebene Mindeststandards vorgegeben. Außerdem kann er durch das Nachfrageverhalten des Verbrauchers zu mehr Nachhaltigkeit bewegt werden. Dafür braucht es aber Transparenz und Informationen darüber, was zur ausbalancierten Nachhaltigkeit in der Wertschöpfung gehört und wer die Lasten trägt. Es ist aber auch im Interesse der Landwirte, weil ihnen seit je her der Erhalt der Faktoren wie Boden, Tiere, Arbeit, Freisein von Krankheiten und Schadstoffen, zur Sicherung der Existenz notwendig waren und auch zukünftig notwendig sind.

Die weltweit gewachsenen und geernteten protein- und energiereichen Futtermittel sind natürliche Ressourcen, die nicht unnötig oder ineffizient über die Tierfütterung verbraucht werden dürfen. Die Fütterung geht schonend mit dem Verbrauch von Ressourcen um, wenn sich der Einsatz von Futtermitteln bzw. Nährstoffen eng am Bedarf der Tiere orientiert, das Futter sehr effizient verwertet wird und die Tiere hohe Wachstumsintensitäten erreichen (vgl. Abb. 1-5). Höhere Tageszunahmen von Saugferkeln, Aufzuchtferkeln und Mastschweinen führen nämlich zu einem geringeren Anteil an Energie- und Nährstoffen für die Erhaltung.

Die Fütterung ist nachhaltiger, je umfangreicher die vielen Möglichkeiten ausgeschöpft werden. Die Mittel und Maßnahmen, die salop gesagt die »Bringer« der Nachhaltigkeit sind (vgl. Abb. 1-4), beziehen sich in der Füt-

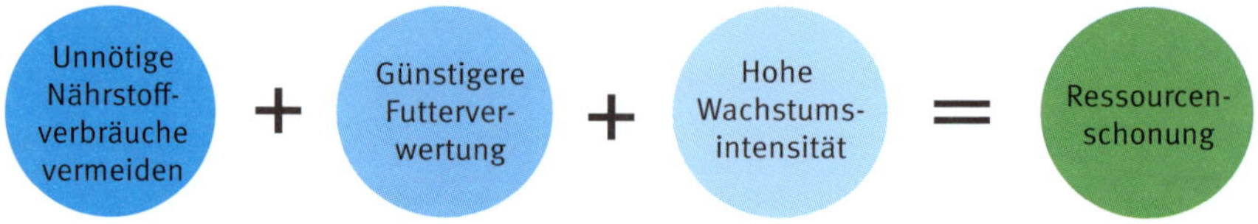

Abb. 1-5: Mehr Nachhaltigkeit entsteht durch Ressourcenschonung

terung von Schweinen vor allem darauf, eine eng an den Bedarf der Tiere angepasste Fütterung zu erreichen. Dann können unnötige Ausscheidungen, Emissionen und Belastungen vermieden werden.

Eine nachhaltigere Fütterung von Schweinen ist vor allem durch einen ressourcenschonenden Verbrauch der wertvollen Nährstoffe gekennzeichnet. Ebenso ist es nachhaltiger, wenn weniger Stoffe, die die Umwelt beeinträchtigen, freigesetzt werden. Proteine sind zugleich knappe Naturressourcen und Quelle von umweltbelastenden N-haltigen Emissionen und Ausscheidungen, welche maßgeblich zur Versauerung und Eutrophierung in der Natur beitragen. Einige Aminosäuren, die Bausteine des Proteins, sind für Tiere und Menschen unverzichtbare essenzielle und damit knappe und wertvolle Naturstoffe. Proteine sind dadurch gekennzeichnet, dass sie Stickstoff (N) enthalten. Die Proteinversorgung der Nutztiere hat deshalb einen direkten Einfluss auf die tierischen N-Ausscheidungen und den N-Haushalt der Böden. Eine eng an den Bedarf der Tiere angepasste Versorgung mit verdaulichen essenziellen Aminosäuren, die in den Proteinen der pflanzlichen Futtermittel oder in Zusatzstoffen, den freien essenziellen Aminosäuren, enthalten sein können, trägt maßgeblich dazu bei, N-Überhänge in den Böden und im Grundwasser zu vermeiden. Dies ist insbesondere in Regionen mit hoher Viehdichte ein unverzichtbarer Beitrag zu mehr Nachhaltigkeit. In Regionen oder in Betrieben, die im Verhältnis zum Umfang ihrer Tierhaltung keine Flächenknappheit haben, entstehen Nachhaltigkeitsfortschritte durch die nährstoffangepasste Fütterung, weil der Verbrauch von Proteinfuttermitteln und damit die Agrarlandbeanspruchung verringert werden kann. Der nicht nachhaltige Anbau von proteinreichen Kulturpflanzen, wie zum Beispiel der Anbau von Soja in Monokulturen ohne Fruchtwechsel in weiten Teilen Amerikas, kann dadurch auf die unvermeidlich benötigte Menge beschränkt werden. Die bedarfsangepasste Fütterung in Kombination mit einer weitgehenden Bevorzugung von nachhaltiger erzeugten Futtermitteln sind die Kernelemente einer Schweinefütterung mit verbesserter Nachhaltigkeit.

Eine konsequent auf Nachhaltigkeit ausgerichtete Schweinemastfütterung erfordert zunächst Veränderungen in der Art und Weise der Fütterung. Potenziale für mehr Nachhaltigkeit bieten sich vor allem bei der Auswahl von

Tab. 1-1: Chancen und Risiken einer nachhaltigeren Schweinefütterung

Chancen	Risiken
Nachhaltigkeit ↗, ökologischer Rucksack je kg Fleisch ↘	Preise Einzelfutter ↗ Nachhaltiges SES ist i. d. R. teurer
Erweiterte Möglichkeiten der bedarfsdeckenden Proteinversorgung	Knappheit lokal erzeugter nachhaltigerer Proteinträger verursacht höhere Preise
Nährstoffverbauch ↘ = Futtermittelkosten ↘	Arbeitsaufwand ↗
Ackerbauliche Vorteile: z. B. Leguminosen Vorfruchtwert + N-Düngewert	Anlagen, Technologie ⇢ Investitionen Komplexität, Fehlerquote ↗
Vermarktungschancen ↗	Wirtschaftlichkeit Acker ↘ Flächenbedarf für Gülle ↗

Fütterungsverfahren, die noch Spielräume zur Anpassung an eine vertretbare eng bedarfsangepasste Nährstoffversorgung aufweisen. In diesen Fällen können Veränderungen der Nährstoffanforderungen zu den Phasenfuttermischungen oder der Phasenaufteilung vorgenommen werden. Tendenziell ist ein vielphasiges Fütterungsregime vorteilhafter. Damit eine stetige Anpassung der Versorgung an den Stand der Entwicklung der Tiere gelingt, sind wissenschaftlich und praktisch erfolgreich geprüfte bzw. angewandte Fütterungsverfahren weiter zu entwickeln und anzupassen.

Die Ausrichtung einer Fütterung auf verbesserte Nachhaltigkeit macht es zwingend erforderlich, auch Futtermittel mit einem deutlich geringeren ökologischen Rucksack zu bevorzugen. Die Nachhaltigkeit eines Futtermittels ist ein neues, bisher nicht berücksichtigtes Auswahlkriterium zur Erstellung von Mischfuttermitteln. Die Mischfutteroptimierung erhält damit ein zusätzlich einschränkend wirkendes Kriterium.

Die Ausgangslage jedes einzelnen Betriebes ist sehr individuell. Daher sind auch der Aufwand, die Chancen und die Risiken unterschiedlich groß. Schließlich hängen die ökonomischen Auswirkungen einer nachhaltigeren Schweinemastfütterung von den Preisentwicklungen und Preisverhältnissen der Futtermittel untereinander ab. Diese verändern sich kontinuierlich, sodass sich auch eine Wettbewerbsfähigkeit der nachhaltigeren Fütterung stetig verändert. Andererseits besteht aber auch die Möglichkeit, dass die Produkte aus einer Schweineproduktion mit verbesserter Nachhaltigkeit auch verbesserte Absatzaussichten erreichen.

In der Gegenüberstellung von Chancen und Risiken einer nachhaltigeren Schweinefütterung (vgl. Tab. 1-1) sind ökonomische, ökologische, ackerbauliche, ernährungsphysiologische und technologische Kriterien von Bedeutung. Die Herausforderung besteht darin, diese Aspekte angemessen zu gewichten und zu bewerten, um in einer bilanziellen Betrachtung zu einer Gesamtbewertung kommen zu können.

Eine intensivere Verwendung von lokal erzeugten pflanzlichen Proteinen, die zum Beispiel aus einem heimischen Anbau von Körnerleguminosen wie Ackerbohnen, Erbsen oder auch Lupinen herrühren, verbessert die Nachhaltigkeit der daraus hergestellten Mischfutter. Dies beruht darauf, dass eine Bereicherung des Anbaus mit Körnerleguminosen und anderen potenziellen proteinreichen Kulturarten in einer Region ackerbauliche Vorteile, wie zum Beispiel die Auflockerung der Fruchtfolge, einen geringeren Dünge- und Pflanzenschutzaufwand und hohe Vorfruchtwerte, ermöglicht. Eine vielfältigere Fruchtfolge trägt außerdem dazu bei, die Artenvielfalt zu erhöhen und den Wildtierarten bessere Lebensbedingungen zu bieten. Durch eine intensivere Verwendung der lokal erzeugten Futtermittel und der verlustminimierten Verwertung der ausgeschiedenen Nährstoffe in der Ernährung der Pflanzen entstehen Nährstoffkreisläufe, von denen die geringstmöglichen negativen Auswirkungen auf die Umwelt ausgehen.

2 Grundlagen der Tierernährung

2.1 Futter – Verdauung und Nährstoffverwertung

Wilke Griep

Tiere müssen regelmäßig Wasser und Futter aufnehmen, um die Verdauungs- und Stoffwechselvorgänge im Körper aufrechtzuerhalten und um dem Körper ausreichend Flüssigkeit, Energie, Nähr- und Wirkstoffe für Erhaltung und Leistungen zur Verfügung zu stellen. Dieses ist für die normalen Lebens- und Entwicklungsprozesse heranwachsender bzw. alternder Tiere zwingend erforderlich. Während Wasser permanent *ad libitum*, das heißt zur freien Aufnahme, an geeigneten Wasserentnahmestellen angeboten werden muss, wird Futter *ad libitum* sowie in bestimmten Phasen kontrolliert satt angeboten, das heißt in vorgegebenen gut verträglichen Tagesrationen oder Mahlzeiten. Futter ist, egal, ob es zugekauft wird oder als betriebsinternes Erzeugnis aus der eigenen Landbewirtschaftung stammt, wirtschaftlich in der Tierhaltung eine ganz wesentliche Aufwandsposition. Eine wirtschaftlich erfolgreiche, effiziente und nachhaltige Lebensmittelerzeugung ist eng damit verbunden, den Futterverbrauch je erzeugter Einheit eines tierischen Erzeugnisses zu optimieren (Fütterungsziel). Die Grenzen der Minimierung der Futterverabreichung sind dann erreicht, wenn Gesundheit und Wohlergehen der Tiere beeinträchtigt werden, gravierender Hunger dauerhaft vorherrscht oder unwirtschaftliche Leistungseinbrüche entstehen.

Das Leistungs- und Effizienzkriterium in der Verwendung des Futters ist die Futter- (FVw) bzw. Nährstoffverwertung (NVw). Es wird dabei das Verhältnis zwischen Futter- bzw. Nährstoffaufwand und dem Leistungsertrag in Masseneinheiten berechnet. Das kann in der Schweinehaltung für die Mast der Futterverbrauch je Mastschwein im Verhältnis zur Gewichtszunahme sein. Eine Futterverwertung von 1 : 2,7 in einer Mast von 30 bis 120 kg Lebendgewicht bedeutet, dass 243 kg Futter erforderlich sind, um 90 kg Zuwachs eines Schweines zu ermöglichen. Durch Gewichtung mit dem mittleren Futtermittelpreis ergibt sich die ökonomische Aufwandsposition Futterkosten je kg Zuwachs. Betriebswirtschaftlich sinnvoll ist es, nicht nur die tatsächliche Futteraufnahme, sondern den Futterverbrauch, also die Futteraufnahme zuzüglich der Futterverluste zu betrachten. In der Praxis kann nur der Futterverbrauch zugrunde gelegt werden.

Die Futterverwertung in kg Futteraufwand je kg Zuwachs kann durch die Gewichtung des Futterverbrauchs mit dem Energiegehalt der unterschiedlichen Phasenfuttermischungen zur Futterenergieverwertung MJ ME je kg Zuwachs verrechnet werden.

Die Verwertung von Futter, Energie und Nährstoffen ist von vielen Einflussfaktoren abhängig (vgl. Abb. 2-1). In einer intensiven Mast, mit einem attraktiven und hochwertigen Futter können Schweine mit einer Veranlagung für hohe Wachstumsleistungen, die gute Haltungs- und Hygienebedingungen vorfinden, das Futter i. d. R. am besten verwerten. Die Futterverwertung ist dann in seinem Wert relativ klein. Größer bzw. ungünstiger zeigt sich die Kennzahl Futterverwertung, wenn Futter einer geringwertigen hygienischen Qualität mit ungünstigem Futterwert an leistungsbeeinträchtigte Tiere verfüttert wird.

Aus Sicht der Fütterung bestimmen die Futterinhaltsstoffe in einem Futter ganz wesentlich, ob sich die Stoffe in der Verdauung aufschließen und im Stoffwechsel verwerten lassen. Wenn sie sich in hohem bzw. nur geringem Anteil aufschließen oder verdauen lassen, kann das Tier relativ viel bzw. wenig von der enthaltenen Menge an Energie, Nähr- und Wirkstoffen für sich nutzen. Insbesondere die geringer oder schwerer verdaulichen, also die verdauungsresistenten Struktur- und Faserbestandteile von pflanzlichen Futtermitteln können von Schweinen nur schlecht oder gar nicht aufgeschlossen und verwertet werden. Leicht lösliche Kohlenhydrate, Proteine und Fette lassen sich dagegen sehr viel besser verdauen und dann auch zu hohen Anteilen verwerten. Antinutritive Inhaltsstoffe (ANF) sind dadurch gekennzeichnet, dass sie den Ausnutzungsgrad z. T. deutlich herabsetzen.

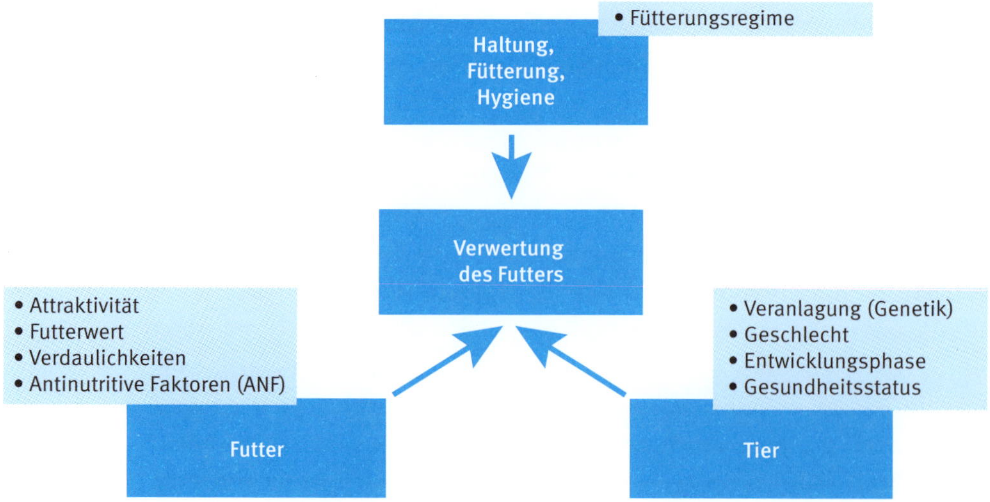

Abb. 2-1: Einflussfaktoren auf die Futterverwertung

Wenn dem Tier je kg eines Futters weniger Energie und Nährstoffe zur Verfügung stehen, kann es dieses nur durch Steigerung seiner Futteraufnahme ausgleichen. Tiere, die hohe physiologische Leistungen, wie Milchbildung oder Wachstum erbringen, erreichen dies, weil sie viel fressen und den Körper mit einer großen »Betriebsstoff«-Zufuhr versorgen. Tiere in Hochleistungsphasen, aber auch körperlich noch kleine, jüngere Tiere, haben ihr Futteraufnahmevermögen schon weit ausgeschöpft und können kaum noch mehr fressen. Die Futteraufnahmekapazität ist in Abhängigkeit von der Entwicklungsphase begrenzt. Bei zu geringer Energie- und Nährstoffaufnahme kann daraus nur eine Verminderung der Proteinbildung und damit des Gewichtszuwachses je Tag entstehen. Geringere Tageszunahmen führen zu verlängerten Mastzeiten und einer schlechteren Futterverwertung. Daraus folgt, dass Futtermischungen so gestaltet sein sollten, dass die Tiere mit ihrer Futteraufnahme die Bedürfnisse aufgrund ihrer physiologischen Leistungen befriedigen können. Dabei ist zu beachten, dass die realisierbare Futteraufnahme und die erreichbaren Leistungen von der Tiergenetik, dem Futter, der betrieblichen Haltungsumwelt, dem Produktionsmanagement und dem hygienischen Status des Tierbestandes beeinflusst werden.

Eine effiziente Verwertung der Futtermischungen setzt voraus, dass Energie und Nährstoffe, die im Futter enthalten sind, mit möglichst kleinen Verwertungsverlusten für die körpereigenen Stoffwechsel- und Synthesevorgänge verwendet werden können. Dafür müssen aus dem aufgenommenen Futter im Verdauungsprozess aufgeschlossene Nährstoffe entstehen. Das sind meist Bruchstücke von Makromolekülen, wie den Proteinen, Kohlenhydraten oder Fetten, die eine Molekülgröße oder Form erreicht haben, sodass sie die Darmwand passieren können und in den inneren Stoffwechsel des Tieres gelangen. Der Körper verwendet die aufgenommenen Stoffe als Energiequellen oder als essenzielle Bausteine für körpereigene Proteinsynthesen und andere Gewebebildungen.

Zur unerwünschten Fetteinlagerung und damit zu einer Verschlechterung der Futterverwertung kommt es, wenn Energie und essenzielle Nährstoffe nicht in einem ausgewogenen Verhältnis zueinander stehen oder ein Überschuss energiehaltiger Nährstoffe mit dem Futter in das Tier gelangt. Die Futterverwertung hängt von den günstig und ungünstig wirkenden Umwelteinflüssen und darüber hinaus von der genetischen Veranlagung der Tiere ab (vgl. Abb. 2-2).

Mit Verdauung und Stoffwechsel oder Metabolismus bezeichnet man die Gesamtheit der chemischen Prozesse in Lebewesen. Dabei wandelt der Organismus chemische Stoffe in Zwischenprodukte (Metaboliten)

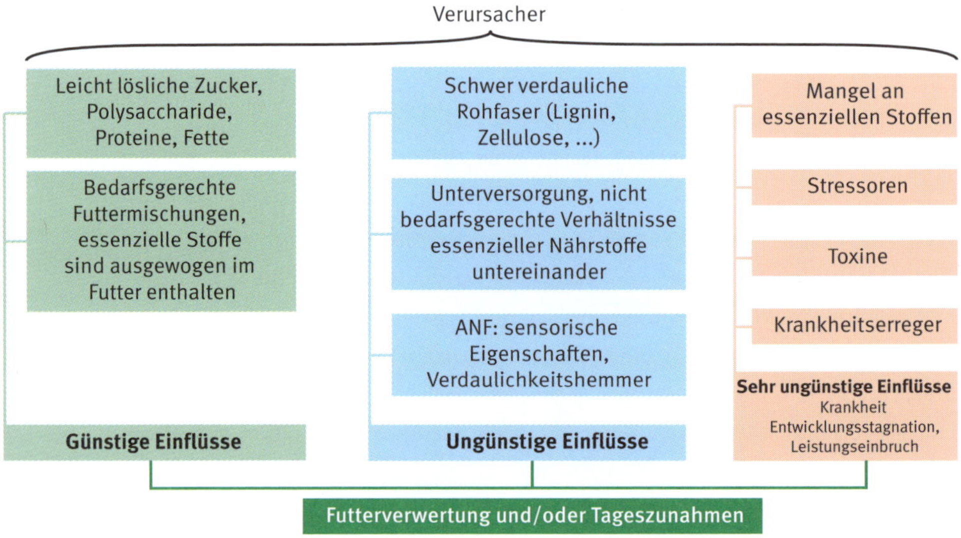

Abb. 2-2: Einflüsse des Futtermittels auf die Futterverwertung und die Tageszunahmen

und Endprodukte um. Diese biochemischen Vorgänge dienen dem Aufbau und der Erhaltung der Körpersubstanz (Baustoffwechsel) sowie der Energiegewinnung für energieverbrauchende Aktivitäten (Energiestoffwechsel) und damit der Aufrechterhaltung der Körperfunktionen. Durch die Zellen in den Wandungen des Verdauungstraktes werden Nährstoffe aufgenommen, zu den Ziel-Organen und Zellen transportiert und mithilfe von Enzymen verändert und genutzt. Die Nährstoffe haben dabei eine energie- oder eine baustoffliefernde Funktion. Essenzielle Nährstoffe, wie einige Aminosäuren, Mineralstoffe und Spurenelemente, kann der Körper nicht selber synthetisieren sondern nur über die Nahrung aufnehmen. Kohlenhydrate und Fette verstoffwechselt der Körper, um daraus Energie für die Lebensvorgänge zu erlangen. Wasser ist der Hauptbestandteil des Körpers und unentbehrlich für die Stoffwechselvorgänge, die sich in diesem Medium vollziehen. Die Verdaulichkeit von Nährstoffen kann als Maß für die Effizienz der möglichen Verwertungsrate dieser Naturressourcen herangezogen werden. Je weniger Verluste entstehen oder Stoffe ungenutzt nach der Futteraufnahme wieder ausgeschieden werden, umso nachhaltiger ist die Nutztierfütterung, weil für die Lebensmittelerzeugung weniger wertvolle Naturressourcen beansprucht werden. Die Beeinflussung von Verdaulichkeiten ist somit ein wesentlicher Ansatzpunkt zur Förderung einer nachhaltigen Lebensmittelerzeugung.

2.2 Verdauung und Physiologie

Unter Verdauung ist die Umwandlung der Nahrung in verwertbare und resorbierbare Stoffe zu verstehen. Das Schwein nimmt mit dem Futter die Nährstoffe, Vitamine und Mineralstoffe auf, die es für die Erhaltung seiner lebensnotwendigen Stoffwechselvorgänge und für die Leistung benötigt. Den Wasserbedarf deckt es über seine Wasseraufnahme aus Selbsttränken oder über den Wassergehalt feuchter oder flüssiger Futtermittel.

Mit der Aufnahme von Futter beim Fressen wird überwiegend organisches Material in den Körper aufgenommen und durch den Verdauungstrakt geleitet. Der Verdauungstrakt durchzieht schlauchartig das Tier. Die verdaulichen Nährstoffe darin befinden sich noch nicht im Stoffwechsel des Tieres. Dafür müssen die Nährstoffe durch die Darmwand hindurch aufgenommen oder, wie man fachlich sagt, resorbiert werden. Die nicht verdaulichen und nicht aufnehmbaren Stoffe werden mit dem Fluss der Digesta, das ist der Verdauungsbrei im Verdauungstrakt, als Kot oder fachlich gesagt, als Faeces, wieder ausgeschieden.

Im Verdauungstrakt müssen die Nährstoffe aus dem Futtermaterial herausgelöst und dann so weit aufgeschlossen werden, bis sie eine Form aufweisen, mit der sie die Darmwand durchdringen können. Makromoleküle, wie Proteine, Kohlenhydrate oder Fette, sind für eine Resorption noch zu groß und müssen im Verdauungstrakt zu ihren kleinsten Bausteinen, den Aminosäuren (Proteinen), Mono- oder Disacchariden, den Ein- oder Zweifachzuckern, oder den Fettsäuren aufgespalten werden.

Das leisten im Wesentlichen substratspezifische Enzyme, die von körpereigenen Drüsen gebildet und als Verdauungssäfte in die Digesta abgegeben werden. Im Verdauungstrakt bewirken sie als biochemische Katalysatoren die Abspaltung der Bruchstücke von den Makromolekülen. Wenn die Enzyme fehlen oder nur ungenügend wirksam sind, bleiben die entsprechenden Makromoleküle intakt und werden mit dem Faeces ausgeschieden.

Erst die absorbierten Nährstoffe stehen dem Stoffwechsel zur Verfügung. Kohlenhydrate und Fette dienen als Energielieferanten und die Proteine enthalten die Aminosäuren. Die essenziellen Aminosäuren haben eine Schlüsselfunktion, das heißt sie werden für sehr spezifische Proteinsyntheseprozesse unbedingt benötigt und sind unersetzlich. Auch Mineralstoffe, Spurenelemente oder Vitamine sind essenzielle Nähr- und Wirkstoffe, die aus der Digesta im Verdauungstrakt in den Stoffwechsel aufgenommen werden müssen, damit keine Leistungseinschränkungen oder Mangelerscheinungen auftreten.

Die durch die Stoffwechselvorgänge gebildete überschüssige Wärme und die Stoffe, die der Körper nicht benötigt oder ihn sogar belasten würden, werden mit dem Kot oder Harn sowie über die äußere Haut oder Wandungen im Verdauungstrakt abgegeben bzw. ausgeschieden. Auf Proteinüberschüsse muss der Organismus mit einer Entgiftung des überschüssigen Stickstoffs über die Organe Leber und Niere reagieren. Dabei werden die Aminosäuren bis zum Harnstoff abgebaut und überwiegend mit dem Harn ausgeschieden. Wärme und gasförmige Ausscheidungen können auch mit der Atemluft abgegeben werden. Während einer kälteren Umgebung durch Wärme des Stoffwechsels entgegengewirkt werden kann, ist Hitze für die Tiere ein unausweichlicher Stressfaktor, der die Futteraufnahme senken und Futterverwertung erhöhen kann.

2.3 Verdauungsorgane und Ablauf der Verdauung

Der Verdauungstrakt des Schweins besteht aus Maulhöhle, Speiseröhre, einhöhligem Magen (Monogastrier) und Darm. Das Fassungsvermögen des gesamten Verdauungskanals eines ausgewachsenen Schweins beträgt 26 bis 28 l, wovon etwa 8 l auf den Magen entfallen. Die Darmlänge erstreckt sich beim Schwein auf etwa die 14-fache Körperlänge. Gegenüber dem Dünndarm mit ungefähr 18 m Länge ist der Dickdarm mit rund vier Metern eher kurz (vgl. Abb. 2-3).

Das Schwein gehört zu den Allesfressern, den sogenannten Omnivoren. Die Nahrung kann aus sowohl pflanzlicher als auch tierischer Herkunft sein. Das Gebiss mit den charakteristischen Eck- und Schneidezähnen und einer

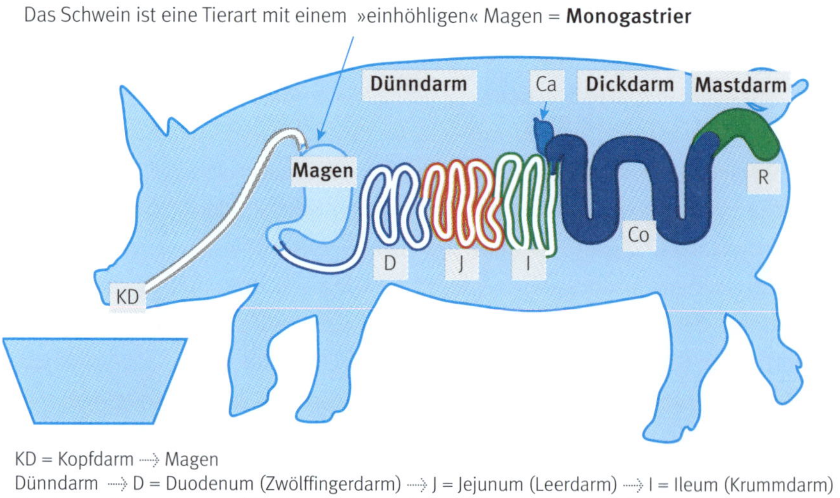

KD = Kopfdarm ⇢ Magen
Dünndarm ⇢ D = Duodenum (Zwölffingerdarm) ⇢ J = Jejunum (Leerdarm) ⇢ I = Ileum (Krummdarm)
Dickdarm ⇢ Ca = Caecum (Blinddarm) ⇢ Co = Colon (Grimmdarm) ⇢ R = Rektum (Mastdarm)

Abb. 2-3: Verdauungstrakt des Schweins

relativ kurzen Länge sowie das relativ kleine Volumen des Verdauungstraktes belegen, dass diese Tierart darauf spezialisiert ist, hoch konzentrierte und verdauliche Nahrung aufzunehmen. Eine Kost, die viele Gerüstsubstanzen beinhaltet (z.B. pflanzliche Fasern), wird zu einem großen Teil unverdaut wieder ausgeschieden. Das Tier könnte aus dieser Nahrung nur wenig für sich nutzen. Es benötigt stärkereiche Kost mit einer ausreichenden Menge an Proteinen in hoher Qualität. Fette können bis zu einem gewissen Anteil die notwendige Energie liefern.

Die Verdauung des Schweins erfolgt zunächst mechanisch, dann enzymatisch und abschließend mikrobiell. Sie beginnt mit der Futteraufnahme im Maul des Tieres. Dabei werden feste Futtermittel mit dem Kiefer, der Zunge und den Schneide-zähnen aufgenommen, mit den Backenzähnen zerkleinert und stark eingespeichelt. Der Speichel enthält Schleim- und Mineralstoffe sowie stärkespaltende Enzyme (α-Amylase). Das Futter wird zunächst mechanisch zerkleinert und durch die dabei stattfindende Einspeichelung eingeweicht. Nach dem Abschlucken des Futterbreis gelangt dieser zunächst in den Magen (Gaster vgl. Abb. 2-4), der der Homogenisierung des Chymus – dem Futterbrei –, der Vorverdauung durch Enzyme, der Abtötung von mikrobiellem Besatz und als Nahrungsspeicher dient. Durch eine schubartige Entleerung über den Pförtner (Magenausgang, Pylorus) in den Darm wird eine Darmüberfüllung verhindert. Durch die spezifische Muskulatur erfolgt auch im Darm eine Misch- und Transportbewegung. Der Magen ist durch einen unterschiedlichen Drüsenbesatz in verschiedene Regionen eingeteilt. Schweine verdauen das aufgenommene Futter mit körpereigenen Enzymen, die von Drüsenzellen in der Magenschleimhaut gebildet werden. Mithilfe des sauren Magensaftes wird der Mageninhalt verflüssigt, gequellt und für die sich anschließenden Verdauungsvorgänge vorbereitet.

Der Darm (vgl. Abb. 2-3) besteht aus den Abschnitten Duodenum (Zwölffingerdarm), Jejunum (Leerdarm) und Ileum (Krummdarm). Er hat die Aufgabe, Nahrungsbestandteile chemisch zu spalten, die Spaltprodukte anschließend durch die

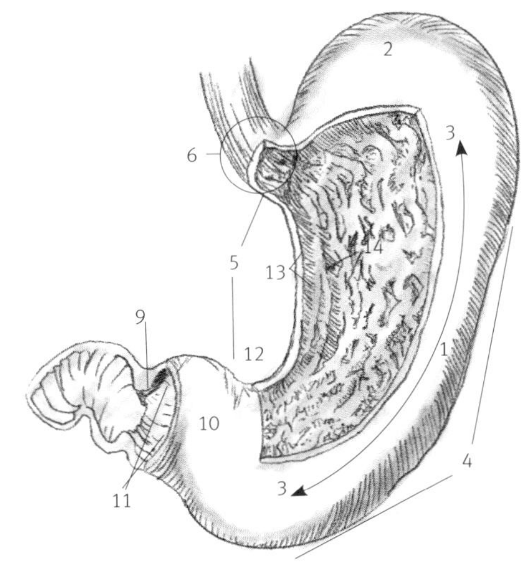

Abb. 2-4: Makroskopischer Aufbau des Magens. (1) Korpus, (2) Fundus, (3) vordere Magenwand, (4) große Kurvatur, (5) kleine Kurvatur, (6) Kardia, (9) Sphincter pylori, (10) Antrum, (11) Canalis pyloricus, (12) Incisura angularis, (13) Magenrinne, (14) Schleimhautfalten (durch Fensterung)

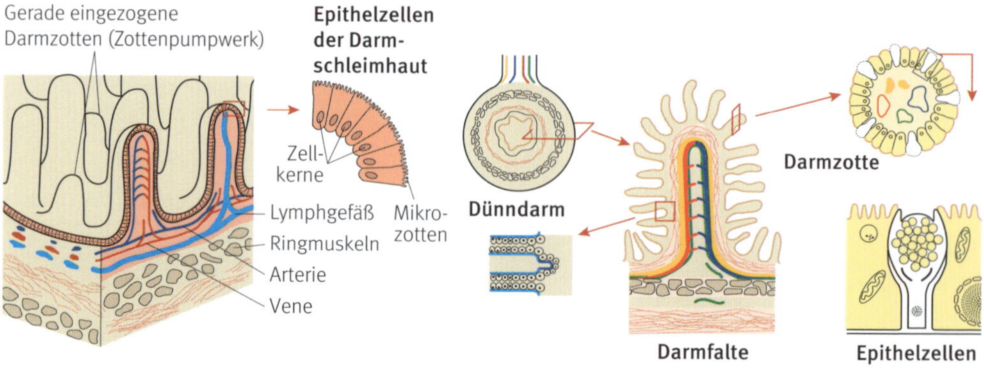

Abb. 2-5: Dünndarmfalten und -zotten vergrößern die Darmwandoberfläche

Schleimhaut und Zellwände in den Blutkreislauf zu resorbieren und den Chymus (Verdauungsbrei) mit peristaltischen Bewegungen zum Dickdarm zu transportieren.

Im Dünndarm werden Galle aus der Leber und Verdauungssekrete aus der Bauchspeicheldrüse (Pankreas) in den Nahrungsbrei entleert. Anschließend kommt Darmsaft aus den Zellen der Darmschleimhaut hinzu. Die Oberfläche der Darmwand ist durch bis zu 1 cm hohe Falten und Ausstülpungen, den sogenannten Darmzotten, auf das etwa 300-fache vergrößert (vgl. Abb. 2-5). Die Darmwand sieht damit aus wie ein Fransenteppich. Die Verdauungs- und Resorptionsleistung wird durch die Oberflächenvergrößerung effektiver.

Durch die Pendel- und Knetbewegungen im Darm wird der Darminhalt mit den Zotten in Berührung gebracht. Durch die Verdauungsenzyme werden resorbierbare Nährstoffe aus den Inhaltsstoffen freigesetzt, die über die stark vergrößerte Darmwandfläche zum Teil passiv und teilweise aktiv durch die äußeren Darmwandzellen in die Blutbahnen übertreten können.

Durch peristaltische (wellenförmige) Bewegungen gelangt der Chymus in den Dickdarm. In seiner Schleimhaut befinden sich Drüsen (Schleimbildung), aber keine Zotten. Die vorderen Abschnitte (Caecum und Colon) sind von Bakterien besiedelt, deren Enzyme die Nahrung weiter verdauen. Die Verdaulichkeit der Gerüstsubstanzen (Zellulose, Pentosane u. a.) ist abhängig von der Darmflora und erhöht sich mit zunehmendem Alter der Tiere, da das Dickdarmvolumen und somit auch die bakterielle Darmbesiedlung zunehmen.

Im Mastdarm werden dem Chymus (Darminhalt) Wasser und Elektrolyte entzogen, der Kot wird eingedickt und schließlich aus dem Darm ausgeschieden (Defäkation).

Das wichtigste Kohlenhydrat im Futter der Schweine ist Stärke, ein Polysaccharid, dessen Grundbaustein die Glukose ist. Stärkespaltende Enzyme, wie die α-Amylase des Pankreassaftes, bauen die Stärke über einzelne Stufen zu Disacchariden (z. B. Maltose) ab. Diese werden durch Disaccharidasen (Glukosidasen, Galaktosidasen) weiter gespalten. So wird Maltose, das Disaccharid im Malz, in Glukose, Saccharose, das Disaccharid im Rohr- oder Rübenzucker, in Glukose und Fruktose und die Laktose, das Disaccharid in der Milch, in Glukose und Galaktose gespalten. Im Bereich des Bürstensaumes der Darmepithelzellen können diese einfachen Zucker durch die Darmwand in das Blut gelangen.

Die Zellulose unterscheidet sich von der Stärke durch die Art der Bindung zwischen den Glukoseeinheiten. In der Zellulose liegt eine β-1,4-glycosidische statt der α-glycosidischen Bindung vor. Schweine und andere höhere Lebewesen verfügen nicht über eine körpereigene Bildung der Zellulase, dem Enzym, welches diese Bindung der Zellulose aufspalten kann. Mikroorganismen dagegen können die Zellulase bilden. Eine mikrobielle Verdauung gibt es im Verdauungstrakt von höheren Tierarten. Beim Schwein ist diese insbesondere im Colon des Dickdarms zu finden. Die dort angesiedelten Bakterien können Zellulose abbauen. Es entstehen ganz am Ende dieses katabolen Stoffwechsels als Abbauprodukte die sogenannten flüchtigen Fettsäuren, Methan und CO_2. Die Spaltprodukte können nur teilweise durch die Dickdarmwand resorbiert werden.

Die Fette werden im Dünndarm durch die Pankreaslipase, ein fettspaltendes Enzym der Bauchspeicheldrüse, zu Monoglyceriden und diese zu Glycerin und Fettsäuren abgebaut. Die Gallensäure, die von der Leber gebildet und in den Chymus abgegeben wird, lässt eine Emulsion aus feinsten und gleichmäßig verteilten Fetttröpfchen in einer wässrigen Lösung entstehen. Durch diese räumlich gleichmäßige Verteilung können die Enzyme effektiv die Substrate der enzymatischen Spaltung, die Fette, erreichen, einwirken und die Spaltprodukte entstehen lassen. Die Fettsäuren werden über die Darmwand resorbiert und danach wieder zu Körperfett aufgebaut.

2.4 Wachstum

Wachstum ist die Zunahme der Größe und die Vermehrung der Gesamtmasse individueller Strukturen, wie Gewebe (Muskeln, Knochen, Fett, u. a.) oder Organe (Skelett, innere Organe, Gehirn, Haut, u. a.). Die Größen- oder Masseveränderungen verlaufen in S-förmigen Wachstumskurven. Die unterschiedlichen Körperteile, Gewebe oder Organe wachsen meist nicht proportional zum Lebendgewicht, sondern lassen sich mit mathematischen sogenannten allometrischen Funktionen beschreiben. Wachstum entsteht durch die Prozesse der Zellvermehrung und des Zellwachstums. Die Muskelzellen werden während der Embryonalentwicklung noch vor der Geburt gebildet. Nach der Geburt entsteht Muskelwachstum vor allem durch Zellvergrößerung.

Im Leben eines Tieres sterben immer wieder einzelne Zellen oder Gewebe ab. Dies geschieht entweder durch Apoptose, dem programmierten Zelltod, oder durch Nekrose, dem pathologisch durch Erkrankungen, Toxine oder andere Einwirkungen hervorgerufenen Zelltod. Diese körperlichen Ausfälle und Schäden werden durch Zellneubildung (Zellteilung) und -wachstum laufend ersetzt und geheilt. Verletzungen heilen und Erkrankungsfolgen klingen ab und das Tier wird wieder gesund. Erst im hohen Alter nimmt die Heilungs- und Zellaustauschfähigkeit des Körpers ab. Apoptose-Folgen werden dann als Alterskennzeichen sichtbar.

Ein gesundes jugendliches Tier befindet sich bis zur Geschlechtsreife im Wachstum. Nach der Geburt beschleunigt sich zunächst das Wachstum. Die Lebendmassezunahme je Tag nimmt stetig und immer intensiver zu bis ein Wendepunkt in der Wachstumskurve erreicht ist. Mit zunehmendem Alter nimmt die Wachstumsintensität dann immer mehr wieder ab und nähert sich einem rasse- und geschlechtstypischen Gewicht und einer Größe der Reife. Die Wachstumskapazität ist dann ausgeschöpft. Die Wachstumsgeschwindigkeit oder -intensität wird ausgedrückt in Massezunahmen des Tieres je Tag und als Tageszunahmen bezeichnet.

Im Leerkörper, dem Tierkörper ohne Verdauungstraktinhalt, sind vor allem Proteine, Fette, Wasser und Mineralien enthalten (vgl. Abb. 2-6).

Die Schlachtkörperklassifizierung und -wertschätzung bezieht sich nicht auf die Nährstoffgruppe Proteine, sondern die Gewebearten Fett und Fleisch. Da sich Proteine und Wasser kaum im Knochen- und Fettgewebe befinden, sondern weitgehend im Fleisch enthalten sind, besteht zwischen der Fleischmenge im Schlachtkörper und dem Proteingehalt im Körper eine recht enge

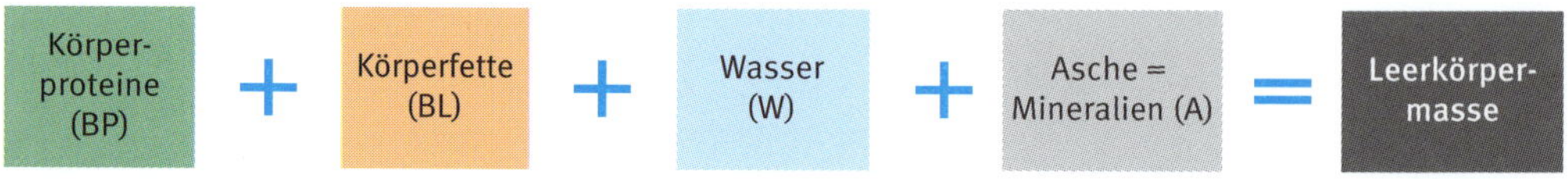

Abb. 2-6: Zusammensetzung der Leerkörpermasse

Beziehung. Der Fleischanteil im Körper kann auf den Proteingehalt im Körper umgerechnet werden.

Die äußerlich feststellbare tägliche Massezunahme, die durch Organ- und Gewebevergrößerung entsteht, ist geprägt durch Einlagerung der Inhaltsstoffgruppen Proteine (protein deposition = Pd) und Fette (lipid deposition = Ld). Das Skelettwachstum spiegelt sich in der Inhaltsstoffgruppe der Asche wider, weil Knochen aus anorganischen mineralischen Verbindungen, die vor allem Kalzium und Phosphor enthalten, bestehen. Das Verhältnis von Pd zu Ld in der täglichen Gewichtszunahme bestimmt letztendlich, wie das Verhältnis von Fleisch und Fett am Ende einer Mast in einem Tierkörper bzw. Schlachtkörper ist. Schlachtkörper mit hohen Fettanteilen enthalten weniger Fleisch und sind in Industriegesellschaften erheblich weniger begehrt und damit ökonomisch wenig vorzüglich.

Wie intensiv sich das Wachstum vollzieht und wie stark Gewebe und Körperpartien sich in unterschiedlichen Entwicklungsphasen bilden, wird zunächst durch die genetische Veranlagung des Tieres bestimmt und gesteuert. Ob das genetisch in den Tieren steckende Vermögen des Wachstums ausgeschöpft wird, hängt dann wiederum von der Versorgung mit dafür essenziellen Nährstoffen, Energie und Wasser und von vielen anderen Haltungsfaktoren ab. In der Fütterung kommt es darauf an, dass genügend geeignetes Futter aufgenommen werden kann und eine ausreichende Verwertung der Inhaltsstoffe erreicht wird. Wenn dem Tier zu wenig essenzielle Baustoffe und Energie für das Leistungsvermögen zur Verfügung stehen, verringert sich die Leistung im Vergleich zum genetischen Vermögen. Je mehr es zu einem Mangel kommt, desto häufiger entstehen eine kümmerliche Entwicklung oder Mangelerscheinungen.

Mit jedem Kilogramm, welches ein wachsendes Schwein an Gewicht zunimmt, erhöht sich der Fettanteil im Zuwachs um 0,25 % bis auf über 40 %, während sich der Proteinanteil von anfänglichen 17,5 % auf bis zu 14,5 % reduziert. Mit den linearen Regressionsgleichungen der Abbildung 2-7 lassen sich für jedes Tiergewicht (x) die zugehörigen Protein- und Fettgehalte im Zuwachs (y) errechnen.

Bei modernen Schweineherkünften mit dem Potenzial für sehr fleischreiche Schlachtkörper bei 120 kg Lebendgewicht-Schlachtreife und mit sehr hohen Tageszunahmen von z. B. über 1 000 g wird vor allem der Anteil des Fettzuwachses am Gesamtzuwachs kleiner sein, als in der Zeit der 1970er Jahre. Die Zusammenhänge der Abbildung 2-7 basieren auf Versuchen bei Tageszunahmen unter 800 g. Jüngere Wachstumsstudien zur Entwicklung der Protein- und Fettzunahmen liegen nicht vor.

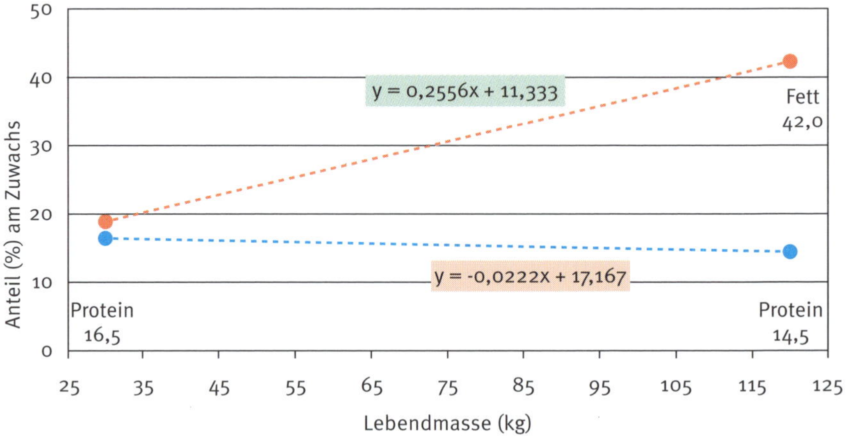

Abb. 2-7: Protein- und Fettgehalte im Zuwachs von Schweinen in Abhängigkeit von der Lebendmasse

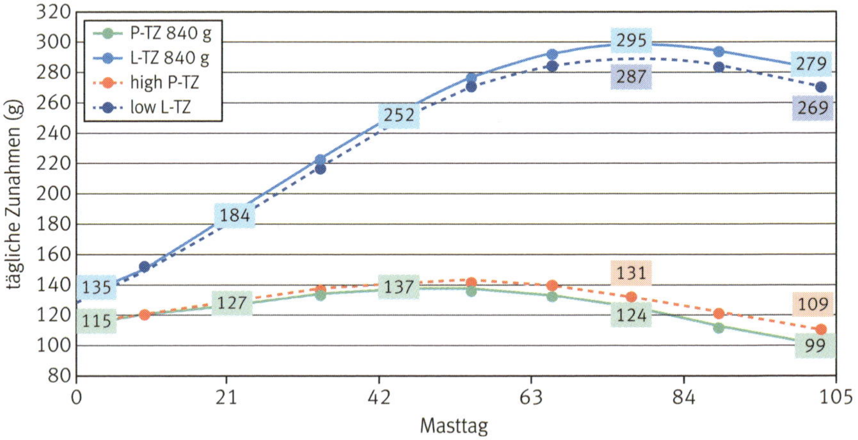

Abb. 2-8: Verlauf der täglichen Zunahmen an Protein (P) und Fett (L) pro Tag bei einem Wachstum mit 840 g Tageszunahme (TZ)

In Abbildung 2-8 ist der Verlauf der täglichen Zunahmen an Protein und Fett in Gramm je Tag bei einem Wachstum mit 840 g TZ in der Gesamtmast dargestellt. Erst ab 60 kg Lebendgewicht ist zwischen Börgen und weiblichen Tieren mit Unterschieden im Protein- und Fettbildungsverlauf zu rechnen. Eber unterscheiden sich von diesen beiden Geschlechtern nochmals durch ein höheres Proteineinlagerungsvermögen.

Börge sollten oder können ab diesem Gewicht höher mit Energie versorgt werden, damit das Wachstumsvermögen der Tiere möglichst weitgehend ausgeschöpft werden kann. Bei weiblichen Tieren ist das Risiko einer übermäßigen Verfettung größer. Eber unterscheiden sich noch stärker durch ein intensiveres Proteinbildungsvermögen von Börgen und Sauschweinen. Die Energieversorgung sollte in einem Soll-Verhältnis zur Versorgung mit essenziellen Aminosäuren erfolgen. Das Protein- und Fettbildungsvermögen der Tiere hat damit immer Auswirkungen auf die optimale Energie- und Proteinversorgung.

Einem um 1 Prozentpunkt höherer Muskelfleischanteil im Schlachtkörper entspricht ein um etwa 3 g/kg höherer Proteingehalt im Leerkörper.

Die Futteraufnahme und die Protein- und Fetteinlagerung im Tierkörper charakterisieren sehr gut die Intensität des Wachstums und sind wichtige Grundlagen, um im Fütterungs- und Haltungsmanagement die Entwicklung der Tiere zu gestalten.

2.5 Futteraufnahme

Das Futteraufnahmevermögen von gesunden Schweinen hängt im wesentlichen von ihrer Größe bzw. ihrem Gewicht ab. Dies gilt unter der Voraussetzung, dass die Tiere *ad libitum* gefüttert werden, also ganztägig freien Zugang zu gutem Futter haben. Üblich und weit verbreitet ist das Ausweisen der Futteraufnahme in Kilogramm (kg) als Masse. In Verbindung mit dem Futterpreis ist dies vor allem eine Information für das unternehmerische Management. Ernährungsphysiologisch dagegen sind die Aufnahme der Energie in ME (metabolische/umsetzbare Energie, MJ) oder NE (Nettoenergie) oder der Proteine in (g) der pcv (praecaecal verdaulich) Leit-Aminosäure Lysin je Tag oder Kilogramm Zuwachs besser geeignet.

Ob das Futteraufnahmevermögen möglichst weitgehend ausgeschöpft wird, hängt auch von der Fütterung ab. Das Futter ist für Schweine dann attraktiv, wenn schmackhafte Einzelfutterkomponenten in der Mischung angeboten werden. Futtermittel mit sensorischen Fehlern oder verdorbene Futtermittel können dagegen sehr unattraktiv sein und zu einer Abnahme oder Verweigerung der Futteraufnahme führen. Futterzusätze können die Attraktivität einer Mischung verbessern. Das können Süßungsmittel, Säuren oder andere verzehrsanregende Aromen sein. Starke Imbalanzen unter den essenziellen Nährstoffen, wie den Aminosäuren, können auch zur Senkung der Futteraufnahme führen.

Außerdem sollten nicht zu hohe Konzentrationen antinutritiv wirkender Stoffe, sogenannte ANF, in Futtermischungen enthalten sein. Zu hohe ANF-Gehalte in Futtermischungen verringern die Futterakzeptanz und Verwertungseffizienz des Futters. Die Senfölglycoside (Glucosinolate) mancher Kreuzblütler (Raps, Senf etc.) verleihen dem Futter einen bitteren Geschmack und verringern dadurch dessen Verzehr. Möglichkeiten zur Beherrschung und Eindämmung der ANF-Effekte, wie etwa durch Pflanzenzüchtung, verbessern die Fütterungseffizienz. Zu hohe Gehalte an Nicht-Stärke-Polysacchariden (NSP) in Getreidekörnern können durch ihren Einfluss auf die Digesta die Darmpassage verlangsamen und dadurch den Appetit der Tiere einschränken.

Eine Möglichkeit, ANF-Wirkungen einzuschränken, besteht darin, Komponenten mit antinutritiven Eigenschaften restriktiv einzusetzen, das heißt anerkannte Erfahrungen zu Verwendungsobergrenzen von Anteilen an ANF-haltigen Komponenten in der Rezeptur zu berücksichtigen.

Hydrothermische oder fermentative Einzelfutterbehandlungen oder die Verwendung von Futterzusatzstoffen sind ebenfalls Maßnahmen, um ANF-Wirkungen zu verringern und den Futterwert oder die Futterakzeptanz zu verbessern. Auch das Reinigen und hygienische Stabilisieren durch Trocknen, Ansäuern oder Silieren eines Erntegutes wertet Einzelfuttermittel für die Fütterung auf.

Die müllereitechnische Zerkleinerung von Körnern und Kompaktierung des Schrotes zu Pellets und möglicherweise Zerbröselung zu Krümeln fördern die Futteraufnahme, verringern die Staubbelastung, erleichtern die Verdauungsprozesse im Tier und beugen der Entmischung von Gemischen vor. In der Vermahlung von Körnern ist jedoch eine optimale Partikelgrößenverteilung zu beachten, weil zu fein vermahlene Körner die Magen-Darm-Gesundheit belasten können.

Neben dem Futter selbst, hat die Verfügbarkeit von Wasser einen zentralen Einfluss auf die Futteraufnahme. Wassermangel hat einen Futteraufnahmerückgang und letztendlich eine Futterverweigerung zur Folge. Das ständige und ausreichende Wasserangebot ist außerdem eine zentrale Mindestvoraussetzung für eine tiergerechte und gesunde Tierhaltung.

Hitzestress kann ebenfalls zu einer Verringerung der Futteraufnahme führen. Zu Belastungssituationen kommt es für Mastschweine und Sauen bereits ab 18 bis 20 °C. Hitze verursacht Stress und löst physiologische Kaskaden der Stressbewältigung aus. Dazu gehört auch die Abnahme des Appetits und damit der Futteraufnahme.

2.6 Nähr-, Mineral- und Wirkstoffe sowie Energie

Höhere Tierarten nehmen Futter und Wasser auf und versorgen so den Körper mit Energie, Wasser, Nähr- und Wirkstoffen. Unterschiedliche Futter pflanzlichen oder tierischen Ursprungs liefern dem Tier lebensnotwendige Inhaltsstoffe, die für die Bildung von körpereigenen Zellen, Geweben, Flüssigkeiten, Organen und das Leben des Tieres verwendet werden. Pflanzliche und tierischen Futtermittel besteht größtenteils aus den Hauptinhaltsstoffe Wasser, Proteine, Kohlenhydrate und Fette. Mineralstoffe, Spurenelemente und Vitamine sind meistens nur in kleinen bis sehr kleinen Mengen unter 5 % enthalten. Um den Wert eines Futtermittels für Nutztiere bestimmen zu können, ist es in der Nutztierfütterung üblich, mit standardisierten Methoden die Gehalte an Inhaltsstoffgruppen festzustellen. Beobachtungen und Erfahrungen zum Verhalten des Futtermittels in der Verdauung und Verwertung im Tier werden berücksichtigt, um davon abhängig den Energiegehalt des Futters zu berechnen. Die Inhaltsstoffe bestimmen damit ganz wesentlich den Wert eines Futtermittels in der Fütterung.

2.6.1 Proteine

Proteinaufbau

Proteine, auch als Eiweiße bezeichnet, werden von den Zellen des Organismus gebildet. Die Anweisungen dazu, wie die Zellen die unterschiedlichen Proteine im Körper aufbauen sollen, sind im Erbgut vorhanden. Die Gene der Chromosomen sind so etwas wie Baupläne. Je nachdem welche Umwelteinflüsse auf das Tier einwirken und welche Proteinbausteine zur Verfügung stehen, bilden die Zellen nach diesen Vorgaben die Proteine, die der Körper in bestimmten Zellen, Geweben, Organen oder Körperflüssigkeiten benötigt. Aminosäuren sind diese einzigartigen Bausteine und in der Natur sind knapp über 20 verschiedene zu finden. Die Abfolge (Sequenz) und Menge von bestimmten Aminosäuren in einem Proteinmolekülstrang sowie die räumliche Struktur und Gestalt des Moleküls sind für das jeweilige Protein charakteristisch. Diese unterschiedlichen Proteine werden nur dann ihre spezifischen Funktionen erfüllen können, wenn die Aminosäurezusammensetzung, -abfolge und Raumstruktur der ursprünglichen nativen Form des Proteins entspricht. Erbgutschädigungen führen dazu, dass in der Proteinsynthese ein nicht mehr funktionsfähiges Protein entsteht.

Ein denaturiertes Protein kann zum Beispiel durch Hitzeeinwirkung, organische Lösungsmittel und Detergenzien oder extreme pH-Werte auftreten. Der Verlust der nativen Struktur, Konformität, kann dann oft irreversibel, manchmal auch reversibel, den Verlust der biologischen Aktivität zur Folge haben. Ein anschauliches Beispiel ist das Gerinnen des Eiweißes im Fleisch oder Ei im Garungsprozess bei der Speisenzubereitung. Das Protein im gegarten Spiegelei hat durch Hitze seine biologische Funktion verloren. Der ernährungsphysiologische Vorteil der Denaturierung besteht darin, dass die denaturierten Eiweiße von Enzymen für den Nährstoffaufschluss leichter »angegriffen« werden können.

Enzyme, Hormone, Antikörper des Abwehrsystems, Blutzellen, Sehnen, Bänder, Knorpel, Haut, Haare, Federn, Zellmembrane, Zellorganellen, Nerven- und Gehirngewebe – Proteine sind in überaus vielen Stoffen, Geweben und Körperflüssigkeiten enthalten und unverzichtbar.

Ein typisches Kennzeichen von Aminosäuren ist die Aminogruppe, die immer Stickstoff (N) enthält. Da jede Aminosäure mindestens eine Aminogruppe aufweist, ist in einem Proteinmolekül immer Stickstoff (N) enthalten. Die wichtigsten Futterkomponenten in der Nutztierfütterung weisen einen relativ konstanten N-Gehalt von 16 % in ihren Proteinen auf. Der Stickstoff eines natürlichen Futtermittels ist im Wesentlichen in Proteinen enthalten, sodass man von dem analysierten Gehalt an Stickstoff zu einer Futterprobe direkt auf den Proteingehalt umrechnen kann (vgl. Ableitung 2-1).

Proteinverdauung

Die einzige Nährstoffgruppe, die bereits im Drüsenmagen in nennenswertem Umfang verdaut wird, sind die Eiweiße. Fette und Kohlenhydrate passieren den Magen mehr oder weniger unverändert. Das wichtigste proteinspaltende Enzym (Protease) im Drüsenmagen ist das Pepsin, dessen Wirkungsoptimum bei einem pH-Wert von 1 bis 2 liegt und dessen Vorstufe das in der Magenschleimhaut gebildete Pepsinogen ist. Dieses wird durch die Salzsäure des Magens zu Pepsin aktiviert, das seinerseits die Futterproteine durch Hydrolyse (Einlagerung eines H_2O-Moleküls) in Peptide (Proteinbruchstücke) spaltet. Im Dünndarm, dem Hauptort der Proteinverdauung, erfolgt die weitere Verdauung in erster Linie durch die proteinspaltenden Enzyme Trypsin und Chymotrypsin, deren Vorstufen Trypsinogen und Chymotrypsinogen von der Bauchspeicheldrüse gebildet werden. Durch Einwirkung der Gallensäure wird die physikalische Struktur der Eiweißkörper so verändert, dass Trypsin schon im sauren Milieu zu Beginn des Dünndarms wirken kann. Die erneute hydrolytische Spaltung der Eiweißverbindungen aus dem Drüsenmagen (Peptide) führt durch Unterstützung der Darmsaftenzyme zu den resorbierbaren Aminosäuren, die aktiv durch die Darmwand in das Blut der Pfortader transportiert werden.

Ableitung 2-1: N-Faktor der Futtermittelanalytik

(1) Der analytisch in natürlichen Futtermitteln festgestellte Stickstoff ist überwiegend in Proteinen eingebunden.

$$(\text{Rohprotein}) = (\text{Protein}) + (\text{NPN})$$

NPN = Nicht-Protein-N-Verbindungen, z. B. Nitrat, Einzelaminosäure, ...
XP = Rohprotein; XP % = Rohproteingehalt

(2) Die natürlichen Futterproteine bestehen zu 16 % aus Stickstoff (N).

100 g XP enthalten 16 g N

Wie lassen sich diese Zusammenhänge für die Proteinbestimmung nutzen?

$$1\text{ g N} = \frac{100}{16}\text{ g XP } 6{,}25\text{ g XP } \left[\frac{100}{16}\right] = \text{Faktor} = 6{,}25$$

$$\left[\frac{X\,g\,N}{100\,g\,Probe}\right]$$ sind die Menge X multipliziert mit dem Faktor = die Menge Rohprotein (XP)

Wenn z. B. 100 g Futterweizen mit einer standardisierten Feuchte von 88 % im Labor auf Stickstoff (N) mit der Kjeldahl-Methode nass-chemisch untersucht wird und 2 g N/100 g Weizen festgestellt wurden, enthält dieser:

$$\text{Rohprotein im Weizen} = \frac{6{,}25 \times 2\ (g)\ N}{100\ (g)\ \text{Weizen}} = \frac{12{,}5\ (g)\ XP}{100\ (g)\ \text{Weizen}} = 12{,}5\ (\%)\ XP$$

Damit der Körper Proteine bilden kann, braucht er eine genügende Versorgung mit unverzichtbaren und nicht austauschbaren einzigartigen Bausteinen. Einige Aminosäuren sind essenzielle Bausteine (essenzielle Aminosäuren = EAA) für die Proteinbildung im Tierkörper. Sie können nicht im Stoffwechsel des Tieres gebildet werden, sondern eine bedarfsdeckende Versorgung muss mit dem Futter erreicht werden. Nicht essenzielle Aminosäuren (NEAA) können im Körper synthetisiert werden, wenn genügend N-haltige Stoffe zur Verfügung stehen. Die Rohproteinversorgung deckt den N-Bedarf.

Verdaulichkeit der Aminosäuren

Die Verdauung setzt aus den Proteinen die Aminosäuren im Verdauungstrakt frei. In Abhängigkeit vom Futtermittel ist die Verdaulichkeit der Aminosäuren verschieden. Außerdem ist aus Sicht des Tieres die Verdauung und die Möglichkeit der Absorption der essenziellen Aminosäuren bis zum Ende des

Dünndarms (Ileum = letzter Dünndarmabschnitt, prae caecum = vor dem Dickdarm) beendet. Im Dickdarm können keine Aminosäuren mehr absorbiert werden. Hier beginnt die mikrobielle Verdauung. Mikroben können noch vorhandene Peptide und Aminosäuren weiter abbauen oder wieder zu neuen Aminosäuren und Proteinen aufbauen.

Außerdem gibt das Tier auch Proteine des Körpers in die Digesta im Verdauungstrakt ab. Diese Verluste, die letztendlich Aminosäureverluste sind und im gesamten Verdauungstrakt auftreten, werden als endogene Verluste bezeichnet. Wenn wir bei der Feststellung einer Verdaulichkeit die endogenen Verluste von der Outputmenge abziehen, bezeichnen wir das als eine »wahre« Verdauchlichkeit. Eine Verdaulichkeit, die prae caecum (»vor dem Dickdarm«) den Output entnimmt, darin die noch enthaltenen Aminosäuren feststellt und endogene Verluste abzieht, heißt standardisierte praecaecale (pc) Aminosäureverdaulichkeit. Im internationalen Bereich ist diese Bewertungsebene verbreitet und wird auch mit der Abkürzung SID (»standardised ileal digestible«) bezeichnet. Die Standardisierung korrigiert die Verdaulichkeitswerte um die vom Tier herrührenden basalen endogenen Verluste, die von der Trockenmasseaufnahme abhängen. Das sind unspezifische endogene Verluste. Daneben treten spezifische endogene Verluste auf, die von der für das Futtermittel spezifischen Zusammensetzung abhängig sind. Diese Verluste entsprechen der Differenz zwischen den gesamten und den unspezifischen basalen endogenen Verlusten.

Da nur die pcv-Aminosäuren für das Tier von Nutzen sind, wird in der Schweinefütterung die Bewertung der Aminosäureversorgung auf dieser Ebene vorgenommen. Die Anwendung des Konzeptes der standardisierten praecaecalen Aminosäurenverdaulichkeit in der Schweinefütterung erhöht die Genauigkeit der Leistungsvorhersage, spart dadurch Futterkosten, erlaubt die Absenkung von Sicherheitspuffern und ist insgesamt nachhaltiger.

Im Fütterungscontrolling, vor allem in der Qualitätssicherung, bleibt die Herausforderung, dass analytisch nur Bruttogehalte festgestellt werden können. Eine direkte Feststellung zur ausreichenden Versorgung mit pcv-Aminosäuren ist nicht möglich. Eine angenäherte indirekte Prüfung der Plausibilität ist nur mit Informationen zu den verwendeten Futterkomponenten einschließlich der zugesetzten freien Aminosäuren erreichbar. Der Tierhalter sollte daher insbesondere bei einer nährstoffreduzierten Fütterung bereits in der Phase der Mischungsgestaltung darauf achten, dass mit dem Mischfuttermittel eine bedarfsgerechte Versorgung gelingen kann.

Durch die Berücksichtigung der idealen Verdaulichkeit der einzelnen Aminosäuren können Futtermischungen besser optimiert werden. Dies ist insbesondere für Rationen mit Nebenprodukten aus der Lebensmittelherstellung von Bedeutung. Durch das Einbeziehen möglichst aller essenzieller Aminosäuren und die Bewertung auf der Ebene der verdaulichen Aminosäuren lassen sich die Futtermischungen näher am tatsächlichen Bedarf der Tiere und damit deutlich nachhaltiger optimieren.

Ideales Protein

Für das Schwein sind die Aminosäuren Lysin, Methionin, Threonin, Tryptophan, Valin, Isoleucin, Leucin, Histidin und Phenylalanin essenzielle Aminosäuren. Cystin und Tyrosin sind semiessenziell, weil sie aus den essenziellen Aminosäuren Methionin bzw. Phenylalanin gebildet werden können. Jede einzelne essenzielle Aminosäure kann zum Minimumfaktor im Sinne des Minimumgesetzes nach Justus von Liebig in der Ernährung von Schweinen werden. Um eine optimale Leistung und Entwicklung der Tiere zu ermöglichen, sollten die Verhältnisse der essenziellen Aminosäuren zu Lysin denen in einem sogenannten »idealen Protein« entsprechen. Eine Einschränkung der Proteinsynthese aufgrund von Aminosäuredefiziten tritt nach heutigem Stand der Wissenschaft dann nicht ein, wenn die zuerst limitierend wirkende Aminosäure Lysin bedarfsgerecht in der Mischung enthalten ist und das Futterprotein in den Verhältnissen zum Lysin mit dem idealen Protein für die Tiere, Leistungen und Umstände übereinstimmt. Bedarf und Versorgung decken sich dann vollständig.

In Abbildung 2-9 und Abbildung 2-10 werden für unterschiedliche Phasen der Mast sowie für tragende und laktierende Sauen pcv-Aminosäuren-Verhältnisse zur Leitaminosäure pcv-Lysin benannt, die das ideale Protein für die Mast und Sauenfütterung charakterisieren. Sie basieren auf wissenschaftlichen Quellen (z. B. GfE, NRC, INRA, Danish Pig Research Centre, EVONIK) sind aber vereinzelt dennoch variabel, noch unzureichend abgesichert und sollten auf die individuelle Situation noch angemessen angepasst werden. Der Fehlerbalken (dünne schwarze Linie) bei einzelnen Säulen im Diagramm symbolisiert, dass noch gewisse Varianz in den Aussagen zum idealen Protein besteht.

Wenn mit jedem Kilogramm Futter zu wenig essenzielle Aminosäuren zugeführt werden, entsteht für das Tier direkt ein Versorgungsdefizit. Dieses schränkt dann die Proteinbildungsraten ein. Das veranlagte Wachstums- oder Milchbildungsvermögen wird nicht ausgeschöpft. Für das Erreichen eines Wachstumsziels, wie z. B. ein Schlachtendgewicht von 120 kg Lebendgewicht, wird mehr Futter und dann auch eine verlängerte Mastzeit benötigt. Die Effizienz der Fütterung nimmt ab. Eine extreme

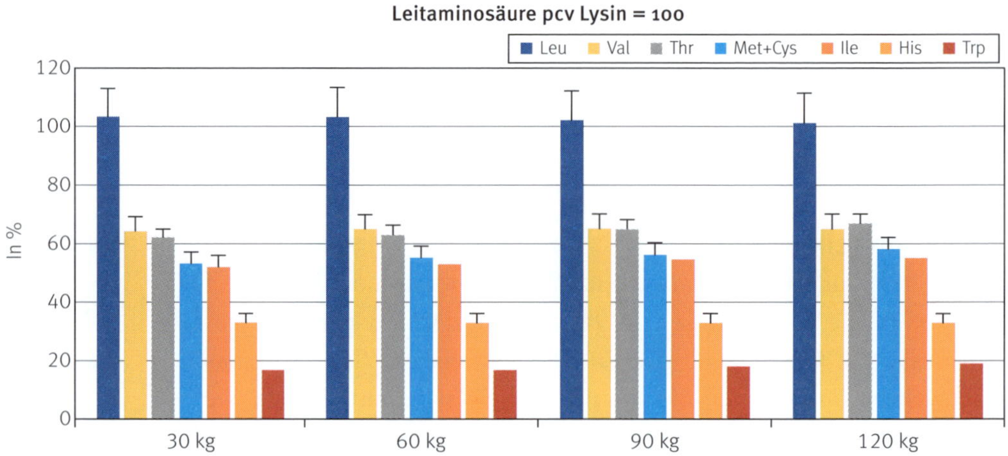

Abb. 2-9: Ideales Protein in der Mast – pcv-Aminosäuren-Verhältnisse

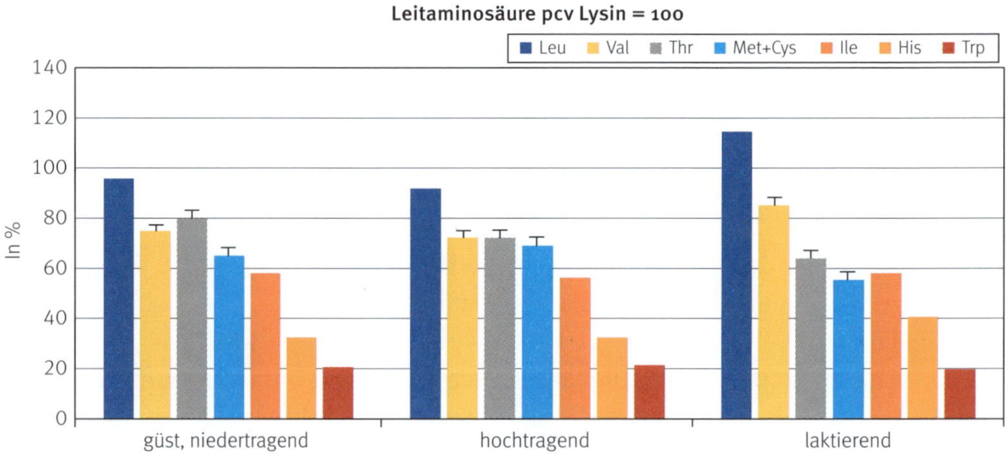

Abb. 2-10: Ideales Protein in der Sauenfütterung – pcv-Aminosäuren-Verhältnisse

Unterversorgung an essenziellen Aminosäuren verursacht sogar Mangelerscheinungen und Krankheiten.

Das Schwein als monogastrisches Tier hat keinen Bedarf an Rohprotein, sondern an essenziellen Aminosäuren. Wenn man übliche Futtermittel für Schweine, also überwiegend Körnerfrüchte und Nebenerzeugnisse daraus, verwendet, so ist Lysin die zuerst leistungsbegrenzend wirkende essenzielle Aminosäure. Dann folgen in der Wichtigkeit Methionin/Cystin, Threonin, Tryptophan und Valin. Je mehr eine rohprotein-minimierte Fütterung angestrebt wird, desto besser erlangen auch die dann folgenden Aminosäuren Isoleucin, Leucin und Histidin eine begrenzende Wirkung. In Mischungen für Ferkel mit unter 17 % Rohprotein oder für größere Schweine bei Mischungen unter 14 % sollten acht essenzielle Aminosäuren bei Futteroptimierungen unter Kontrolle sein. Das bedeutet, die nachrangig essenziellen Aminosäuren sind in den Kalkulationen zur Berechnung von Mischfuttermitteln zu berücksichtigen. Für die Einzelfuttermittel werden entsprechende Futterwerte ermittelt oder abgeleitet.

Über den Bedarf an Methionin/Cystin (M+C) hinaus haben Schweine einen Bedarf an Methionin. Deshalb reicht es bei Rationsberechnungen nicht aus, nur M+C zu berücksichtigen. Mindestens 50 % des M+C müssen durch Methionin geliefert werden. Cystin kann zwar aus Methionin gebildet werden, aber nicht umgekehrt. In den meisten Rationen ist Lysin die erstlimitierende Aminosäure, während Threonin in getreidereichen Rationen häufig als die zweitlimitierende Aminosäure gilt. Bei Mischungen mit hohem Leguminosenanteil kann Methionin und in CCM-Rationen Tryptophan stark limitierend wirken.

2.6.2 Kohlenhydrate

Die Kohlenhydrate spielen in der Tierernährung mengenmäßig die größte Rolle. Sie bestehen aus Kohlen-, Wasser- und Sauerstoff und sind in erster Linie Energielieferanten. Die Bausteine der Kohlenhydrate sind die Monosaccharide. In der Natur kommen überwiegend aus diesen einfachen Zuckermolekülen zusammengesetzte Kohlenhydrate vor, die meistens fünf oder sechs C-Atome aufweisen. Das können Oligosaccharide – Verbindungen aus zwei bis zehn Monosacchariden- und Polysaccharide – sind Ketten aus vielen Monosacchariden (vgl. Abb. 2-11) – sein. Polysaccharide stellen für die Ernährung der Tiere die wichtigsten Kohlenhydrate dar. Kohlenhydrate mit einem aus sechs C-Atomen bestehenden Kohlenstoffgerüst werden als Hexosen bezeichnet, solche mit fünf C-Atomen als Pentosen.

Stärke und Glykogen

Stärke ist der bedeutendste Energielieferant, das wichtigste pflanzliche Reservekohlenhydrat und zählt wie der Zucker zu den leicht verdaulichen Kohlenhydraten. In Getreidekörnern und Kartoffeln liegt Stärke in Form von Stärkekörnern vor. Diese enthalten die beiden Stärkefraktionen: Amylose und Amylopektin (ca. 70 bis 80 % der Stärke). Das Getreidekorn besteht zu etwa 60 bis 70 % aus Stärke und Zucker.

Glykogen ist das Reservekohlenhydrat des tierischen Organismus und kann bis zu 10 % in der Leber gespeichert werden. Die Muskeln enthalten lediglich 0,5 bis 1 % Glykogen.

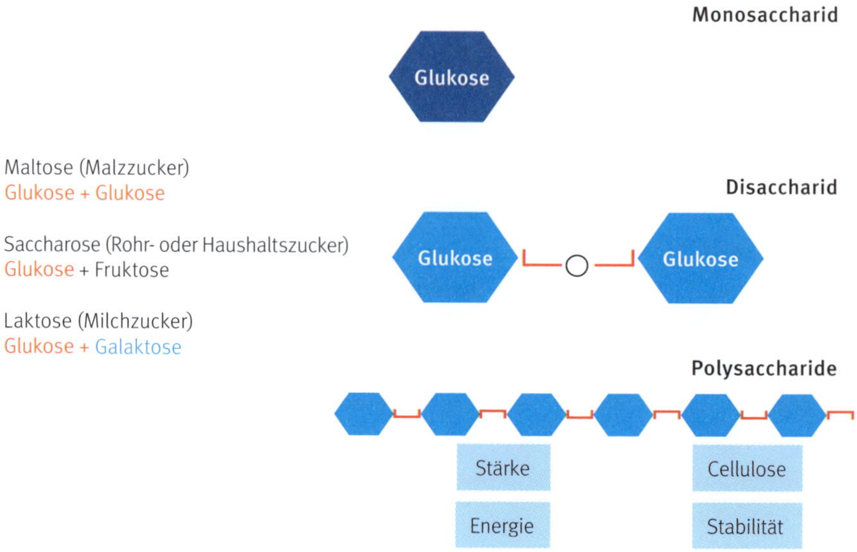

Abb. 2-11: Kohlenhydrate – Einteilung

Nicht-Stärke-Polysaccharide (NSP)

Cellulose ist Bestandteil der Pflanzenzellwände (Gerüstsubstanz). Schweine besitzen keine Enzyme zur Spaltung der β-glukosidischen Bindung und können somit dieses Polysaccharid nicht nutzen.

Hemicellulosen sind nach der Cellulose der wichtigste Bestandteil der pflanzlichen Zellwand. Zu ihnen zählen die Pentosane Xylan (Polysaccharid aus Xylose) und Araban (Polysaccharid aus Arabinose) sowie die Mannane und Galaktane.

Pektine sind Bestandteile der Pflanzenzellwände und reichlich in Früchten, Wurzeln und auch in grünen Blättern enthalten. Pektinreich sind z. B. Trockenschnitzel und Trester. Pektine besitzen Stützfunktionen und eine starke Quellfähigkeit.

Inulin ist ein wasserlösliches Reservekohlenhydrat, das aus Fruktose aufgebaut ist. Es ist reichlich in Topinambur enthalten.

Nicht-Stärke-Polysaccharide (NSP) befinden sich vorwiegend in den Zellwänden von Pflanzen. Die Bausteine der NSP sind unter anderem Pentosen wie Arabinose und Xylose sowie Hexosen wie z. B. Galaktose, Mannose und Glukose.

Nicht-Stärke-Polysaccharide (NSP) = Kohlenhydrate, die vorwiegend in den Zellwänden von Pflanzen vorkommen und die nicht der Stärke und Zucker zuzuordnen sind, wie Lignin, Cellulose, Hemicellulose etc.

Die wichtigsten Verbindungen sind Cellulose, Pentosane (aus Pentosen bestehende Polysaccharide) und Glukane. NSP sind aufgrund fehlender körpereigener Enzyme für das Schwein unverdaulich. Sie führen zu einer erhöhten Viskosität des Verdauungsbreis, einem Einschluss von Nährstoffen (Käfigeffekt) und einer Beeinflussung der Darmflora.

Cellulose

Die Zellwände von Pflanzenzellen bestehen hauptsächlich aus Cellulose. Die semi-kristallinen Mikrofibrillen bilden sich, indem zahlreiche hochmolekulare β-1,4-Glucan-Ketten zusammenwachsen. In der pflanzlichen Entwicklung spielen die Cellulosefibrillen eine wichtige Rolle, da sie die Richtung vorgeben, in die Pflanzenzellen wachsen. Aber auch für die sekundäre Zellwand besitzt Cellulose mengenmäßig die größte Bedeutung. Diese verleiht den Pflanzen ihre Standfestigkeit. Evolutionsgeschichtlich gelang es den Pflanzen erst mit der Entstehung dieses Makromoleküls, die uns heute vertrauten Größen zu erreichen. Gleichzeitig können diese so Wind, Wetter oder sogar kletternden Tieren trotzen.

2.6.3 Faserstoffe – Rohfaser

Der Begriff Rohfaser bezeichnet eine Sammelgruppe von Stoffen, die sich vor allem in der pflanzlichen Zellwand befinden und überwiegend Strukturkohlenhydrate sind. Sie geben der Zelle und Pflanze ein tragendes Gerüst und bieten ihr Stabilität, Standfestigkeit und Schutz vor Schädlingsfraß sowie biochemischer Zersetzung (Verderb). Sie enthält den größten Teil der Cellulose sowie Anteile der Hemicellulosen und des Lignins (vgl. Abb. 2-12).

Die mit der Weender Futteranalyse definierte Stoffgruppe der Rohfaser kennzeichnet traditionell den Gehalt an Faser- und Strukturstoffen eines pflanzlichen Futtermittels. Eine präzise Fütterung zielt darauf ab, die unterschiedlichen strukturgebenden Stoffe differenzierter zu kennen und entsprechend den Tierbedürfnissen in der Futtergestaltung zu berücksichtigen. Daher werden zunehmend die Futtergehalte und Tierbedürfnisse auf die Kennzahlen NDF (Neutral-Detergenzien-Faser), ADF (Säure-Detergenzien-Faser) und ADL (Säure-Detergenzien-Lignin) ausgerichtet.

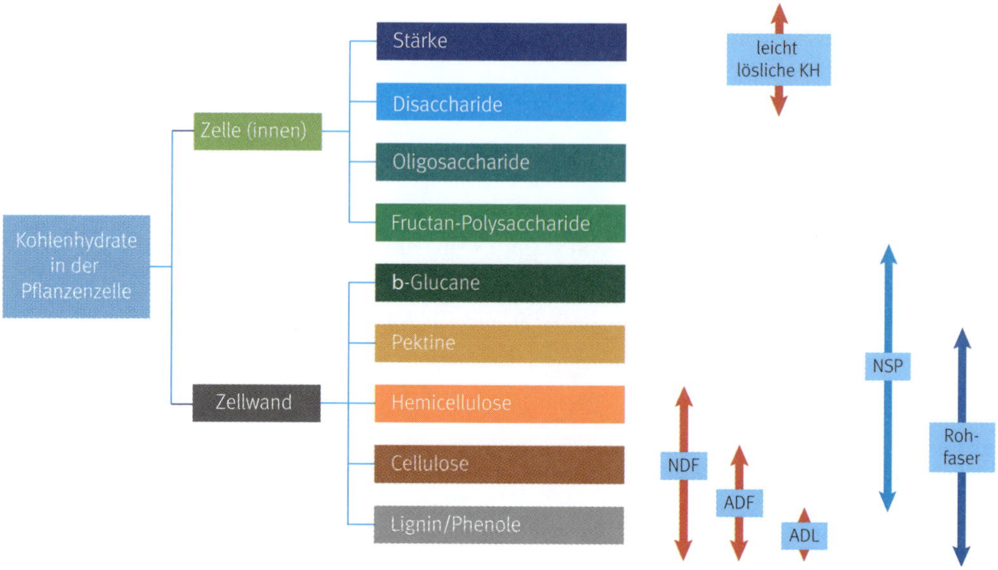

Abb. 2-12: Energie- und Strukturkohlenhydrate in der Pflanze

Dies ist sinnvoll und notwendig, weil Faser- und Strukturstoffe sich nicht nur negativ auf die Verdaulichkeit auswirken, sondern auch positive Effekte haben. Eine ausgewogene Versorgung mit Faserstoffen wirkt sich günstig auf das Wohlbefinden und die stabile und gesunde Verdauung im Darm des Tieres aus (vgl. Abb. 2-13). Diese Aspekte der Fütterung rücken zunehmend in den Vordergrund des Interesses.

Rohfaser ist wichtig für die Verdauung und für das Sättigungsgefühl. Ein Mindestgehalt an Rohfaser fördert die Bildung von Verdauungssekreten und gewährleistet eine gleichmäßige Darmpassage. Rohfaserreich sind z. B. Trockenschnitzel, Kleien, Hafer, Grünmehle, Sojabohnenschalen, Sonnenblumenschrot, Treber, Trester oder Malzkeime.

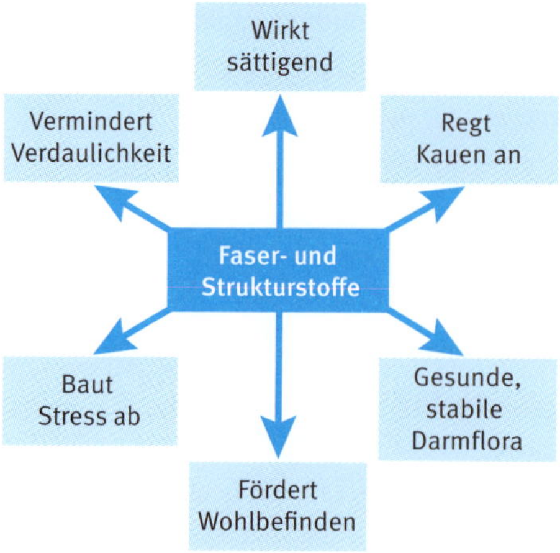

Abb. 2-13: Wirkungen der Faser- und Strukturstoffe

Lignin ist kein Kohlenhydrat, befindet sich in den pflanzlichen Zellwänden und kommt reichlich in verholzten Pflanzenteilen vor. Für Tiere ist Lignin weitgehend unverdaulich.

2.6.4 Fette

Fette und fettähnliche Stoffe werden als Lipide bezeichnet. Sie sind in organischen Lösungsmitteln, aber nicht in Wasser löslich. Da Fette eine sehr hohe Energiekonzentration aufweisen, dienen sie in erster Linie als Energielieferanten. Darüber hinaus sind Fette in der Fütterung Träger der fettlöslichen Vitamine und werden außerdem zur Staubbindung eingesetzt. Fette bestehen aus Triglyceriden. Ein Triglycerid ist ein Molekül aus drei Fettsäuren und dem dreiwertigen Alkohol Glycerin. Fettsäuren sind organische Säuren, die aus einer Kohlenstoffkette, Wasserstoff und einer Säuregruppe bestehen. Fettsäuren unterscheiden sich voneinander dadurch, wie lang die Kohlenstoffkette ist und ob Doppelbindungen zwischen C-Atomen im Molekül enthalten sind. Der Anteil der Fettsäuren in einem Fett ist für das jeweilige Fett charakteristisch und kennzeichnend. Die Fettsäuren besitzen meist eine gerade Anzahl von C-Atomen und werden in gesättigte, das sind Fettsäuren ohne Doppelbindungen, und ungesättigte Fettsäuren, also Fettsäuren mit Doppelbindungen, unterteilt. Weit verbreitet sind Fettsäuren mit 16 und 18 Kohlenstoffatomen, insbesondere Palmitin- und Stearinsäure.

Mehrfach ungesättigte Fettsäuren (Polyensäuren) können vom tierischen Organismus nicht hergestellt werden. Sie bezeichnet man daher als essenzielle Fettsäuren. Hierzu gehören die Linol- (Omega-6-Fettsäure), die Linolen- (Omega-3-Fettsäure) und die Arachidonsäure. Ungesättigte Fettsäuren sind sehr reaktionsfreudig. Durch Sauerstoffeinwirkung entstehen starke Oxidationsmittel, sogenannte Peroxide, die Substanzen, wie z. B. Vitamin A, zerstören. Fetthaltigen Futtermitteln werden daher Antioxidantien zugesetzt.

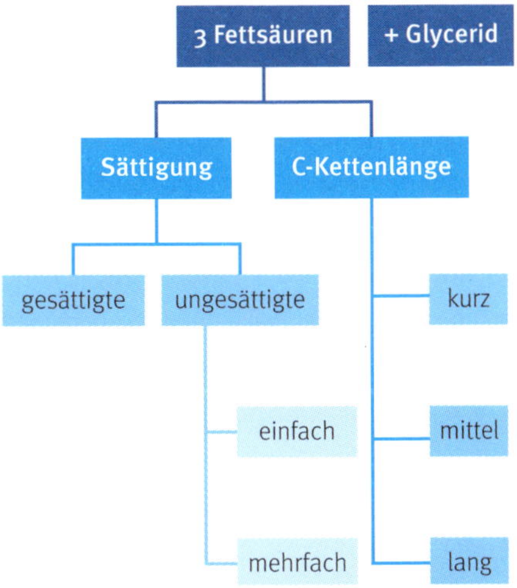

Abb. 2-14: Fettsäuren – kennzeichnende Eigenschaften

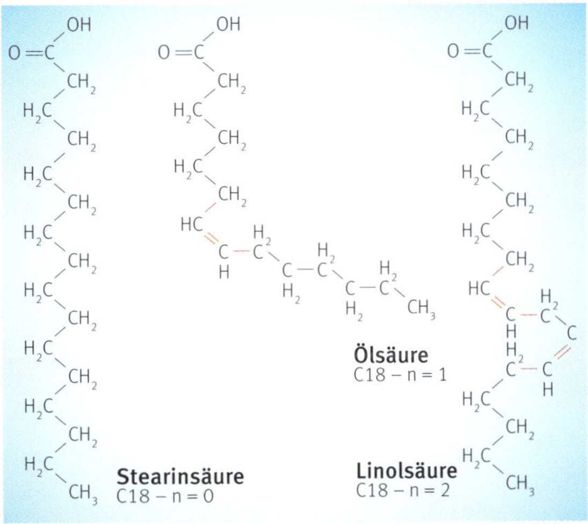

Abb. 2-15: Fettsäuren – Beispiele mit chemischem Aufbau

Tab. 2-1: Fettsäuren – Zusammensetzung einiger Fette und ihre Eigenschaften

FS-Muster in (%)	Zahl C-Atome	Doppelbindungen	Schmelzpunkt	Milchfett Kuh[1]	Schweinefett[3]	Kokosfett[3]	Palmfett[3]	Rapsöl (00)[2,3]	Sojafett[3]
Schmelzpunkt				**28–36**	**34–44**	**23–26**	**20–35**		**flüssig**
Jodzahl			°C	**25–45**	**45–75**	**10**	**8–10**	**94–133**	**135**
Buttersäure	4		-8	3,7–4,6					
Capronsäure	6		-2	3					
Caprylsäure	8		16	1–1,17		4,6–10,0			
Caprinsäure	10		31	1,9–4,1		5–8			
Laurinsäure	12		44	2,3–6,4		45–53			
Myristinsäure	14		54	8,6–14,6	1–2,5	16,8–21	0,5–2		
Palmitinsäure	16		63	22,8–36,7	20–30	7,7–10,2	40–47	2,5–7	8–13,5
Stearinsäure	18		70	6,1–12,5	18–22	2–4	3,5–6	0,8–3	2–5,4
Ölsäure	18		13	17,2–29,78	35–55	5–10	36–44	51–70	17–30
Linolsäure	18		-6	1–3	8–12	1–2,5	9–12	15–30	48–59
Linolensäure	18		-11	1–3	1			15–14	4,5–11
Arachidonsäure	20	4	-50		1				

1) Deutscher Verband f. Leistungs- und Qualitätsprüfungen e. V. http://www.dlq-web.de/fettsaeuren.html
2) Warenkunde Ölpflanzen, 2009, Tab. 2–4, S. 32
3) Deutsche Gesellschaft für Fett Wissenschaft, H.-J. Fiebig, 2011, http://www.dgfett.de/material/fszus.php

Die Fettkonsistenz ist stark von den Fettsäuren abhängig. Fette mit hohen Anteilen an ungesättigten Fettsäuren beeinträchtigen die Konsistenz des Körperfettes (weicher Schweinespeck). Der Polyensäuregehalt sollte deshalb 18 g/kg Futter nicht überschreiten. Fette mit hohen Anteilen an kurzkettigen und/oder ungesättigten Fettsäuren haben einen niedrigen Schmelzpunkt und sind gut verdaulich. Alle ungesättigten sowie alle gesättigten Fettsäuren bis C-8 sind bei Raumtemperatur flüssig. Mit Öl wird ein Fett bezeichnet, das bei Raumtemperatur flüssig ist. Fette lassen sich durch bestimmte Kennzahlen, wie Jodzahl oder Peroxidzahl, charakterisieren.

Tab. 2-2: Polyensäuregehalte einiger Einzelfuttermittel

Futtermittel	Rohfettgehalt (g/kg FM)	Polyensäuregehalt (g/kg TM)
Sojaöl	998	580
Rapsöl	998	290
Weizenkleie	38	27
Mais	40	26
Gerste	26	17
Weizen	20	12

Quelle: Rechenmeister, 2018, S. 67

Lipoide sind fettähnliche Stoffe, zu denen Carotinoide, Phosphatide (Phospholipide),

Wachse, Steroide und andere gehören. Zu den Carotinoiden (Farbstoffen) zählen die Xanthophylle und die Carotine, zu den Phosphatiden die Lecithine. Phosphatide sind sehr wirksame Emulgatoren.

2.6.5 Mineralstoffe

Mineralstoffe sind wichtige Baustoffe des Körpers und haben lebensnotwendige Aufgaben für das Skelett und im Stoffwechselgeschehen. Sie sind anorganische essenzielle Nährstoffe und lassen sich, je nachdem, ob sie in etwas größeren Mengen oder nur in sehr kleinen Spuren im Körper von Tieren enthalten sind, in Mengen- und Spurenelemente unterteilen. Zu den Mengenelementen zählen Kalzium (Ca), Phosphor (P) und Magnesium (Mg), weil sie in den mineralischen Verbindungen der Knochen des Skelettes als wesentliche Baustoffe enthalten sind. Die anderen Mineralstoffe erfüllen lebenswichtige Aufgaben als Bestandteile von Membranstrukturen und Transportmechanismen, wie zum Beispiel das Eisen im Hämoglobin des Blutes. Sie sind unentbehrlich in der Osmoregulation von Zellen und unersetzlich in Enzymen, Hormonen, Vitaminen und anderen Wirkstoffen. Im Myoglobin, dem Muskelprotein, welches in der Lage ist, Energie in mechanische Bewegungen umzusetzen, ist Eisen ein elementarer Bestandteil.

Weitere Mengenelemente, die mit mehr als 50 mg/kg Lebendgewicht im Körper enthalten sein können (vgl. Tab. 2-3), sind Kalium (K), Natrium (Na) und Chlor (Cl). Zu den wichtigen Spurenelementen, die in Mengen bis zu 50 mg/kg Lebendgewicht im Körper zu finden sind, gehören Eisen (Fe), Zink (Zn), Kupfer (Cu), Mangan (Mn) sowie Selen (Se).

Tab. 2-3: Mittlere Mineralstoffgehalte von Schweinen in g/kg

Lebendgewicht (kg)	25	40	60	90	110
Calcium	8,40	9,50	9,17	9,11	8,55
Phosphor	4,80	5,75	5,67	5,44	4,91
Magnesium	0,26	0,28	0,25	0,23	0,24
Natrium	0,68	0,83	0,77	0,66	0,57
Kalium	1,80	1,85	1,73	1,67	1,59

Calcium

Bedeutung	• Bestandteil von Knochen (ca. 99 % des Ca), Zähnen und Speichel • Bestandteil der Zellmembran (wichtig für Zellstoffwechsel) • Blutgerinnung (Umwandlung von Prothrombin in Thrombin) • Nerven- und Muskelfunktion
Mangelerscheinungen	• Stoffwechselstörungen, Wachstumsstörungen • Demineralisierung des Skeletts, Knochenweiche (Rachitis)

Parathormon, Calcitonin und Vitamin D regulieren den Ca-Stoffwechsel. In den Knochen sind große Ca-Reserven vorhanden, sodass eine Unterversorgung nicht sofort zu erkennbaren Mangelerscheinungen führt.

Calcium steht in enger Wechselbeziehung zu Phosphor, aber auch zu Zink, Magnesium und Kupfer. Hohe Ca-Gehalte im Futter führen zu einer reduzierten Phosphorverwertung und beeinträchtigen die Zink-, Selen- und Manganaufnahme aus dem Darm. Zwischen Ca und Mg besteht eine antagonistische Wechselbeziehung. Das Ca : P-Verhältnis im Knochen beträgt etwa 2 : 1.

Mittlere bis höhere Ca-Gehalte:

- Trockenschnitzel, tierische Futtermittel (Fischmehl, Milcherzeugnisse)

Geringe Ca-Gehalte:

- Getreide, Samen, Mühlennachprodukte, Ölsaaten, Hackfrüchte, Biertreber, Grünfutter

Calcium kommt in den Natursedimenten als Ca-Carbonat (Kalk, Kreide), als Ca-Phosphat (Apatit) und als Ca-Sulfat (Gips) vor.

Phosphor

Bedeutung	• Bestandteil von Knochen (ca. 80 % des P), Zähnen und Speichel • Bestandteil von Nukleinsäuren, Bestandteil von Phosphaten (ATP) und Phospholipiden (Bestandteil der Zellmembran), wird mit der Milch (1 g P/kg) abgegeben • Aufrechterhaltung des Säure-Basen-Gleichgewichtes, pH-Wert-Regulierung
Mangelerscheinungen	• verringerte Futteraufnahme (FVw ↗) • Wachstumsstörungen (TZ ↘) • Fruchtbarkeitsstörungen • Knochenweiche: steifer Gang, durchtrittiges Fundament, Knochenverformungen, Lahmheiten

Gehalt (%) brutto Phosphor = (b.P)

Phytin-gebundener P = (.PP)		**Nicht-Phytin-gebundener P = (.nPP)**	
.PP = unverdaulich (uv.) weil zu wenig/unwirksame native Phytase und fehlende Phytasesezernierung durch das Verdauungssystem		verdaulich = vP	
uvR.PP = unverdaulicher Rest-P nach Einwirkung von zugesetzter Phytase (zuPhy)	Phytin-gebundenes P wird durch zugesetzte Phytase zu verdaulichem Phosphat = $vP_{Phytase}$ = VQ.PP* uv.PP	v.P = nativ verdauliches Phosphor (b.P) x (VQ%-b.P) = (v.P)	uv.nPP

Abb. 2-16: Phosphor in Futtermitteln

Phosphor ist essenziell und die Versorgung hat großen Einfluss auf die Leistungen und die Knochenmineralisierung.

Zunehmend werden die Ressourcen für die mineralische Phosphorergänzung knapp und teuer und überschüssige Phosphorausscheidungen in der Gülle schaffen erhebliche Umweltprobleme in Regionen, in denen viele Tiere gehalten werden. Düngerechtliche Vorschriften, die insbesondere dem Schutz des Bodens und der Natur dienen, verursachen teilweise erhebliche Produktionskosten. Denn in Überschussgebieten können flächenknappe Betriebe oft nur mit aufwendigem Transport oder technologisch und energetisch aufwendigen Behandlungsverfahren die gesetzlichen Vorgaben einhalten. Damit wird es für die Betriebe ökonomisch immer wichtiger, eine eng am Bedarf der Tiere angepasste Phosphorversorgung sicherzustellen. Damit kann eine optimale Wachstumsentwicklung der Tiere und zugleich eine Minimierung des Phosphorverbrauchs erreicht werden. Eine am Phosphorbedarf angepasste Versorgung ist in der Regel eine P-reduzierte Fütterung, die Ressourcenverbrauch und Umweltbelastungen mindert.

Daraus folgt für die Fütterung hinsichtlich Phosphor, dass es sich lohnt, eine Versorgung dem tatsächlichen Bedarf anzunähern und die Möglichkeiten zur Minimierung von Ausscheidungen des Tieres auszuschöpfen. Dies erfordert eine möglichst genaue Vorhersage zur Absorption und Retention von Phosphor im Tier und zu den Einflüssen darauf. Dazu gehören insbesondere das Futtermittel als P-Lieferant, der Kalziumgehalt der Ration und die Zugabe von mikrobiell hergestellter Phytase.

Phosphor kommt in Futtermitteln als anorganischer, organischer Nicht-Phytin- (NPP) und Phytin-Phosphor (PP) vor (vgl. Abb. 2-16).

Der anorganische Phosphor wird meist im Tagebau in natürlichen geologischen Lagerstätten Nordamerikas, Asiens (v. a. RUS, CH) und Nordafrikas (Marokko) aus mineralischen Sedimenten und vulkanischen Gesteinen als Rohphosphat gewonnen. In nasschemischen Prozessen mit Schwefelsäure, Kalziumkarbonaten und -oxiden werden daraus die Salze der Phosphorsäure, wie Mononatriumphosphat (MNP), Monocalciumphosphat (MCP) oder Dicalciumphosphat (DCP) gewonnen. Die anorganischen Phosphorverbindungen in mineralischen Futtermitteln weisen im Allgemeinen eine hohe Verdaulichkeit und Verwertung auf.

Im Gegensatz zu den mineralischen Quellen kommt Phosphor in den vegetativen Pflanzenteilen zum überwiegenden Teil als Phytat- oder Phytin-Phosphor (PP) vor. Dieses große Makromolekül ist im monogastrischen Verdauungstrakt kaum zu verdauen, weil keine passenden Verdauungsenzyme gebildet werden können. Die Mikroben des Bodens und der Vormägen von Wiederkäuern oder des Dickdarms von Monogastriern dagegen bilden

Tab. 2-4: Phosphorgehalte und Verdaulichkeitskennzahlen ausgewählter Hauptfuttermittel

Futtermittel	Phosphor (bP = brutto P)		Phytin-Phosphor (PP)		P-VQ %	vP nativ	vP + max. Phytase
(g/kg TS)	1)	2)	3)	(% v.bP)4)	5)	6)	7)
Weizen	3,3	3,67	1,7–2,1	52 (65)	65	**2,1**	2,8
Roggen	3,2	3,62	1,3–1,7	42 (65)	50	**1,6**	2,7
Triticale	3,35	3,97	1,7–2,1	47 (65)	50	**1,7**	2,8
Gerste	3,7	4,30	2,4–3,2	65 (55)	45	**1,6**	3,1
Hafer	3,6	3,95	1,7–2,0	46 (55)	25	**0,9**	3,1
Mais	3,2	3,17	1,9–2,5	71 (75)	15	**0,5**	2,7
Weizenkleie	13,4		7,2–9,2	(80)	30	**4,0**	11,4
Soja-Schalen	1,6		0,8	(60)		**0,3**	1,3
Soja-ES	7,2		4,4	(60)	35	**2,5**	6,2
Rapssaat	8,2		4,6	(70)	40	**3,3**	6,9
Raps-ES	11,8		6,8–8,3	(60)	30	**3,6**	10,1
Ackerbohnen	5,5		2,8	(60)	35	**1,8**	4,6
Erbsen	4,7		1,9–2,4	(45)	45	**2,0**	4,0
Lupinen (bl.)	3,1		2,2	(60)	50	**1,5**	2,6
Grascobs	3,8		0,1	(5)	50	**1,9**	3,2
T-Schnitzel	0,9		0,1	(10)	10	**0,2**	0,8
Schlempe	8,9				30	**5,4**	7,6
Bierhefe	16,4		0,0	(0)	50	**8,2**	14,0
Maniok	1,0				20	**0,2**	0,9

Quellen: 1) bP-Werte: Rechenmeister 2020; 2) Getreidekörner – grain up 2015; 3) PP = InsP6-P, Rodehutscord, 2016; 4) % vom bP in Klammern: Sauvant, 2002; andere 5) DLG 1999; Rechenmeister 2020; 6) verdauliches P = vP; 7) vP bei intensiv wirksamer Phytaseergänzung und gezielter Fermentation = 85 % P-VQ %

Phytase und können damit die Phytinsäure aufschließen und Phosphor für sich zugänglich machen. Pflanzliche Futtermittel bringen in unterschiedlichem Umfang native Phytase mit. Trotzdem lässt sich der Phytin-Phosphor insbesondere für Monogastrier mit den eigenen Enzymsystemen nur unzureichend verdauen, sodass P-Verdaulichkeiten im Bereich von nur 10 bis 70 % erreicht werden. Zu niedrige P-Verdaulichkeiten machen es notwendig, in einer leistungsorientierten Schweinefütterung eine meist mineralische P-Ergänzung vorzunehmen. Der ungenutzte und überschüssige Phosphor gelangt mit dem Kot und Harn auf den Acker. Bei zu knapper Flächenausstattung eines Betriebes führt dies zu hohen P-Belastungen für Natur und Boden, die gemäß den neueren Veränderungen des Düngerechts immer weniger akzeptiert werden. Je größer die Flächenknappheit in einer Region ist, um so höher sind die Kosten für eine ordnungsgemäße Gülleverwertung.

Daneben findet man in Pflanzen meist kleinere Anteile von Nicht-Phytin-Phosphor (NPP). Dieser organische Phosphor wird überwiegend gut verdaut.

Vor der BSE-Krise standen in der Schweinefütterung noch Futtermittel aus tierischer Erzeugung, wie Fleischknochenmehle, zur Verfügung, die aufgrund der enthaltenen Knochenbestandteile reich an Kalzium, Phosphor und Magnesium waren und sehr hohe Verdaulichkeiten der Mineralstoffe aufwiesen. Diese Komponenten stehen in der EU aus Gründen des vorbeugenden Verbraucherschutzes in der Schweinefütterung nicht mehr zur Verfügung. Auch Futtermittel aus Milch weisen hohe P-Verdaulichkeiten auf.

Phosphor steht in enger Wechselbeziehung zu Calcium. Hohe Gehalte an Calcium, aber auch an Zink, Mangan, Eisen und Magnesium beeinträchtigen die P-Absorption. Der Phosphor im Skelett wird durch Vitamin D stabilisiert und durch das Parathormon mobilisiert. P-Überschüsse im Futter führen zu einer verstärkten P-Ausscheidung.

Magnesium

Bedeutung	• Bestandteil von Knochen, Knorpel und Zähnen • in Cofaktoren einiger Enzyme enthalten • beteiligt am Ca-P-Stoffwechsel, Nervenreizleitung und Muskelkontraktionen
Mangelerscheinungen	• Appetitlosigkeit, Nervosität, Unruhe, Muskelkrämpfe, (Muskel-) Schwächen in der Hinterhand, Fruchtbarkeitsstörungen
Stoffwechsel	• keine großen Körperreserven vorhanden • mit dem Alter nimmt die Absorption ab • hohe Ca-/K-Gehalte erhöhen den Mg-Bedarf
Vorkommen	• Mühlennachprodukte, Ölschrote, Fischmehl, Mineralfutter: Magnesit, Dolomit; junges Weidegras ist arm an verdaulichem Magnesium

Natrium	
Bedeutung	• befindet sich hauptsächlich in der extrazellulären Flüssigkeit • Regulierung des osmotischen Druckes, des Wasserhaushaltes sowie des Säure-Basen-Haushaltes
Mangelerscheinungen	• verminderte Futteraufnahme, Leistungsminderung, Fruchtbarkeitsstörungen, Muskelkrämpfe, Lecksucht
Überversorgung	• bei gleichzeitiger Wasserknappheit vermehrtes Wasser saufen; überschüssiges Natrium wird über die Niere mit dem Harn ausgeschieden
Stoffwechsel	• wird leicht aufgenommen bzw. über den Harn wieder ausgeschieden • Salze und damit auch Natrium werden vermehrt bei Durchfall mit dem Kot oder bei Hitze mit dem Schweiß ausgeschieden – Elektrolytlösungen sind dann nötig
Vorkommen	• Viehsalz aus Steinsalz und andere Natriumsalze; alle pflanzlichen Futtermittel sind arm an Natrium außer Trockenschnitzel oder Melasse
Wechselwirkungen	• mit Kalium

Kalium	
Bedeutung	• Befindet sich hauptsächlich in der Zelle und bestimmt den osmotischen Druck • Beeinflusst die Zellproteine und die Erregbarkeit der Zellen
Vorkommen	• Gräser, Klee, Mais, Kleie, Ölschrote, Fischmehle oder Milchprodukte • Kaliumsalze aus natürlichen geologischen Vorkommen gehören zu den Mineralfuttermitteln

Schwefel	
Bedeutung	• Bestandteil der schwefelhaltigen Aminosäuren (Methionin, Cystin); diese Aminosäuren befinden sich in den Keratinen und kommen dann insbesondere in Knorpel, Haaren, Federn und Horn/Klauen vor • Bestandteil von Coenzymen, Gallensäuren sowie Vitaminen (Biotin und Thiamin)
Vorkommen	• freie und in Proteinen eingebundene schwefelhaltige Aminosäuren und Sulfate
Wechselwirkungen	• Antagonismen zu Molybdän, Kupfer und Selen

2.6.6 Spurenelemente

Wichtige Spurenelemente sind Zink (Zn), Kupfer (Cu), Mangan (Mn), Jod (J), Selen (Se), Eisen (Fe), Kobalt (Co) und Molybdän (Mo). Der Bedarf an Spurenelementen liegt maximal bei 50 mg/kg T. Die nativen Gehalte der

Futtermittel können in der Regel keine ausreichende Versorgung mit Zink, Kupfer, Mangan, Selen und zum Teil mit Jod sicherstellen. Die Gehalte an Spurenelementen im Tierkörper sind sehr gering. So sind z. B. nur etwa 1,5 bis 2,5 mg Kupfer und 20 bis 30 mg Zink/kg Körpermasse enthalten.

Die Absorption von Zink, Kupfer, Mangan und Eisen wird allgemein als sehr niedrig (unter 10 %) angesehen. Sie sinkt mit zunehmendem Alter der Schweine. Hingegen wird bei organischen Spurenelementverbindungen eine höhere Absorption im Verdauungstrakt erwartet. Organische Spurenelementverbindungen sind Verbindungen aus Spurenelementen und Aminosäuren, Proteinen oder Polysacchariden. Die Spurenelemente sind entweder Bestandteil von Aminosäuren, wie das Selen anstelle des Schwefels in Selenomethionin, oder mit Aminosäuren, Peptiden oder Proteinen komplexartig zu sogenannten Chelaten miteinander verbunden. Der Chelatkomplex hält das Metallion fest und schützt so vor einer vorzeitigen Dissoziation (Scherenfunktion). Die Aminosäuren-Chelate sind gegenüber mikrobiellem Abbau stabiler als die Aminosäuren-Komplexe. Derzeit sind Zink, Kupfer, Mangan und Eisen in organisch gebundener Form futtermittelrechtlich zugelassen.

Zink

Bedeutung	• Bestandteil von Haut, Haaren und Knochen • Bestandteil von Coenzymen, Gallensäuren sowie Vitaminen (Biotin und Thiamin) • Bestandteil von Enzymen und von Insulin • Bedeutung für Reifung der Spermien
Vorkommen	• in Futtermitteln kommt es als Zn-Sulfat, Zn-Oxid, Zn-Carbonat und in organischer Form (Aminosäure-Zinkchelat) vor. • freie und in Proteinen eingebundene schwefelhaltige Aminosäuren und Sulfate
Mangelerscheinungen	• Haut- und Klauenveränderungen (Parakeratose) • Wachstumshemmung, Skelettschäden, Fruchtbarkeitsstörungen, Haarausfall
Wechselwirkungen	• Antagonismen zu Kupfer, Eisen und Schwefel
Geringe Zn-Gehalte	• Biertreber, Bierhefe, Ölschrote, Getreide, Trockenschnitzel

Zink ist im Organismus überwiegend an Proteine gebunden. Hohe Ca- und Phytatgehalte hemmen die Zn-Absorption.

Kupfer	
Bedeutung	• Bestandteil der schwefelhaltigen Aminosäuren (Methionin, Cystin); diese Aminosäuren befinden sich in den Keratinen und kommen dann insbesondere in Knorpel, Haaren, Federn und Horn/Klauen vor • Bestandteil von Coenzymen, Gallensäuren sowie Vitaminen (Biotin und Thiamin) • Bestandteil von Enzymen und verschiedenen Proteinen • Bereitstellung von Eisen für die Hämoglobinsynthese
Vorkommen	• in Futtermitteln kommt es als Cu-Sulfat, Cu-Oxid, Cu-Carbonat, Cu-Chlorid und in organischer Form (z. B. Cu-Methionat, Cu-Lysin) vor
Mangelerscheinungen	• Wachstumsdepression • Fruchtbarkeitsstörungen • verringerte Futteraufnahme • Hemmung der Eisenabsorption • Hemmung der Erythrozytenbildung (Anämie) • Störungen in der Pigmentierung und Haarstruktur
Wechselwirkungen	• Antagonismen zu Molybdän, Kupfer und Selen
Geringe Cu-Gehalte	• Bierhefe, Ölschrote, Biertreber, Getreide, Rapsschrot

Kupfer ist im Organismus vorwiegend an Proteine gebunden. Die Absorption von Kupfer wird durch hohe Gehalte an Calcium, Molybdän und Schwefel gesenkt.

Mangan	
Bedeutung	• Bestandteil der schwefelhaltigen Aminosäuren (Methionin, Cystin); diese Aminosäuren befinden sich in den Keratinen und kommen dann insbesondere in Knorpel, Haaren, Federn und Horn/Klauen vor. • Bestandteil von Coenzymen, Gallensäuren sowie Vitaminen (Biotin und Thiamin) • Enzymaktivator • Beteiligung an der Protein- und Fettsynthese • Beteiligung an der Hämoglobinsynthese • Beteiligung an der Haarpigmentierung
Vorkommen	• freie und in Proteinen eingebundene schwefelhaltige Aminosäuren und Sulfate
Mangelerscheinungen	• Fruchtbarkeitsstörungen • Wachstumsstörungen • Verwertung von Mangan wird durch hohe Ca- und P-Gehalte gesenkt
Wechselwirkungen	• Antagonismen zu Molybdän, Kupfer und Selen
Hohe Mn-Gehalte	• Weizenkleie, Trockenschnitzel, Rapsschrot
Mittlere bis geringe Mn-Gehalte	• Tierische Futtermittel

Jod

Bedeutung	• Bestandteil der schwefelhaltigen Aminosäuren (Methionin, Cystin); diese Aminosäuren befinden sich in den Keratinen und kommen dann insbesondere in Knorpel, Haaren, Federn und Horn/Klauen vor. • Bestandteil von Coenzymen, Gallensäuren sowie Vitaminen (Biotin und Thiamin) • Bestandteil der Schilddrüsenhormone
Vorkommen	• Kropferzeugende Substanzen (Clucosinolate) sind in verschiedenen Futtermitteln (z. B. Raps) enthalten.
Mangelerscheinungen	• Kropfbildung • Leistungsminderung • Fruchtbarkeitsstörungen • Haarlosigkeit
Wechselwirkungen	• Antagonismen zu Molybdän, Kupfer und Selen
Hohe J-Gehalte	• Trockenschnitzel, Getreide

Die J-Verwertung wird durch hohe Ca-Gehalte gesenkt.

Selen

Bedeutung	• Bestandteil der schwefelhaltigen Aminosäuren (Methionin, Cystin); diese Aminosäuren befinden sich in den Keratinen und kommen dann insbesondere in Knorpel, Haaren, Federn und Horn/Klauen vor. • Bestandteil von Coenzymen, Gallensäuren sowie Vitaminen (Biotin und Thiamin) • Bestandteil an der Glutathionperoxidase (Enzym, das vor Zellschädigung schützt)
Vorkommen	• freie und in Proteinen eingebundene schwefelhaltige Aminosäuren und Sulfate
Mangelerscheinungen	• Wachstumsstörungen • Maulbeerherzkrankheit (in Verbindung mit Vitamin E-Mangel) • Selenvergiftungen
Wechselwirkungen	• Vitamin E und zu Methionin/Cystin
Mittlere bis geringe Se-Gehalte	• Fischmehl, Sojaschrot, Weizenkleie, Trockenschnitzel, Getreide

Eisen

Bedeutung	• Bestandteil des Hämoglobins und Myoglobins (Blut- und Muskelfarbstoff) • Bestandteil von Enzymen und Proteinen
Mangelerscheinungen	• Anämie, blasse Haut • verringerte Futteraufnahme, Entwicklungsverzögerung und Kümmern
Wechselwirkungen	• Zink, Kupfer, Mangan, Calcium und Phosphor
Hohe Fe-Gehalte	• die meisten Futtermittel
Mittlere bis geringe Fe-Gehalte	• Milchprodukte, Mais, CCM

Kobalt

Bedeutung	• das zentrale Spurenelementatom im Vitamin-12-Molekül • Vitamin und Spurenelement ist für Mensch und Tier essenziell, da das Vitamin nur von einigen Bakterien und Hefen gebildet wird und nicht in pflanzlichen Futtermitteln enthalten ist, sind Futter- und Lebensmittel tierischen Ursprungs unverzichtbare Vitamin-Lieferanten
Mangelerscheinungen	• verminderte Futteraufnahme • abnormer Appetit auf unverdauliche Stoffe, wie Holz, verschmutzte Einstreu oder Erde
Wechselwirkungen	• gestörter Folsäuremetabolismus
Mittlere bis Hohe Co-Gehalte	• Co-Gehalte in pflanzlichem Aufwuchs hängen stark von den Co-Gehalten im Boden und damit von den Ausgangsgesteinen des Bodens ab. Mittlere Gehalte (0,07–0,1 mg/kg TM) wichtige Wiesen- und Weidegräser, hohe Gehalte (über 0,1 mg/kg TM) Luzerne, Klee, Wicken, Lupinen
geringe Co-Gehalte	• Getreidekörner

Molybdän

Bedeutung	• Bestandteil des Vitamins B12 (Hämoglobinsynthese) • Bestandteil von Enzymen
Mangelerscheinungen	• verminderte Futteraufnahme, Anämie, Abmagerung
Wechselwirkungen	• Überangebot an Molybdän führt zu einer verminderten Kupferspeicherung und somit zu Kupfermangel
Mittlere bis hohe Mo-Gehalte	• Sojaschrot
geringe Mo-Gehalte	• Trockenschnitzel, Bierhefe, Milchprodukte, CCM

Der Spurenelementgehalt der Futtermittel hängt unter anderem von folgenden Faktoren ab:

- Standort
- Botanische Zusammensetzung des Pflanzenbestandes
- Vegetationsstadium
- Klima

Tab. 2-5: Empfohlene Mindestgehalte an Spurenelementen im Futter in mg/kg (DLG 1996, verändert)

	Zn	Cu	Mn	J	Se	Fe
Sauen	50	10	20	0,5	0,3	80
Ferkel	100	20	30	0,15	0,3	100
Mastschweine	50	10	20	0,15	0,3	50

EU-weit wird die Herabsetzung der gesetzlich zulässigen Höchstgehalte im Futter diskutiert. Insbesondere bei Kupfer und Zink sind drastische Reduzierungen geplant. Hintergrund sind die möglichen Anreicherungen dieser Schwermetalle im Boden.

Eventuell zulässige Höchstgehalte je kg Futter: 100 bis 150 mg Zink für alle Schweine, 20 oder 35 mg Kupfer für Ferkel und 20 mg Kupfer für Sauen und Mastschweine.

2.6.7 Wirkstoffe

Vitamine

Vitamine sind lebensnotwendige organische Verbindungen, die vom Körper bis auf wenige Ausnahmen nicht selbst gebildet werden können und deshalb mit der Nahrung zugeführt werden müssen. Sie sind für den normalen Ablauf der Lebensvorgänge (Stoffwechsel), der Entwicklung, der Fortpflanzung und der Abwehr von Krankheiten unbedingt notwendig. Im frühen 20. Jahrhundert konnten Tierexperimente zeigen, dass eine vitaminfreie Ernährung schon in sehr kurzer Zeit zum Tod der Tiere führt. Unterversorgungen mit Vitaminen werden als Hypovitaminosen und Überversorgungen als Hypervitaminosen bezeichnet. Vitaminmangel kann für das Entstehen von Gesundheitsstörungen und Erkrankungen verantwortlich sein. Verminderte Wachstums-, Milch- oder Fortpflanzungsleistungen sowie höhere Verlust- oder Erkrankungsraten können dann die Folgen sein.

Vitamine werden in fettlösliche und wasserlösliche Vitamine eingeteilt (vgl. Abb. 2-17). Die fettlöslichen Vitamine erfüllen überwiegend spezielle Aufgaben in Geweben, während die wasserlöslichen als Enzymbestandteile in erster Linie an Stoffwechselprozessen beteiligt sind. Die nur aus Kohlen-, Wasser- und Sauerstoff bestehenden fettlöslichen Vitamine werden mit den Fetten absorbiert und können in Leber, Muskeln und Fettgewebe gespeichert werden. Sie werden mehr oder weniger stark durch Einflüsse, wie Wärme,

Oxidation oder UV-Licht, geschädigt. Die wasserlöslichen Vitamine können im Körper nur in beschränktem Umfang gespeichert werden.

Die Wirkung des jeweiligen Vitamins ist in der Abbildung 2-17 benannt. Sehr kleine tägliche Versorgungsmengen in Milligramm je Kilogramm lufttrockenem Futter reichen vielfach aus, um eine Mangelversorgung zu vermeiden. Da Tiere nur eine begrenzte Fähigkeit besitzen, Vitamine zu speichern, ist es nötig, jeden Tag mit dem Futter oder Wasser ausreichend Vitamine entsprechend dem ermittelten Bedarf zu verabreichen. Nur die fettlöslichen Vitamine können teilweise im Depotfett oder im Fett der Leber gespeichert werden.

Seit dem Ende des 19. Jahrhunderts wurden immer mehr Vitamine entdeckt, ihre Struktur erforscht und eine synthetische Herstellung entwickelt. Im Laufe der Zeit veränderten sich die Erkenntnisse zu den natürlichen Formen, Vorstufen, dem Vorkommen sowie den Metaboliten und Funktionen der Vitamine. Die Analytik konnte verbessert werden, die Bezeichnungen und Klassifizierungen haben sich teilweise geändert. Das Wissen zu Agonisten und Toxizität hat sich erweitert. Heute stehen für die Ergänzung von natürlichen Futtermitteln viele Futtermittelzusatzstoffe zur Verfügung, die den natürlichen Vitaminen entsprechen oder ihnen sehr ähnlich sind und vitaminartige Wirkungen besitzen.

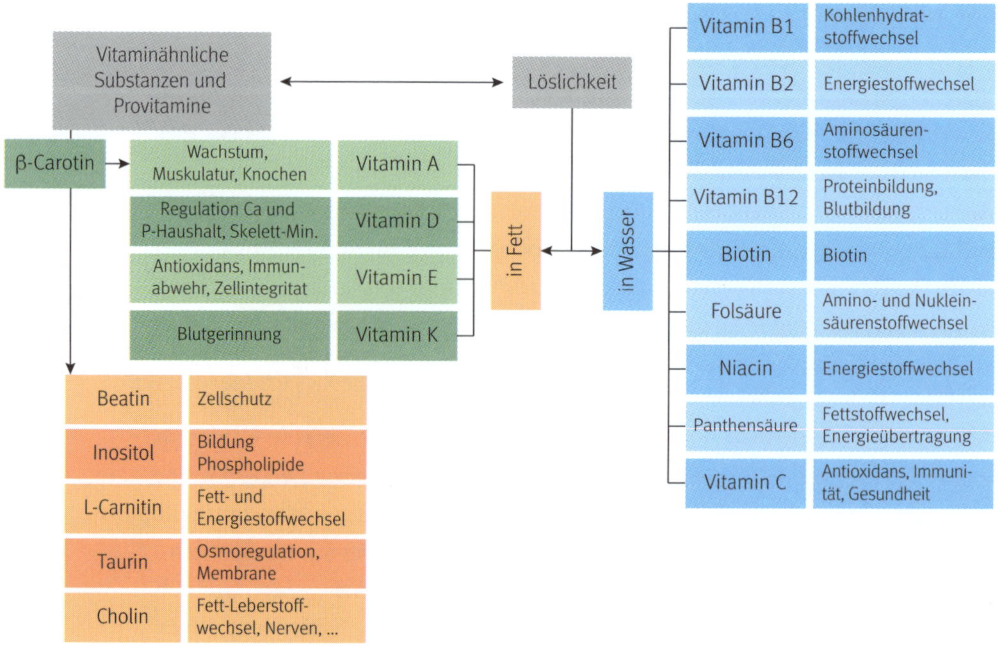

Abb. 2-17: Vitamine und Einteilung nach Löslichkeit

Vitamine in Futtermitteln

Die Vitamingehalte in den wichtigen Futtermitteln sind starken Schwankungen unterworfen. Insbesondere die Behandlung und Lagerung haben hier große Auswirkungen. Deshalb ist eine Berücksichtigung der Vitamingehalte in der Mischfutterberechnung auf der Grundlage von Lehrbuchtabellen zu ungenau. In den verschiedenen Vitamingehaltstabellen wird ausdrücklich auf die große Varianz der Werte und vielfältigen Einflüsse hingewiesen. Um die Vitaminversorgung mit den Hauptkomponenten zu gewährleisten, müsste man regelmäßig die Gehalte vieler unterschiedlicher Vitamine aufwendig analysieren. Die dann immer noch unsicheren Gehalte der Hauptkomponenten schränken die ökonomische Optimierung hinsichtlich bedarfsdeckender Energie- und Proteinversorgung ein und verteuern die Fütterung. Da gelingt eine sichere und verlässlichere Ergänzung mit zugesetzten Vitaminen viel einfacher.Ressourcen der natürlichen Vitaminlieferanten werden geschont. Premixe, die Vitaminzusätze enthalten, werden in modernen Mischfutterherstellungsprozessen mit hoher Präzision und Verlässlichkeit in ein Mischfutter eingemischt, sodass die Tiere sicher mit ausreichend Vitaminen versorgt werden.

Ziele der Vitaminversorgung

Der Vitaminbedarf ist die Menge an Vitaminen, die bezüglich einer bestimmten Lebendmasse und Leistung den optimalen Ablauf physiologischer Stoffwechselvorgänge garantiert (GfE, 1987). Ziel der Vitaminergänzung ist es, Mangelerscheinungen zu vermeiden, die Voraussetzungen für eine gesunde Entwicklung und optimale Leistungen zu schaffen und die Bildung von Körperreserven zu ermöglichen (vgl. Abb. 2-18). Sicherheitszuschläge sind in den Versorgungsempfehlungen für die Praxis enthalten, weil die konkreten Bedürfnisse der Tiere durch Klima- und Haltungsstress sowie hohen Keimdruck oder Tiererkrankungen erheblich größer sein können als der Bedarf von gesunden, normal gehaltenen Schweinen. Die Vitaminergänzung hat damit den Charakter einer »Versicherung«. Sie erreicht in der Fütterungspraxis oft ein höheres Niveau, als es nach den anerkannten interna-

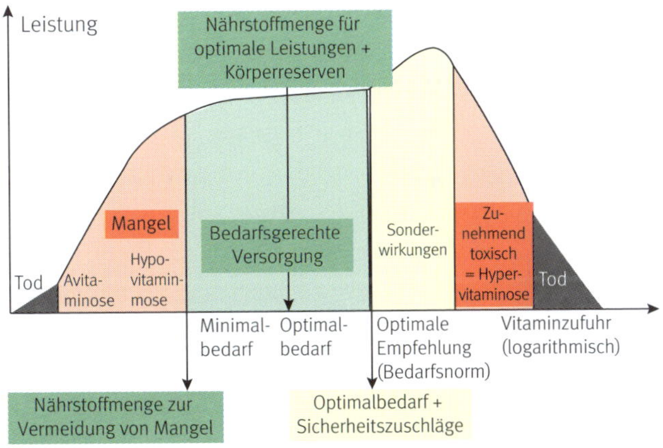

Abb. 2-18: Dosis-Wirkungs-Beziehungen zur Vitaminversorgung von Nutztieren

tionalen Versorgungsnormen erforderlich ist (Abb. 2-17). Weil Vitamine als Zusatzstoffe nur geringe Auswirkungen auf die Gesamtfutterkosten haben, ist dies eine allgemein übliche Strategie der Beherrschung von Produktionsrisiken.

Sonderwirkungen

Eine Vitamingabe über die optimalen Ergänzung hinaus kann auch dadurch gerechtfertigt sein, wenn für einzelne Vitamine bei höherem Versorgungsniveau Sonderwirkungen eintreten. Diese können zum Beispiel die Bereiche der Lebensmittelqualität, der Fruchtbarkeit, der Huf- und Klauengesundheit, der Fitness oder des Immun- und Antioxidanssystems betreffen. Wirksame Antioxidantien in Verbindung mit Vitamin- E-Zusätzen im Futter von Mastschweinen erhöhen zum Beispiel den antioxidativen Status eines Futters. Sie wirken einer hohen Belastung der Schweine mit freien Radikalen durch ein Futter mit hohen Anteilen an mehrfach ungesättigten Fettsäuren entgegen. Fettsäuren mit Doppelbindungen weisen eine hohe Oxidationsneigung auf. Durch hohe Vitamin-E-Zulagen im Futter können höhere Vitamin-E-Gehalte im Fleisch und Speck der Schweine erfüttert werden. Dadurch weisen auch die Lebensmittel einen besseren antioxidativen Status auf und Fleischbeschaffenheitsmängel und die Lebensmittelhaltbarkeit verbessern sich signifikant. Die Vitaminzulage ist in diesem Fall auf Tiergesundheit und Lebensmittelbeschaffenheit ausgerichtet.

Vitaminverluste und Stabilität

Die Varianz in den Vitamingehalten pflanzlicher Futtermittel rührt zunächst von vielen agronomischen Einflüssen auf die Erntegüter her. Das sind beispielsweise Kulturart, -sorte, Düngung, Klima, Ertrag oder Erntezeitpunkt und -verfahren. Danach können die Verfahren der Nacherntebehandlung, wie Trocknung oder Silierung, aber auch Lagerdauer und Lagerverhältnisse, wie Temperatur, Sauerstoffverfügbarkeit, Feuchtigkeit, Licht oder pH-Wert, können teilweise große Vitaminverluste verursachen. Die Verlustquoten sind im Einzelfall kaum vorhersagbar. Auch die Behandlungen im Rahmen der Futterherstellung, wie zum Beispiel das Pelletieren oder Extrudieren, können Vitaminverluste zur Folge haben. Diese Verluste sind in der Rezepturgestaltung zu berücksichtigen und durch Zulagen auszugleichen. Die Anbieter von Vitaminen haben inzwischen Applikationsformen entwickelt, die die empfindlichen Vitamine vor zerstörerischen Einflüssen schützen. Das sind Umhüllungen mit Stärke, eine Trägermatrix in der die Vitamine eingebettet sind.

Mangel durch zu geringe Futteraufnahme

Eine Unterversorgung der Tiere mit Vitaminen kann auch entstehen, wenn ein Alleinfutter mit einer ausreichenden Vitaminausstattung über eine gewisse Zeit zu wenig aufgenommen wird. Diese zu geringe Futteraufnahme kann durch Hitze, Wassermangel oder Krankheit ausgelöst werden. Bei Hitzestress und Erkrankungen der Tiere kommt hinzu, dass der Vitamin-bedarf der Tiere sprunghaft erheblich höher sein kann. In diesen Fällen kann in der Regel mit einer Anpassung der Futterrezeptur nicht schnell genug reagiert werden. Eine zusätzliche fallbezogene Vitaminierung von Trinkwasser kann dagegen kann eine wirksame Maßnahme sein, die eine Vitaminunterversorung schnell beseitigt, die Gesundung unterstützt und Stresswirkungen mindert.

Verfügbarkeit

Die Bioverfügbarkeit von nativen und zugesetzten Vitaminzusatzstoffen kann unterschiedlich sein. Es ist daher notwendig, die Bioverfügbarkeit in der Vitaminierung von Futtermitteln zu berücksichtigen.

Bei Zusatzstoffen ist es erforderlich, die Vitaminwirksamkeit der verwendeten Wirkstoffformen in den Produktformulierungen mit Umrechnungsfaktoren zur Bewertungsebene der Bedarfsempfehlung umzurechnen und damit eine Vergleichbarkeit herzustellen.

Vitaminantagonisten vermindern die Vitaminwirkungen. Das bekannteste Beispiel ist Cumarin, welches die Vitamin-K-Wirkung ausschaltet. Solche Antagonisten können natürliche Bestandteile von Futtermitteln sein und werden als antinutritive Faktoren bezeichnet.

Vitamin A (Retinol)

Dieses Vitamin kommt ausschließlich in Futtermitteln tierischer Herkunft, wie Fischöl oder Magermilchpulver, vor. In pflanzlichen Futtermitteln, wie zum Beispiel in Möhren, ist das Provitamin zum Vitamin A, das β-Carotin, enthalten.

- Fördert Aufbau, Schutz und Regeneration von Haut und Schleimhäuten des Atmungs-, Verdauungs- und Geschlechtsapparates (= Epithelschutzvitamin)
- Gewährleistet normales Wachstum (z. B. Knochen, = Wachstumsvitamin)
- Stärkt die Widerstandskraft (Immunsystem)
- Erlaubt hohe Fruchtbarkeit (Einfluss auf Steroidsynthese, Verbesserung der Ovulation)

Mangelerscheinungen
- Haut- und Schleimhautverhornung
- Wachstumsstörungen
- Fruchtbarkeitsstörungen
- Geschwächte/verringerte Widerstandskraft

Sehr hohe Vitamin-A-Gaben können zu Vergiftungen führen. Daher sind futtermittelrechtliche Höchstgehalte festgelegt (siehe Kap. 2.8.1).

β-Carotin
Carotin ist das wichtigste Provitamin A. Die Umwandlung in Vitamin A erfolgt überwiegend in der Darmwand und in der Leber. Sowohl ein steigendes Carotin-Angebot als auch eine zu geringe Zufuhr beeinträchtigen den Ausnutzungsgrad. Ein Mangel an Phosphor und Vitamin-E kann die Carotinverwertung mindern. Ein Carotinmangel kann nicht durch Vitamin A ausgeglichen werden.

Mangelerscheinungen
- Schwache oder stille Brunst, verzögerte Ovulation, Eierstockzysten, Frühaborte

Frisches Grünfutter enthält viel β-Carotin, Getreide und Kleien wenig. Konservierung und Lagerung führen zum Abbau von Carotin. Der Carotingehalt halbiert sich bei Grünmehl bei einer Lagerung von vier bis sechs Monaten.

Vitamin D_3 (antirachitisches Vitamin)
Das vom Schwein gebildete Provitamin 7-Dehydrocholesterin wird in der Haut unter Einwirkung der UV-Strahlen in Vitamin D_3 (Cholecalciferol) überführt. Das Vitamin D_2 (Ergocalciferol) entsteht in Pflanzen ebenfalls unter dem Einfluss von UV-Licht aus dem Provitamin Ergosterin. Um insbesondere bei Stallhaltung und nur wenig UV-Bestrahlung mit dem natürlichen Sonnenlicht einem Vitamin-D_3-Mangel entgegenzuwirken ist eine Ergänzung mit Vitamin-Futterzusatzstoffen ein üblicher Standard. Dieses Vitamin wird überwiegend in den Formen Vitamin D_3 und 25-Hydroxyvitamin D_3 (25-OHD_3) verwendet.
- Regulierung des Ca- und P-Stoffwechsels, fördert die Ca- und P-Absorption aus dem Darm (Verdaulichkeit).
- Stabile gesunde Fundamente (Skelett)

Vitamin D_3 – Defizitfolgen und Mangel-Indikatoren

- Demineralisierung des Skeletts (Osteomalazie), Knochenweiche, Skelettverformungen, Rachitis, Knochenbrüche
- Wachstumsverzögerung, Kümmern
- Steifer Gang, Lahmheiten

Dieses Vitamin fördert den Einbau von Ca und P ins Skelett. In Wechselwirkung mit dem Parathormon der Nebenschilddrüsen fördert es die Mobilisation von Ca aus den Knochen.

Es kommen auch Hypervitaminosen vor. Überdosierungen an Vitamin D führen zu einer verstärkten Ca- und P-Mobilisierung aus den Knochen, was Ablagerungen in den Gelenken, Nieren und Arterien zur Folge haben kann. 1 IE Vitamin D_3 = 0,025 p.g Vitamin D_3.

Vitamin E (Tocopherole)

Vitamin E ist die Sammelbezeichnung für acht verschiedene Tocopherole. Die höchste Vitamin-E-Wirksamkeit besitzt das α-Tocopherol. Da die in der Natur vorkommenden Tocopherole nicht stabil sind, wird Tocopherolacetat eingesetzt. Vitamin-E-reich sind z. B. Getreide, Pflanzenöle, Grünmehl und Gras, während Soja- und Rapsextraktionsschrote aufgrund des geringen Ölgehaltes sehr wenig Vitamin E enthalten.

Aufgaben

- Antioxidans: Radikale werden »eingefangen« (neutralisiert), wirkt antitoxisch, beugt Nekrosen vor, schützt oxidationsempfindliche Phospholipide in Zellmembranen und mehrfach ungesättigte Fettsäuren, ist neben Selen ein wichtiger Bestandteil des körpereigenen Antioxidanssystems
- Beugt der Entstehung von Muskelschäden (Herz- und Skelettmuskeln), dem plötzlichen Herztod und Nekrosen (Bananenkrankheit, Lebernekrosen, Myopathien) vor
- Unterstützt eine hohe Lebensfähigkeit (Zellintegrität) von Ei- und Samenzellen = Fruchtbarkeit
- Stabile Fleischqualität

Die Vitamin-E-Konzentration im Schweinespeck ist eng mit der Aufnahme an Vitamin E verbunden. 1 IE Vitamin E = 1 mg DL-a-Tocopherolacetat.

Vitamin K

Vitamin K ist eine Sammelbezeichnung und umfaßt Vitamin K_1 (Phyllochinon), K_2 (Menachinon) und K_3 (Menadion). Letzteres ist wasserlöslich und wird industriell hergestellt. Dieses Vitamin ist für eine ungestörte Bildung verschiedener Blutgerinnungsfaktoren notwendig. Ein Vitamin-K-Mangel führt zu Störungen in der Blutgerinnung.

B-Vitamine

Zur Gruppe der B-Vitamine gehören die Vitamine B_1, B_2, B_6, B_{12}, Nicotinsäure (Niacin), Pantothensäure, Biotin, Folsäure und Cholin. Sie haben im Stoffwechsel wichtige Coenzymfunktionen. Wenn sie fehlen, sind die zugehörigen Stoffwechselprozesse beeinträchtigt und vermindert. Die Beeinträchtigungen betreffen den Kohlenhydrat-, Fett- und Proteinstoffwechsel und damit die Versorgung mit ausreichend Energie für Syntheseprozesse und die Gewebebildung, weil Proteinsynthesen erschwert werden. Äußerlich sichtbar ist ein Vitamin-B-Defizit in Veränderungen von Haut, Schleimhaut und Haarkleid sowie eine Beeinträchtigung des Immunsystems und einer verminderten Wachstums- oder Milchleistung. B-Vitamine können durch Mikroben im Magen-Darm-Trakt gebildet werden. Beim Schwein sind das vor allem Dickdarmbakterien. Die im Dickdarm gebildeten Vitamine können aber nur unzureichend genutzt werden. Eine Ergänzung ist notwendig.

Diese Vitamine sind in Futtermitteln pflanzlicher Herkunft, wie Bierhefe, Leguminosenkörnern und Getreidekeimlingen, in verhältnismäßig hoher Menge enthalten.

Vitamin B_1 (Thiamin)

Ein wasserlösliches Vitamin, das besonders an der Verwertung von Kohlenhydraten zur Energiegewinnung beteiligt ist. Darüber hinaus ist es wichtig für den Aminosäurenstoffwechsel und das Nervensystem. Es sorgt für die Erhaltung von Nerven- und Herzmuskelgewebe sowie Wachstum.

Mangelerscheinungen

- Polyneuritis, Reizbarkeit, Krämpfe, Lähmungen
- Herzversagen
- Verminderte Futteraufnahme, Wachstumsdepression

Vitamin B_2 (Riboflavin)

Aufgaben

- Fördert die effiziente Verwertung von Kohlenhydraten, Fett- und Aminosäuren
- Riboflavin ist am Energie- und Proteinstoffwechsel beteiligt. Es fördert die effiziente Verwertung von Kohlenhydraten, Fett- und Aminosäuren und unterstützt intensives Wachstum mit günstiger Futterverwertung.

Mangelerscheinungen

- Wachstumsdepression und -störungen, verringerte Futteraufnahme, raues Haarkleid, verminderte Fruchtbarkeitsleistung
- Schleimhaut- und Gewebeläsionen, Magengeschwüre, Darmentzündung, verminderte Fe-, Zn- und Ca-Absorption

Vitamin B_6 (Pyridoxin)

Sauenmilch enthält sehr wenig Vitamin B_6, sodass eine ausreichende Ergänzung sinnvoll ist. Mais, Mühlennachprodukte und Sojaextraktionsschrote enthalten hohe Gehalte dieses Vitamins.

Aufgaben

- Beteiligt am Stoffwechsel der Aminosäuren
- Funktionsfähiges Zentralnervensystem (ZNS)
- Ist einbezogen in die körpereigene Bildung von Niacin (Nicotinsäure).
- Ist wichtig für die Regeneration von Haut, Muskeln, Nerven und DNA.

Mangelerscheinungen

- Verringerte Futteraufnahme, Wachstumsdepression, ungünstigere Proteinverwertung
- Hautentzündungen, Leberschädigungen, raues Haarkleid, Störungen des Zentralnervensystems (ZNS), Krämpfe, Anämie

Vitamin B_{12} (Cobalamin)

Dieses Vitamin wird nur in sehr kleinen Mengen von Schweinen benötigt, ist nicht in pflanzlichen Futtermitteln enthalten, wird von Mikroben gebildet und enthält das Spurenelement Cobalt. In der Leber kann der Körper dieses Vitamin speichern. Nur Futtermittel tierischer oder fermentativer Herkunft liefern natives Vitamin B_{12}.

Aufgaben
- Synthese von Aminosäuren, Blutbildung
- Wachstum, Fortpflanzung fördern

Mangelerscheinungen
- Wachstumsstörungen, Anämie, Dermatitis, raues Haarkleid

Niacin (Nicotinsäure, Nicotinsäureamid)
Nicotinsäure kann im endogenen Stoffwechsel aus Tryptophan gebildet werden. Daher hängt das Auftreten von Mangel auch mit der Tryptophanversorgung zusammen. Da Mais arm an Tryptophan ist und Niacin in großen Teilen in einer nicht verwertbaren gebundenen Form vorliegt, kann bei sehr einseitigen CCM-Rationen ein Mangel an Nicotinsäure auftreten. Pellagra ist die Niacin-Mangelerkrankung beim Menschen. Es entwickelt sich Durchfall, Dermatitis und eine Demenz. Pellagra tritt auf, wenn die Nahrung hauptsächlich aus Mais oder Sorghumhirse besteht. Diese Krankheit war vor Kenntnis der Zusammenhänge in armen Regionen Südeuropas und Amerikas weit verbreitet. In den Ursprungsländern des Maises wurde dieser vor dem Verzehr in einer alkalischen Lösung gekocht und eingeweicht (Nixtamalisation), wodurch die Nicotinsäure verfügbar wurde. Höhere Niacingehalte sind in Kleien, Hefen und Ölsaatenrückständen vorhanden.

Aufgaben
- Schlüsselrolle beim Energieumsatz
- Sind am Stoffwechsel von Kohlenhydraten, Eiweiß und Fett beteiligt (Bausteine der Coenzyme NAD und NADP)
- Glukosemobilisierung aus der Leber

Mangelerscheinungen
- Verringerte Zunahmen
- Verminderte Fresslust,
- Ungünstige Futterverwertung
- Dermatitis (Pellagra)

Pantothensäure
Die in Futtermitteln enthaltene Pantothensäure ist allgemein gut verwertbar.

Aufgaben
- Normale Entwicklung, Wachstum, günstige Futterverwertung

- Zellstoffwechsel (Baustein des Coenzyms A), Bildung von Acetylcholin (Nervenfunktion)

Mangelerscheinungen
- Wachstumsstörungen
- Pigmentverlust, raues Haarkleid, braunes Exsudat um die Augen, Hautläsionen
- Zentralnervensystem-Störungen – Bewegungsanomalien (»Paradegang«), Fruchtbarkeitsstörungen

Leber, Eidotter, Milcherzeugnisse, Extraktionsschrote, Bierhefe, Mühlennachprodukte und Milchprodukte enthalten höhere Pantothensäuregehalte.

Biotin (Vitamin B_7, Vitamin H = Haut, Haar [Feder], Huf [Klaue])
Das Biotin wird benötigt als Coenzym für verschiedene Carboxylasen. Biotinreiche Futtermittel sind Bierhefe, Ölsaatenschrote, Haferkerne oder das Eigelb. Klauen- und Hautschädigungen können mit einer Biotin-Unterversorgung im Zusammenhang stehen.

Aufgaben
- Fettstoffwechsel: Fettsäurebildung, Glukoneogenese,
- Keratinbildung, feste gesunde Klauen, intakte Haut

Mangelerscheinungen
- Fortpflanzungsleistungen gehen zurück
- Verminderte Klauenhornqualität: vermehrt Klauenrisse, -klüfte, Fußsohlenverletzungen, Entzündungen im Klauen- und Sohlenbereich, Hautveränderungen und Haarausfall

Folsäure
Folsäure ist als Coenzym an allen Stoffwechselreaktionen beteiligt, bei denen C1-Fraktionen umgesetzt werden. Damit ist das Vitamin in vielen Prozessen der Zellteilung und des Wachstums notwendig. Es wirkt synergistisch mit dem Vitamin B_{12}. Der Bedarf ist weitgehend aus nativen Quellen und der bakteriellen Synthese im Darm gedeckt. Folsäure findet man sowohl in blattreichen Pflanzenteilen, wie Luzerne/Grasgrünmehl, als auch in Futtermitteln tierischer Herkunft. Getreidekörner sind arm an Folsäure.

Aufgaben

- Proteinstoffwechsel, Übertragung von Methyl- und Formyl-Gruppen (C1)
- In Synergie mit Vitamin B_{12} Umwandlung von Homocystein in Methionin
- Bildung von Erythrozyten und Leukozyten

Mangelerscheinungen

- Vermindertes Wachstum, Veränderungen im Blutbild, Haarausfall
- Fruchtbarkeitsstörungen

Cholin

Cholin zählt nur bedingt zu den Vitaminen, da es in der Regel im Stoffwechsel gebildet werden kann und die Gehalte in den meisten Futtermitteln im Grammbereich liegen. Bei Jungtieren kann am ehesten, auch aufgrund geringer Verwertungsraten der nativen Gehalte, eine Vitaminergänzung notwendig sein. Es kann in der Leber gebildet werden. Cholin ist ein Bestandteil von Phospholipiden, die Teile von Zellmembranen sind. Das Vitamin ist wie Methionin ein Methylgruppendonator. Es kann in gewissem Umfang den Methioninbedarf entlasten und ist in Futtermitteln tierischer Herkunft, Bierhefe, Leguminosenkörnern und Getreidekeimlingen enthalten.

Aufgaben

- Synthese von Phospholipiden (Lecithin – Fettstoffwechsel), Methylgruppendonator Acetylcholin, Übertragung von Nervenreizen (Acetylcholin)

Mangelerscheinungen

- Störungen im Fettstoffwechsel (Fettleber), Störungen in der Funktion von Gelenken und Knochen (Perosis, Spreizbeinigkeit, Hundesitzigkeit), Wachstumsverzögerung

Vitamin C (Ascorbinsäure)

Aufgaben

- Antioxidans
- Antikörperbildung
- Synthese von Nebennierenhormonen

Mangelerscheinungen

- Erhöhte Anfälligkeit für Stress und Infektionen

L-Carnitin

L-Carnitin ist eine körpereigene Substanz, deren Aufbau dem der Aminosäure ähnelt (chemisch ein Aminobutyrat). Es ist futtermittelrechtlich als Zusatzstoff zugelassen und der Gruppe »Vitamine, Provitamine und ähnlich wirkende Stoffe, die chemisch eindeutig beschrieben sind« zugeordnet. Ausgangsstoffe für die Carnitin-Synthese sind Lysin und Methionin, der überwiegende Teil des Carnitins wird in der Leber gebildet. Muskeln und Spermien sind reich an Carnitin. Seine Hauptaufgabe liegt im Fettstoffwechsel in der Förderung der Fettsäurenverbrennung. So ist Carnitin wichtig für den Transport der Fettsäuren in die Mitochondrien (»Kraftwerke« der Zelle). Neben der Verbesserung der Energieversorgung der Zellen werden als weitere Effekte die Stimulierung körpereigener Wachstumshormone sowie ein erhöhter Muskelfaseransatz der Föten diskutiert.

Das lebensnotwendige Carnitin ist in tierischen Futtermitteln in größeren Mengen (ca. 100 bis 300 mg/kg) vorhanden, pflanzliche Futtermittel enthalten wenig Carnitin (ca. 5 bis 20 mg/kg).

In Versuchen mit Sauen führte eine Carnitinergänzung im Futter zum Teil zu höheren Geburtsgewichten und Zunahmen der Ferkel und zu einer verbesserten Reproduktionsleistung. Aufgrund einiger Untersuchungsergebnisse werden teilweise Gehalte von mindestens 50 mg Carnitin/kg Futter empfohlen.

Enzyme

Mechthild Freitag

Futtermittelrechtlich zählen Futterenzyme zur Kategorie der zootechnischen Zusatzstoffe, Funktionsgruppe Verdaulichkeitsförderer. Enzyme sind Biokatalysatoren, die biochemische Reaktionen im Stoffwechsel beschleunigen, ohne dabei selbst verbraucht zu werden. Daher wirken sie in kleinen Mengen. Verdauungsenzyme spalten ein Substrat an einer spezifischen Stelle. Exoenzyme trennen Bausteine am Ende der Molekülkette zur Resorption ab. Endoenzyme haben Schnittstellen innerhalb des Molekülstrangs und zerkleinern so große Partikel. Letztere sind vor allem aufgrund der kurzen Verweildauer des Chymus im Magen wirksamer als Exoenzyme.

Enzyme werden von Mikroorganismen (Pilzen, Hefen, Bakterien) gebildet. Ihre Wirksamkeit im Verdauungstrakt hängt von den für jedes Enzym spezifischen Umweltbedingungen ab. Das sind vor allem Temperatur, pH-Wert und Substratkonzentration. Als Maßeinheiten werden Begriffe, wie U, FTU oder FYT verwendet, die angeben, in welcher Zeit eine bestimmte

Menge eines spezifischen Substrats bei gegebener Temperatur und einem definierten pH-Wert umgesetzt werden. Enzymgemische können sich in ihrer Wirkung ergänzen.

Die Bezeichnung der Enzyme wurde von der Enzyme Commission (E.C.) in einem Zahlencode festgelegt: Hauptklasse – Substratgruppe – spaltbare Molekülgruppe – umsetzbares Molekül (Beispiel: E.C.3.2.1.8: Hydrolase – Glykosid – spaltet O-Glykosid – spaltet Xylane → Endo-1,4-β-Xylanase). Futtermittelrechtlich sind für die Tierernährung Hydrolasen (Hauptklasse 3) für die Substratgruppen Phosphate (1), Kohlenhydrate (2) und Proteine (4) zugelassen. In der Tierernährung werden Enzyme eingesetzt, um Substrate zu spalten, für die keine oder zu wenige körpereigene Enzyme vorhanden sind. Dies betrifft in erster Linie den Einsatz von Phytase zur Spaltung von Phytaten und Glycosidasen zur Spaltung von Nicht-Stärke-Polysacchariden (NSP).

Phytasen

In Pflanzen liegt der überwiegende Teil des Phosphors in Form von Phytinsäure oder Phytat vor und ist damit für den tierischen Organismus erst nach Spaltung durch das Enzym Phytase nutzbar. Phytasen können die Hydrolyse am C3 (3-Phytase) oder am C6 (6-Phytase) beginnen und dabei zwischen drei und sechs Phosphorgruppen vom Molekül abspalten.

Viele Pflanzen enthalten eigene Phytase in unterschiedlichen Konzentrationen, die jedoch während der Trocknung oder Lagerung vor allem durch Hitzeeinwirkung mehr oder weniger stark denaturiert wird. Daher wird Schweinefuttermitteln das Enzym routinemäßig zugesetzt und damit die Phosphorverdaulichkeit auf durchschnittlich 60 % gesteigert. Beim Einsatz von 500 FTU bzw. 750 FYT Phytase kann in einer Getreide-Soja basierten Ration von einer Freisetzung von 0,8 g verdaulichem Phosphor (vP) pro kg ausgegangen werden. Bei einem Bedarf von 1,85 g vP pro kg Endmastfutter kann damit 40–45 % des Phosphorbedarfs aus dem Phytat gedeckt werden bzw. bei 800 g Tageszunahmen ab ca. 80 kg Lebendmasse auf den Zusatz von Phosphor im Mineralfutter verzichtet werden – zugunsten der Futterkosten und der Umwelt. Wie viel Phosphor tatsächlich freigesetzt wird, hängt im Wesentlichen vom Gehalt an Phytinphosphor, der Phytaseart und der Höhe des Enzymzusatzes ab (Tab. 2-6).

Tab. 2-6: Effekt von 6-Phytase auf die Verdaulichkeit (%) der Trockenmasse (TM) und einiger Mineralstoffe

Substrat	ohne Phytase	750 U	1000 U
TM	78,2[a]	78,8[ab]	79,0[b]
P	21,4[a]	36,8[b]	38,1[b]
Ca	19,5[a]	29,4[b]	28,8[b]
Mg	16,7[a]	15,9[a]	19,4[b]
Cu	1,4[a]	2,0[a]	7,6[b]

a:b = p ‹ 0,05; Jongbloed und Kemme 2002

Zusätzlich zum Phosphor bindet Phytat weitere Mineralstoffe, wie Calcium, Magnesium, Eisen,

Zink, Kupfer bzw. Mangan, (Abb. 2-19) und bildet Komplexe mit Aminosäuren und Proteinen, sodass durch den Phytaseeinsatz die Verdaulichkeit auch dieser Elemente erhöht wird.

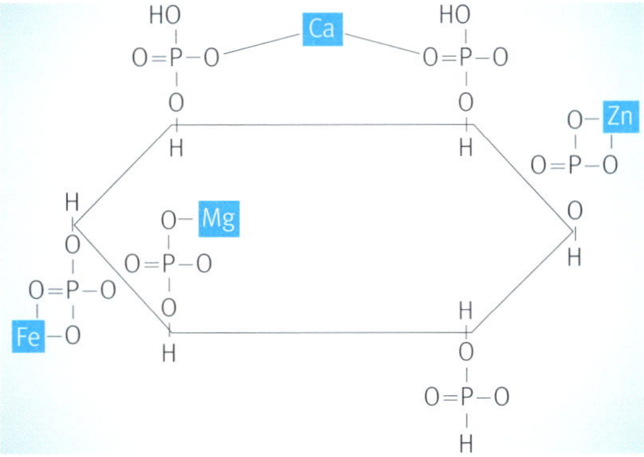

Abb. 2-19: Chemische Struktur des Phytats = Phytinsäure = Phenolring

Voraussetzung ist die Wirksamkeit der Phytase zum Zeitpunkt der Fütterung, was in mehlförmigen Futtermitteln unproblematisch ist. Je nach Herkunft der Phytase ist jedoch ein temperaturabhängiger Wirkungsverlust durch Pelletierung und Lagerung zu erwarten. Bei nachträglich auf den Pellet aufgesprühten Enzymen kann ein Verlust durch Abrieb entstehen.

NSP-spaltende Enzyme

Bei den Nicht-Stärke-Polysacchariden (NSP) handelt es sich im Wesentlichen um β-Glucane, Pentosane und Oligosaccharide, also Gerüstsubstanzen in Pflanzenzellen. Diese Substanzen, auch als »dietary fiber« bezeichnet, sind von körpereigenen Enzymen nicht abbaubar. Als Teil der Zellwand umschließen sie die hochverdaulichen Inhaltsstoffe, die damit für den tierischen Organismus nicht verfügbar sind (Käfigeffekt). β-Glucane aus Gerste und Hafer sowie Pentosane (überwiegend Arabinoxylane) aus Roggen, Weizen (speziell Kleie) und Triticale erhöhen zudem durch Reduzierung der Wasserresorption die Viskosität der Darmdigesta. Die Spaltung der NSP durch β-Glucanasen und Xylanasen führt zu einer Beschleunigung der Darmpassagezeit bei gleichzeitig besserer Durchmischung des Darmchymus und Verbesserung der Nährstoffverdaulichkeit. Die kürzeren NSP dienen als Nahrungsquelle für die Darmflora und stärken so die Darmgesundheit. Zusätzlich wurden eine Erhöhung der resorptiven Darmoberfläche und der Aktivität der Darmenzyme beobachtet. In Fütterungsversuchen mit Ferkeln wurde nachgewiesen, dass Energie- und Stärkeverdaulichkeit und dadurch Tageszunahmen und Futtereffizienz signifikant verbessert waren. Somit kann bei optimaler Enzymwirkung mit einem gegebenen Energiegehalt des Futters eine höhere Leistung erzielt werden.

Ein Problem beim Einsatz von NSP-spaltenden Enzymen ist deren hohe Substratspezifität einerseits und die sehr heterogene Zusammensetzung der NSP andererseits. Für eine optimale Wirkung sind häufig mehrere aufeinander abgestimmte Enzyme notwendig. Daher werden in der Praxis zum Teil

Enzymkomplexe eingesetzt. Insgesamt ist der Einsatz von Carbohydrasen in der Ferkelaufzucht zur Verbesserung der Darmgesundheit und in der Mast zur Verbesserung der Nähstoffverdaulichkeit (Energieausnutzung) und damit Reduzierung von Emissionen weit verbreitet.

2.7 Beeinträchtigung von Tiergesundheit, Tierwohl, Fütterungseffizienz und Lebensmitteln

2.7.1 Beeinträchtigung der Vitalität und Gesundheit

Wilke Griep

Eine optimale, bedarfsgerechte Fütterung der Schweine ist Grundvoraussetzung für Tiergesundheit und -wohlergehen, den wirtschaftlichen Erfolg des Betriebes sowie die Produktion sicherer Lebensmittel. Ziel einer Fütterung ist es, über Futter- und Fütterungsoptimierungen die ausreichende Versorgung mit Nährstoffen sicherzustellen, den Darm zu stabilisieren sowie die Tiere zu »sättigen« und zu »beschäftigen«.

Von den Futtermitteln sowie der Fütterung können aber auch Risiken ausgehen, die vor allem die Gesundheit des Tieres – das Tierwohl eingeschlossen –, aber auch die Fütterungseffizienz und möglicherweise sogar die Lebensmittelsicherheit gefährden. Diese Risiken sollen minimiert und beherrscht werden.

Während sich antinutritive Faktoren (ANF) vor allem negativ auf die Fütterungseffizienz auswirken, beeinträchtigen mikrobielle Belastungen und Toxine sowie unerwünschte Stoffe das Wohlbefinden, die Fortpflanzungsfähigkeit, die Widerstandskraft und können je nach Ausmaß der Belastung klinische Erkrankungen oder sogar den Tod verursachen.

Die Sicherheit der gewonnenen Lebensmittel kann beeinträchtigt werden, wenn beispielsweise Tiere erkranken und/oder es zu einem Übergang der gefährdenden Stoffe in das Lebensmittel (»carry over«) kommt. Mit dem Futter können unter Umständen auch Infektionskrankheiten übertragen werden.

Eine unterschwellige oder subklinische Belastung durch Risikofaktoren wirkt als Stress auf den Organismus. Auf Tiere einwirkender Stress beansprucht das körpereigene Antioxidanssystem. Tiere mit hohen physiologischen Leistungen,

Tab. 2-7: Anzustrebende Partikelgrößenverteilung bei mehlförmigen Futtermitteln

Partikelgröße	Einheit	Art der Siebfraktionierung			
		trocken	nass		
		üblich	fein/zu fein	üblich	fein/zu fein
< 0,2 mm	Masse-%	< 20	≥ 40	< 35	> 50
> 1,0 mm	Masse-%	> 15–20	≤ 5	> 15–20	≤ 5

Quelle: KAMPHUES u. a., 2009

wie z. B. Milchproduktion oder Wachstum, sind ohnehin schon wegen der enormen physiologischen Aktivität einer großen Belastung durch freie Radikale ausgesetzt. Der zusätzlich vom Futter ausgehende Stress kann dann sehr leicht zu einer Überlastung des Antioxidanssystems führen und infolgedessen das Auftreten klinischer Erkrankungen verursachen – die Tiere werden aus der Sicht des Tierhalters dann insgesamt »empfindlicher« und »krankheitsanfälliger«. Insbesondere bei hohen physiologischen Leistungen sind daher alle Arten von Stressoren – auch die fütterungsbedingten – zu minimieren oder zu vermeiden.

Krankmachende Keime oder Toxine können auch mit der täglichen Futteraufnahme ins Tier gelangen und schädigend wirken. Eine ausreichende Hygiene ist permanent erforderlich, damit mit der Fütterung eine möglichst geringe mikrobielle Belastung auf die Tiere einwirkt.

In der Herstellung von Mischfuttermitteln (vgl. Kap. 3) beeinflussen auch physikalische Eigenschaften, wie der Vermahlungsgrad in einem Getreideschrot, die Gesundheit des Tieres. Ein zu hoher Anteil sehr fein geschroteter Partikel kann zur Erkrankung der Magenschleimhaut und infolgedessen zu Magengeschwüren führen. Oftmals läuft das Geschehen subklinisch ab, aber mit erkennbaren Leistungseinbußen. Eine gröbere Futterstruktur senkt die Salmonellenprävalenz. Da jedoch andererseits zu grobe Futterstrukturen die Verwertbarkeit verschlechtern, ist eine mittlere Vermahlung anzustreben. Die Angaben in Tabelle 2-7 dienen als Orientierungswerte zur optimalen Partikelgröße.

Die Eiweißverdaulichkeit des Futters spielt bei der Vorbeugung von Verdauungsstörungen eine bedeutende Rolle. Zusätzlich hat sie einen positiven Einfluss auf die Futterverwertung. Bei den Eiweißfuttermitteln weist Sojaextraktionsschrot mit 85 % die höchste Proteinverdaulichkeit auf. Diese liegt bei anderen pflanzlichen Eiweißträgern, wie Rapsextraktionsschrot, Ackerbohnen, Sonnenblumenschrot und Erbse, deutlich niedriger. In der Vormast sollte auch auf eine geringe Säurebindungskapazität des Futters geachtet werden.

Wichtig für die Darmgesundheit ist weiterhin der Gehalt an bakteriell fermentierbarer Substanz. Mit dem besonders bei Sauen durch Darmbakterien erfolgenden Aufschluss von Cellulose, Hemicellulose und Pektinen im Dickdarm werden nicht nur flüchtige Fettsäuren als Energiekomponenten verfügbar, sondern die so eintretende Absenkung des pH-Werts hemmt Schadkeime im Darm.

Faserstoffe im Futter führen zu einer Verringerung der Nährstoffdichte (unverdauliche Fasern, eigentliche Rohfasern), zu besserer Sättigung (verdauliche Fasern) und können auf diese Weise ein Überfressen verhindern.

Alle Fehler im Fütterungsmanagement oder in der -technologie (Abb. 2-20) beeinträchtigen in Abhängigkeit vom Grad und der Dauer der Belastung die Vitalität des Tieres. Sie sind dann förderlich für die Entstehung von

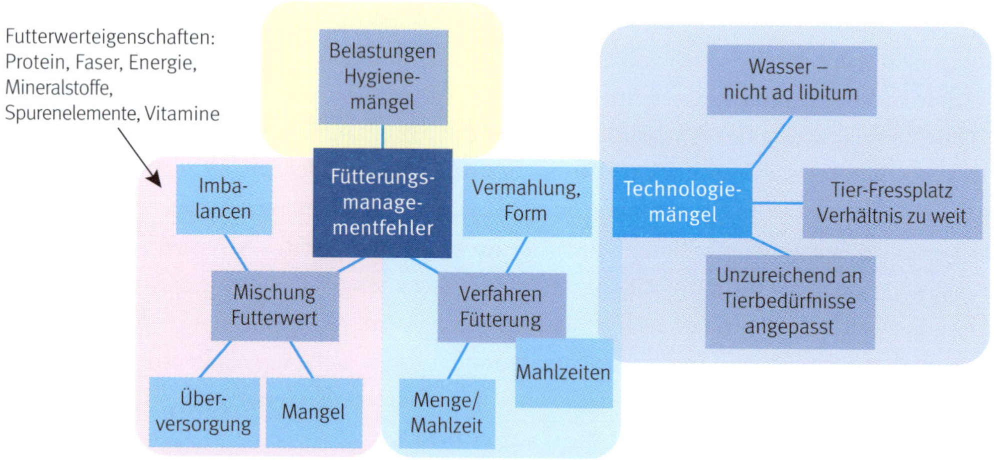

Abb. 2-20: Tiergesundheit und -wohl – Fütterungsfehler und -mängel

Erkrankungen und schließlich auch direkt krankmachend. Ein kurzzeitiger Mangel oder Überschuss an essenziellen Nährstoffen wird sich kaum auswirken, während beispielsweise eine langandauernde Unterversorgung in Verbindung mit Imbalancen mit erhöhten, schwerwiegenden Erkrankungsraten einhergehen kann.

Eine nicht bedarfsgerechte Versorgung von Tieren in einer bestimmten Futterwerteigenschaft verursacht Stress. Je nachdem, um welche Futterwerteigenschaft es sich handelt und entsprechend dem Grad der Unter- oder Überversorgung, entstehen Versorgungsimbalancen und oxidativer Stress. Der Organismus muss dem einen physiologischen Ausgleich entgegensetzen. Das kann beispielsweise das Ausschleusen von überschüssigem Stickstoff als Harnstoff-N sein. Steht eine Aminosäure wie Lysin mit dem Futter nicht ausreichend zur Verfügung, kann als Konsequenz nur die Proteinsynthese eingeschränkt werden. Infolgedessen werden dann andere Aminosäuren nicht mehr benötigt.

Bei einer Überversorgung muss der Organismus den belastenden Stoff durch Entgiftung, Ausschleusung oder Einlagerung absondern. Mit zunehmender Überversorgung von Futterwirkstoffen (Vitaminen) sowie Mengen- und Spurenelementen wird die Fähigkeit des Organismus, die Belastung zu beherrschen, überfordert. Im Extremfall kommt es dann zu Vergiftungserscheinungen. Ein Proteinüberschuss zum Beispiel macht eine Verstoffwechselung des überschüssigen Protein-N bis zum Harnstoff-N im Urin notwendig.

Wie Abbildung 2-21 veranschaulicht, ist sowohl in der Zone der Überversorgung als auch in der Zone der Unterversorgung mit Beeinträchtigungen

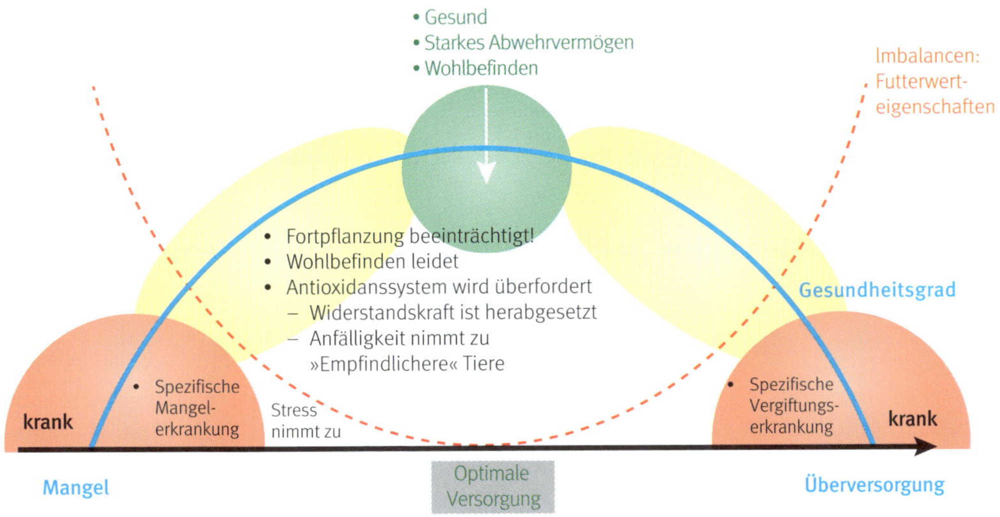

Abb. 2-21: Einfluss des Grades der Versorgung mit essenziellen Wirkstoffen auf Gesundheit, Wohlbefinden und Fortpflanzung allgemein

zu rechnen. Nur das Fütterungsoptimum gewährleistet die ausreichende Bedienung aller wesentlicher Stoffwechselprozesse mit den erforderlichen essenziellen Stoffen. In der Zone der Über- und Unterversorgung kommt es zu Imbalancen bei essenziellen Stoffen und aufwendige Anpassungsprozesse sind erforderlich. In der Übergangsphase zwischen optimaler und krankmachender Phase werden Abwehrsysteme des Organismus (Antioxidans-, Immunsystem) stärker beansprucht und haben eine erhöhte Krankheitsanfälligkeit zur Folge. Die Übergänge verlaufen fließend und hängen natürlich von vielen Faktoren, wie Haltungsbedingungen, Platzangebot, Tier-Fressplatz-Verhältnis, Klima oder Schadstoffbelastung, ab.

2.7.2 Beeinträchtigung des Tierwohls

Die Haltung von Schweinen unter Beachtung der aktuellen Tierschutzrechtsnormen (EU, Deutschland) ist ein Mindeststandard, der von keinem Tierhalter unterschritten werden darf. Das Wohl des Tieres darüber hinaus zu verbessern, ist das erklärte Ziel unterschiedlicher Öko-Verbände und Tierwohlinitiativen. Eine *ad-libitum*-Versorgung mit Wasser sowie eine bedarfsgerechte Versorgung mit Futter bezüglich Futtermittel, -menge, -qualität/-hygiene oder Mahlzeiten und Tier-Fressplatz-Verhältnisse sind bereits Standardvorgaben des Tierschutzrechts.

Alle Maßnahmen der Fütterung, die dazu beitragen, dass sich eine gesunde Darmflora stabil etabliert und Metabolite des mikrobiellen Stoffwechsels, wie

Tab. 2-8: Rohfaser- und Nicht-Stärke-Polysaccharide-Gehalte in Futtermitteln

Futtermittel	Rohfaser	β-Glucane	Pentosane	NSP gesamt
Weizen	20–34	2–15	55–95	75–106
Roggen	22–32	5–30	75–91	107–128
Triticale	30	2–20	54–69	74–103
Gerste	42–93	15–107	57–70	135–172
Hafer	80–123	30–66	55–69	120–296
Mais	19–30	1–2	40–43	55–117
Weizenkleie	106–136		150–250	220–337
Sojaschrot	34–99		30–45	180–227
Rapsschrot	109–159			187
Futtererbsen	56–72			156

z. B. die Buttersäure, die Entwicklung einer günstigen Darmwandmorphologie (Zotten, -länge, Kryptentiefe, …) fördern, sollten das Wohl der Tiere verbessern. Denn in einem gesunden Darm werden die Futterinhaltsstoffe besser verdaut und resorbiert und die Nahrung ist damit für das Tier verträglicher. Bekömmlicher ist die Fütterung auch dann, wenn mit der Futtermischung einer Verstopfung (Opstipation) vorgebeugt wird. Dies gelingt dann, wenn strukturbildende und wasserbindende Faserstoffe in den Mischungen die Darmperestaltik anregen und damit eine regelmäßige Defäkation mit pastöser Kotkonsistenz fördern. Eine Aufkonzentrierung einer Futtermischung im Energie- oder Proteingehalt hat daher seine Grenzen. Die Anteile der Fasern in den Hauptfuttermitteln sind in Tab. 2-8 aufgeführt.

2.7.3 Antinutritive Faktoren

Antinutritive Substanzen (ANF), Antinutritiva und Antinährstoffe sind natürliche, meist sekundäre Pflanzeninhaltsstoffe, die auf unterschiedliche Weise eine optimale und normale Verwertung der mit der Nahrung aufgenommenen Nährstoffe durch das Tier einschränken. Die Einschränkung kann sich auch in der Verminderung physiologischer Leistungen zeigen. Es sind in Futtermitteln enthaltene Substanzen, die unabhängig vom Nährwert, negative Wirkungen für das Tier haben können. Das sind insbesondere die Futteraufnahme oder die Verdauungsvorgänge. Sekundäre Pflanzeninhaltsstoffe bestimmter Pflanzenarten und -teile können für Tiere zu ANF werden. Die Aufnahme von zu hohen Dosen von ANF kann die Futteraufnahme herabsetzen, die Verdaulichkeit von Nährstoffen verringern, die Wirksamkeit von Wirkstoffen einschränken, Stoffwechselstörungen verursachen und im äußersten Fall auch toxisch wirken. Vitamin-Antagonisten werden als Antivitamine bezeichnet und setzen die Vitaminwirksamkeit herab. Die Wirkung von Enzymen kann durch Antienzyme und andere Enzyminhibitoren beeinflusst werden.

So kann unter anderem eine vermehrte Aufnahme von biogenen Aminen, Saponinen, Glucosinolaten, Oxalsäure, etherischen Ölen, Phytinsäure, Phenolen (z. B. Tanninen), Cumarinderivaten oder cyanogenen Glycosiden mit Intoxikationen oder einer Einschränkung der Verfügbarkeit von Nährstoffen verbunden sein (Jodmangel, Goitrogene, Eisenmangel).

Einige **Nicht-Stärke-Polysaccharide** (NSP) die der Analysefraktion der Rohfaser zugeordnet werden, beeinflussen die Viskosität. Bei hohen NSP-Gehalten wird die Viskosität größer, das heißt, die Digesta ist zähfließend und kleberig und sie durchfließt den gesamten Verdauungstrakt langsamer. Das führt dann zu einer abnehmenden Futteraufnahme. Wachstumsintensität und Fütterungseffizienz bleiben dann unbefriedigend. Insbesondere Pentosane oder β-Glucane sind Kohlenhydrate, die zur Gruppe der NSP gehören und als ANF wirken. Die Glucane sind genau wie die Cellulose β-glycosidisch verknüpfte Glucosemoleküle, die mit körpereigenen Enzymen nicht aufgespalten werden können. Die starke Verzweigung der β-Glucane ist für die intensive Quellung durch Wassereinlagerung im Molekül verantwortlich. Die Futtermittel aus den bedeutsamen Körnerfrüchten können teilweise hohe NSP-Gehalte aufweisen (vgl. Tab. 2-8), wie zum Beispiel Roggen, Gerste, Hafer, Weizenkleie, Sojaschrot oder Rapsschrot.

Unverdauliche **Oligosaccharide**, wie Raffinose, Stachyose oder Verbascose, die insbesondere in Leguminosen vorkommen, werden im Dickdarm von der mikrobiellen Flora leicht abgebaut und verursachen dann Blähungen oder Durchfälle.

Proteinase-Inhibitoren sind Enzyme, also Proteine, die Verdauungsenzyme wie das Trypsin oder Chymotrypsin hemmen, die Enzymaktivität im Verdauungsprozess bei Tieren herabsetzen und dadurch dann die Verdaulichkeit der Proteine im Futter verringern. Die Futterverwertung verschlechtert sich. Diese ANF sind charakteristisch für Leguminosen, wie die Sojabohne. Bei Jungtieren sind größere Auswirkungen als bei älteren oder ausgewachsenen Tieren zu erwarten.

Lektine, die Resorptionsstörungen und das Verklumpen von roten Blutkörperchen verursachen können, sind insbesondere in Phaseolusarten, wie den Ackerbohnen oder Lupinen aber auch in Sojabohnen, zu finden. Ab einer bestimmten Menge verursachen Lektine bereits nach kurzer Zeit Kopfschmerzen, Erbrechen, Durchfall und Magen-Darm-Beschwerden. Es sind komplexe Glykoproteine, die in gegartem Zustand inaktiviert werden und dann nicht mehr schädlich sind. Aus alter Erfahrung heraus werden Bohnen deshalb in gegartem Zustand gegessen. Für den Menschen lösen bereits vier oder fünf rohe Samen der Feuerbohne Symptome aus.

Zur Stoffgruppe der **Glucoside/Glycoside** gehören Stoffe, wie das Vicin und Convicin, welches den Fettstoffwechsel, die Fruchtbarkeit und Milchbildung stört und die Legeleistung beeinträchtigt. Saponine in den Leguminosen verursachen einen bitteren Geschmack, tragen zur Schaumbildung im Verdauungstrakt, zu einer Anti-Vitamin-D-Wirkung und Hämolyse bei. Cyanogene Glucoside können Vergiftungserscheinungen durch Freisetzen von Blausäure, einem Atmungsgift, auslösen. Diese ANF finden sich zum Beispiel in Lein oder im Maniok.

Die **Phenolderivate** sind, chemisch gesehen, Stoffe, die sich vom Phenol, einer Verbindung mit einem aromatischen Ring aus 5 C-Atomen, ableiten. Verschiedene sekundäre Pflanzeninhaltsstoffe gehören als Polyphenole in diese Gruppe und haben auch den ANF-Charakter. Dazu gehören die **Tannine** oder Gerbstoffe, die sich in vergleichsweise hohen Gehalten in der Weintraube, im grünen und schwarzen Tee, in der Rinde von Bäumen aber auch in Ackerbohnen, Erbsen, Raps oder anderen Leguminosen finden lassen. Inappetenz und Hemmung von proteolytischen Enzymen, also die Beeinträchtigung der Futteraufnahme und der Proteinverdaulichkeit, können durch Tannine verursacht werden. Einige Polyphenole haben mittlerweile aber auch als Wirkstoffe Bedeutung erlangt, die dem oxidativen Stress entgegenwirken und in der Stärkung von Gesundheit und Widerstandskraft nützlich sein und Entzündungsprozesse günstig beeinflussen können. Wenn Futtermittel also Inhaltsstoffe mit antinutritiven und zugleich günstigen Wirkungen enthalten, ist eine Abwägung notwendig. Ein Ausweg kann es sein, spezielle Formulierungen und Futterzusatzstoffe mit ausgewählten Polyphenolen in Verbindung mit Hauptfutterkomponenten zu verwenden, die möglichst geringe ANF-Wirkungen aufweisen.

In pflanzlichen Futtermitteln liegen etwa 50–80 % des Phosphors als **Phytat** gebunden vor. Phytat bzw. Phytinsäure dient in Pflanzen als Speicher für Phosphat, das sie unter anderem für die Photosynthese benötigen. Dieser Inhaltsstoff gehört ebenfalls in die Gruppe der Phenolderivate und ist ein ANF, weil Säugetiere für diesen Ring nicht das notwendige Verdauungsenzym, die Phytase, bilden. Da deshalb nur nativ im Futtermittel enthaltene Phytase den Aufschluss des »Käfigs« bewirken kann, ist die Verdaulichkeit des Phosphors aus pflanzlichen Futtermitteln relativ niedrig. Da auch z. B. Ca und Spurenelemente im Phytin-Ring eingebunden sein können, sind auch diese essenziellen Stoffe vermindert verdaulich. Weltweit hat sich die Methode durchgesetzt, die Verdaulichkeitseinschränkung durch eine zugesetzte Phytase zu beseitigen. Dieser Zusatzstoff ermöglicht es, die knappe Naturresource Phosphor schonend zu verwenden und Phosphoreinträge in Intensiv-Tierhaltungsregionen zu vermindern. Denn mit dem Zusatz von Phytase lässt sich eine bedarfsdeckende Phosphorversorgung von Schweinen mit weniger Bruttophosphor erreichen. In der Tabelle 2-9 sind wesentliche Einzelfuttermittel mit ihren P-Gehalten und -Verdaulichkeiten aufgeführt.

Tab. 2-9: Phosphor als brutto P und verdauliches vP sowohl ohne zugesetzte Enzyme und mit mittlerem und hohem Phytasezusatz

	P	VQ-P	vP	Zwischenstufe vP inkl. 375 FTU Phytase		VQ-P	max-VQ P 68 % vP inkl. 750 FTU Phytase	
	g/kg T	%	g/kg T	g/kg T	g/kg T	%	g/kg T	g/kg T
Ackerbohnen	5,50	32,7	**1,80**	+ 1,46	= 3,26	(59,2)	1,94	= 3,74
Erbsen	4,70	42,6	**2,00**	+ 0,90	= 2,90	(61,6)	+ 1,20	= 3,20
Lupinen	3,10	48,4	**1,50**	+ 0,46	= 1,96	(63,1)	+ 0,61	= 2,11
Weizen	3,30	63,6	**2,10**	+ 0,11	= 2,21	(66,9)	+ 0,14	= 2,24
Gerste	3,70	44,6	**1,65**	+ 0,65	= 2,30	(62,1)	+ 0,87	= 2,52
Mais	3,20	15,6	**0,50**	+ 1,26	= 1,76	(54,9)	+ 1,68	= 2,18
Roggen	3,20	50,0	**1,60**	+ 0,43	= 2,03	(63,5)	+ 0,58	= 2,18
Triticale	3,35	50,7	**1,70**	+ 0,43	= 2,13	(63,7)	+ 0,58	= 2,28
Raps-ES	11,80	30,5	**3,60**	+ 3,32	= 6,92	(58,6)	+ 4,42	= 8,02
Soja-ES	7,30	34,2	**2,50**	+ 1,85	= 6,92	(59,6)	+ 2,46	= 4,96
Soja-ES-HP	7,40	45,9	**3,40**	+ 1,22	= 4,62	(62,5)	+ 1,63	= 5,03
Trockenschnitzel	0,90	11,1	**0,10**	+ 0,38	= 0,48	(53,8)	+ 0,51	= 0,61
Weizengrießkleie	10,30	30,1	**3,10**	+ 2,93	= 6,03	(58,5)	+ 3,90	= 9,11
Weizenkleie	13,40	29,9	**4,00**	+ 3,83	= 7,83	(58,5)	+ 5,11	= 9,11
Schlempe (DDGS)	8,90	60,7	**5,40**	+ 0,49	= 5,89	(66,2)	+ 0,65	= 6,05
Soja-Schalen	1,60	18,8	**0,30**	+ 0,59	= 0,89	(55,7)	+ 0,79	= 1,09

Aus dieser Tabelle wird ersichtlich, dass die im Futtermittel enthaltene Menge an verdaulichem Phosphor mit einer mittleren oder hohen Dosierung des Enzyms Phytase der Phosphorausnutzungsgrad der Einzelfuttermittel zunimmt. Mineralischer Phosphor kann weniger verbraucht werden, weil die Verdaulichkeit des Phosphors in Futtermitteln pflanzlicher Herkunft bis auf etwa 70 bis 80 % erhöht werden kann.

Zugesetzte wirksame Enzyme können in diesem Fall die ungünstige Wirkung der Phytate (ANF) aufheben.

Einige **Alkaloide,** wie die **Glucosinolate** in allen Brassica-Arten (Raps, Senf, Kohl, Rübsen) oder Hordenin, Perlolin (Gräser), Lupinin, Lupamin (Bitterlupinen), Betain (Betarüben, -blätter) oder Cumarin (Steinklee, Gräser), sind bitter oder verursachen andere sensorische Fehler, sodass die Futterattraktivität sehr gering und dadurch die Futteraufnahme beeinträchtigt ist. Glucosinolate verursachen außerdem einen sekundären Jodmangel, Störungen der Schilddrüsenfunktion und der Fruchtbarkeit. Die Milch von Kühen kann geschmackliche Abweichungen bei zu hohen Glucosinolatgehalten im Futter aufweisen.

Die Galactoside **Vicin** und **Convicin**, die in auffällig hohen Gehalten in den Körnerleguminosen enthalten sind, verursachen eine starke Gasbildung im Verdauungstrakt und Störungen des Fettstoffwechsels.

2.7.4 Mykotoxine

Mechthild Freitag

Mykotoxine sind natürlich vorkommende, sekundäre Stoffwechselprodukte von Schimmelpilzen. Dabei verlaufen Pilzwachstum und Mykotoxinbildung nicht synchron: die Toxinbildung erfolgt erst am Ende der exponentiellen Wachstumsphase des Pilzes. Daher kann bei sichtbarer Pilzinfektion nicht unbedingt auf eine Toxinbelastung geschlossen werden. Ebenso kann in einer Futtercharge die Toxinbelastung an verschiedenen Stellen sehr unterschiedlich hoch sein. Außerdem können von derselben Pilzart unterschiedliche Pilze gebildet werden (Tab. 2-10), sodass häufig mehrere Toxinarten in einer Futtercharge enthalten sind.

Tab. 2-10: Schweinepathogene Schimmelpilze: Mykotoxine und Vorkommen

Schimmelpilz				
Art	**Gattung**	**Toxin**	**Toxinkürzel**	**Vorkommen**
Fusarium	*F. graminearum*	Desoxynivalenol T-2 Toxin Zearalenon	DON T-2 Toxin ZEA/ZON	Mais und Maisprodukte (CCM, Maiskeimschrot, Maisstroh, Lieschblätter) Weizen, Gerste (Körner, Stroh) Hafer, Roggen, Soja Seltener: Triticale, Sorghum, Sonnenblumen, Reis
	F. culmorum	Desoxynivalenol Zearalenon	DON ZEA/ZON	
	F. sporotrichioides	Desoxynivalenol T-2 Toxin Zearalenon	DON T-2 Toxin ZEA/ZON	
	F. avenaceum	Desoxynivalenol	DON	
	F. poae	Desoxynivalenol T-2 Toxin	DON T-2 Toxin	
	F. verticillioides *F. moniliforme*	Fumonisin (B_1, B_2,B_3)	FB_1, FB_2, FB_3	Mais und Maisprodukte
Aspergillus	*A. flavus* *A. parasiticus* *A. nominus* *A. pseudotamarii*	Aflatoxin (B_1, B_2,G_1, G_2)	AFB_1, AFB_2, AFG_1, AFG_2	Körnermais, Sojabohnen, Ölsaaten, Erdnüsse
	A. ochraceus *A. carbonarius*	Ochratoxin A	OTA	Sojabohnen, Erdnüsse, Baumwollsaat
Penicillium	*P. verrucosum* *P. viridicatum* *P. polonicum*	Ochratoxin A	OTA	Roggen, Gerste, Mais, Weizen
Claviceps	*C. purpurea* *C. fusiformis* *C. paspali* *C. africana*	Ergotalkaloide		Roggen, Triticale Seltener: Weizen, Mais, Gerste, Hafer, Sorghum, Reis

Unterschieden werden Feld- und Lagerpilze. Feldpilze wachsen auf lebenden Pflanzen, wenn diese durch Trockenheit, Kälte, Nährstoffmangel und insbesondere zu hohe Feuchtigkeit gestresst sind. Da die Pilzsporen lange überdauern, können sie bei entsprechenden Feuchtegehalten auch im Lager auskeimen, sodass auch während der Lagerung »Feldpilztoxine« gebildet werden können. Lagerpilze wachsen saprophytisch und bilden Toxine nach der Ernte. Günstige Wachstumsbedingungen für Lagerpilze sind Feuchtigkeitsgehalte über 13 % im Substrat, z. B. durch Feuchtigkeitsnester im Getreide (Ernte, Nagerurin, Kondenswasser) oder durch Evaporation aus den Körnern bei Beginn der Lagerung. Das Pilzwachstum wird gefördert durch hohe Temperaturen, z. B. durch Sonnenbestrahlung des Lagersilos oder warm eingelagertes Getreide, da die Abkühlung im Silo nur langsam erfolgt. Ein weiteres Problem können Insekten und Milben darstellen, die durch Beschädigung des Substrats Eintrittspforten für Pilzsporen öffnen bzw. diese auch weiter im Silostock verbreiten. Während die Bildung von Feldpilztoxinen nur durch einige pflanzenbauliche Maßnahmen (Sortenwahl, Fruchtfolge, Beseitigung von Ernterückständen, präventivem Einsatz von Fungiziden) reduziert werden kann, wird die Bildung von Lagerpilztoxinen durch gute Lagerungsbedingungen verhindert.

Insgesamt sind mehr als 100 Schimmelpilzarten und 400 sekundäre Metabolite von Schimmelpilzen bekannt, von denen aber nur etwa 30 pathogen sind. In Deutschland sind für Schweine vor allem die Feldpilztoxine Zearalenon (ZEA) und Desoxynivalenol (DON) sowie das Lagerpilztoxin Ochratoxin A (OTA) von ökonomischer Bedeutung. Aflatoxine, Fumonisine und T-2 Toxin sind nach aktuellem Kenntnisstand in der Schweinefütterung von untergeordneter Bedeutung. Ergotalkaloide des Mutterkorns können zeitweise regional eine größere Bedeutung erlangen.

Für den Nachweis des Vorliegens einer Mykotoxikose ist es problematisch, dass neben den Muttersubstanzen auch hochtoxische Metabolite oder sogenannte maskierte Toxine mit geänderter chemischer Struktur vorliegen können, die bei einer Routineanalyse nicht erfasst werden. Außerdem ist die Bestimmung von NOEL-(No Observed Effect Level)Werten problematisch, da häufig mehrere unterschiedliche Toxine mit additiver oder synergistischer Wirkung vorhanden sind, sodass auch bei niedriger Konzentration eines nachgewiesenen Toxins Effekte durch Co-Kontaminanten auftreten können. Da diese häufig unspezifisch sind (Reduzierung von Futteraufnahme, Gewichtsentwicklung, Infektionsabwehr, etc.), wird eine Mykotoxikose als Ursache nicht erkannt. Dabei sind die subklinischen Effekte von größerer ökonomischer Bedeutung als akute Vergiftungen mit ausgeprägten Symptomen. Diese stellen eher die Spitze des Eisbergs dar (Tab. 2-11).

Tab. 2-11: Mykotoxineffekte und Richt- bzw. Grenzwerte (Anlage 5 FMVO) für Futtermittel

Mykotoxin	Symptome		Richtwerte[1] pro kg für Mischfutter bei 88 % TM
Feldpilztoxine			
Zearalenon (ZEA/ZON)	Fruchtbarkeit	**Zuchtsauen:** Ovarienatrophie Zyklus- und Ovulationsstörungen Implantationsstörung gestörte fötale Entwicklung Aborte Totgeburten kleine Würfe verzögerte Pubertät bei Jungsauen lebensschwache Ferkel erhöhter Anteil Grätscher unregelmäßige Rauscheintervalle Dauerrausche **Zuchteber:** Hodenatrophie schlechte Spermaqualität **Masttiere:** Pseudorausche Rötung und Schwellung der Vulva	Ferkel, Jungsauen: 100 µg Sauen, Eber, Mastschweine: 250 µg
	allgemein	Futteraufnahme reduziert erhöhter Futteraufwand/kg Zuwachs Erbrechen Durchfall Mastdarmvorfall Vaginavorfall	
Desoxynivalenol (DON)	allgemein	Futteraufnahme reduziert erhöhter Futteraufwand/kg Zuwachs verzögerte Gewichtsentwicklung Auseinanderwachsen der Gruppe Magen- und Darmschleimhautentzündung Durchfall, zum Teil blutig Erbrechen	900 µg
T-2 Toxin	Immunsystem	Leukopenie verlangsamte Bildung von T-Lymphozyten und Antikörpern	60 µg/kg Körpergewicht[2]
	allgemein	Anämie Futteraufnahme reduziert erhöhter Futteraufwand/kg Zuwachs verzögerte Gewichtsentwicklung Durchfall Erbrechen	
Fumonisin (FB_1, FB_2, FB_3)	Lunge	Porcines Lungenödem verstärkte Atmung	5 000 µg
	Immunsystem	Infektionsabwehr geschwächt verzögerte *E. coli*-Ausscheidung	
	allgemein	erhöhter Futteraufwand/kg Zuwachs Leberschäden	

[1] *Empfehlungen der EU-Kommission (2006/576/EC) vom 17.8.2006*
[2] *SCF (Scientific Committee on Food) 2001*

Mykotoxin	**Symptome**		**Richtwerte[1] pro kg für Mischfutter bei 88 % TM**
Aflatoxine (AFB_1, AFB_2, AFG_1, AFG_2)	Leber	Leberschäden	**Höchstgehalte[3]** Ferkel: 5 µg Schweine: 20 µg
	Immunsystem	Infektionsabwehr geschwächt erhöhte Salmonellenproblematik	
	allgemein	Futteraufnahme reduziert erhöhter Futteraufwand/kg Zuwachs verzögerte Gewichtsentwicklung erhöhter Anteil Kümmerer	
Ergotalkaloide	Kreislaufsystem	Gefäßverengungen Nekrosen an Ohrrändern, Schwanzspitzen, Klauen	**Höchstgehalt[3]** 1 g Mutterkorn
	Fortpflanzung	Trächtigkeitsraten verringert Aborte Totgeburten Kolostrum- und Milchmangel lebensschwache Ferkel	
	Nerven	Krämpfe Uteruskontraktionen	
Lagerpilztoxine			
Ochratoxin A (OTA)	Niere	Porcines Nephropathie-Syndrom Urinausscheidung erhöht Wasseraufnahme gesteigert	50 µg
	Fortpflanzung	Spermamotilität verringert Befruchtungsfähigkeit reduziert	
	allgemein	Futteraufnahme reduziert erhöhter Futteraufwand/kg Zuwachs verzögerte Gewichtsentwicklung Durchfall Erbrechen	

[1] *Empfehlungen der EU-Kommission (2006/576/EC) vom 17.8.2006*
[2] *SCF (Scientific Committee on Food) 2001*
[3] *Futterverschneidung zur Erzielung der Höchstgehalte nicht zulässig (Richtlinie 2002/32/EG); Reinigung möglich*

Fusariumtoxine

In Europa sind Fusariumarten die am häufigsten vorkommenden Schimmelpilze. Von allen Nutztierarten reagieren Schweine am empfindlichsten auf Fusariumtoxine. Sie sind deshalb von so großer ökonomischer Bedeutung, weil sie vornehmlich in den Hauptfutterkomponenten, wie Mais und Maisprodukten (CCM, Maiskeimschrot), Weizen, Sojabohnen und Gerste, vorkommen. Kleien sind höher belastet als der Mehlkörper. Seltener werden sie in Roggen, Hafer, Triticale, Sorghum oder Reis sowie Gras und Grasprodukten nachgewiesen. Stroh ist dagegen häufig belastet. Von den mehr als 100 bekannten Fusariumtoxinen sind Zearalenon, Trichothecene und Fumonisine die wichtigsten Futtermittelkontaminanten. Die Bedeutung von T-2 Toxin ist noch nicht ausreichend bekannt.

Unter entsprechenden Bedingungen können die Fusariensporen im Lager auskeimen und Toxine bilden. Ein Abbau der Toxine wurde weder während der Lagerung, noch durch Verarbeitung (Vermahlung, Erhitzung, Pelletierung) beobachtet.

Zearalenon (ZEA, ZON)

Zearalenon wird überwiegend von den Feldfusarien F. *graminearum* und F. *culmorum* gebildet. Speziell beim Mais tritt ZEA in der Regel gemeinsam mit DON auf, häufig auch mit Nivalenol und Fumonisinen. In Kombination mit anderen Fusarientoxinen ist die Toxizität erhöht (Effekte bereits ab 200 µg ZEA/kg Futter). In der Leber wird es zu α- und β-Zearalenol metabolisiert, wobei das α-Metabolit eine höhere Toxizität besitzt als die Muttersubstanz. Im Gegensatz zu DON hat ZEA eine geringe akute Toxizität und eine verzögerte Ausscheidung, sodass Effekte verzögert auftreten und auch nach Futterwechsel länger anhalten können.

Aufgrund der strukturellen Ähnlichkeit mit Östrogenen entfaltet ZEA in erster Linie hormonelle Effekte, die in Abhängigkeit von Alter und Reproduktionsstadium unterschiedlich ausfallen können. Damit sind Zuchtsauen am stärksten von ZEA-Effekten betroffen. Diese bewirken Atrophie der Ovarien, Zyklus- und Ovulationsstörungen sowie Beeinträchtigung von Implantation und fötaler Entwicklung. In der Praxis sind verzögerte Pubertät bei Jungsauen, unregelmäßige Rauscheintervalle und Dauerrausche, erhöhte Abortraten, Totgeburten, kleine Würfe, lebensschwache Ferkel und vermehrtes Auftreten von Grätschern zu beobachten. Bei Masttieren werden ebenfalls östrogene Effekte, wie Rötung und Schwellung der Vulva, Vergrößerung der Milchleiste und Pseudorausche, bei Ebern Hodenatrophie und schlechte Spermaqualität festgestellt. Neben Fruchtbarkeitseffekten wurden auch Vagina- und Mastdarmvorfall beobachtet. Eine chronische Mykotoxikose bei geringeren Toxingehalten äußert sich in Reduzierung der Futteraufnahme und Futtereffizienz und damit schlechteren Wachstumsleistungen sowie Erbrechen und Durchfall. Insgesamt sind die Effekte bei jüngeren Tieren stärker ausgeprägt als bei älteren.

Trichothecene

Alle Trichothecene haben eine ähnliche Molekülstruktur, die sich im Wesentlichen am C8 unterscheidet. Die für Schweine am stärksten pathogenen Trichothecene des B-Typs (Desoxynivalenol, Nivalenol) haben eine Keto-Gruppe, die des A-Typs (T-2 Toxin, HT-2 Toxin) eine Nicht-Ketogruppe als funktionelle Gruppe. Die toxischen Effekte der Trichothecene beruhen größtenteils auf ihrer Fähigkeit, die Proteinsynthese an den Ribosomen zu inhibieren.

Desoxynivalenol (DON, Vomitoxin)

Desoxynivalenol wird von verschiedenen Fusarien (siehe Tab. 2-10) gebildet und tritt häufig gleichzeitig mit anderen Feldtoxinen, vor allem Zearalenon, Nivalenol, T-2 Toxin und Fumonisinen auf. DON zeichnet sich durch eine schnelle Resorption und hohe akute Toxizität aus, sodass Effekte schnell sichtbar werden. Aufgrund der schnellen Ausscheidung klingen die Symptome nach einem Futterwechsel bald wieder ab.

In geringer Konzentration (ab 600 µg/kg Futter) führt DON zu einer – vorübergehenden – Reduzierung der Futteraufnahme und damit einhergehend zu einer Wachstumsreduktion. Zum Teil wird auch die Futtereffizienz beeinträchtigt. Dies kann zum Auseinanderwachsen von Schweinen in einer Gruppe führen, da die Tiere individuell sehr unterschiedlich reagieren. Bei längerer Exposition kommt es zur Entzündung der Magen- und Darmschleimhaut mit anschließender, zum Teil blutiger Diarrhoe. Die Permeabilität der Darmschleimhaut wird erhöht und damit der Barriereeffekt gegenüber toxischen Substanzen und Mikroorganismen herabgesetzt. In hohen Konzentrationen verursacht DON Erbrechen.

T-2 Toxin

T-2 Toxin wird von den gleichen Fusariumgattungen gebildet wie DON und tritt daher häufig gemeinsam mit DON auf. Es wird in vivo schnell zu HT-2 Toxin mit einer ähnlich hohen Toxizität metabolisiert. Daher wird zwischen den Effekten von T-2 Toxin und HT-2 Toxin nicht differiert. T-2 Toxin hat die höchste Toxizität aller Trichothecene.

Eine entsprechende Mykotoxikose äußert sich eher unspezifisch in verringerter Futteraufnahme und Futtereffizienz und damit verzögerter Gewichtsentwicklung. Erbrechen und Diarrhoe wurden ebenfalls beobachtet. Die Hauptschäden werden jedoch wahrscheinlich durch die Beeinträchtigung der Infektionsabwehr hervorgerufen. T-2 Toxin verursacht Anämie und Leukopenie und verringert die Abwehr von viralen und bakteriellen Erkrankungen, wie zum Beispiel Salmonellosen. Es reduziert die T-Lymphozyten und Antikörper-Produktion und somit die spezifische Infektionsabwehr. Ob auch, wie bei anderen Säugetieren, Läsionen an der äußeren Haut und an Schleimhäuten auftreten, ist noch nicht bekannt. Eine wesentliche ökonomische Beeinträchtigung wird wahrscheinlich durch das nicht Erkennen einer T-2-Toxin-Belastung verursacht, da Futtermittel selten auf dieses Toxin untersucht werden.

Fumonisin

Fumonisin, ebenfalls ein Fusariumtoxin, wird vor allem auf beschädigten Maiskörnern und Maisprodukten gebildet und hat aufgrund des verbreiteten Maiseinsatzes in der Schweinefütterung eine zunehmende Bedeutung. Es wird in drei Untergruppen geteilt: FB_1, FB_2 und FB_3.

Fumonisine sind insbesondere für Schweine hoch toxisch. Die letale Dosis liegt bei 17 ppm im Futter. Als klinisches Krankheitsbild ist das Porcine Lungenödem (PPE: Porcine Pulmonary Edema Disease) bekannt, das mit schlechter Futtereffizienz einhergeht. Im Allgemeinen sind allerdings eher subklinische Effekte zu verzeichnen, die sich in Leberschäden und vor allem einer geschwächten Infektionsabwehr und damit erhöhter Krankheitsanfälligkeit bzw. verlängerter Rekonvaleszenz zeigen.

Aspergillus-Toxine

Aflatoxin

Aflatoxin wurde 1961 als erstes tierpathogenes Mykotoxin in Großbritannien entdeckt. Dabei wird dieses Toxin bisher überwiegend mit Futtermitteln aus subtropischen und tropischen Klimaten, wie Körnermais, Sojabohnen oder Ölsaaten, importiert, da die Toxinbildung Temperaturen von mehr als 24 °C erfordert. Aflatoxin kommt inzwischen aber auch in Europa vor. Gebildet wird es von mehreren Aspergillus-Stämmen, überwiegend von A. *flavus* und A. *parasiticus*. Aflatoxin wird in vier Subklassen differenziert: B_1, B_2, G_1 und G_2. Daneben bilden Aspergillus-Arten auch Sterigmatocystin (ST) und Cyclopiazonsäure (CPA). Aflatoxin, ST und CPA treten häufig gleichzeitig auf.

Aflatoxin hat eine sehr hohe akute Toxizität. Akute Vergiftungen betreffen in erster Linie die Leber. Als Effekte der Mykotoxikose sind reduzierte Futteraufnahme und Futtereffizienz und daher verzögerte Gewichtsentwicklung zu beobachten, ebenso wie eine geschwächte Infektionsabwehr. In der Praxis wird ein vermehrtes Auftreten von Kümmerern beobachtet. Da Aflatoxin die Plazenta- und Milchdrüsenschranken überwindet, können auch Föten und Saugferkel betroffen sein. In höheren Konzentrationen kann Aflatoxin letal sein. Akute Toxikosen kommen jedoch selten vor, da aufgrund der humanen Pathogenität die Aflatoxinkonzentration in Futtermitteln streng kontrolliert wird.

Ochratoxin A (OTA)

Von den Aspergillus-Arten *ochraceus* und *carbonarius* kann bei hohen Temperaturen das Toxin Ochratoxin A gebildet werden, das eher als Lager- denn als Feldpilz bekannt ist.

Penicillium-Toxine

Ochratoxin A (OTA)

Penicillium wächst in erster Linie saprophytisch und ist daher ein klassischer Lagerpilz. Er kann jedoch auch Getreidepflanzen bereits vor der Ernte befallen und dann bei entsprechenden Lagerbedingungen die Toxinbildung fortsetzen. OTA ist weit verbreitet und in Europa von größerer Bedeutung als Aflatoxin. Die Verteilung im Lagergetreide ist sehr inhomogen, da es vornehmlich in Nestern mit erhöhter Feuchtigkeit gebildet wird. Daher ist ein Nachweis durch Getreideanalysen unsicher. Bei Verdacht auf OTA-Exposition bietet sich eher eine Blutanalyse der betroffenen Tiere an.

Wichtigstes Zielorgan von OTA ist die Niere. Das führt bei Schweinen zum Procinen Nephropathie Syndrom mit vermehrter Harnausscheidung und gesteigerter Wasseraufnahme. Am Schlachtkörper deuten blasse und gelbliche Nieren auf eine mögliche Belastung hin. Weitere klinische Symptome sind eher unspezifisch, wie reduzierte Futteraufnahme und Futtereffizienz, Diarrhoe und geschwächte Infektionsabwehr. Bei hohen OTA-Konzentrationen im Futter wurden auch Erbrechen, schwere Diarrhoe und bei Ebern Fruchtbarkeitsstörungen durch verringerte Spermamotilität und Befruchtungsfähigkeit beobachtet. Problematisch ist der Übergang von OTA in tierisches Gewebe, da dies zu einer Exposition bei Menschen führen kann. Allerdings ist für Menschen die Intoxikation mit OTA über tierische Produkte von untergeordneter Bedeutung, verglichen mit der Aufnahme über verarbeitetes Getreide.

Die weiteren Penicillium-Toxine, wie Citrinin, Glotoxin, Roquefortin oder Patulin, spielen nach derzeitigem Kenntnisstand in der praktischen Schweinehaltung keine bedeutende Rolle.

Claviceps purpura-Toxine

Ergot-(Mutterkorn-)Alkaloide (Ergotamin, Ergometrin, Ergocrostin, Ergocryptin, Ergosin, Ergocomin) werden vorwiegend in den Sklerotien, einer Dauerform des Pilzes (auch Mutterkorn genannt), aber auch von Schlauchpilzen, wie Aspergillus- oder Penicillium-Arten gebildet. Insgesamt umfasst diese Gruppe etwa 40 verschiedene Toxine. Ergotismus war eine vom Mittelalter bis zum 20. Jahrhundert weit verbreitete Erkrankung bei Menschen (»Sankt Antonius Feuer«). Mutterkorn parasitiert vorwiegend auf Roggen und Triticale, kann aber auch auf Weizen, seltener auf Mais, Gerste, Hafer, Sorghum oder Reis vorkommen.

Die Hauptwirkungen der Ergotalkaloide beruhen auf ihrer strukturellen Ähnlichkeit mit biogenen Aminen, wie Serotonin, Dopamin, Norepinephrin und Epinephrin. Sie verursachen beim Schwein Störungen in verschiedenen

Organsystemen. So beeinflussen sie das Kreislaufsystem mit Gefäßverengungen, die zu Nekrosen an Ohrrändern, Schwanzspitzen und Klauen führen. Im Bereich der Fortpflanzung bewirken sie verringerte Trächtigkeitsraten, Aborte, Totgeburten und lebensschwache Ferkel aufgrund reduzierter Kolostrum- und Milchproduktion. Neurotoxische Effekte führen zu Krämpfen und Uteruskontraktionen.

Haupteintragsweg in Futtermittel ist der Einsatz von ungereinigtem Getreide. Bei der Reinigung werden die großen Sklerotien herausgesiebt. Problematisch ist allerdings eine Bildung von Sklerotien-Bruchstücken durch eine zu intensive mechanische Belastung. Der Höchstwert von 1 g Mutterkorn/kg Getreide darf nicht überschritten werden. Dieser Höchstwert gilt für alle Futtermittel, die ausgemahlenes Getreide enthalten. Allerdings variiert der Gehalt an Alkaloiden in den Sklerotien stark, sodass von der Befallsstärke nicht auf Toxingehalte geschlossen werden kann. Höchstgrenzen für Ergotalkaloide sind bisher nicht festgesetzt worden. Neben der Reinigung kann auch eine Langzeitlagerung (Halbwertszeit: 2 Jahre), wie auch die Erhitzung (200 °C für 30 Minuten), zu einer Reduktion des Alkaloidgehalts führen. Pelletierung hat dagegen keine Effekte.

Mykotoxin-Detoxifikation

Mykotoxine sind sehr stabile Verbindungen, deren Konzentration sich während Lagerung und Verarbeitung nicht reduziert. Sie können je nach Wachstums- und Lagerbedingungen weit verbreitet sein und führen aufgrund der vielfältigen leistungs- und gesundheitsmindernden Effekte zu bedeutenden ökonomischen Verlusten. Daher wird seit langem an Möglichkeiten zur Detoxifikation geforscht.

Wirksame Mykotoxin-Binder adsorbieren die Toxine irreversibel und eliminieren sie aus dem Verdauungstrakt. Diese Funktion kann von verschiedenen Tonmineralen, synthetischen Polymeren, Aktivkohle und Bakterien- oder Hefezellwänden wahrgenommen werden. Zur Mykotoxin-Bindung werden verschiedene Arten von Aluminiumsilikaten verwendet. Phyllosilikate bestehen aus mehreren toxinbindenden Schichten. Dazu gehören Bentonite und Montmorillonite mit HSCAS (hydriertes Na-Ca-Al-Silikat) als Untergruppe. Tektosilikate wie Zeolite binden Stoffe in großen Poren. Tonminerale sind sehr spezifische Aflatoxin-Binder und nicht zum Einsatz in Multitoxin-Situationen geeignet. Ein weiterer Nachteil ist ihre potentielle Kontamination mit Dioxinen. Die Bindung ist nicht mykotoxinspezifisch. Je nach Tonmineral werden auch Mineralstoffe (speziell Magnesium, Mangan und Zink) und Vitamine gebunden, sodass deren Gehalte im Futter eventuell erhöht werden müssen. Auf der anderen Seite werden gleichzeitig Schwermetalle und pathogene Mikroorganismen adsorbiert und so die Darmflora stabilisiert.

Aktivkohle wird zur Oberflächenvergrößerung fein vermahlen und besitzt ebenfalls eine Vielzahl von Poren. Außerdem wirkt sie als Komplexbildner, allerdings nicht spezifisch mit Mykotoxinen, sondern auch mit anderen Nährstoffen. Aktivkohle besitzt die höchste Bindungsaffinität für alle Mykotoxine und ist daher bei Multitoxin-Belastung ein gutes Detoxifikationsmittel. Die unspezifische Bindung erfordert allerdings hohe Konzentrationen in Futtermitteln, was den praktischen Einsatz limitiert.

Synthetische Polymere können zur Verstärkung der Toxinadsorption mit Aminen verbunden sein. Zur Gruppe der Polymere gehört Cholestyramin, ein basischer Anionenaustauscher. Von den Hefen eignet sich insbesondere *Saccharomyces cerevisiae* aufgrund des hohen Anteils an Glucanen und Mannanen in der Zellwand. Außerdem stimuliert sie das Immunsystem.

Eine andere Gruppe von Detoxifikanten wirkt über den Abbau von Mykotoxinen zu nicht toxischen Metaboliten. Diese sind sehr spezifisch für jedes einzelne Mykotoxin. Zu den Biotransformanden gehören Bakterien, Hefen und Enzyme. Vor allem das Bakterium BBSH 797 ist in der Lage, Mykotoxine zu weniger toxischen Metaboliten umzuwandeln. Alle genannten Substanzgruppen können dem Futter als Zusatzstoff beigemischt werden.

Mykotoxinspezifische Eignung der Detoxifikanten

Aflatoxin: Tonminerale, insbesondere HSCAS (»Aflatoxin selective clay«) und Bentonit, eignen sich hervorragend zur Adsorption von Aflatoxinen. HSCAS resultiert in einer fast vollständigen Protektion vor Aflatoxin-Effekten. Allerdings haben Bentonite, Montmorillonite und Tektosilikate große Unterschiede in Struktur und Funktionalität, sodass jede Herkunft in vivo auf ihre Bindungsfähigkeit für Aflatoxine getestet werden muss. Zeolite haben eine geringe Adsorptionskapazität, binden allerdings als positiver Nebeneffekt Ammoniak sowohl im Intestinaltrakt als auch in der Einstreu. Aktivkohle hat ebenfalls Aflatoxin-Bindungsaffinität, jedoch in geringerem Ausmaß als Tonminerale. Daher müssen höhere Konzentrationen eingesetzt werden. Von den biologischen Agenzien eignen sich lebende Hefen von *Saccharomyces cerevisiae* zur Reduzierung von Aflatoxin-Effekten. Mannanoligosaccharide waren in Untersuchungen weniger effektiv in der Symptomprävention. Insgesamt ist die Detoxifikation durch Tonminerale effektiver. Wirksam ist ebenfalls die Behandlung mit Ammoniak bei hohem Druck (45–55 psi) und hohen Temperaturen (80–100 °C), die zu einer teilweisen Zerstörung des Toxins führt.

Insgesamt ist beim Einsatz von Aflatoxin-belasteten Rohstoffen zu beachten, dass in Anlage 5 der Futtermittelverordnung (Richtlinie 2002/32/EG) ein Höchstgehalt angegeben wurde und damit das Verschneidungsverbot bei Gehalten ab 0,02 mg/kg Futtermittel gilt.

Trichothecene: Die beste Bindung für diese Toxingruppe wurde durch Aktivkohle erzielt, ebenso durch den Bakterienstamm BBSH 797, der DON zu dem nicht toxischen DOM-1 (De-Epoxy-Deoxynivalenol) metabolisiert. Beim Einsatz von *Saccharomyces cerevisiae* wird T-2 Toxin zum Teil gebunden, DON und FB1 jedoch nur in geringem Umfang. Anionen-Austausch-Polymere können ebenfalls toxische Effekte von T-2 Toxin minimieren, nicht aber von DON. Tonminerale sind zur Detoxifikation von Trichothecenen weniger geeignet.

Zearalenon: Zur Reduzierung von ZEA-Effekten eignen sich Polymere wie Cholestyramin. ZEA wird zum Teil auch an Mannanoligosaccharide gebunden, allerdings ist die Bindung nicht so stark wie bei Aflatoxin und reversibel, sodass eine Mykotoxikose nicht verhindert werden kann. Tonminerale, speziell HSCAS, binden ZEA in vitro, können aber die toxischen Effekte nur reduzieren und nicht verhindern.

Fumonisin: Cholestyramin ist ebenfalls in der Lage, Fumonisine aus Futtermitteln zu binden. Obwohl in vitro Fumonisin-Bindung an Aktivkohle nachgewiesen wurde, hatte der Zusatz zu kontaminiertem Futter keinen Effekt.

Ochratoxin A: Die höchste Effizienz in der Reduzierung von OTA im Getreide ist die Reinigung, da sich das Toxin im Staub ansammelt. Die Toxinbildung kann durch gute Lagerbedingungen verhindert werden. Zur Reduzierung der OTA-Effekte eignet sich Aktivkohle, die nachweislich die Blut-Toxingehalte absenkt. Allerdings ist dafür ein Einsatz von 5 % im Futtermittel erforderlich, der für die praktische Fütterung zu hoch ist. Tonminerale können die toxischen Effekte von OTA nicht verhindern.

Ergotalkaloide: HSCAS bindet zwar Ergotamin in vitro, allerdings nur bei pH-Werten von 7,8 und darunter. Bei pH 8, der im Darm vorliegt, findet keine Bindung statt, sodass toxische Effekte in vivo nicht verhindert werden können. Ergotalkaloide können also nicht entgiftet werden.

Trotz der Möglichkeit, zumindest einen Teil der Toxineffekte durch den Einsatz von Detoxifikanten zu verhindern, sollte mit Mykotoxinen belastetes Futter vor allem für Sauen und Ferkel nicht eingesetzt werden. Aufgrund der multiplen Mykotoxin-Produktion der Schimmelpilze ist damit zu rechnen, dass außer den nachgewiesenen noch andere Toxine vorhanden sind, die eventuell nicht gebunden werden und Mykotoxikosen auslösen können.

Daher sollte Getreide grundsätzlich vor der Verarbeitung gereinigt werden, um Staub und Schmachtkörner zu entfernen, die die höchsten Toxinmengen enthalten. Im Korn selbst konzentrieren sich die Toxine in der Schale (Kleie, Gluten) und im Keim, die bei einer zu erwartenden Toxinbelastung ebenfalls nicht an empfindliche Tiere verfüttert werden sollten.

2.7.5 Mikrobielle Belastung

Da auf allen Pflanzen Mikroorganismen vorkommen, werden auf Futtermitteln grundsätzlich Keime nachgewiesen. Die Effekte der mikrobiellen Belastung hängen von Art und Umfang der Keimbelastung ab.

Bei den saprophytischen Mikroorganismen handelt es sich in der Regel um für die Pflanzenart typische Keimflora. Die Keime vermehren sich im Tierkörper nicht, können aber bei hohen Gehalten Gärung und Fäulnis des Futtermittels verursachen. Bei einer starken Vermehrung kommt es durch mikrobielle Nährstoffumsetzungen zur Freisetzung von Wasser und Wärme, was die Wachstumsbedingungen für Mikroorganismen erhöht und den Verderb beschleunigt. Weitere Folgen einer starken Vermehrung saprophytischer Keime sind in Tabelle 2-12 aufgeführt. Von größerer Bedeutung für die Tiergesundheit sind jedoch pathogene Bakterien, Viren, Hefen und Pilze sowie die von ihnen gebildeten Toxine. Diese können bereits bei der Ernte vorhanden sein und/

Tab. 2-12: Effekte einer starken Vermehrung saprophytischer Keime

Auswirkungen auf das Futter	Auswirkungen auf Tier und Futtermittel
Biochemische Umsetzung von leicht verdaulichen Nährstoffen	Veränderung der Nährstoffzusammensetzung Reduzierung des Energiegehalts Erhöhung des Anteils schwer verdaulicher Zellwandbestandteile
Abbau von Proteinen zu biogenen Aminen, Ammoniak und Schwefelwasserstoff	Reduzierung des Gehalts an Protein und einzelnen Aminosäuren Beeinträchtigung der Futteraufnahme Erbrechen Schädigung der Magenschleimhaut Durchblutungsstörung kleiner Kapillaren
Erhöhung des Gehalts an Mikroorganismen	Störung der Darmmikrobiota Aufgasungen im Intestinaltrakt
Bildung von Peroxiden, Lipopolysacchariden (Endotoxinen), Exotoxinen und Mykotoxinen	Reduzierung der Futteraufnahme (Geschmack, Geruch) Verringerung des Vitamingehalts (Vitamin A, E) Diarrhoe oder Obstipation (Schleimhautläsionen) Erbrechen Erhöhung der Körpertemperatur Durchblutungsstörungen Beeinträchtigung der Infektionsabwehr Fruchtbarkeitsstörungen Allgemeine Leistungsminderung

geändert nach Kamphues et al. (2009)

Tab. 2-13: Einflussfaktoren auf eine mikrobielle Vermehrung im Lager

- Mikrobielle Ausgangsbelastung (Wachstums- und Erntebedingungen, ausgekeimtes Getreide)
- Lagerdauer (Generationsintervall der Mikroorganismen, Toxinbildung)
- Umgebungsbedingungen
  - Wassergehalt im Substrat über 13 % und freies Wasser in der Umgebung (a_w-Wert)
  - Temperatur (Mikroorganismenwachstum ab 10 °C)
  - Temperaturschwankungen (Kondenswasserbildung)
  - pH-Wert (Säurekonservierung)
- Art des Futtermittels (Nährstoffangebot für Mikroorganismen)
- Futtermittelkonfektion (Korn, Pellet, Flocken, Mehl, Staub)

oder sich während der Lagerung vermehren. Der Umfang der mikrobiellen Vermehrung im Lager hängt von verschiedenen Bedingungen ab (Tab. 2-13).

Von den futterbürtigen pathogenen Bakterien haben Salmonellen und *Escherichia coli* (*E. coli*) für Schweine die größte Bedeutung. Symptome einer Salmonellose sind Fieber, zum Teil blutiger Durchfall und Pneumonie. Blaufärbung von Rüsselscheibe, Ohrmuscheln und Bauchdecke wurden ebenfalls beschrieben. Einige Salmonellenstämme sind auch für den Menschen pathogen. Etwa 10 bis 20 % aller humanen Salmonellosen in Europa werden auf den Kontakt mit Schweine-pathogenen Erregern zurückgeführt. Salmonellen werden vor allem auf protein- und energiereichen Konzentraten nachgewiesen. *E. coli*-Stämme verursachen Diarrhoe und – vor allem bei Absetzferkeln – Enterotoxämie (Ödemkrankheit). Bei Sauen können auch Mastitis, Endometritis und Harnblasenentzündung hervorgerufen werden.

Diese Erreger gelangen durch Schmierinfektionen, Nager, Vögel und Insekten in die Tiernahrung. Sowohl im Futter als auch im Tierkörper wird ihre Vermehrung wirksam durch eine Absenkung des pH-Wertes mittels organischer Säuren (Ameisen-, Sorbin-, Propionsäure) und/oder deren Salze reduziert. Bereits gebildete Toxine bleiben jedoch erhalten und sind weiter wirksam. Außerdem werden durch die Lysis gram negativer Bakterien im Darm Lipopolysaccharide (Endotoxine) freigesetzt, die reduzierte Futteraufnahme, Diarrhoe oder Obstipation, Durchblutungsstörungen und Schwächung des Immunsystems verursachen können (Tab. 2-14).

Auch für Verarbeiter von Futterrohstoffen und Konsumenten tierischer Produkte ergeben sich negative Auswirkungen einer erhöhten Keimbelastung durch schlechtere Fließfähigkeit des Futters, geringere Haltbarkeit, Atemwegsbelastungen bei der Futterverarbeitung und Qualitätsminderung der

Tab. 2-14: Orientierungswerte zur Beurteilung des Keimgehalts in losen Futtermitteln (KbE[1]/g Futter)

Mikroorganismus	Gehalte im Futtermittel		
	unbedenklich	erhöht	stark erhöht
Aerobe Bakterien KbE/g	$< 6 \times 10^5$	$> 6 \times 10^5$	$> 5 \times 10^6$
Anaerobe Bakterien KbE/g	$< 1 \times 10^4$	$\geq 1 \times 10^4$	$> 5 \times 10^6$
Hefen KbE/g	$< 5 \times 10^4$	$> 5 \times 10^4$	$> 50 \times 10^4$
Schimmelpilze	$< 3 \times 10^4$	$> 5 \times 10^4$	$> 3 \times 10^6$
Lipopolysaccharide (Endotoxine) µg/g	< 10	15–20	> 25

[1] *Koloniebildende Einheiten, nach Ulbrich et al. 2004*

erzeugten Lebensmittel aufgrund humanpathogener Inhaltsstoffe (pathogene Mikroorganismen, Toxine).

Da geschrotetes Getreide anfälliger für Verderbnisprozesse ist als das ganze Korn, sollte es nur kurz bevorratet werden. Das größte Risiko für unerwünschtes mikrobielles Wachstum stellt eine hohe Feuchtigkeit in Substrat und Umgebung dar. Flüssigfutter bieten die günstigsten Vermehrungsbedingungen für Keime, da neben Feuchtigkeit leicht verfügbare Nährstoffe aus geschrotetem Getreide sowie ausreichend Proteine, Mineralstoffe und Vitamine enthalten sind. Das gilt insbesondere im Sommer bei höheren Umgebungstemperaturen. In der Praxis stellt speziell die Vermehrung von Hefen ein Problem dar, da diese zu schweren Gesundheitsstörungen durch Aufgasungen im Intestinaltrakt mit Magen-Darm-Verdrehungen sowie Kreislaufkollaps führen können. Zur Eindämmung des Mikroorganismenwachstums im Flüssigfutter können eine Reihe von Maßnahmen ergriffen werden:

- Verwendung von hygienisch einwandfreien Futterrohstoffen (CCM, Molke, Nebenprodukte)
- Regelmäßiger Zusatz organischer Säuren oder Säuregemische (Futter pH < 4,5)
- Regelmäßige Säuberung von Anmischbehälter und Rohrleitungen, Entfernung von Futterresten auch aus Stichleitungen/Fallrohren vor Neubelegung
- Mindestens einmal jährliche Grundreinigung mit Säuren und Laugen zur Abtötung säure- bzw. alkaliresistenter Keime

Zur Grundreinigung gehört das mechanische Entfernen aller Ablagerungen an Trögen, Tank, Anmischbehälter und Rohren. Bei der Säure- und Laugenbehandlung ist auf ausreichende Einweichzeiten zu achten. Alle Reinigungs- und Spüllösungen müssen ohne Tierkontakt entsorgt werden. Es empfiehlt sich, nach der Grundreinigung die Anlage mit Milchsäurebakterien wieder anzuimpfen, um einen erwünschten Biofilm zu schaffen.

Orientierungswerte zur Beurteilung der Keimgehalte in trockenen Mischfuttermitteln sind in Tabelle 2-14, in Flüssigfuttermitteln in Tabelle 2-15 angegeben. Die genauere Beurteilung der mikrobiologisch-hygienischen Beschaffenheit von Futtermitteln berücksichtigt die unterschiedliche Pathogenität der im Futter enthaltenen Keime und erfolgt für einzelne Futtermittel getrennt anhand von Keimart und Keimgehalt. Dazu werden die Mikroorganismen entsprechend ihrer Bedeutung für den Verderb zu sieben Keimgruppen zusammengefasst (Tab. 2-16). Orientierungswerte (OW) aus mehr als 3000 amtlichen Futterproben gaben Aufschluss über den je nach Futtermittel üblichen Besatz an Keimen (Tab. 2-17).

Je nach Überschreitung der OW erfolgt bei der hygienischen Beurteilung von Futtermitteln eine Einstufung jeder Keimgruppe in eine Keimzahlstufe (KZS 1: ≤ OW; KZS 2: < 5 x OW; KZS 3: 5-10 x OW; KZS 4: > 10 x OW) und dann in vier Qualitätsstufen (QS I bis IV). Dabei orientiert sich die Qualitätsstufe des Futtermittels an der höchsten KZS einer der sieben Keimgruppen. Der Keimbesatz in Futtermitteln mit der QS III gilt als deutlich erhöht und damit als bedenklich, mit der QS IV als überhöht bis stark überhöht und damit als verdorben. Allerdings ist zu berücksichtigen, dass die Keimzahlen durch Probiotika und unbedenkliche Milchsäurebakterien erhöht sein können.

Tab. 2-15: Orientierungswerte für die Beurteilung des Keimgehalts in Flüssigfutter (KbE[1]/g Futter)

Keimgruppe	physiologisch	deutlich erhöht
Aerobe Bakterien		› 10^8
• Milchsäurebildner	≤ 10^7–10^8	
• Enterobakteriaceae	≤ 10^4	
Hefen	≤ 10^5	› 10^6
Schimmel	≤ 10^4	› 10^5

[1] *Koloniebildende-Einheiten; Große Beilage und Wendt 2013*

Tab. 2-16: Zusammenfassung von Indikatorkeimen zu Keimgruppen (KG)

Keimgruppe	Bewertung	Keimarten
KG 1	normal	Produkttypische Bakterien
KG 2	Verderbanzeiger	Bacillus/Micrococcus/Staphylococcus
KG 3	Verderbanzeiger	Streptomyceten
KG 4	normal	Produkttypische Schimmel- und Schwärzepilze: Schwärzepilze, Acremonium, Verticillium, Fusarium, Aureobasidium, sonstige produkttypische Pilze
KG 5	Verderbanzeiger	Verderbanzeigende Schimmel- und Schwärzepilze: Aspergillus, Penicillium, Scopulariopsis, Wallemina und andere
KG 6	Verderbanzeiger	Mucoraceen (Köpfchenschimmel)
KG 7	Verderbanzeiger	Alle Hefen

Quelle: Bucher und Thalmann (2006)

Tab. 2-17: Orientierungswerte für Schweinefuttermittel, getrennt nach Keimgruppen

Keimgruppe	KG 1 produkttypische Bakterien Mio KBE/g	KG 2 verderbanzeigende Bakterien Mio KBE/g	KG 3 verderbanzeigende Streptomyceten Mio KBE/g	KG 4 produkttypische Schimmel- u. Schwärzepilze Mio KBE/g	KG 5 verderbanzeigende Schimmel- u. Schwärzepilze Mio KBE/g	KG 6 verderbanzeigende Mucoraceen Mio KBE/g	KG 7 Hefen Mio KBE/g
Getreide und Nachprodukte							
Mais	5	1	0,1	40	30	2	50
Weizen	5	1	0,1	50	30	2	50
Triticale*	5	1	0,1	50	30	2	50
Gerste	8	1	0,1	60	30	2	50
Roggen	5	1	0,1	50	30	2	50
Hafer	15	1	0,1	70	30	2	50
Kleie (Weizen/Roggen)	8	1	0,1	50	50	2	80
Nachmehle/Grieskleien	5	1	0,1	50	30	2	50
Proteinreiche Futtermittel							
Extraktionsschrote	1	1	0,1	10	20	1	30
Ölkuchen	1	1	0,1	10	20	2	30
Fischmehle	1	1	0,01	5	5	1	30
Eiweißkonzentrate	1	1	0,05	10	20	1	30
Mischfuttermittel							
Ferkel							
mehlförmig	5	0,5	0,1	30	20	5	50
pelletiert	0,5	0,1	0,05	5	5	1	5
Mast- und Zuchtschweine							
mehlförmig	6	1	0,1	50	50	5	80
pelletiert	1	0,5	0,05	5	10	1	5

* *LUFA NRW (2012)*

Quelle: Bucher und Thalmann (2006)

Die Auswertung der amtlichen Futterproben aus den Jahren 1994 bis 1996 ergab sehr unterschiedliche Qualitätseinstufungen für einzelne Futtermittel. Am wenigsten Beanstandungen waren bei Getreidekörnern zu verzeichnen, am meisten bei mehlförmigem Futter und Kleie. Insgesamt wiesen die Pellets um eine Zehnerpotenz geringere Keimgehalte auf als mehlförmige Futtermittel. Dennoch war der Anteil pelletierter Schweinefuttermittel mit den OS III und IV – und damit bedenklich bzw. nicht einsetzbar – mit 9,6 % von allen Futtermitteln am höchsten. Zur endgültigen Bewertung von Futtermitteln sind daher weitere Parameter, wie der Zusatz von Probiotika, zu berücksichtigen.

2.7.6 Unerwünschte Stoffe aus Kontaminationen und Besatz

Futtermittel können eine Reihe von Stoffen enthalten, die für die Gesundheit oder Leistungsfähigkeit von Nutztieren und eventuell auch für Menschen als Konsumenten tierischer Produkte negative Folgen haben. Mit Ausnahme von Antibiotika sind die wichtigsten dieser Stoffe in der EU-Richtlinie 2002/32/EG geregelt und in der Anlage 5 der deutschen Futtermittelverordnung mit den zulässigen Höchstgehalten in Futtermitteln aufgeführt. Dazu gehören Schwermetalle, antinutritive Substanzen in Pflanzen, Pflanzenschutzmittel, Mutterkorn, Toxine und Dioxine, aber auch Samen mit unerwünschten Inhaltsstoffen. Für Futtermittel mit festgesetzten Höchstgehalten gilt ein Verschneidungsverbot; sie dürfen nicht mit unbelasteten Futtermitteln verdünnt werden. Die Basisverordnung zur Lebensmittelsicherheit (VO [EG] Nr. 178/2002) schreibt vor, dass die Mitgliedstaaten das Lebensmittelrecht umsetzen und die Umsetzung überwachen und überprüfen. Hierzu müssen sie nach den Artikeln 41 bis 43 der Kontrollverordnung (VO [EG] Nr. 882/2004) einen Mehrjährigen Nationalen Kontrollplan (MNKP) aufstellen. Die Ergebnisse amtlicher Kontrollen für die Stoffe Aflatoxin B1 und andere Mykotoxine, chlorierte Kohlenwasserstoffe, Schwermetalle, Dioxine, PCB, Kokzidiostatika und Pflanzenschutzmittel werden derzeit gemäß dem Kontrollprogramm für Futtermittel für die Jahre 2012 bis 2016 überwacht und vom BMEL veröffentlicht. Die Beanstandungsquote zu den unerwünschten Stoffen mit festgelegten Höchstgehalten (Anhang I RL 2002/32/EG) variiert, je nachdem, um welche Stoffgruppe es sich handelt, ob es Einzelfuttermittel (0,78 %) oder Mischfuttermittel (0,20 %) sind oder ob die Einzelfutterproben bei Primärproduzenten (1,50 %) oder den anderen Futtermittelproduzenten (0,45 %) gezogen worden sind. Fast vollständig sind diese Beanstandungen auf Schwellenwertüberschreitungen mit Mutterkorn (13,2 %) und Aflatoxin B1 (2,3 %) im Getreide und Dioxine (3,65 %) und Schwermetalle (1,53 %) im Grünfutter zurückzuführen. Eine Übersicht über unerwünschte Stoffe in Futtermitteln und Möglichkeiten zu ihrer Detoxifikation ist in Flachowsky (2006) aufgeführt.

Dioxine und PCB

Unter dem Begriff »Dioxine« werden polychlorierte Dibenzo-p-Dioxine (PCDD) und Dibenzofurane (PCDF) zusammengefasst. Beide sind Nebenprodukte bei der Herstellung chlororganischer Chemikalien oder bei der Hochtemperatur-Verbrennung (300–600 °C) chlorhaltiger Kohlenwasserstoffe und gelangen auch heute noch bei unsachgemäßer Verbrennung in die Umwelt. Im Gegensatz dazu wurden polychlorierte Biphenyle (PCB) von 1929 bis 1989 gezielt produziert und in Kondensatoren, in Hydraulikflüssigkeiten oder als Weichmacher in Lacken, Dicht- und Fugenmassen, Beschichtungen, Isoliermitteln und unterschiedlichen Kunststoffen eingesetzt. Sie waren außerdem in Holzschutzmitteln, Farben (Siloanstrichen), Klärschlämmen, Dünge- und Pflanzenschutzmitteln enthalten. Dioxine und PCB sind überwiegend in Böden und Gewässersedimenten zu finden und werden über die Atmosphäre (gasförmig oder Staub gebunden) verbreitet. Sie sind äußerst persistent und akkumulieren sowohl im Boden als auch in Tieren und Pflanzen im Laufe des Lebens. PCB sind chemisch und thermisch stabil, können aber von einigen Mikroorganismen abgebaut werden. Allerdings ist dieser Prozess sehr langsam und daher nur bedingt zur Sanierung nutzbar. Aufgrund gesetzlicher Maßnahmen und umfangreicher Monitoringprogramme ist die PCB- und Dioxinbelastung in den letzten 20 Jahren deutlich zurückgegangen.

Der Eintrag in Pflanzen erfolgt überwiegend über die Luft oder durch anhaftende Bodenpartikel; die Aufnahme über Wurzeln ist gering. In landwirtschaftlich genutzte Böden gelangen sie durch Aerosole aus Industrie- und Müllverbrennungsanlagen sowie durch Abgase an stark befahrenen Straßen und Bahnstrecken.

Die Kontamination von Tieren mit Dioxinen bzw. PCB erfolgt überwiegend über Futtermittel, zum Beispiel durch direkte Einwirkung von Verbrennungsgasen bei der Trocknung, Kontamination mit technischen Ölen bei Verarbeitung, Lagerung und Transport (Leckagen an Hydraulikgeräten), Schmierstoffen, PCB-haltigen Anstrichen oder durch Futterzusatzstoffe, wie Mineralstoffe, Binde- und Fließhilfsmittel (Tonminerale). Sie kann auch durch Einzelfuttermittel, wie Fischprodukte (Fischmehl, Öl), belastete Pflanzen und Pflanzenöle, verursacht werden. Ein Eintrag über Futterfette, die rechtswidrig mit technischen Fetten vermischt werden, ist ebenfalls möglich und in der Vergangenheit mehrfach nachgewiesen worden. Ein großes Kontaminationsrisiko besteht bei der Aufnahme von Bodenpartikeln, sodass insbesondere Tiere mit Auslauf belastet sein können. Im Vergleich zu anderen tierischen Produkten ist Schweinefleisch jedoch im Allgemeinen wenig belastet.

Dioxine und PCB sind lipophil und reichern sich vor allem in der Leber und im Fettgewebe, weniger im Muskelfleisch an, sodass vor allem die Aufnahme fetthaltiger Lebensmittel zu einer Belastung des Menschen führt. Die akute Toxizität ist gering. Eine chronische Vergiftung löst beim Menschen Chlorakne sowie hormonelle, immunologische, karzinogene und teratogene Defekte aus und bei Tieren das sogenannte »wasting syndrome«, das mit Erbrechen, Inappetenz und Gewichtsverlust einhergeht. Die Exposition

Tab. 2-18: Gehalte (TEQ_{WHO05}) und Grenzwerte von Dioxinen (PCDD, PCDF), dioxinähnlichen PCB (dl-PCB) und nicht dioxinähnlichen PCB (ndl-PCB) in Lebens- und Futtermitteln

Produkte	Gehalte[1]		Höchstgehalte	
	PCDD/F + dl-PCB	ndl-PCB Indikatoren[2]	PCDD/F + dl-PCB[3]	ndl-PCB Indikatoren[4]
Fleisch und Fleischprodukte Wiederkäuer	2,01 pg/g	9,70 ng/g	4,0 pg/g Fett	40 pg/g Fett
Fleisch und Fleischprodukte Geflügel	0,99 pg/g	22,64 ng/g	3,0 pg/g Fett	40 pg/g Fett
Fleisch und Fleischprodukte Schwein	0,31 pg/g	4,26 ng/g	1,25 pg/g Fett	40 pg/g Fett
Fisch, Wassertiere und deren Erzeugnisse, ohne Fischöl und Fischeiweiß, hydrolysiert	2,50 pg/g	14,82 ng/g	6,5 pg/g Frischgewicht	75 ng/g Frischgewicht
Milch und Milcherzeugnisse	1,91 pg/g	9,00 ng/g	5,5 pg/g Fett	40 pg/g Fett
Eier und Eiererzeugnisse	1,61 pg/g	12,27 ng/g	5,0 pg/g Fett	40 pg/g Fett
Futtermittel-Ausgangserzeugnisse pflanzlichen Ursprungs[5]	0,30 pg/g	0,58 ng/g	1,25 pg/g	10 ng/g
Pflanzenöle und deren Nebenerzeugnisse[5]	0,74 pg/g	1,71 ng/g	1,5 pg/g	k. A.
Fischöl[5]	8,61 pg/g	54,54 ng/g	20,0 pg/g	175 ng/g
Fisch, Wassertiere und deren Erzeugnisse, ohne Fischöl und Fischeiweiß, hydrolysiert[5]	1,00 pg/g	5,16 ng/g	4,0 pg/g	30 ng/g
Mischfuttermittel (ausgenommen Heimtiere, Fische, Pelztiere)[5]	0,17 pg/g	1,76 ng/g	1,5 pg/g	10 ng/g
Futtermittel-Ausgangserzeugnisse mineralischen Ursprungs[5]	0,09 pg/g	0,67 ng/g	1,0 pg/g	10 ng/g
Futterzusatzstoffe: Verbindungen von Spurenelementen[5]	0,09 pg/g	0,41 ng/g	1,5 pg/g	10 ng/g
Vormischungen[5]	0,15 pg/g	0,40 ng/g	1,5 pg/g	10 ng/g

1 EFSA 2012 (Durchschnitt von 32.978 Proben der Jahre 1995-2010 aus 26 EU-Ländern)
2 Summe voçn PCB-28, -52, -101, -138, -153 und -180
3 (EU) Nr. 1259/2011
4 (EU) Nr. 277/2012
5 bei 12 % Feuchtigkeit
k. A. keine Angabe

des Menschen geschieht zu mehr als 90 % über kontaminierte Lebensmittel. Daher wurden von der EU Grenzwerte für Gehalte in Lebens- (VO EU Nr. 1259/2011) und Futtermitteln (VO EU Nr. 277/2012) festgelegt (Tab. 2-18). Auslösewerte, die unterhalb der Grenzwerte liegen, dienen als Frühwarnsystem und zeigen an, dass wahrscheinlich eine begrenzte Punktquelle vorhanden ist. Seit 2002 besteht in Deutschland eine Meldepflicht für alle Labore bei Verdacht auf Dioxin- bzw. PCB-Kontamination. Darüber hinaus müssen alle Analyseergebnisse an die zuständige Behörde weitergegeben werden.

Insgesamt sind 75 PCDD-Kongenere (Einzelverbindungen), 135 PCDF- und 209 PCB-Kongenere von unterschiedlicher Toxizität bekannt. Um die toxische Wirkung der Verbindungen vergleichen zu können, wird diese in Toxizitätsäquivalenten (TEQ) ausgedrückt. Jeder Verbindung wird ein Toxizitätsäquivalentfaktor (TEF) zugeordnet entsprechend seiner toxischen Wirkung, wobei das Dioxin mit der höchsten Toxizität – 2,3,7,8 TCDD (»Seveso-Dioxin«) – die TEF von 1 besitzt. Die TEQ einer Substanz setzt sich zusammen aus der Summe der Dioxine und PCB multipliziert mit ihren entsprechenden TEFs (Schwindt und Jira 2012). Die TEF sind international nicht einheitlich; die EU richtet sich in ihrer Bewertung nach den WHO Empfehlungen von 2005 (TEQWHO05). Nach Erkenntnissen der WHO (1998) liegt für den Menschen die tolerierbare tägliche Aufnahme (TDI) bei 1–4 pg TEQ/kg Körpermasse, wobei 1 pg TEQ/kg Körpermasse in Deutschland als Zielwert angestrebt wird. Nach Einschätzung der EFSA beträgt die tolerierbare wöchentliche Aufnahme (TWI) 14 pg TEQ/kg Körpermasse für Dioxine und dioxinähnliche PCB (dl-PCB). Für nicht dioxinähnliche PCB (ndl-PCB) wurden eigene Grenzwerte festgelegt (EFSA 2012, Tab. 2-18).

Antibiotika

Antibiotika gelangen nach entsprechender Therapie von Nutztieren mit den tierischen Exkrementen als Dünger auf landwirtschaftlich genutzte Böden und können potenziell von Pflanzen aufgenommen werden. Die am häufigsten verwendete Stoffgruppe ist die Gruppe der Tetracycline (Chlortetracyclin, Doxycyclin, Oxytetracyclin, Tetracyclin), von denen bis zu 80 % nach der Tierpassage unverändert wieder ausgeschieden werden. Gehalte bis zu 330 mg/kg Chlortetracyclin wurden in Schweinegülle von kommerziellen Mastbetrieben nachgewiesen. Diese Antibiotika können von Pflanzen während des Wachstums aufgenommen und in das Getreidekorn eingelagert werden. Ein Screening auf kommerziellen landwirtschaftlichen Betrieben in viehstarken Regionen Nordrhein-Westfalens ergab eine Chlortetracyclinkonzentration im Weizenkorn mit bis zu 58 µg/kg und bis zu 110 µg/kg von CTC inklusive seiner Metabolite. In stichprobenartigen Untersuchungen in Weizen- und Roggenproben aus Nordrhein-Westfalen und Niedersachsen wurden ebenfalls in 31 von 64 Proben Tetracycline nachgewiesen. Es ist daher damit zu rechnen, dass Getreide potenziell eine Quelle für die Aufnahme subklinischer Antibiotikamengen darstellt und damit die Resistenzbildung in der Darmmikrobiota fördern kann.

Vorratsschädlinge

Zu den Vorratsschädlingen, die größere Schäden bei gelagertem Getreide, Soja oder Mischfutter anrichten können, gehören Insekten (Käfer, Motten), Milben, Nager und Vögel. Die Schäden werden nicht nur durch Fraßverluste verursacht; viel schwerer wiegen oft Sekundärschäden, die die allgemeine Futterqualität beeinträchtigen (Tab. 2-19). Befallene Lager sind schwierig wieder von den Schädlingen zu befreien, da Insekten und Milben in Ritzen und Fugen überleben können, ebenso wie in Futterrestbeständen (angehaftete Reste im Silo). Einmal befallene Lager sind damit eine Quelle für die Neuinfektion einer frischen Futtercharge, ebenso wie Transportfahrzeuge und Transporteinrichtungen. Die Befallsintensität ist in der Regel in geschlossenen Silos geringer als im Flachlager oder der Bodenschüttung. Vorratsschädlinge vermehren sich besonders intensiv in großen Lagerhallen, wo das Getreide wenig bewegt wird.

Insekten

Bei den Insekten spielen vor allem Kornkäfer (*Sitophilus granarius*) eine Rolle, die ca. drei Viertel aller Käfer ausmachen, gefolgt von Reiskäfern (*Sitophilus oryzae*), Getreideplattkäfern (*Oryzaephilus surinamensis*) und Getreidekapuzinern (*Rhizopertha dominica*).

Tab. 2-19: Durch Vorratsschädlinge verursachte primäre und sekundäre Schäden

Primär	
Fraßverluste	Futterverluste (durch Käfer, Nager)
Sekundär	
Veränderung der Nährstoffzusammensetzung	Reduzierung der Gehalte an Stärke, Rohprotein, Rohfett Erhöhung des Rohfasergehalts (Schalenanteil)
Veränderung der Futterkonsistenz	Erhöhung des mehlförmigen Anteils (→ Substrat für Milben) Verklebungen durch Exkremente und Spinnfäden (→ Reduzierung der Fließ- und Rieselfähigkeit)
Beschleunigung des Futterverderbs	Wegbereitung für Milben und Motten (nach Körnerzerkleinerung) Beschleunigtes Mikroorganismenwachstum (Freisetzung von Stoffwechselwasser, Temperaturerhöhung) Schimmelpilzbefall (→ Mykotoxinbildung)
Reduzierung der Futterakzeptanz	Änderung von Geruch und Geschmack
Pathogene Effekte	Pathogene Mikroorganismen (Salmonellen, *E. coli*, Leptospiren, AK, ESP; Verschleppung durch Käfer, Milben, Nager, Vögel) Allergene Effekte durch Tierreste und Fremdeiweiß aus tierischen Ausscheidungen Mykotoxinbildung

Kornkäfer sind in den gemäßigten Klimazonen ubiquitär. Sie sind ca. 4–5 mm groß, inklusive dem etwa 1,5 mm langen Rüssel, dunkelbraun bis schwarz, im Jugendstadium rotbraun. Lebensdauer und Vermehrungsrate hängen stark von den Umweltbedingungen, wie Wassergehalt (Substratfeuchte, Luftfeuchtigkeit, Kondenswasser, Freisetzung von Stoffwechselwasser), Temperatur (Optimum: 25–27 °C, Entwicklungsfähigkeit: 13–30 °C, Überlebensfähigkeit: -10 °C [2 Wochen] bis 38 °C) und Lagerdauer, ab. Die Lebensdauer beträgt sechs Monate bei 29 °C und bis zu 2,5 Jahre bei 10 °C.

Befallen werden alle Getreidearten inklusive Mais, Reis und Sorghum (Milocorn). Weibchen legen die Eier im Inneren des Korns ab, wo die Entwicklung bis zum – nicht flugfähigen – Käfer je nach Umweltbedingungen ein bis vier Monate dauert. Die fertigen Käfer schlüpfen aus dem Korn. Da die Käfer größer sind als das Korn, ist der Nachweis eines Befalls für ausgewachsene Käfer durch einfache Siebung möglich. Larven und Puppen sind aufgrund der Entwicklung im Korninneren schwieriger nachzuweisen. Hinweis auf den Befall ergibt eine Schwimmprobe des Getreides, da durch Larvenfraß ausgehöhlte Körner oben schwimmen.

Die Bekämpfung der Käfer kann mit Kontaktinsektiziden erfolgen (Informationen: Pflanzenschutzmittelverzeichnis, Bundesamt für Verbraucherschutz und Lebensmittelsicherheit), wobei die jeweilige Resistenzlage zu beachten ist. Larven und Puppen sind jedoch im Korn vor Insektiziden geschützt. In geschlossenen Siloanlagen ist eine Begasung mit Stickstoff, Kohlendioxid oder Phosphorwasserstoff möglich, die aber ebenfalls die verpuppten Stadien im Korn nur schwer erreicht. Als biologische Bekämpfungsmittel können Schlupfwespen (*Lariophagus distinguendus*; auch gegen Eier und Larven) oder Kieselalgenstaub (nur gegen Käfer, eventuell prophylaktische Einmischung ins Getreide bei Einlagerung) eingesetzt werden. Nach einem Befall müssen Getreidelager vor einer Neubefüllung intensiv behandelt werden, da die Kornkäfer in Ritzen und Fugen (Mauerwerk, Holz) lange überleben können.

Getreidekapuziner und Reiskäfer entwickeln sich ebenfalls im Korninneren. Reiskäfer sind etwas kleiner als Kornkäfer (2,5 bis 3,5 mm), bräunlich und flugfähig. Sie stammen aus den Tropen und bevorzugen wärmere Temperaturen (stärkere Verbreitung in Süddeutschland). Reiskäfer sterben bei 0 °C ab. Obwohl sie Mais und Reis bevorzugen, entwickeln sie sich auch in Weizen und Sorghum. Futterschädigung und Bekämpfung sind analog wie beim Kornkäfer.

Von den Motten ist die Mehlmotte (*Ephestia kuehniella*) am weitesten verbreitet, die mehlförmige Futtermittel mit höherer Feuchtigkeit bevorzugt und daher häufig im Getreide als Sekundärerreger auftritt (Tab. 2-19). Die

Entwicklung erfolgt außerhalb des Korns an der Getreideoberfläche, wobei die Puppen Spinnfäden absondern (Hinweis auf Mottenbefall). Dadurch wird die Riesel- und Fließfähigkeit vor allem bei mehlförmigen Futtermitteln herabgesetzt, was zu Verbackungszonen im Silo mit lokal begrenztem, starkem Futterverderb führen kann. Mottenreste sind potenziell pathogen. Ein Hinweis auf Mottenbefall ist neben der Gespinstbildung das Auffliegen der Tiere, wenn der Haufen bewegt wird.

Milben

In Nord- und Mitteleuropa sind Mehlmilben (*Acarus siro*) mit Abstand am weitesten verbreitet, gefolgt von Pflaumenmilben (*Lepidoglyphus destructor*). Hausmilben, Modermilben und Getreideraubmilben spielen als Vorratsschädlinge eine geringere Rolle. Milben werden mit Vektoren (Vögel, Nager, Fledermäuse), neuen Vorräten und Transportfahrzeugen eingeschleppt. Im Lager können sie sich eigenständig bewegen (Laufstrecke: ca. 25 mm pro Minute).

Die Mehlmilbe ist etwa 0,4 bis 0,7 mm groß. Sie bevorzugt höhere Substratfeuchte (20 %) und Luftfeuchtigkeit (> 60 %) bei 21 bis 30 °C, kann aber von 2,5 bis 32 °C gut und bei - 15 bis + 40 °C kurzfristig überleben. Da dies auch optimale Bedingungen für Bakterien, Schimmelpilze und Hefen sind, gilt ein Milbenbefall als Anzeiger für Futterverderb. Schimmelpilze können ihnen sogar als Nahrungsquelle dienen. Bei Substratfeuchten unter 13 % wird das Wachstum eingestellt und es entwickeln sich Dauernymphen, die bis zu zwei Jahre ohne Nahrung überstehen können.

Als Substrat bevorzugt die Mehlmilbe geschrotetes Getreide, Mühlennachprodukte und ölhaltige Samen. Extraktionsschrote und Kuchen sowie ganze Körner sind weniger anfällig für einen Befall. Milben entwickeln sich vor allem in Zonen mit wenig Futterbewegung, wie zum Beispiel toten Ecken und im Staub von Mahl- und Mischanlagen. Die Entwicklung vom Ei bis zum adulten Tier dauert etwa viereinhalb Wochen bei einer Lebensdauer der geschlüpften Tiere von sechs Wochen. In einer Woche können sie sich um den Faktor sieben vermehren. Trotzdem ist der Futterverlust bei Milbenbefall weniger bedeutend. Problematisch ist eher die herabgesetzte Futterqualität, da Milben eine Eintrittspforte für Mikroorganismen und Schimmelpilze bilden. Sie können auch aktiv Pilzsporen sowie pathogene Mikroorganismen (Salmonellen, *E. coli*) im Futterlager verbreiten. Die Stoffwechselaktivitäten der Tiere führen zu einer lokalen Temperaturerhöhung und Wasserfreisetzung aus dem Substrat, sodass der mikrobielle Verderb beschleunigt wird. Die Futteraufnahme wird reduziert, ebenso wie die Verwertbarkeit der

Aminosäuren, sodass bei Schweinen mit einer Reduzierung der Gewichtsentwicklung gerechnet werden muss. Ebenso wurden bei starker Vermilbung negative Effekte auf die Tiergesundheit beobachtet, wie Reizung der Magen- und Darm-Schleimhaut und Diarrhoe. Bei den Tierbetreuern sind Haut- und Atemwegsreizungen nachgewiesen worden. Milbenexkremente haben wahrscheinlich allergenes Potenzial und können in hoher Konzentration im Stallstaub vertreten sein. Auch bei Schweinen sind Hautausschlag und starkes Scheuern nach Milbenbefall beobachtet worden.

Einen ersten Verdacht auf Milbenbefall geben Ablagerungen von grauem, leicht rötlichem Staub auf Flächen und Gegenständen in Futternähe sowie der unangenehme, beißende, süßliche Futtergeruch. Bei pelletiertem Futter werden raue Oberflächen und hoher Abrieb festgestellt. Bewegung von Futterpartikeln, insbesondere an den Seiten von aufgeschütteten Partien, lassen ebenfalls einen Befall vermuten. Die Bewegungsaktivität ist schon nach kurzer Zeit zu beobachten, wenn ein kleiner Kegel aufgeschüttet wird und die Seiten durch leichtes Klopfen befestigt werden. Ebenso kann ein Niederschlag am Deckel eines geschlossenen, warmgestellten Plastikgefäßes auf einen Milbenbefall schließen lassen. Ein exakter Nachweis des Befallsgrades erfordert eine Futtersiebung mit einem Sieb der Maschenweite 0,5 mm. Weniger als 1 000 Milben/kg gelten als leichter Befall, 2 000–20 000 Milben/kg als mäßiger und mehr als 20 000 Milben/kg als hochgradiger Befall. In der Praxis werden häufiger Befallsraten von mehr als 1 Mio. Milben/kg nachgewiesen. Vermilbtes Futter sollte für Ferkel gar nicht und für Mastschweine ab 60 kg nur begrenzt eingesetzt werden (max./Tier/Tag: leichter Befall: 0,3 kg; mittlerer Befall: 0,2 kg; schwerer Befall: 0,1 kg).

Zur Bekämpfung können Akarizide oder eine Begasung mit Kohlendioxid eingesetzt werden. Die Behandlung muss nach zwei Wochen wiederholt werden, um auch die Dauernymphen zu beseitigen. Zur biologischen Bekämpfung können Diatomeenerde und die Getreideraubmilbe (*Cheyletus eruditus*) verwendet werden. Bei der Behandlung sind auch schwer zugängliche Bereiche, wie Ritzen, Ecken, Belüftungsroste, Kanäle, Förderbänder und Schnecken, zu berücksichtigen.

Nager und Vögel

Vögel und Schadnager (Wanderratte, Hausratte, Hausmaus) verursachen sowohl Futterverzehr als auch Futterkontamination. Eine einzelne Ratte frisst im Jahr 10 kg Futter und produziert 7 Liter Urin sowie 10 000 Kotballen. Mit Kot und Urin von Nagern und Vögeln werden pathogene

Mikroorganismen (Salmonellen, *E. coli*, Leptospiren, Aujeszky-Viren, Viren der Europäischen Schweinepest) in das Futter eingeschleppt und dort verbreitet. Der Urin führt lokal zu einer deutlichen Anhebung des Feuchtigkeitsgehalts und schafft somit gute Wachstumsbedingungen für Bakterien und Schimmelpilze (Kapitel 2.3.2 und 2.3.3). Daher ist eine ständige Nagerbekämpfung unumgänglich. Diese wird häufig mit Kumarinderivaten durchgeführt. Schweine sind gegenüber diesen Chemikalien sehr empfindlich, wenn zum Beispiel der Weizenköder versehentlich mit dem Futter vermischt wird. Gegenüber den Derivaten der ersten Generation (Warfarin, Fumarin, Pindon, Cumachlor) sind Schweine bei einmaliger Aufnahme zwar relativ tolerant (toxische Dosis: 3,3 mg Warfarin/kg Körpergewicht), dagegen reichen bereits 0,055 mg Warfarin/kg Körpergewicht bei fünftägiger Aufnahme zur Ausbildung klinischer Symptome, wie Apathie, Schwäche, steifer Gang mit Gelenkschwellungen, blutiger Kot und Urin bzw. Blutungen im Augeninneren. Bei neueren Kumarinderivaten der zweiten Generation (Brodifacoum, Bromadiolon) reicht bereits die einmalige Aufnahme von 0,5 bis 2 mg/kg Körpergewicht als letale Dosis. Die Empfindlichkeit ist insbesondere bei Ferkeln hoch und nimmt mit zunehmendem Alter ab. Besondere Vorsicht bei der Platzierung der Köder ist geboten, wenn Schweinen Auslauf zur Verfügung gestellt wird.

2.8 Futtermittelsicherheit und Qualität

2.8.1 Futtermittelrecht

Uwe Zürner

Futtermittelrechtliche Grundlagen

Tierhalter, die Futtermittel zur Verfütterung in ihrem eigenen Betrieb erzeugen, verarbeiten oder lagern, gelten europaweit als Futtermittelunternehmer und müssen die rechtlichen Anforderungen kennen.

Im Folgenden werden die wichtigsten Rechtsbestimmungen angesprochen, mit denen ein landwirtschaftlicher Tierhalter und Futtermittelunternehmer täglich konfrontiert wird.

EU-Recht

Wer trägt die Verantwortung für die Futtermittelsicherheit?

An erster Stelle steht die Verordnung (EG) Nr. 178/2002. Mit dieser sogenannten »Basisverordnung« wurden die Anforderungen an Futtermittel, die für der Lebensmittelgewinnung dienenden Tiere bestimmt sind, in das Lebensmittelrecht aufgenommen. Dadurch wurde ein Rechtsrahmen geschaffen, der vom Stall bis auf den Tisch des Verbrauchers reicht.

In diesem System wird dem Futtermittelunternehmer die Verantwortung für die Futtermittel zugeschrieben. Schon bei der bloßen Annahme, dass ein von ihm eingeführtes, erzeugtes, verarbeitetes, hergestelltes oder vertriebenes Futtermittel die Anforderungen an die Futtermittelsicherheit nicht erfüllt, hat der Futtermittelunternehmer Maßnahmen einzuleiten, um die betroffenen Futtermittel vom Markt zu nehmen und die zuständige Behörde davon zu unterrichten. Weiterhin hat er mögliche Verwender des Futtermittels genau über den Grund der Abweichung zu unterrichten und gelieferte Produkte zurückzurufen, wenn andere Maßnahmen zur Erzielung des Gesundheitsschutzes nicht ausreichen.

Die Rückverfolgbarkeit der Futtermittel muss gewährleistet sein. Dafür hat der Futtermittelunternehmer Informationen über die bezogenen und abgegebenen Futtermittel (z. B. durch geordnete Ablage von Lieferscheinen/-rechnungen oder Abgabebelegen/-rechnungen) vorzuhalten.

Welche Anforderungen werden an die Futtermittelsicherheit gestellt?

Die Futtermittelunternehmer haben auf allen Produktions-, Verarbeitungs- und Vertriebsstufen dafür zu sorgen, dass die Futtermittel die rechtlichen Anforderungen erfüllen.

Die aus Sicht des Verbraucherschutzes wohl wichtigste Anforderung ist, dass Futtermittel, die nicht sicher sind, nicht in Verkehr gebracht oder an der Lebensmittelgewinnung dienenden Tiere verfüttert werden dürfen. Dabei gelten Futtermittel als nicht sicher, wenn davon auszugehen ist, dass sie

- die Gesundheit von Mensch und Tier beeinträchtigen können und/oder
- bewirken, dass die Lebensmittel, die aus den gefütterten Tieren hergestellt werden, als nicht sicher für den Verzehr durch den Menschen anzusehen sind.

Wie können Futtermittelsicherheit und Futtermittelhygiene gewährleistet werden?

Um ein hohes Verbraucherschutzniveau hinsichtlich der Lebens- und Futtermittelsicherheit zu gewährleisten, erließ die EU die Verordnung (EG) Nr. 183/2005, die sogenannte Futtermittelhygiene-Verordnung. Darin finden sich Vorschriften für die Futtermittelhygiene und zur Gewährleistung der Futtermittelsicherheit.

Zunächst bedarf jeder Unternehmer, der Futtermittel erzeugt, verfüttert, transportiert oder handelt einer Registrierung oder einer Zulassung durch die zuständige Behörde. In Niedersachsen ist dafür das LAVES zuständig, das auf seiner Homepage entsprechende Formulare zur Verfügung stellt.

Listen mit den registrierten und zugelassenen Betrieben werden durch das Bundesamt für Verbraucherschutz und Lebensmittelsicherheit (BVL) im Bundesanzeiger veröffentlicht.

Futtermittelunternehmer und Nutztierhalter dürfen sich nur Futtermittel aus Betrieben beschaffen und verwenden, die registriert oder zugelassen sind. Einer Zulassung bedürfen Betriebe mit einem höheren Risiko. Dieses Risiko wird bestimmt durch die entsprechende Tätigkeit und ist abhängig von den verwendeten Futtermittelzusatzstoffen.

Futtermittelunternehmer haften für Verstöße gegen die einschlägigen Rechtsvorschriften über die Futtermittelsicherheit. Umfassen die Tätigkeiten des Unternehmers mehr als nur den Transport und einfaches Mischen, dann muss er einen Nachweis über Finanzgarantien erbringen, für Marktrücknahmen, die Behandlung und/oder Beseitigung von Futtermitteln, Tieren und daraus hergestellten Lebensmitteln. Im nationalen Recht wird das in § 17 a LFGB näher ausgeführt. Demnach hat ein Futtermittelunternehmer, der in einem Kalenderjahr mehr als 500 Tonnen Mischfuttermittel für der Lebensmittelgewinnung dienenden Tiere herstellt und diese an andere abgibt, für den Fall, dass das Futtermittel den futtermittelrechtlichen Anforderungen nicht entspricht und seine Verfütterung deswegen Schäden verursacht, dafür Sorge zu tragen, dass er über eine Versicherung zur Deckung dieser Schäden verfügt.

Welche spezifischen Verpflichtungen hat ein Futtermittelunternehmer?

Die Verordnung (EG) Nr. 183/2005 sieht je nach Tätigkeit des Futtermittelunternehmers spezifische Verpflichtungen vor:

- Primärproduzenten haben die Bestimmungen des Anhangs I der Verordnung zu erfüllen.
- Umfassen die Tätigkeiten des Primärproduzenten mehr als nur den Transport und einfaches Mischen, also z. B. die Verwendung von Zusatzstoffen oder die Verwendung von Vormischungen, die Zusatzstoffe mit Ausnahme von Silierzusatzstoffen enthalten, dann gelten die Bestimmungen des Anhangs II.
- Landwirte erfüllen bei der Fütterung von zur Lebensmittelgewinnung bestimmten Tieren die Bestimmungen des Anhangs III.

Anhang I

enthält Hygienevorschriften für Arbeitsvorgänge und Verpflichtungen zur Buchführung. So sind Futtermittel zwecks Verhütung einer gefährlichen Kontamination von Abfall und gefährlichen Stoffen getrennt und sicher zu lagern und zu handhaben. In der Buchführung sind insbesondere Belege zu führen, die über die Verwendung von Bioziden und gentechnisch verändertem Saatgut Aufschluss geben.

Anhang II

Landwirte, die sich auf einer höheren Stufe der Primärproduktion befinden, müssen höhere Anforderungen an Einrichtung und Ausrüstung erfüllen. Sie müssen über ausreichend Personal mit erforderlichen Kenntnissen und Qualifikationen verfügen und eine für die Herstellung verantwortliche Fachkraft benennen. Darüber hinaus müssen sie gewährleisten, dass die verschiedenen Produktionsvorgänge nach schriftlich erstellten Verfahrensbeschreibungen, die auf den HACCP-Grundsätzen beruhen, durchgeführt werden, damit die kritischen Stellen des Herstellungsverfahrens ermittelt, überprüft und beherrscht werden können.

Ein solcher Qualitätskontrollplan hat auch die Verfahren zur Stichprobenentnahme und den Umgang mit Futtermitteln zu regeln, die den Anforderungen nicht entsprechen. Weiterhin sind Unterlagen über die im Endprodukt verwendeten Rohstoffe zu führen, um die Rückverfolgbarkeit der Komponenten sicherzustellen. Von allen Bestandteilen und jeder hergestellten Partie sind Rückstellproben zu ziehen und für einen angemessenen Zeitraum aufzubewahren.

Anhang III

enthält Vorschriften zur guten Fütterungspraxis mit Bestimmungen zur Beweidung von Grasland und für Stall- und Fütterungseinrichtungen. Wasser fällt nicht unter die Definition von Futtermitteln. Das Trinkwasser und das in der Aquakultur verwendete Wasser muss aber so beschaffen sein, dass es für die betreffenden Tiere geeignet ist. Bei begründetem Verdacht, dass Tiere oder tierische Erzeugnisse durch das Wasser kontaminiert werden könnten, müssen Maßnahmen zur Minimierung des Risikos getroffen werden. Die Fütterungs- und Tränkeanlagen müssen aber bereits so konstruiert, gebaut und angebracht werden, dass eine Kontamination des Futtermittels und des Wassers auf ein Mindestmaß begrenzt wird. Tränkesysteme müssen, sofern möglich, regelmäßig gereinigt und instandgehalten werden.

Wichtig ist die getrennte Lagerung von Futtermitteln und Chemikalien sowie von anderen in der Tierernährung verbotenen Erzeugnissen. Arzneimittel enthaltende Futtermittel sind so zu handhaben, dass Futtermittel ohne Arzneimittel dadurch nicht kontaminiert werden und dass das Risiko der Fütterung an Tiere, für die sie nicht bestimmt sind, verringert wird.

Welche Anforderungen sind bei der Ein- und Ausfuhr zu beachten?

Die Regelungen zur Ein- und Ausfuhr von Futtermitteln finden sich auch in der VO (EG) Nr. 183/2005.

Futtermittel dürfen nur aus Drittländern eingeführt werden, die nach einem besonderen Verfahren für den Import in die EU gelistet wurden. Die versendenden Betriebe in dem Drittland müssen ebenfalls gelistet sein.

Für den Export aus der EU gelten meist ähnliche Vorschriften. Die Exportbetriebe müssen vom importierenden Land gelistet sein. Über die Einzelheiten der Listungsverfahren können in der Regel die einschlägigen Verbände oder die zuständigen Veterinär- oder Futtermittelüberwachungsbehörden Auskunft erteilen.

In die EU einzuführende Futtermittel müssen in jedem Fall den Anforderungen der EU entsprechen. Auszuführende Futtermittel müssen demgegenüber den Bestimmungen der EU nur dann entsprechen, wenn die Behörden des Einfuhrlandes nichts anderes verlangen. Außer wenn die Futtermittel nicht sicher sind, dürfen sie aus der Gemeinschaft ausgeführt werden, wenn die zuständigen Behörden des Bestimmungslandes dem ausdrücklich zugestimmt haben, nachdem sie über die Gründe, aus denen die betreffenden Futtermittel in der Gemeinschaft nicht in Verkehr gebracht werden durften, und die näheren Umstände umfassend unterrichtet worden sind.

Geltung von EU-Vorschriften in den Mitgliedstaaten

EG-Verordnungen sind in allen ihren Teilen verbindlich und gelten unmittelbar in jedem Mitgliedstaat. Sie haben Vorrang vor nationalem Recht, wenn keine Übereinstimmung besteht. Sanktionsmöglichkeiten, also Straf- und Bußgeldvorschriften enthält das EU-Recht nicht. Diese Vorschriften müssen im nationalen Recht verankert werden. So enthält z. B. das LFGB Sanktionsmöglichkeiten bei Verstößen gegen die EU-Verordnungen 178/2002, 183/2005 und 767/2009.

Wie sind Futtermittel zu kennzeichnen?

Mit der auch als Futtermittelverkehrsverordnung (FMVV) bezeichneten Verordnung (EG) Nr. 767/2009 werden Regelungen zur Sicherheit von Futtermitteln sowie Regelungen zu deren Kennzeichnung und Verpackung getroffen.

Futtermittel müssen bestimmte technische Anforderungen über Verunreinigungen und andere chemische Eigenschaften erfüllen. Sie dürfen keine verbotenen Materialien, wie Kot, Abfälle, Verpackungsteile oder Saatgut, enthalten.

Verantwortlich für die Kennzeichnung ist der Futtermittelunternehmer, der ein Futtermittel zum ersten Mal in den Verkehr bringt, also derjenige, der das Futtermittel erstmals für Verkaufszwecke bereithält und anbietet oder es weitergibt.

Aber auch alle weiteren Unternehmer, die am Futtermittelverkehr zum Tierhalter beteiligt sind, wie z. B. Händler, tragen dafür Verantwortung, dass die von ihnen angebotenen Futtermittel ordnungsgemäß gekennzeichnet sind. Die Unternehmer dürfen Futtermittel, die den Kennzeichnungsvorschriften nicht entsprechen, nicht anbieten. Jeder Händler muss im Rahmen seiner Sorgfaltspflicht die Angaben des Herstellers prüfen. Das kann im Verdachtsfall auch eine stichprobenartige Überprüfung des Gehalts an Inhaltsstoffen einschließen.

Die Kennzeichnung umfasst alle Angaben, Hinweise, Warenzeichen, Markennamen, Abbildungen oder Zeichen, die sich auf das Futtermittel beziehen und auf der Verpackung, dem Behältnis, auf einem Schild oder Etikett, einem Schriftstück, Ring oder Verschluss angebracht sind oder im Internet veröffentlicht werden.

Bei loser Ware geschieht die Kennzeichnung über den Lieferschein oder ein Schild, bei verpackter Ware befinden sich die Informationen direkt auf der Packung oder dem Behältnis.

Die Kennzeichnung von Futtermitteln ist für den Tierhalter wichtig, damit er die Tiere, die von ihm gehalten werden und sich somit nicht in der Natur selbst versorgen können, entsprechend des jeweiligen Bedarfs ernähren kann.

Die Kennzeichnungsvorschriften sind ein kompliziertes Gebilde, das selbst für Fachleute mitunter interpretationsbedürftig ist. Zur Erläuterung der Kennzeichnungsangaben haben deshalb der Bund und die Länder einen Leitfaden zur Kennzeichnung von Einzelfuttermitteln und Mischfuttermitteln herausgegeben.

Dieser Leitfaden soll den im Futtermittelsektor tätigen Futtermittelunternehmern und den Verantwortlichen für die Kennzeichnung aber auch den in der Futtermittelkontrolle tätigen Personen als Orientierungsrahmen dienen.

Die Futtermittel sind in deutscher Sprache zu kennzeichnen. Sie dürfen ohne die folgenden allgemeinen Angaben nicht in den Verkehr gebracht werden:

1. Futtermittelart (Einzelfuttermittel, Alleinfuttermittel, Ergänzungsfuttermittel)
   Die Unterscheidung zwischen den Futtermittelarten wirkt sich auf die Bedingungen für das Inverkehrbringen solcher Erzeugnisse aus. Einzelfuttermittel werden in erster Linie verwendet, um den Bedarf der Tiere beispielsweise an Energie, Nährstoffen, Mineralstoffen oder Ballaststoffen zu decken. Alleinfuttermittel sind Mischfuttermittel, die wegen ihrer Zusammensetzung für eine tägliche Ration ausreichen. Ergänzungsfuttermittel weisen einen hohen Gehalt an bestimmten Stoffen auf, reichen aber auf-

grund ihrer Zusammensetzung nur zusammen mit anderen Futtermitteln für die tägliche Ration aus.

2. Name und Anschrift des für die Kennzeichnung verantwortlichen Futtermittelunternehmers
3. Die Zulassungsnummer des Betriebs, falls das für das Herstellen oder Inverkehrbringen des betreffenden Futtermittels erforderlich ist. Zu Zwecken der Rückverfolgbarkeit und Kontrolle ist eine Kennnummer je Partie oder Los anzugeben.
4. Im Falle fester Erzeugnisse ist die Nettomasse anzugeben, im Falle flüssiger Erzeugnisse die Nettomasse oder das Nettovolumen; im Falle von Futtermitteln für Heimtiere und freilebende Vögel kann stattdessen die Stückzahl angegeben werden, wenn diese Futtermittel der allgemeinen Verkehrsauffassung entsprechend nur nach Stückzahl gehandelt werden.
5. Zusatzstoffe, die nach der FMVV kennzeichnungspflichtig sind, sind mit ihrer spezifischen Bezeichnung, der zugesetzten Menge, der Kennnummer und der entsprechenden Bezeichnung der Funktionsgruppe gemäß Anhang I der Verordnung (EG) Nr. 1831/2003 in einer Liste unter der Überschrift »Zusatzstoffe« oder »Zusatzstoffe je kg« aufzuführen. Abweichend davon genügt es bei Futtermitteln für Nicht-Lebensmitteltiere, wenn für Zusatzstoffe der Funktionsgruppen »Konservierungsmittel«, »Antioxidationsmittel« und »Farbstoffe« lediglich die betreffende Funktionsgruppe angegeben wird. In diesem Fall sind die vollständigen Angaben von der für die Kennzeichnung verantwortlichen Person auf Anfrage des Käufers mitzuteilen. Alle kennzeichnungspflichtigen Zusatzstoffe sind im Anhang III des Leitfadens zur Kennzeichnung von Einzelfuttermitteln und Mischfuttermitteln zu finden.
6. Feuchtegehalt: Sofern in Anhang V der FMVV kein anderer Gehalt festgelegt ist, muss der Feuchtegehalt des Futtermittels angegeben werden, wenn er bestimmte, in Anhang I Nr. 6 aufgeführte, Werte übersteigt.

Dies sind 5 % bei Mineralfuttermitteln, die keine organischen Stoffe enthalten, 7 % bei Milchaustauschfuttermitteln und anderen Mischfuttermitteln mit einem Anteil eines Milcherzeugnisses von mehr als 40 %, 10 % bei Mineralfuttermitteln, die organische Stoffe enthalten und 14 % bei anderen Futtermitteln.

Zusätzliche Angaben für Einzelfuttermittel

1. Die Bezeichnung des Einzelfuttermittels muss der Natur des Stoffes entsprechen und darf den Verwender nicht irreführen. Anhand der Bezeichnung muss erkennbar sein, ob es sich um ein pflanzliches, tierisches oder

mineralisches Einzelfuttermittel handelt, welcher natürlichen Herkunft das Einzelfuttermittel entstammt (Sonnenblumenkerne, Sojabohnen) und die Art der Be- und Verarbeitung (z. B. getrocknet, gepresst).
2. Die Angabe der Inhaltsstoffe ist für alle Einzelfuttermittel vorgeschrieben und ergibt sich aus der Zuordnung des Einzelfuttermittels zu der jeweiligen Gruppe gemäß Anhang V der FMVV. Im Falle von Erzeugnissen und Nebenerzeugnissen aus Getreidekörnern sind dies z. B. Stärke > 20 %, Rohprotein > 10 %, Rohöle und -fett > 5 % und Rohfaser unabhängig vom Gehalt.
3. Sind Zusatzstoffe enthalten, müssen die Tierart oder Tierkategorie angegeben werden, wenn der Zusatzstoff nicht für alle Tierarten zugelassen ist oder wenn Höchstgrenzen für bestimmte Tierarten oder Tierkategorien festgelegt wurden. Die Angabe der Tierart/Tierkategorie sollte sich nach Anhang IV der Verordnung (EG) 429/2008 richten, in der für die Tierarten Schweine, Geflügel, Rinder, Schafe, Ziegen, Fische, Kaninchen und Pferde entsprechende Tierkategorien aufgeführt sind (z. B. Geflügel: Masthühner, Junghennen, Legehennen u. a.).
4. Hinweise zur ordnungsgemäßen Verwendung sind anzugeben, insbesondere wenn ein Höchstgehalt für den Zusatzstoff festgelegt ist und der Gehalt in dem Einzelfuttermittel den für die Tagesration des Alleinfuttermittels festgelegten Höchstgehalt übersteigt. Um sicherzustellen, dass der jeweilige Höchstgehalt an Futtermittelzusatzstoffen in der täglichen Ration eingehalten wird, sind tägliche Höchstmengen oder ein maximaler Anteil in der täglichen Ration anzugeben.
5. Mindesthaltbarkeit für Zusatzstoffe, die keine technologischen Zusatzstoffe sind, also z. B. Vitamine.

Zusätzliche Angaben für Mischfuttermittel

1. Tierart oder Tierkategorie, für die das Mischfuttermittel bestimmt ist.
2. Angaben zur ordnungsgemäßen Verwendung unter Angabe des Zwecks, für den das Futtermittel bestimmt ist.
3. Mindesthaltbarkeitsdauer mit der Angabe »*Spätestens zu verbrauchen bis* ...«, gefolgt vom Datum eines bestimmten Tages, bei leicht verderblichen Futtermitteln (z. B. Feuchtegehalt über 14 %) »*Mindestens haltbar bis* ...«, gefolgt von der Angabe eines bestimmten Monats bei Futtermitteln unter 14 % Feuchtegehalt.
4. Unter der Überschrift »Zusammensetzung« ein Verzeichnis der Einzelfuttermittel in absteigender Reihenfolge ihres Anteils nach Gewicht.
5. Kennzeichnung der analytischen Bestandteile, die in den Anhängen VI und VII jeweils in Kapitel II aufgeführt werden unter der Überschrift »Analytische

Bestandteile« oder »Inhaltsstoffe«. Für die Bewertung der Richtigkeit der Angabe der Inhaltsstoffe gelten die Toleranzen, die im Anhang IV aufgeführt sind.

Freiwillige Angaben

Zusätzlich zu den vorgeschriebenen Kennzeichnungselementen können bei Einzelfuttermitteln und Mischfuttermitteln auch freiwillige Kennzeichnungsangaben, z. B. als Hinweis auf besondere Eigenschaften, gemacht werden. Diese Angaben müssen den allgemeinen Kennzeichnungsgrundsätzen entsprechen. Sie dürfen den Verwender nicht irreführen.

In Anhang II des Leitfadens zur Kennzeichnung von Einzelfuttermitteln und Mischfuttermitteln sind Kennzeichnungsbeispiele aufgeführt.

Kennzeichnung nach der Geflügel-Salmonellen-Verordnung

§ 2 der Verordnung zum Schutz gegen bestimmte Salmonelleninfektionen beim Haushuhn und bei Puten (Geflügel-Salmonellen-Verordnung – GflSalmoV) schreibt vor, dass Futtermittel für Hühner oder Puten nur abgegeben werden dürfen, wenn ihnen eine Bescheinigung beigefügt ist, aus der hervorgeht, dass der Hersteller Untersuchungen auf Salmonellen im Rahmen eines Systems der Gefahrenanalyse und kritischen Kontrollpunkte nach Artikel 6 der Verordnung (EG) Nr. 183/2005 durchgeführt hat. Der Hersteller des Futtermittels hat die Ergebnisse der Untersuchungen drei Jahre lang, gerechnet vom Tag der Untersuchung, aufzubewahren.

Was sind Verfütterungsverbote?

Durch die Verordnung (EG) Nr. 999/2001 werden zentrale Schutzmaßnahmen bei der Bekämpfung der transmissiblen spongiformen Enzephalopathie (TSE) in der Europäischen Union (EU) getroffen. Die Verfütterung von tierischen Proteinen an Wiederkäuer und die Verfütterung von verarbeitetem tierischen Protein (PAP) an Nichtwiederkäuer (z. B. Geflügel und Schweine) wurden vollständig verboten.

Diese Verbote werden ergänzt durch ein Verbot der Fütterung von Nutztieren mit verarbeitetem tierischen Protein, das von Tieren derselben Art gewonnen wurde, sowie dem Verbot, Nutztiere mit Küchen- und Speiseabfällen zu füttern.

Bis zu den Verfütterungsverboten galt der Einsatz von tierischem Eiweiß in der Tierhaltung als besonders ressourceneffizient. Tierisches Eiweiß ist weltweit eine knappe und wertvolle Ressource. Der Proteinbedarf der Nutztiere wird im Moment durch Sojaimporte gedeckt.

Aufgrund der erzielten großen Fortschritte bei der TSE-Bekämpfung wurden die Verbote gelockert. So dürfen Fischmehle, Dicalcium- und Tricalciumphosphat tierischen Ursprungs sowie Nichtwiederkäuer-Blutprodukte unter bestimmten Bedingungen in der Futtermittelherstellung verwendet werden. Das gilt auch für selbstmischende landwirtschaftliche Tierhaltungsbetriebe. PAP aus nichtwiederkäuenden Tieren und Nutzinsekten darf darüber hinaus wieder als Futtermittel für Fische genutzt werden. Betriebe, die Futtermittel mit diesen Ausgangsmaterialien herstellen, bedürfen allerdings einer Zulassung der zuständigen Überwachungsbehörde.

Zugelassene Futtermittelunternehmen werden auf einer aktuellen öffentlichen Liste gemäß Ihrer Tätigkeit nach Anhang IV Kapitel V Abschnitt A Nr. 1 geführt. Die entsprechenden Listen werden zentral durch das Bundesministerium für Ernährung und Landwirtschaft geführt.

Die Verwendung von trockenen Milchaustauschfuttermitteln, die Fischmehl enthalten, für noch nicht abgesetzte Nutzwiederkäuer (z. B. Kälber) ist ebenfalls wieder möglich, bedarf aber einer Mitteilung an die zuständige Behörde.

Aktuelle Merkblätter mit den rechtlichen Rahmenbedingungen für den Einsatz von verarbeitetem tierischen Nichtwiederkäuer-Protein und verarbeitetem Nutzinsekten-Protein in der Aquakultur sowie für den Einsatz von Fischmehl und Nichtwiederkäuer-Blutprodukten auf landwirtschaftlichen Betrieben und die zugehörigen Antragsformulare für die Registrierung und die Zulassung sind unter anderem auf der Internetseite des Landesamtes für Verbraucherschutz und Lebensmittelsicherheit (LAVES) zu finden.

Wo kann man die Beschreibung der Beschaffenheit eines Einzelfuttermittels finden?

Mit der Verordnung (EU) Nr. 68/2013 vom 16. Januar 2013 hat die EU-Kommission einen Katalog der Einzelfuttermittel aufgestellt. Die Nutzung dieses Gemeinschaftskatalogs ist freiwillig. Wird die dort angegebene Bezeichnung verwendet, muss das Einzelfuttermittel der im Katalog angegebenen Beschreibung hinsichtlich der jeweiligen Anforderungen und Beschaffenheit entsprechen.

Für die Bezeichnung eines Futtermittels kann aber auch die Positivliste der Normenkommission für Einzelfuttermittel des Zentralausschusses der Deutschen Landwirtschaft herangezogen werden. Diese Liste wurde 2001 als Konsequenz aus der BSE-Krise erarbeitet. Während der EU-Katalog nahezu alle Einzelfuttermittel, die zur Fütterung bestimmt sind oder bestimmt sein können, erfasst, werden in die Positivliste nur Einzelfuttermittel aufgenommen, deren Sicherheit im Hinblick auf die verwendeten Rohstoffe, Verarbeitungshilfsstoffe und Herstellungsverfahren sowie auf ihren Futterwert hin geprüft und für die Nutztierernährung als geeignet beurteilt wurden. Ein

Charakteristikum der Positivliste sind Datenblätter, in denen dem Nutzer wichtige Informationen zum Herstellungsprozess, zur Verwendung von Verarbeitungshilfsstoffen, zu Analysen und zu »kritischen Kontrollpunkten« zur Verfügung gestellt werden.

Der Katalog der Einzelfuttermittel ist zu finden unter dem Link:
https://eur-lex.europa.eu/homepage.html

Die Positivliste der Normenkommission für Einzelfuttermittel findet man unter:
www.dlg.org/de/landwirtschaft/themen/tierhaltung/positivliste-fuer-einzelfuttermittel

Untersuchungspflicht von Ölen, Fetten und daraus hergestellten Erzeugnissen

Aufgrund des Dioxinskandals im Jahr 2011 kam es zu Verschärfungen in den einschlägigen Rechtsnormen der EU und im nationalen Recht.

So wurde die VO (EG) 183/2005 hinsichtlich der Anforderungen an die Futtermittelunternehmen, die sich nicht auf der Stufe der Primärproduktion befinden, geändert. Diese Unternehmen, die Fette, Öle oder daraus gewonnene Erzeugnisse in den Verkehr bringen, die zur Verwendung in Futtermitteln bestimmt sind, müssen ihre Erzeugnisse auf Dioxine und dioxinähnliche PCB untersuchen lassen. Der Umfang der Untersuchungen wird in der Verordnung genau vorgegeben.

National wurden Meldepflichten für Dioxine und PCB eingeführt

Futtermittelunternehmer sind ebenso wie Lebensmittelunternehmer nach § 44a Abs. 3 LFGB in Verbindung mit der Mitteilungs- und Übermittlungsverordnung verpflichtet, ihnen vorliegende Untersuchungsergebnisse für Dioxine, dioxinähnliche und nicht dioxinähnliche polychlorierte Biphenyle den zuständigen Behörden mitzuteilen.

Mitteilungspflichtig sind nicht nur Höchstgehaltsüberschreitungen, sondern alle Untersuchungsergebnisse, die die Unternehmen zu diesen Stoffen veranlasst haben.

Die Untersuchungsergebnisse sind in elektronischer Form an die für das Unternehmen zuständige Lebensmittel- bzw. Futtermittelüberwachungsbehörde zu übermitteln. Für die Mitteilung ist die von der zuständigen Behörde zur Verfügung gestellte digitale Datei zu verwenden.

Die Übermittlung hat im Normalfall innerhalb von 14 Tagen zu erfolgen, nachdem der Unternehmer Kenntnis von dem Untersuchungsergebnis hat.

Die Mitteilung ist jedoch unverzüglich abzugeben, wenn ein Höchstgehalt überschritten worden ist.

Einsatz von genetisch veränderten Futtermitteln

Die Verordnung (EG) Nr. 1829/2003 des Europäischen Parlaments und des Rates vom 22. September 2003 über genetisch veränderte Lebensmittel und Futtermittel sieht für das Inverkehrbringen genetisch veränderter Lebens- und Futtermittel einschließlich der Futtermittelzusatzstoffe, die aus genetisch veränderten Organismen bestehen, diese enthalten oder daraus hergestellt wurden, ein Zulassungsverfahren vor.

Diese Inverkehrbringungsgenehmigung gilt gemäß § 14 (5) GenTG auch in Deutschland.

Als genetisch verändert sind solche Futtermittel zu kennzeichnen, wenn sie ein genetisch veränderter Organismus (GVO) sind oder daraus hergestellt wurden oder einen Anteil von über 0,9 % GVO aufweisen (Art. 24 und 25 der VO [EG] Nr. 1829/2003). Dieser Anteil darf nur zufällig auftreten und muss technisch unvermeidbar sein. Der Inverkehrbringer hat das der Überwachungsbehörde im Zweifelsfall nachzuweisen.

Zur Harmonisierung der Überwachung des Herstellens, Behandelns, Verwendens und Inverkehrbringens von GVO in Futtermitteln hat eine Projektgruppe der LAV Arbeitsgruppe Futtermittel unter Beteiligung des Bundes und des VDLUFA einen Leitfaden mit Orientierungsrahmen zur Anwendung der Rechtsvorschriften erarbeitet.

Inverkehrbringen und Verwendung von Zusatzstoffen in Futtermitteln

Das Inverkehrbringen, die Verarbeitung und die Verwendung von Futtermittelzusatzstoffen ist EU-weit durch die Verordnung (EG) Nr. 1831/2003 geregelt.

Futtermittelzusatzstoffe sind Stoffe, Mikroorganismen oder Zubereitungen, die keine Futtermittelausgangserzeugnisse sind und bewusst Futtermitteln oder Wasser zugesetzt werden, um eine oder mehrere Funktionen zu erfüllen. Ein Futtermittelzusatzstoff darf den Verbraucher nicht täuschen und sich nicht schädlich auf die Gesundheit von Tier und Mensch oder auf die Umwelt auswirken.

Ohne eine Zulassung der EU dürfen Futtermittelzusatzstoffe nicht in den Verkehr gebracht oder verwendet werden. Zugelassene Zusatzstoffe müssen dann mit einer ausreichenden Kennzeichnung in den Verkehr gebracht werden.

Eine Übersicht über die derzeit zugelassenen Futtermittelzusatzstoffe vermittelt das Gemeinschaftsregister der Futtermittelzusatzstoffe, das von der Kommission erstellt und regelmäßig aktualisiert wird. Das Register ist nur in englischer Sprache im Internet abrufbar.

Je nach Funktion werden Futtermittelzusatzstoffe in Kategorien und weiter in Funktionsgruppen eingeteilt. Derzeit gibt es fünf Kategorien: technologische, sensorische, ernährungsphysiologische und zootechnische Zusatzstoffe sowie Kokzidiostatika und Histomonostatika.

Das Bundesamt für Verbraucherschutz und Lebensmittelsicherheit (BVL) stellt eine deutschsprachige Liste der für Futtermittel zugelassenen Zusatzstoffe zur Verfügung, die aktualisiert wird und ebenfalls im Internet abrufbar ist.

Rückstandshöchstgehalte für Pflanzenschutzmittel

Höchstgehalte an Pestizidrückständen in oder auf Lebens- und Futtermitteln pflanzlichen und tierischen Ursprungs sind in der Verordnung (EG) Nr. 396/2005 des Europäischen Parlaments und des Rates vom 23. Februar 2005 festgehalten. Damit wurde die Richtlinie 91/414/EWG des Rates geändert.

Im Zusammenhang mit der Anwendung von Pflanzenschutzmitteln sind Rückstände in den behandelten Kulturen nahezu unvermeidbar. Durch Rechtsbestimmungen wird dafür Sorge getragen, dass diese Rückstände kein Risiko für den Verbraucher darstellen. Mit den Rechtsbestimmungen wurden unter anderem Höchstgehalte für die Rückstände eingeführt.

Rückstandshöchstgehalte sind Maximalwerte für Rückstände in Lebensmitteln und Futtermitteln, die für jeden Wirkstoff und aufgeschlüsselt nach Erzeugnissen festgelegt werden.

Die Höchstgehalte werden in der EU in einem Gemeinschaftsverfahren festgesetzt. Ohne so festgelegte Höchstgehalte darf ein Pflanzenschutzmittel nicht zugelassen werden.

Solange für eine Kombination von Wirkstoff und Erzeugnis kein spezifischer Rückstandshöchstgehalt festgelegt wurde, gilt grundsätzlich ein Wert von 0,01 mg/kg.

Die geltenden Höchstgehalte finden sich in den Anhängen II, IIIA, IIIB, IV (Liste von Wirkstoffen, für die keine Höchstgehalte erforderlich sind) und V der Verordnung (EG) Nr. 396/2005. Sie sind in einer Datenbank der EU-Kommission recherchierbar.

Verbotene oder unerwünschte Stoffe in Futtermitteln

Die Richtlinie über verbotene oder unerwünschte Stoffe in der Tierernährung ist in der Richtlinie 2002/32/EG verankert.

Futtermittel dürfen keine Materialien enthalten oder aus Materialien bestehen, deren Inverkehrbringen oder Verwendung in der Tierernährung beschränkt oder verboten ist. In Anhang III der VO (EG) 767/2009 sind diese »verbotenen Stoffe« gelistet. Dazu gehören z. B. Tierkot, Verpackungsmaterialien, Klärschlamm und gebeiztes Saatgut.

Darüber hinaus werden in Anhang I der Richtlinie 2002/32/EU Höchstgehalte für »unerwünschte Stoffe« vorgegeben. Nach dieser Richtlinie sind unerwünschte Stoffe definiert als »Stoffe oder Erzeugnisse, mit Ausnahme von Krankheitserregern, die in und/oder auf einem zur Tierernährung bestimmten Erzeugnis vorhanden sind und eine potenzielle Gefahr für die Gesundheit von Mensch oder Tier oder für die Umwelt darstellen oder die die tierische Erzeugung beeinträchtigen können«. Hierzu zählen unter anderen Schwermetalle, Mykotoxine, Pestizide, Dioxine, Kokzidiostatika in Futtermitteln für Nichtzieltierarten; aber auch Samen von Pflanzen, die giftige Inhaltsstoffe enthalten.

Richtlinie 2008/38/EG mit dem Verzeichnis der Verwendung von Futtermitteln für besondere Ernährungszwecke

Futtermittel für besondere Ernährungszwecke dürfen nur in den Verkehr gebracht werden, wenn ihre vorgesehenen Verwendungen in Anhang I dieser Richtlinie aufgeführt sind und wenn sie die dort aufgeführten Bestimmungen erfüllen. In Anhang I sind für jeden besonderen Ernährungszweck die wesentlichen ernährungsphysiologischen Merkmale, die Tierart, eine empfohlene Fütterungsdauer und Kennzeichnungsvorschriften aufgeführt.

EG-Öko-Basisverordnung

Verordnung (EG) Nr. 834/2007 des Rates vom 28. Juni 2007 über die ökologische/biologische Produktion und die Kennzeichnung von ökologischen/biologischen Erzeugnissen

Im ökologischen Landbau gelten besondere Anforderungen gemäß der EU-Öko-Verordnung, Verordnung (EG) Nr. 834/2007. Diese Verordnung zeigt die Grundsätze für die Verarbeitung von ökologischen/biologischen Futtermitteln auf. Sie enthält allgemeine Vorschriften für die landwirtschaftliche Erzeugung und die Herstellung verarbeiteter Futtermittel, regelt aber auch die Kennzeichnung und das Kontrollsystem.

Nationales Recht

Sofern in der FMVV zu einem Sachverhalt keine Regelung getroffen ist, gelten die Regelungen des Lebensmittel- und Futtermittelgesetzbuches (LFGB) und der Futtermittelverordnung (FMV). Da immer mehr Regelungen im EU-Recht getroffen werden, nehmen die nationalen Regelungen entsprechend ab. Noch geblieben sind z. B.

- die gemäß § 6 Abs. 1 i.V.m. Anlage 2 der FMV festgesetzten Schätzgleichungen zur Berechnung des Energiegehaltes von Mischfuttermitteln
- die gemäß § 6 Abs. 2 i.V.m. Anlage 3 der FMV festgelegten Gruppen von Einzelfuttermitteln, deren Angabe die Angabe von Einzelfuttermitteln bei der Kennzeichnung von Mischfuttermitteln für nicht der Lebensmittelgewinnung dienende Tiere mit Ausnahme von Pelztieren ersetzt
- die Kennzeichnungsregelungen für bestimmte NPN-Verbindungen gemäß § 4 Abs. 2

Seit der Änderung der FMV vom 14.03.2007 sind Herstellerbetriebe, die Grünfutter, Lebensmittelreste oder andere Produkte zum Zwecke der Herstellung eines Futtermittels unter direkter Einwirkung von Verbrennungsgasen trocknen, gemäß § 17 Abs. 2 zulassungspflichtig.

Ein entsprechendes »Merkblatt für die Zulassung und Registrierung von Futtermittelunternehmen (Trocknungsbetriebe mit direkter Trocknung)« ist auf der Internetseite des Bundesamtes für Verbraucherschutz und Lebensmittelsicherheit (BVL) zu finden.

Orientierungswerte, Leitfäden, Leitlinien und Merkblätter

Leitfäden, Merkblätter und Orientierungswerte zu diversen Stoffen in Futtermitteln und Tränkwasser, zur Zulassungs- und Registrierungspflicht von Futtermittelunternehmen sowie nationale Leitlinien für eine gute Verfahrenspraxis nach Art. 21 der Verordnung (EG) Nr. 183/2005 sind auf den Webseiten der Bundes- oder Landesbehörden für Verbraucherschutz und Lebensmittelsicherheit zu finden.

Der Leitfaden für die Risikobewertung durch die zuständige Behörde bei der Durchführung der Ausnahmen vom Verfütterungsverbot gemäß § 15 der Futtermittelverordnung hat den Stand 24.05.2018.

Die wichtigsten EU- und nationalen Rechtsvorschriften zu Futtermitteln sind auf der Internetseite des Bundesministeriums für Ernährung und Landwirtschaft (www.bmel.de) zu finden. Ebenso sind dort die Anschriften der in Deutschland für die Futtermittelüberwachung zuständigen obersten Landesbehörden aufgeführt.

Merkblätter ZDL

Die beispielsweise auf der Internetseite des Landesamtes für Verbraucherschutz und Lebensmittelsicherheit (LAVES) aufgeführten Merkblätter des »Zentralausschusses der Deutschen Landwirtschaft« (ZDL) geben dem Landwirt eine Hilfestellung beim direkten Einsatz von Säuren zur Konservierung von Getreide oder Futtermischungen und beim Einsatz von Harnstoff und seinen Derivaten oder Aminosäuren im Betrieb. Zudem geben sie Hinweise zur sicheren Verwendung.

Hinweise zur Sicherstellung einer ordnungsgemäßen Fütterungshygiene in landwirtschaftlichen Betrieben mit Nutztierhaltung
Zur Ordnungsgemäßen Fütterungshygiene in landwirtschaftlichen Betrieben mit Nutztierhaltung hat das Landesamt für Verbraucherschutz und Lebensmittelsicherheit (LAVES) ein Merkblatt herausgegeben, das auf dessen Internetseite zu finden ist.
www.laves.niedersachsen.de/futtermittel/antraege_merkblaetter/ordnungsgemaee-fuetterungshygiene-in-landwirtschaftlichen-betrieben-mit-nutztierhaltung-73439.html

Zitierte Rechtsvorschriften

Bundesrecht

- LFGB: Lebensmittel- und Futtermittelgesetzbuch in der Fassung der Bekanntmachung vom 3. Juni 2013 (BGBl. I S. 1426) zuletzt geändert durch Artikel 97 der Verordnung vom 19. Juni 2020 (BGBl. I S. 1328)
- GenTG: Gentechnikgesetz in der Fassung der Bekanntmachung vom 16. Dezember 1993 (BGBl. I S. 2066) zuletzt geändert durch Artikel 95 der Verordnung vom 19. Juni 2020 (BGBl. I S. 1328)
- FMV: Futtermittelverordnung in der Fassung der Bekanntmachung vom 29. August 2016 (BGBl. I S. 2004) zuletzt geändert durch Artikel 1 der Verordnung vom 16. Juli 2020 (BGBl. I S. 1700)
- MitÜbermitV: Mitteilungs- und Übermittlungsverordnung vom 28. Dezember 2011 (BGBl. 2012 I S. 58)
- GflSalmoV: Geflügel-Salmonellen-Verordnung in der Fassung der Bekanntmachung vom 17. Januar 2014 (BGBl. I S. 58) zuletzt geändert durch Artikel 6 der Verordnung vom 19. November 2019 (BGBl. I S. 1862)

EU-Recht

Es werden nur die ursprünglichen Versionen zitiert. Die geänderten Fassungen sind im Internet über die EUR-Lex Homepage zu finden.
https://eur-lex.europa.eu/homepage.html?locale=de

- Verordnung (EG) Nr. 999/2001 des europäischen Parlaments und des Rates vom 22. Mai 2001 mit Vorschriften zur Verhütung, Kontrolle und Tilgung bestimmter transmissibler spongiformer Enzephalopathien (ABl. L 147 vom 31.5.2001, S. 1)

- Verordnung (EG) Nr. 178/2002 des Europäischen Parlaments und des Rates vom 28. Januar 2002 zur Festlegung der allgemeinen Grundsätze und Anforderungen des Lebensmittelrechts, zur Errichtung der Europäischen Behörde für Lebensmittelsicherheit und zur Festlegung von Verfahren zur Lebensmittelsicherheit (ABl. L 31 vom 1.2.2002, S. 1)
- Richtlinie 2002/32/EG des Europäischen Parlaments und des Rates vom 7. Mai 2002 über unerwünschte Stoffe in der Tierernährung – Erklärung des Rates (ABl. L 140 vom 30.5.2002 S. 10)
- Verordnung (EG) Nr. 1829/2003 des Europäischen Parlaments und des Rates vom 22. September 2003 über genetisch veränderte Lebensmittel und Futtermittel (ABl. L 268 vom 18.10.2003, S. 1)
- Verordnung (EG) Nr. 1831/2003 des Europäischen Parlaments und des Rates vom 22. September 2003 über Zusatzstoffe zur Verwendung in der Tierernährung (ABl. L 268 vom 18.10.2003, S. 29)
- Verordnung (EG) Nr.183/2005 des europäischen Parlaments und des Rates vom 12.Januar 2005 mit Vorschriften für die Futtermittelhygiene (ABl. L 35 vom 08.2.2005, S. 1)
- Verordnung (EG) Nr. 396/2005 des Europäischen Parlaments und des Rates vom 23. Februar 2005 über Höchstgehalte an Pestizidrückständen in oder auf Lebens- und Futtermitteln pflanzlichen und tierischen Ursprungs und zur Änderung der Richtlinie 91/414/EWG des Rates (ABl. L 70 vom 16.3.2005, S.1)
- Verordnung (EG) Nr. 834/2007 des Rates vom 28. Juni 2007 über die ökologische/biologische Produktion und die Kennzeichnung von ökologischen/biologischen Erzeugnissen und zur Aufhebung der Verordnung (EWG) Nr. 2092/91 (ABl. L 189 vom 20.7.2007, S. 1)
- Richtlinie 2008/38/EG der Kommission vom 5. März 2008 mit dem Verzeichnis der Verwendungen von Futtermitteln für besondere Ernährungszwecke (ABl. L 62 vom 6.3.2008, S. 9)
- Verordnung (EG) Nr. 767/2009 des Europäischen Parlaments und des Rates vom 13. Juli 2009 über das Inverkehrbringen und die Verwendung von Futtermitteln, zur Änderung der Verordnung (EG) Nr. 1831/2003 des Europäischen Parlaments und des Rates und zur Aufhebung der Richtlinien 79/373/EWG des Rates, 80/511/EWG der Kommission, 82/471/EWG des Rates, 83/228/EWG des Rates, 93/74/EWG des Rates, 93/113/EG des Rates und 96/25/EG des Rates und der Entscheidung 2004/217/EG der Kommission (ABl. L 229 vom 1.9.2009, S. 1)

- Verordnung (EU) Nr. 68/2013 der Kommission vom 16. Januar 2013 zum Katalog der Einzelfuttermittel Text von Bedeutung für den EWR (ABl. L 29 vom 30.1.2013, S. 1)

2.8.2 Qualitätssicherung in der Futterherstellung und Fütterung

Ursula Rauf

Futtermittel, die an Nutztiere verfüttert werden, sind ein wichtiger Bestandteil der Prozesskette zur Herstellung hochwertiger, sicherer Lebensmittel für den menschlichen Verzehr. Dieser Verantwortung entsprechend sind Qualitätssicherung und Qualitätsmanagement in der Futtermittelherstellung unerlässlich und bereits seit vielen Jahren fest etabliert. Zu den typischen einzelnen Maßnahmen der Qualitätssicherung für Futtermittel gehören beispielsweise Eingangskontrollen, Kontrollen im Produktionsprozess, Rückverfolgbarkeit sowie Kontrollen von Lagerung und Transport.

ISO 9001

Die ISO 9001 wurde im Jahr 1987 als erste globale Norm veröffentlicht. Durch stetige Anpassung wurde der aktuell gültige Standard ISO 9001:2015 mittlerweile weltweit bei über 1,1 Millionen Organisationen eingeführt. Sie ist eine Nachweis-Norm für Qualitätsmanagementsysteme, die von deutschen (DIN), Europäischen (EN) und internationalen Normenorganisationen (ISO International Organisation for Standardisation) herausgegeben wurde. Durch die Einführung eines Qualitätsmanagementsystems wird die Leistungsfähigkeit in einem Unternehmen erhöht, indem Verbesserungsprozesse beschleunigt, Reibungsverluste abgebaut und die Mitarbeitermotivation durch klare Strukturen und transparente Anweisungen erhöht werden. Darüber hinaus wird das Vertrauen der Kunden und Mitarbeiter in die Qualität der Leistungen und Produkte eines Unternehmens nachhaltig gefestigt. Die sieben Grundsätze des Qualitätsmanagements (Abb. 2-22) sind mit der Norm verankert und stellen somit die Basis der ISO 9001:2015 dar.

Abb. 2-22: Grundsätze des Qualitätsmanagements

ISO 22000

Die ISO 22000:2005 wurde im November 2005 von der Internationalen Organisation für Standardisierung (ISO) als Standard herausgegeben. Ziel der ISO 22000 ist die Harmonisierung der vorhandenen Standards der Lebensmittelbranche. Es soll ein einheitlicher, weltweit gültiger Standard für die Lebensmittelsicherheit der gesamten Nahrungsmittelkette geschaffen werden. Die ISO 22000 beinhaltet Anforderungen an die Lebensmittelsicherheit in allen Prozessstufen und ist für jedes Unternehmen aus der gesamten Lebensmittelkette anwendbar, unabhängig von dessen Größe. Die ISO 22000 kann unabhängig von anderen Qualitätsstandards im Unternehmen eingeführt werden oder auch mit anderen Standards kombiniert werden. Die ISO 22000 berücksichtigt insbesondere die Gegebenheiten in kleinen und mittleren Unternehmen. Sie beschreibt die Einbindung von Präventivprogrammen und des HACCP-Konzepts. Die Umsetzung hilft den Lebensmittelunternehmen die Lebensmittelsicherheit zu steigern.

QS – Qualität und Sicherheit

Am 12. Oktober 2001 wurde die QS Qualität und Sicherheit GmbH ins Leben gerufen. Vertreter aus der gesamten Wirtschaft reagierten damit auf die Verunsicherung der Verbraucher durch Lebensmittelkrisen. Das Neue an diesem Bündnis war und ist, dass sich Organisationen und Verbände aus allen Stufen unter einem Zeichen zusammengeschlossen haben. Dieser Schritt für einen aktiven Verbraucherschutz ist bisher weltweit einmalig.

Das QS-Prüfzeichen gibt genau formulierte und nachvollziehbare Kriterien für die gesamte Produktionskette vor. Dabei ist das QS-System nicht einseitig auf eine bestimmte Produktionsart ausgerichtet. Vielmehr ist es offen für Futtermittelhersteller und -händler (Einzel-, Mischfutter-, Zusatzstoff- und Vormischungshersteller), Brütereien, Schlacht- und Zerlegebetriebe, Verarbeitungsbetriebe von Fleisch, Fleischgroßhandel, Broker Fleisch und Fleischwaren, Be- und Verarbeitungsbetriebe von Obst, Gemüse, Kartoffeln, Großhändler von Obst, Gemüse, Kartoffeln und Bündler, die Betriebe und Filialen, wie Landwirtschaft und Erzeugung von Obst, Gemüse, Kartoffeln, im Fleischerhandwerk sowie im Lebensmitteleinzelhandel, zusammenfassen (vgl. Abb. 2-23).

QS ist kein staatliches Zeichen, orientiert sich aber mit seinem stufenübergreifenden dreistufigen Kontrollsystem an den in der Regierungserklärung 2001 von Verbraucherschutzministerin Renate Künast gestellten Forderungen nach Gütesiegeln für die ökologische und konventionelle Landwirtschaft sowie einer gläsernen Produktion. Die Kriterien des QS-Systems werden von

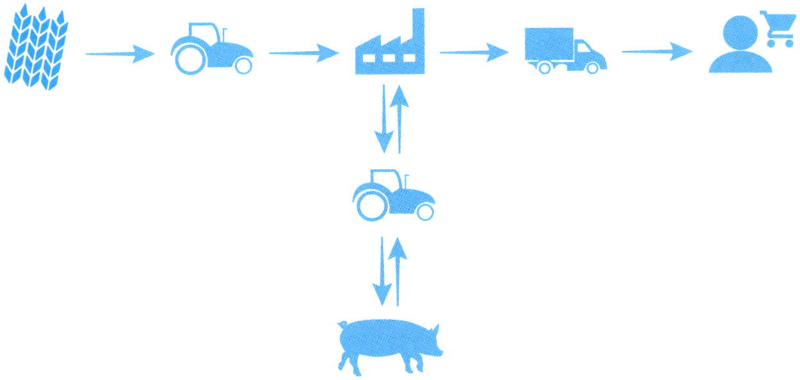

Abb. 2-23: Qualitätssicherungsfelder des QS

produktspezifischen Fachbeiräten entwickelt, die aus den an der Produktionskette beteiligten Wirtschaftskreisen bis hin zum Lebensmitteleinzelhandel stammen. Dadurch wird eine höchstmögliche Praxisnähe geschaffen. Die Teilnahme am QS-System ist jedoch freiwillig.

Ziel des Bündnisses ist es, die Produktionsprozesse der Lebensmittel vom Feld und Stall bis zur Ladentheke für den Verbraucher transparent zu gestalten und dadurch das Vertrauen der Verbraucher in die Erzeugung, Verarbeitung und Vermarktung von Lebensmitteln aktiv zu stärken. Das geschieht durch eine durchgängige Dokumentation und die Einhaltung von QS festgelegten Produkt- und Prozessvorgaben. Durch Kontrollen wird die geforderte Qualität beim Übergang zur nächsten Prozessstufe überprüft.

GMP+ International

GMP+ International ist ein Qualitätsmanagementsystem für Produktionseinrichtungen, Lagerung, Transport, Personal und Verfahren in der Futtermittelkette. Nach diversen Zwischenfällen mit kontaminierter Tiernahrung beschloss die niederländische Futtermittelindustrie im Jahr 1992 die Einrichtung eines Zertifizierungssystems für die Futtermittelsicherheit: GMP (Good Manufacturing Practices). Inzwischen sind gut 18 000 Unternehmen in über 80 Ländern nach GMP+ zertifiziert. Im Vordergrund dieser Regelung steht die Garantie der Futtermittelqualität zum Schutz des Menschen als Verbraucher, des Tieres und der Umwelt. Über gesetzliche Vorgaben hinaus werden Sicherungsmaßnahmen für die weltweiten Warenströme getroffen (Abb. 2-24).

Neben dem Standard für unbedenkliche Futtermittel (FSA steht für Feed Safety Assurance) wurde im Jahr 2013 das Modul GMP+ Feed Responsibility

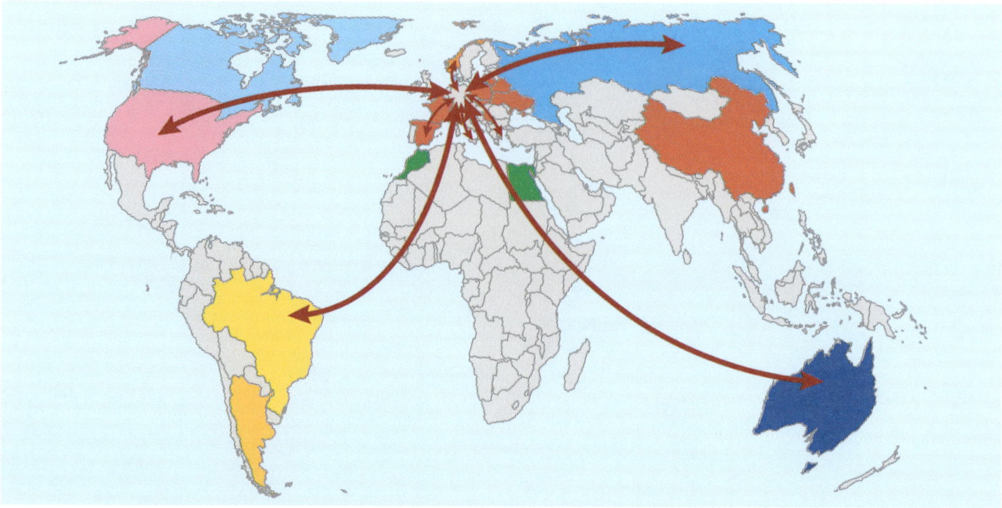

Abb. 2-24: Weltweite Warenströme

Assurance (FRA) eingeführt. Der für Nachhaltigkeit stehende Standard soll beispielsweise den verantwortungsbewussten Umgang von Soja gewährleisten. In dem Modul besteht über die GMP+ MI 105 GMO Controlled die Anerkennung für VLOG.

VLOG

Der Verband Lebensmittel ohne Gentechnik (VLOG) vergibt Lizenzen für das einheitliche Siegel »Ohne Gentechnik« für Lebensmittel und für das »VLOG geprüft« Siegel für Futtermittel. Gentechnisch veränderte Lebensmittel müssen laut EU-Gesetz gekennzeichnet werden. Für tierische Produkte, wie Milch, Fleisch oder Eier, ist aber nicht erkennbar, ob die Tiere mit gentechnisch veränderten Futtermitteln gefüttert wurden. Das Bundesministerium für Ernährung und Landwirtschaft hat den Verband Lebensmittel ohne Gentechnik e.V. (VLOG) 2010 exklusiv mit der Aufgabe der Vergabe und Verwaltung von Nutzungslizenzen betraut. Gentechnisch veränderte Pflanzen in den Futtermitteln dürfen nur geringfügige Verunreinigungen von bis zu 0,9 Prozent je Futtermittelzutat aufweisen, sofern sie zufällig oder technisch unvermeidbar waren. Die Kennzeichnung von gentechnisch veränderten Futtermitteln ist in den EU-Verordnungen VO (EG) Nr. 1829/2003 und 1830/2003 geregelt. Die gentechnikfreie Fütterung muss über einen festgelegten Mindestzeitraum erfolgen. Die Fristen hierfür sind im Anhang des EGGenTDurchfG und in Tabelle 2-20 aufgeführt.

Tab. 2-20: Mindestzeiträume einer gentechnikfreien Fütterung

Lfd. Nr.	Tierart	Zeitraum
1	bei Equiden und Rindern (einschließlich Bubalus und Bison-Arten) für die Fleischerzeugung	zwölf Monate und auf jeden Fall mindestens ¾ ihres Lebens
2	bei kleinen Wiederkäuern	sechs Monate
3	bei Schweinen	vier Monate
4	bei milchproduzierenden Tieren	drei Monate
5	bei Geflügel für die Fleischerzeugung, das eingestallt wurde, bevor es drei Tage alt war	zehn Wochen
6	bei Geflügel für die Eiererzeugung	sechs Wochen

(Fundstelle des Originaltextes: BGBl. I 2008, 506)

GlobalGAP

Im Jahr 1997 wurde durch eine Initiative von Einzelhändlern die EURO-Retailer Produce Working Group gegründet. Im Jahr 2007 erfolgte ein Namenswechsel zu GlobalGAP (Gute Agrarpraxis [G.A.P.]). Das GlobalGAP-System ist ein globales Sicherungssystem, das nur die Stufe Produktion in den Sparten Obst, Gemüse, Kartoffeln und Getreide der Landwirtschaft umfasst. Es ist ein internationales System, welches in vielen Ländern weltweit bereits seit Jahren praktiziert wird und teilweise Standard ist. Durch die Internationalität wird die Ware global vergleichbar, was für den Export wichtig ist. So fordern viele Großhändler, Agenturen und Exporteure, die international tätig sind, das GlobalGAP-Zertifikat ihrer Lieferanten.

IFS International Food Standard

Ziel der Einführung des IFS ist die Festlegung internationaler Sicherheitsstandards für Unternehmen, die den Handel mit Eigenmarken beliefern. Zu diesem Zweck wurden Schlüsselkriterien zusammengestellt, an denen Lebensmittelsicherheitsstandards gemessen werden. Zu dieser Initiative hatten sich 40 Handelsunternehmen aus Europa, Nordamerika und Australien zusammengefunden. Sämtliche Einzelhandelsfirmen, die im BDH-Ausschuss Lebensmittelrecht und Qualitätssicherung mitarbeiten, unterstützen den IFS. Dies sind unter anderem führende deutsche Handelsunternehmen wie: ALDI, Edeka, LIDL, Metro, Rewe und Tengelmann.

Auch im Lebensmitteleinzelhandel wird der IFS vielfach vom Lieferanten gefordert. Französische Einzelhandelsfirmen, die mit dem deutschen Handel zusammenarbeiten, fordern seit Januar 2004 auch ihre Lieferanten auf, sich nach IFS-Standard auditieren zu lassen.

Der IFS umfasst derzeit sechs Standards und drei Programme, die für und von Beteiligten aus allen Teilen der Lieferkette entwickelt wurden. Zertifiziert werden können Lebensmittelhersteller, Logistiker, Haushalts- und Hygieneprodukthersteller sowie Groß- und Einzelhändler.

Die Struktur des IFS ist kompatibel zu der DIN EN ISO 9001, allerdings liegt der Schwerpunkt des IFS-Standards auf Lebensmittelsicherheit, HACCP, Hygiene und Betriebsumgebung.

HACCP – Hazard Analysis and Critical Control Points

Codex Alimentarius, HACCP ist eine Gefährdungsanalyse der kritischen Schnitt-/Lenkungsstellen an denen eine Gefährdung der menschlichen Gesundheit möglich ist. Es ist ein Qualitätswerkzeug, das für die Produktion von und den Umgang mit Lebensmitteln konzipiert wurde. Der Ursprung des Präventivkonzeptes liegt im Jahr 1959 in der Raumfahrt. Dort entwickelt durch die NASA, mit dem Ziel Richtlinien zur Herstellung, Lagerung und Verarbeitung zu formulieren. Die damaligen Vorgehensweisen fanden zwar Anschluss im Bereich des Maschinenbaus, waren für die Lebensmittelproduktion jedoch ungeeignet.

Somit wurde das Konzept von der Weltgesundheitsorganisation überarbeitet und im Jahr 1982 veröffentlicht. Nach der Veröffentlichung fand es eine schnelle Verbreitung in der Nahrungsmittelindustrie, da eine sichere Endkontrolle dort oft nicht möglich war. Es handelt sich um ein Instrument, welches kritische Punkte im Prozessablauf ermittelt und durch Festlegung bestimmter Kontrollen steuert (Abb. 2-26). Ausgehend von den zu verarbeitenden Materialien und Bedingungen bei den Produktionsprozessen werden Ursprung, Herstellung, Verarbeitung und Transport unter qualitativen Gesichtspunkten erfasst. Berichte über Lebensmittelvergiftungen zeigen, wie wichtig die Lebensmittelsicherheit gerade wegen industrieller Produktion und umfangreicher Lebensmitteltransporte ist. HACCP ist durch die Umsetzung der EU-Richtlinie mit der »Verordnung (EG) Nr. 852/2004 zur Lebensmittelhygiene« im Jahr 1997 in deutsches Recht umgesetzt worden. In diesem dynamischen System werden laufend Vorbeugungsmaßnahmen als Reaktion auf Meldungen zu chemischen, biologischen und physikalischen Risiken, zum Beispiel aus dem europäischen Schnellwarnsystem Rapid Alert System for Food and Feed (RASFF), ergriffen.

Abb. 2-25: HACCP

Futtermittelbetrug

Bei Betrug besteht eine Anzahl von Risiken, die die Unbedenklichkeit von Futtermitteln beeinträchtigen können. Von Futtermittelbetrug (engl.: feed fraud) spricht man, wenn Futtermittel, Futtermittelbestandteile, Futtermittelverpackungen, Etiketten oder Produktinformationen vorsätzlich manipuliert wurden. Dies geschieht aus wirtschaftlichen Gründen und mit krimineller Energie. Unternehmen müssen prüfen, wie anfällig sie für Futtermittelbetrug sind.

Abb. 2-26: Kritischer Kontrollpunkt: Temperaturüberwachung mit internetbasierter Informationsübertragung

2.9 Energie im Futter und im Tier

2.9.1 Umsetzbare Energie (ME)

Wilke Griep

Das Tier schöpft aus dem Futter die für das Leben, die Entwicklung und Gewebebildung benötigte Energie. Dabei steckt die Energie in den Stoffen Kohlenhydrate, Fette oder Proteine. Die Mineralstoffe, die analytisch in der Asche-Fraktion enthalten sind, oder das im Futter enthaltene Wasser stellen dem Tier keine Energie für seinen Stoffwechsel zur Verfügung.

Der Physiker ermittelt den Energiegehalt eines Stoffes dadurch, dass er in einem Kaloriemeter (vgl. Abb. 2-27) die Wärmeabgabe an das umgebende Wasser misst, wenn eine definierte Menge des Prüfstoffes bis zur Asche verbrannt wird. Die in Joule (J) gemessene Energie ist die maximal freisetzbare sogenannte Bruttoenergie. Die Bruttoenergiegehalte der Inhaltsstoffe Protein, Fett und Kohlenhydrate (vgl. Abb. 2-28) in den Futtermitteln gelangen mit der Futteraufnahme in den Verdauungstrakt. Die brutto aufgenommene Energie steht aber nur teilweise dem Stoffwechsel des Tieres zur Verfügung. Bis das Schwein damit seine Erhaltung und Leistung bedienen kann, treten noch einige Energieverluste auf.

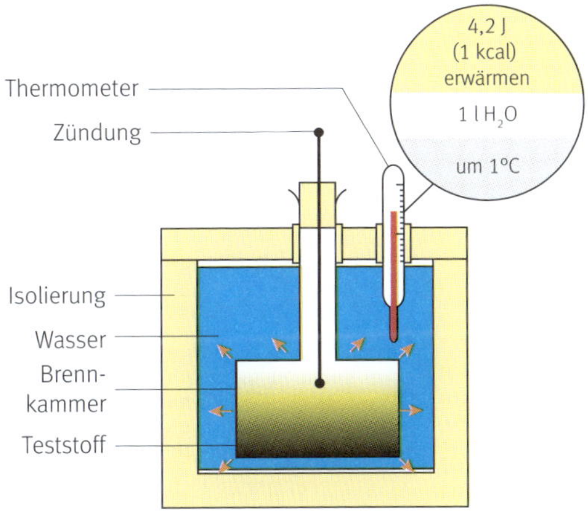

Abb. 2-27: Schematischer Aufbau eines Bombenkalorimeters zur Messung der Bruttoenergie

Von der verdaulichen Energie (DE) sprechen wir, wenn von der Bruttoenergie des aufgenommenen Futters, die noch im Faeces (Kot) enthaltene Energie wieder abgezogen wird. Der umsetzbaren Energie (ME) entspricht die verdauliche Energie

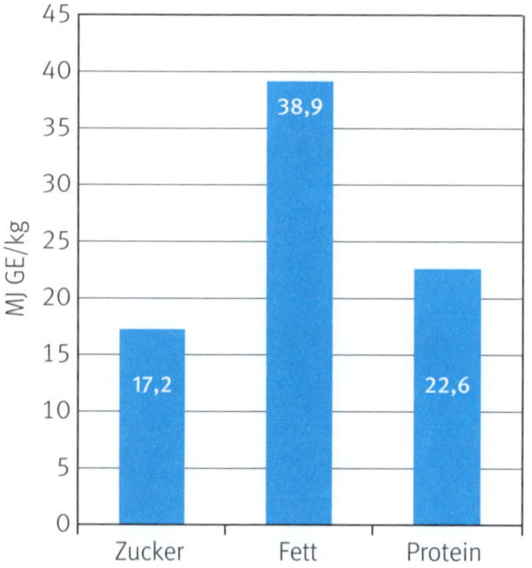

Abb. 2-28: Bruttoenergiegehalte der Rohnährstoffe

abzüglich Energieverluste durch Methan- und Harn-Ausscheidungen. Die umsetzbare Energie (ME) ist die in Deutschland verwendete Energiebewertungsebene für Schweine und wird in MJ ME/kg lufttrockenes Futter (88 % Trockenmassegehalt) angegeben. Die ME entspricht dem energetischen Potenzial des Futtermittels, welches dem Stoffwechsel nach der Verdauung zur Verfügung steht.

Durch den Stoffwechsel geht in Abhängigkeit davon, welcher Inhaltsstoff verwertet wird, Energie in Form einer Wärmebildung der Stoffwechselprozesse verloren. Erst nach Abzug dieser Verlustenergie verbleibt die Nettoenergie, die das Tier für Erhaltung und Leistung verbraucht (vgl. Abb. 2-28). Beim Vergleich von Körnern mit Stroh zeigt sich, dass beide Stoffe gleich viel Heizwert aufweisen aber sich deutlich im Gehalt an Nettoenergie unterscheiden. Fett (bis 90 %) und Stärke (bis 82 %) weisen die höchste, Rohprotein und Rohfaser (bis 60 %) die niedrigste energetische Effizienz bis zur Nettoenergie auf.

Um den Energiegehalt eines Futtermittels für das Schwein bestimmen zu können, müssen die Beiträge die die unterschiedlichen im Futter enthaltenen Nährstoffe – Fette, Kohlenhydrate und Proteine – jeweils liefern zusammengefasst werden. In Abbildung 2-29 sind die recht unterschiedlichen Bruttoenergiegehalte von Fetten, Proteinen und Kohlenhydraten wiedergegeben. Außerdem können nur die verdaulichen Nährstoffe einen Beitrag zur Energieversorgung leisten. Nur Stärke und Zucker sind nahezu vollständig verdaulich, sodass für diese Stoffe keine Verdaulichkeitskoeffizienten benötigt werden. Unverdaut ausgeschiedene Stoffe und andere Energieverluste (vgl. Abb. 2-29) sind ohne Nutzen für das Tier und stehen nicht für Leistung und Erhaltung zur Verfügung. Bei einer laktierenden Sau, die täglich 7 kg frisst, werden etwa 14 % der Bruttoenergie ausgeschieden (vgl. Abb. 2-30).

Um den Energiegehalt eines Futtermittels zu ermitteln, werden Informationen zum Gehalt an verdaulichen Rohnährstoffen benötigt. In vielen wissenschaftlichen Experimenten mit aufwendig festgestellten Verlusten wurden Schätzformeln mit den Rohnährstoffgehalten und Verdaulichkeiten eines Futtermittels entwickelt. Die wissenschaftlich abgeleitete und überprüfte Formel zur Berechnung eines Schätzwertes für den Gehalt an umsetzbarer Energie (ME), die sogenannte Einzelfuttermittelschätzformel (EiFFo), ist in Deutschland anzuwenden, wenn der Energiegehalt für ein Einzelfuttermittel berechnet wird. Eine Validierung

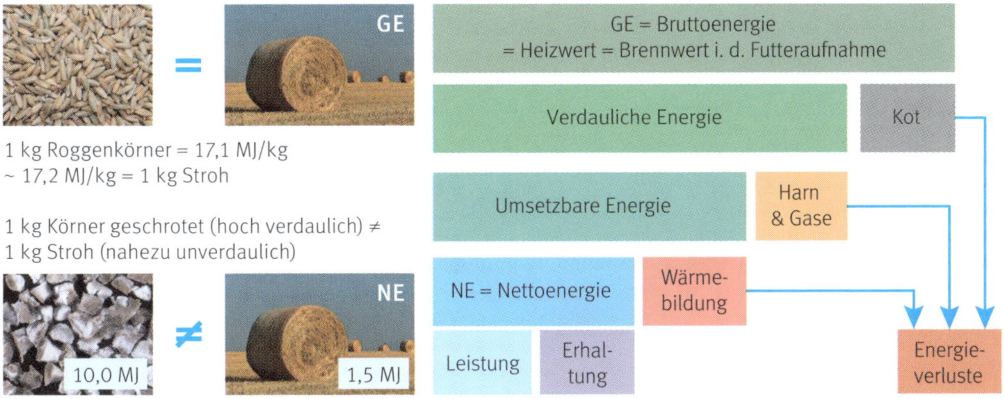

Abb. 2-29: Energiebewertungsebenen mit Beispiel

hat gezeigt, dass die deutschen Schätzgleichungen auch mit Messungen im französischen INRA-Institut gut übereinstimmen. Die französischen Messwerte und die mit der deutschen GfE-Formel und den Rohnährstoffgehalten berechneten Werte unterschieden sich im Mittel nur um 0,08MJ ME/kgTM. Die notwendigen Verdaulichkeitskoeffizienten (VQ) für Rohprotein, Rohfett und organische Masse müssen dafür aus Futterwerttabellen (z. B. DLG) entnommen und in die Berechnung einbezogen werden. In Abbildung 2-31 wird exemplarisch für Erbsen dargestellt, wie sich der Energiegehalt aus der Summe der mit dem Formelfaktor und dem Verdaulichkeitsquotienten (VQ) gewichteten Rohnährstoffgehalt errechnet.

Diese Gleichung hat Gültigkeit für die Mischfutterberechnungen und -optimierungen sowohl der Eigenmischer als auch der Mischfutterhersteller.

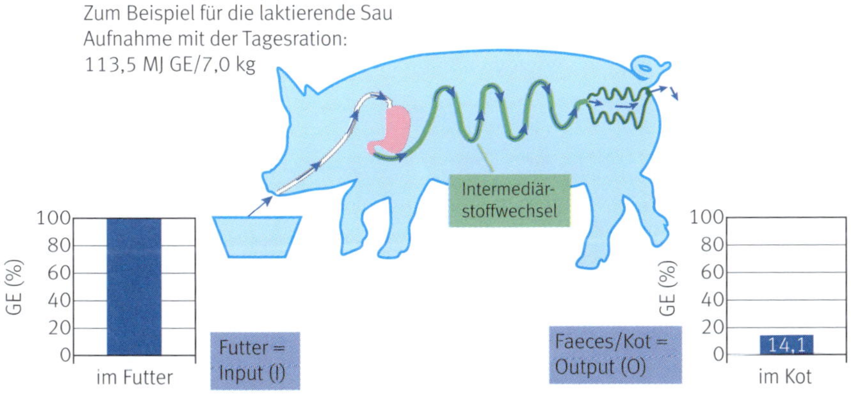

Abb. 2-30: Bruttoenergie der Futteraufnahme abzüglich Faeces-Brennwert = verdauliche Energie (DE)

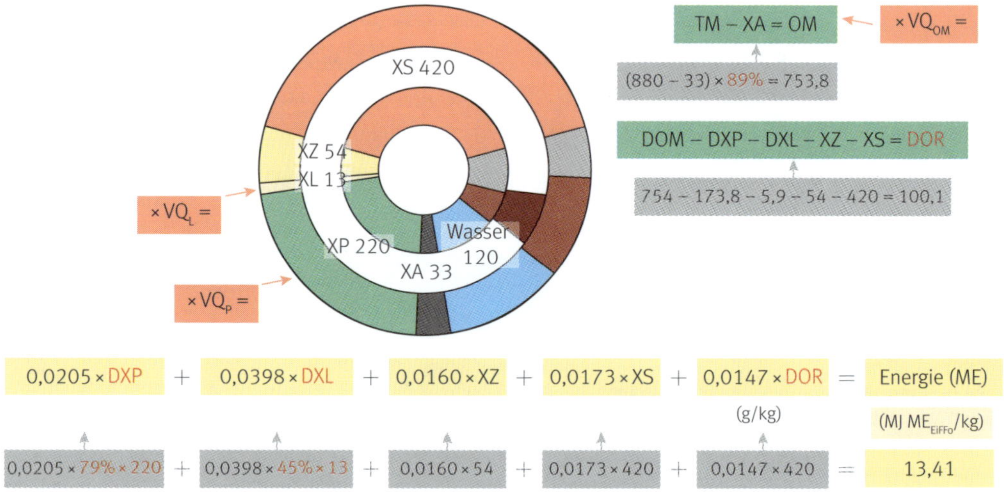

Abb. 2-31: Einzelfutterformel G1 (GfE, 2006), z. B. für Erbsen (g/kg)

Nur wenn die genaue Zusammensetzung der Futtermischung nicht bekannt ist, dann ist zur Überprüfung eines zugesagten Energiegehaltes einer Futtermischung die sogenannte Mischfutterformel G2 anzuwenden. Bei dieser Schätzformel fließen nur die Rohnährstoffgehalte der Futteranalyse ein. Der Energiegehalt für die Futterdeklaration ist mit der Mischfutterformel zu berechnen. Es treten, je nachdem, welche Einzelfuttermittel für ein Mischfutter in Betracht gezogen werden, mehr oder weniger große Unterschiede zwischen den Berechnungen nach Mischfutterformel oder Einzelfutterformel auf. Die Berechnung des Energiegehaltes für Erbsen nach der Misch-

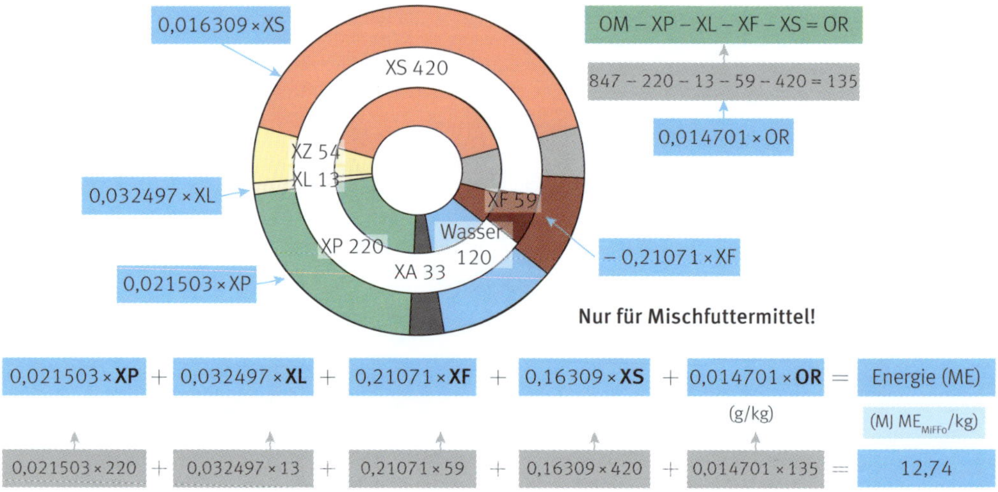

Abb. 2-32: Mischfutterformel G2 (GfE, 2006) – nur für Mischfuttermittel, z. B. für Erbsen (g/kg)

futterformel (vgl. Abb. 2-32) unterscheidet sich um 0,67 MJ ME/kg vom anerkannten Wert nach Einzelfutterformel (vgl. Abb. 2-31). Die mit den INRA-Rationendaten durchgeführte Validierung zeigte, dass insbesondere bei Rationen mit niedrigen Energie- und hohen Fasergehalten die ME-Schätzung sehr viel ungenauer wurde. Daher ist es wichtig, auf die richtige Anwendung der Formeln zu achten.

In der Optimierung von Mischfuttermitteln werden daher zunächst für die Einzelfuttermittel möglichst genau zutreffende Gehalte der Rohnährstoffe ermittelt oder abgeleitet. Die Werte sollen, bezogen auf die zu verwendenden Einzelfutterchargen, zutreffen. Die dazu passenden Verdaulichkeitsquotienten stammen aus der Fachliteratur. Dann kann die Einzelfuttermittelformel (EFF) angewendet werden. Es wird damit der Gehalt an umsetzbarer Energie (ME) je Kilogramm Futtermittel berechnet und ergibt für das Einzelfuttermittel einen ermittelten Energiegehalt. Damit die Versorgung möglichst gut mit dem Bedarf der Tiere – passend zu den betrieblichen Verhältnissen und Leistungszielen – übereinstimmt, ist eine Energieberechnung für die Einzelfuttermittel erforderlich, die auch die Eigenschaften im Hinblick auf die Verdaulichkeit berücksichtigen kann. Dies kann die Einzelfuttermittelformel besser als die Mischfutterformel, die keine Verdaulichkeitskoeffizienten enthält.

Zusätzlich dazu erfolgt die Berechnung des Energiegehaltes mit der Mischfutterformel (vgl. Abb. 2-33). Sobald die Optimierung ein Ergebnis gefunden hat, wird der entsprechende Energiegehalt für die Futterdeklaration ausgewiesen.

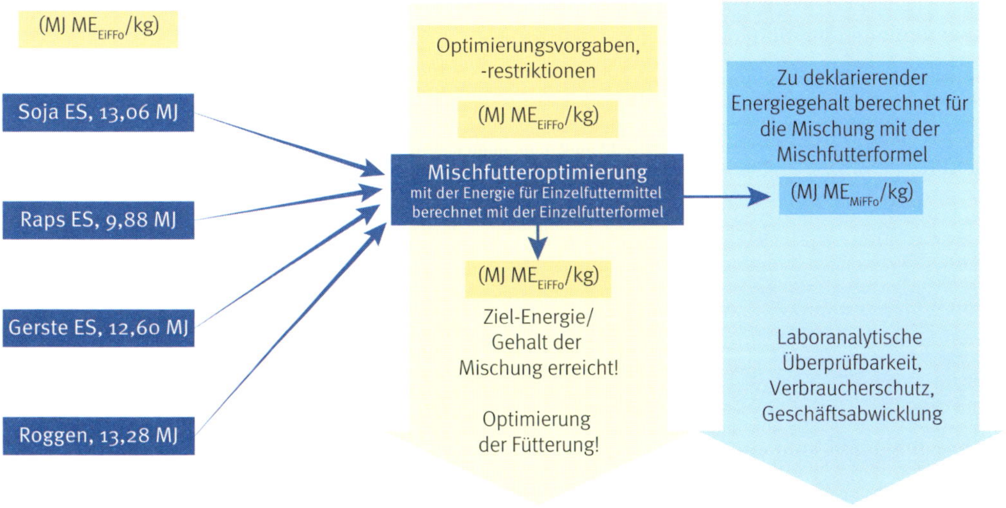

Abb. 2-33: Verwendung der Einzelfutterformel (EiFFo) und Mischfutterformel (MiFFo) in Futterentwicklung und -vermarktung

2.9.2 Nettoenergie (NE)

Beim Stoffwechsel entsteht mit der Nutzung der ME zwangsläufig Wärme, die als thermischer Verlust dem Tierkörper verloren geht (vgl. Abb. 2-34). Erst nach Abzug dieses Energieverlustes sprechen wir von der Nettoenergie (NE). Es ist die Energie, die dem Körper für Lebenserhaltung und Leistung, also für Fortpflanzung, Wachstum oder Milchabgabe zur Verfügung steht. Der Verlust durch Wärmeabgabe ist in Abhängigkeit von dem jeweiligen Futtermittel und dessen Inhaltsstoffgehalten unterschiedlich groß. Wachsende Schweine unterscheiden sich in den Verwertungskoeffizienten zwischen den Energiebewertungsebenen von den ausgewachsenen Schweinen, wie zum Beispiel den Sauen.

Eine Energiebewertung auf der NE-Ebene ist derzeit in Deutschland noch nicht, aber in anderen Ländern (z. B. Frankreich, Niederlande) schon, anzutreffen. Befürworter dieser Bewertungsebene führen an, dass die Nettoenergie den tatsächlichen Energiebedarf eines Tieres mit einer bestimmten Leistung so genau trifft, wie kein anderes Bewertungssystem. Mit einer Nettoenergie-Futterbewertung ist die genaueste Leistungsvorhersage möglich. Bei der Optimierung von Mischungen ist zu erwarten, dass bei einer Optimierung auf ME-Ebene andere Lösungen generiert werden als bei der Optimierung auf NE-Ebene. Eine nährstoffreduzierte

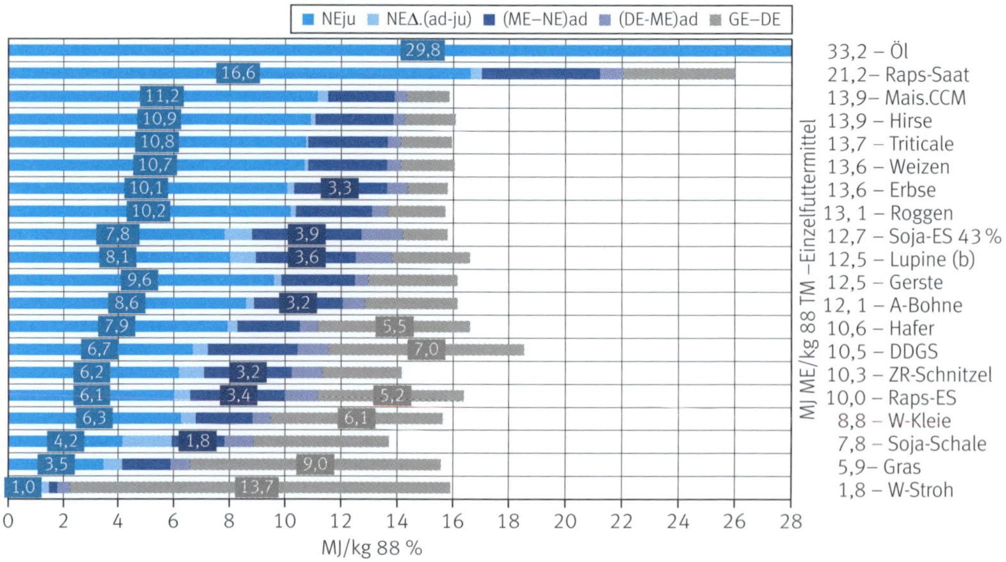

DE = verdauliche Energie, GE = Bruttoenergie, ME = umsetzbare Energie, NE = Nettoenergie, ju = juvenil = wachsend, ad = adult = ausgewachsen

Abb. 2-34: Einzelfuttermittel, Energiegehalte und -verlustumfänge

Fütterung lässt sich mit einer Futteroptimierung auf der NE-Ebene verlässlich und sehr weitgehend umsetzen. Die Ergebnisse der Optimierung ergeben zugleich die für diese Restriktionen kostengünstigsten Rezepturen. Das heißt, in der praktischen Umsetzung einer Fütterungsstrategie bietet die Nettoenergiebewertung die bessere Chance, übliche Sicherheitszuschläge und Puffer zur Abfederung von Ungenauigkeiten in der Futterwertbeurteilung zu verringern und damit sparsamer mit wertvollen Naturressourcen, wie Proteinen, Kohlenhydraten und Fetten, umzugehen. Die Nettoenergiebewertung ist somit ein Mittel zur Unterstützung einer nachhaltigeren Fütterung.

Für die Anwendung einer Nettoenergiebewertung in Deutschland fehlen vielfach noch die Voraussetzungen. Notwendig ist die Evaluierung geeigneter Schätzgleichungen zur Berechnung der Nettoenergie von Einzelfuttermitteln auf der Grundlage von Rohnährstoffgehalten und von Informationen zur Verdaulichkeit und Verwertung der Energie bis zur Nettoenergie. Eine Überprüfung der ME-Berechnung nach GfE-Formeln mit wissenschaftlich publizierten, gemessenen Energiegehalten erlaubt es, ein erstes Berechnungsverfahren für die Anwendung in Deutschland abzuleiten. Die in Frankreich bereits etablierte Umrechnung der ME in NE ist für eine Anwendung in Deutschland geeignet. Dazu würde man die GfE-(G1)-ME verwenden. Diese GfE-Einzelfutterformel (G1) stimmt gut mit der in Frankreich gemessenen ME für typische französische Rationen und Rohnährstoffgehalte des Mischfutters in der Umrechnungsformel NE_7 (vgl. Abb. 2-35) überein.

Auf diese Weise wird rechnerisch berücksichtigt, dass der Wärmeverlust im Stoffwechsel bei Rohfett und Stärke geringer und bei Rohprotein und Rohfaser höher ist. Es werden bei diesem Verfahren die in den Einzelfuttermitteln analytisch ermittelten Rohnährstoffgehalte und die in Deutschland zur Berechnung der ME festgestellten Verdaulichkeiten berücksichtigt sowie ein kalkulierter Wärmeverlust zugeordnet. Es zeigt sich, dass die so berechneten NE-Gehalte mit denen aus den Versuchen sehr gut übereinstimmen (R2 > 0,99). Beide Werte liegen maximal um 0,10 MJ NE/kg TM auseinander. Es wird in der Validierung außerdem festgestellt, dass die Übereinstimmung ungenügend ausfällt, wenn man einen ME-Gehalt verwendet, der mit der GfE-(G2)-Mischfutterformel berechnet worden ist.

$$NE_{7\ (\text{Noblet et al., 1994})} = 0{,}73 \times ME_{\text{GfE-G1-EiFFo}} - 0{,}028 \times XP - 0{,}041 \times XF + 0{,}055 \times XL + 0{,}015 \times ST$$

(MJ bzw. g/kg TM)

Abb. 2-35: Umrechnung von ME in NE für wachsende Schweine

Da die Verdaulichkeit bei älteren, ausgewachsenen (adulten) Schweinen höher ist, als bei wachsenden Schweinen, steht Ferkeln und Mastschweinen weniger Nettoenergie zur Verfügung als ausgewachsenen Sauen. Insbesondere die Gehalte an NDF und ADF sind dafür entscheidend. Daraus folgt, dass es in der Futteroptimierung für ein Einzelfutter einen Energiegehalt für wachsende (jugendliche = juvenile) **(NE_j)** und für ausgewachsene (adulte, z. B. Sauen) Tiere **(NE_a)** geben sollte.

Die Autoren Bartelt und Noblet empfehlen, mit den für Standardfuttermittel gültigen Faktoren zur Umrechnung von juvenilem in adulte NE-Gehalte den NE-Gehalt für Sauen **NE_a** aus dem zuvor errechneten NE-Gehalt für Mastschweine **NE_j** zu ermitteln (Formel in Abb. 2-36).

$$NE_{a\ (Futter)} = NE_{j\ (Futter)} \times \frac{NE_{a\ (Tabellenwert\text{-}Futter)}}{NE_{j\ (Tabellenwert\text{-}Futter)}}$$

Abb. 2-36: Umrechnungsfaktor von juvenilem auf adulten NE-Gehalt von Futtermitteln

Für Mischfutteroptimierungen liegen überwiegend nur Versuchsdaten und Fütterungsnormen mit Angaben in der Bewertungsebene ME vor. Solange keine sicheren Erkenntnisse zum Bedarf in Nettoenergie vorliegen, kann man die NE-Bedarfsvorgaben nur durch Gewichtung der ME-Vorgaben mit dem pauschalen Gewichtungsfaktor von 75 % einigermaßen gut ableiten.

Eine Futterdeklaration hat nach aktuellem Recht mit der Mischfutterformel zur Berechnung der ME zu erfolgen. Notwendig ist ein nüchterner, zielstrebiger Dialog zwischen Wissenschaft, Futterherstellern und Landwirten, der stetig zu mehr Genauigkeit in der Leistungsvorhersage aufgrund des Energiegehaltes von Futtermischungen führt und damit dazu beiträgt, unnötige Puffer und Überversorgung mit Energie und Naturressourcen immer weiter zu verringern. Die Optimierung auf der Ebene Nettoenergie kann dazu einen Beitrag leisten.

3 Futtermittel

3.1 Einzelfuttermittel

3.1.1 Ausgangserzeugnisklassen

Wilke Griep

Einzelfuttermittel werden aus Gründen der Futtermittelsicherheit in Qualitätssicherungssystemen und im Lebens- und Futtermittelrecht mittlerweile recht präzise definiert. Mehr und mehr hat sich das Prinzip einer Positivliste durchgesetzt. Einzelfuttermittel, also die Komponenten einer Mischfuttermischung, sind dann »erlaubt/unkritisch«, wenn sie positiv in Regelwerken aufgeführt sind. Neue Einzelfutter, die es immer wieder geben wird, müssen erst in Regelwerken, wie dem EU-Katalog nach VO 68/2013 oder der Positivliste, einer freiwilligen Initiative betroffener Wirtschaftskreise (DLG Positivliste, 2020), aufgenommen werden, damit sie in der breiten Erzeugung zur Verwendung kommen können und von Qualitätssicherungssystemen, wie Q & S, akzeptiert werden.

In Abbildung 3-2 ist eine schematische Untergliederung der Einzelfuttermittel zu sehen, die auf den Ausgangserzeugnissen und Pfaden bis zur

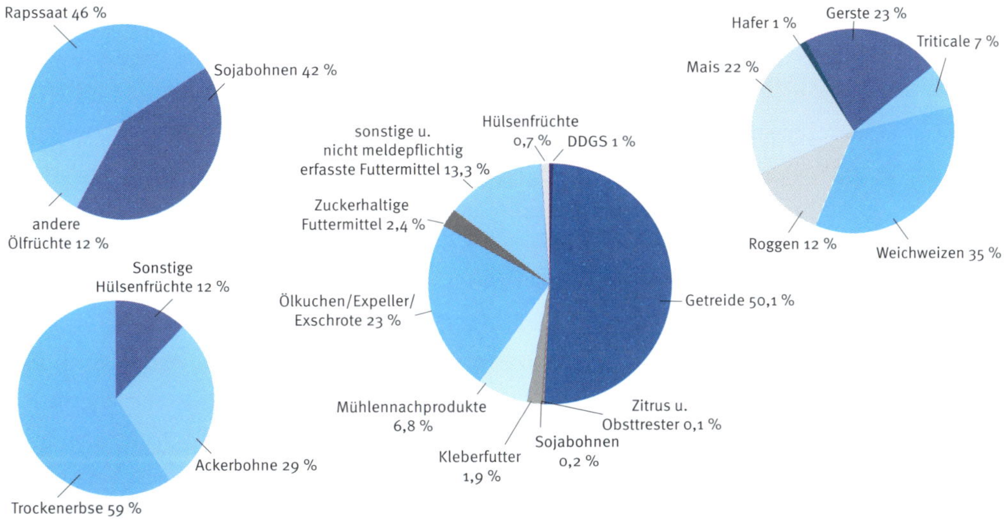

Abb. 3-1: Im Wirtschaftsjahr 2020/21 wurden rund 12 Mio. Tonnen Getreide im Mischfutter verarbeitet. Dies entspricht 50 % des gesamten Rohstoffeinsatzes. Insbesondere Weizen (35 %), Gerste (23 %) und Mais (22 %) wurden zur Herstellung qualitativ hochwertiger Mischfutter eingesetzt. Neben Getreide sind Ölkuchen, Expeller und Ölschrote eine wichtige Futtermittelkomponente. Rund 5,6 Mio. Tonnen Ölnebenerzeugnisse aus Raps, Soja, Sonnenblumen- und anderen Ölsaaten wurden zur Mischfutterproduktion verwendet. Dies entspricht einem Anteil von rund 23 %.

Verfütterung basiert. Die Regelwerke ordnen Futtermittel in ähnlicher Weise nach unterschiedlichen Gesichtspunkten ein. Die Auflage der Positivliste aus 2017 enthält 389 Einzelfutter in 18 Einzelfuttermittelgruppen. Die Futtermittel aus pflanzlicher Herkunft sind in 7 Klassen eingeteilt. Der Rohstoffeinsatz in der deutschen Futterwirtschaft 2019/20 (vgl. Abb. 3-1) besteht zum überwiegenden Teil aus Futtermitteln pflanzlicher Herkunft. Die für die Herstellung von handelsfähigen Einzel- und Mischfuttermitteln wichtigsten Einzelfutter sind in Abbildung 3-1 benannt.

Der Katalog der Einzelfuttermittel nach Verordnung (EU) 2017/1017 Der Kommission vom 15. Juni 2017 zur Änderung der Verordnung (EU) Nr. 68/2013 definiert mit einer sehr ähnlichen Untergliederung Einzelfuttermittel für Zwecke der Mischfuttermittelkennzeichnung. Die Verwendung der Bezeichnungen ist in soweit freiwillig, dass auch andere nicht definierte Futtermittel grundsätzlich verwendet werden können. Der EU-Katalog ist viel umfangreicher. Er umfasst 13 Futterklassen und 210 Einzelfuttermittelgruppen. Zur Gruppe Gerste gehören 19 statt 8 Einzelfuttermittel in der DLG-Positivliste. In Abbildung 3-2 sind die Einzelfuttermittelklassen nach Positivliste der DLG und dem EU-Futtermittelkatalog nach Verordnung (EU) 2017/1017 dargestellt. In Verbindung mit der Rohstoffverbrauchsstatistik aus 2020/21 (vgl. Abb. 3-1) wird deutlich, dass Getreide und Ölsaatenkörner die wichtigsten Ausgangserzeugnisse für Nutztiere sind.

Die Samenkörner, die von ihrer Natur her stark mit essenziellen Nährstoffen und Energie angereichert und damit konzentriert sind, sind für Schweine die wichtigsten Futtermittel. Monogastrier, wie Schweine, haben keinen ausgeprägten Nutzen in der Nährstoffverdauung durch eine Symbiose mit Mikroben. Aufgrund ihres vergleichsweise kleinen Verdauungssystems benötigen sie bei hoher physiologischer Intensität hochwertige Konzentratfuttermittel. Körnerfrüchte und Erzeugnisse daraus sind daher klassische Futtermittel für Schweine. Ganzpflanzenfuttermittel dagegen, wie Gras- und Maissilagen oder Heu, haben nur in einer extensiven Tierfütterung, wie der ökologischen Schweinefütterung, eine gewisse kleine Bedeutung. Die hohen Anteile der schwer verdaulichen Faserkohlenhydrate verringern die Verdaulichkeit und bei bereits ausgeschöpftem Futteraufnahmevermögen können Nährstoffversorgungsengpässe entstehen. Die Grobfuttermittel passen deshalb eher zu einer unterdurchschnittlichen physiologischen Intensität.

Futtermittel aus Spross- und Wurzelkörper, wie die Kartoffel, die Rübe oder die Maniokwurzel, hatten in der Vergangenheit eine größere Bedeutung. In den 1950er bis 1960er Jahren war die Schweinemast mit gedämpften Kartof-

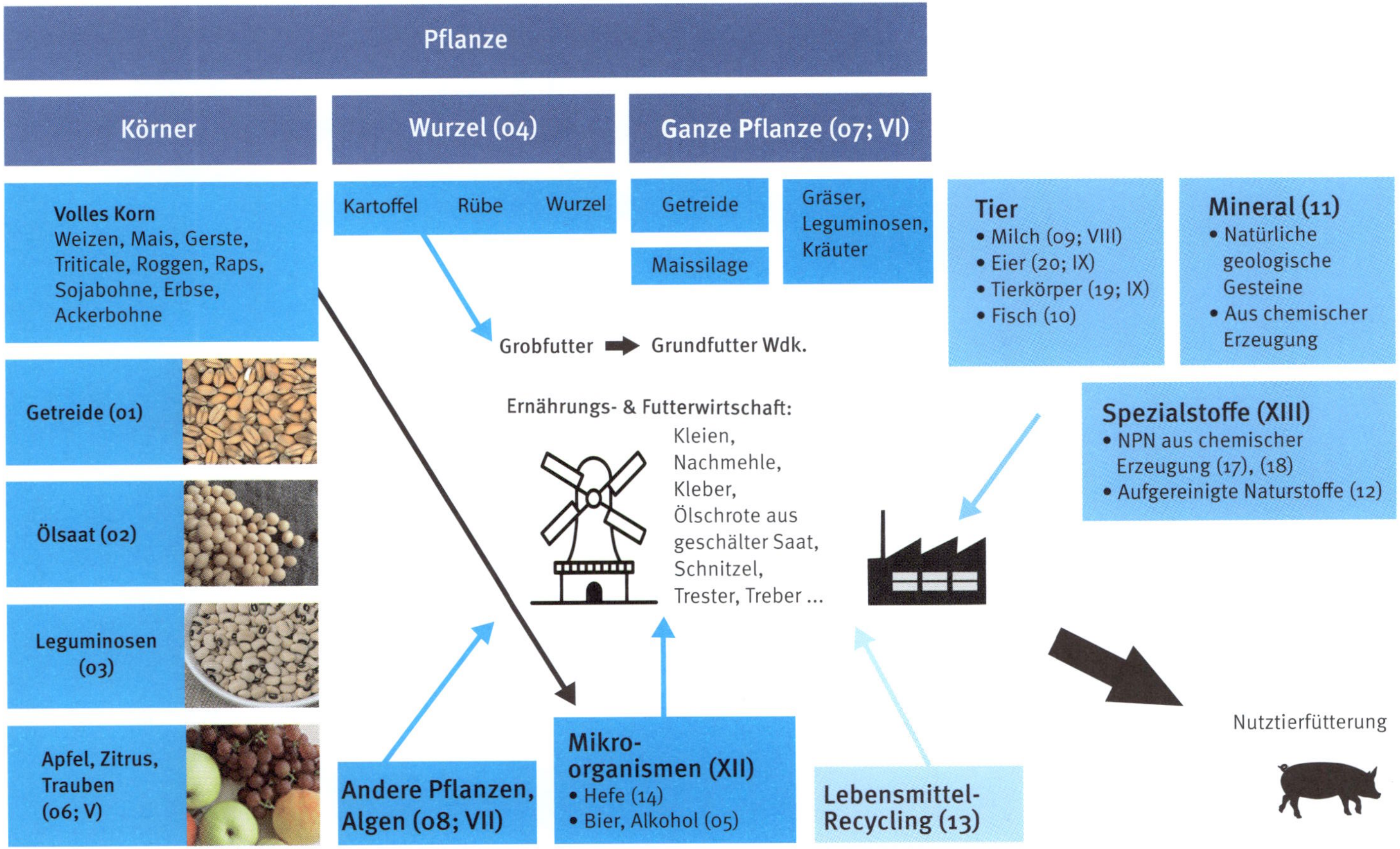

Abb. 3-2: Einzelfuttermittelgruppen nach Positivliste der DLG und dem EU-Futtermittelkatalog nach Verordnung (EU) 2017/1017

feln verbreitet. Heute gelangen nur noch spezifische Nebenerzeugnisse aus der Lebensmittelgewinnung in die Herstellung von Mischfuttermitteln der Futterwirtschaft. Dazu gehören Trockenschnitzel aus den Zuckerrübenfabriken und Kartoffelprotein aus der Kartoffelstärkegewinnung.

Das Schwein ist ein Allesfresser (Omnivore) und kann einen Teil seiner Nährstoffversorgung auch aus Futtermitteln tierischer Herkunft bestreiten. Nebenerzeugnisse aus der Verarbeitung von Milch, Fisch und Fleisch sind als Futtermittel für das Schwein hochwertig und geeignet. Futterhygienische Vorsichtsmaßnahmen und ein hoher Futtermittelpreis sorgen allerdings dafür, dass die Verwendung in engen Grenzen, selektiv und aus strategischen Gründen in kleinem Umfang erfolgt. Vorwiegend sehr junge Tiere mit geringer Futteraufnahme und hohen Ansprüchen sollen damit gut versorgt werden und durch hohe Attraktivität zur Ausschöpfung des Futteraufnahmevermögens angeregt werden. Trockenmilchprodukte in Milchaustauschertränken für Saugferkel, Blutplasmapulver, Fischmehl und -öl in Ferkelaufzuchtfuttermischungen sind klassische Beispiele für die Verwendung tierischer Einzelfuttermittel. Die Positivliste weist drei Klassen an Futtermitteln tierischer Erzeugnisse auf.

Da pflanzliche und tierische Futtermittel für das Tier arm an essenziellen Mineralstoffen und Spurenelementen sein können, ist es sinnvoll, in Anteilen bis etwa 2,5 % der Gesamtmischung Mineralfuttermittel einzumischen. Calcium, Phosphor, Natrium oder Magnesium werden mit Mehlen aus natürlichen Gesteinen in die Mischungen eingebracht. Sie dienen als Mengenelemente vor allem als Baustoffe für das Skelett der Tiere. Der Futterkalk oder das Futtersalz, die beide überwiegend aus Calciumcarbonat bzw. Natriumchlorid bestehen, sind die quantitativ wichtigsten Komponenten. Auch andere Mengen- und Spurenelemente werden als mineralische Mikrokomponenten den Mischungen zugesetzt.

3.1.2 Energie- und Nährstoffcharakter

Eine große Vielfalt an Kennzahlen charakterisiert den typischen Futterwert eines Einzelfuttermittels. Eine professionelle Mischfutteroptimierung bezieht eine große Anzahl geeigneter Kennzahlen mit ein. Charakteristisch für Futtermittel sind die Futterwert-Stärken und -Schwächen oder Handicaps eines Futtermittels. Dabei stehen für Schweine der Beitrag an Energie sowie essenzielle und Proteinbausteine im Vordergrund. Energie- und Proteinträger sind dafür prädestiniert, Energie und Proteine in eine Mischung so einzubringen, dass die Bedürfnisse von Schweinen in einer bestimmten Phase und Entwicklungsstufe erfüllt werden können. Faserträger bringen vornehmlich schwerer verdauliche Faserstoffe mit. Höhere Faseranteile kennzeichnen eine verringerte Verdaulichkeit der wertvollen Energie und Nährstoffe. Gleichzeitig erfüllen die Faserbestandteile wichtige Funktionen für eine intakte und gesunde Darmflora für das Wohlbefinden des Tieres. Sie sind Austauschstoffe, wenn Energie- und Proteinkonzentration herabzusetzen sind. Der letztgenannte Aspekt gewinnt an Bedeutung, wenn man N- und P-reduzierte Fütterungsstrategien realisieren möchte.

Das **Futtermittelcharakter-Dreieck** (vgl. Abb. 3-3) hilft dabei, ein Einzelfuttermittel in Bezug auf den Bedarf der Schweine hinsichtlich der Anlieferung von Energie, Protein und Faser einzuordnen. Ein typischer Proteinträger weist im Gehalt an praecaecal verdaulichem (pcv) Lysin höhere Werte auf, als es eine bedarfsgerechte Versorgung des Tieres verlangt. Energieträger enthalten mehr Energie, als es die Versorgungsempfehlung vorgibt. Außerdem ist die Versorgung mit Protein und Energie dann besonders nachhaltig, wenn gleichzeitig ein ideales Verhältnis zwischen Energie und Protein eingehalten wird. Die Fütterung bezieht sich deshalb idealerweise auf den Gehalt an Umsetzbarer Energie (ME) oder Nettoenergie (NE) je kg Futter und auf das Verhältnis g pcv Lysin je MJ Energie im Futter. Der Energiegehalt in MJ Nettoenergie (NE) je kg Futtermittel mit 88 % Trockenmasse ist ein Maß für die Energie, die nur für Erhaltung und Leistung zur Verfügung steht. Die Umsetzbare Energie enthält noch die Energieverluste durch Wärmeabgabe infolge metabolischer Prozesse. Die Kennzahl g pcv Lysin/MJ NE im Futtermittel ist ein Maß für das Verhältnis der Energie zur erstlimitierenden Aminosäure Lysin auf der Ebene der verdaulichen Aminosäuren.

Extreme Faserträger, wie zum Beispiel Kleien, Gras oder Stroh, können im Energie- und Proteingehalt den Tierbedürfnissen nicht gerecht werden. Die scheinbar unnütze Stoffgruppe hat aber günstige Auswirkungen auf die Darmgesundheit und das Tierwohl, sodass man zunehmend auch die optimale Versorgung mit Faserstoffen in die Fütterungsoptimierung einbezieht. Nur bei optimaler Darmgesundheit, also bei einem für das Tier günstigen

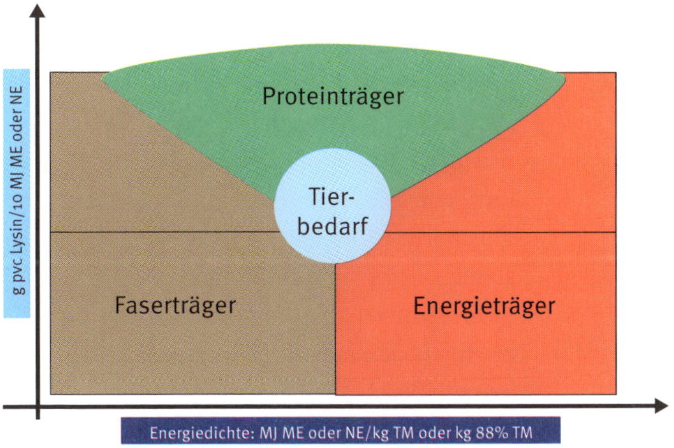

Abb. 3-3: Futtermittelcharakter-Dreieck

Darmmilieu mit einer für das Tier ausgewogenen, stabilen und günstigen Darmflora, entwickeln sich pathogene und belastende Keime nur noch in unbedeutendem Umfang und die Darmschleimhaut verändert sich so, dass mehr Nährstoffe absorbiert werden und viel gefressen wird. Die Auswahl und richtige Menge geeigneter Faserstoffe in der Fütterung haben signifikant positiven Einfluss auf die Darmgesundheit.

Energieträger

Die vollen Getreidekörner von Mais, Weizen, Roggen, Triticale oder Gerste sind aufgrund der hohen Stärkeanteile im Endosperm Energieträger. Die Schrote von Hafer- oder Leguminosenkörnern aus geschälter Saat können ebenfalls Gehalte oberhalb des Bedarfs von tragenden Sauen oder Endmastschweinen erreichen. Die klassischen und gehaltvollsten Energieträger sind reine Fette, wie Raps- oder Sojaöl. Sie enthalten mit > 33 MJ NE/kg etwa 3-fach so viel Energie wie Mais mit 11,2 MJ NE/kg 88 %TM.

Proteinträger

Die dominierenden Proteinträger entstehen, wenn man Ölsaaten das Fett entzieht. Es fallen bei der Pflanzenölgewinnung für die Verwendung als Lebensmittel oder als Brennstoff die Ölschrote als Nebenerzeugnisse an. Dabei wird das Öl durch ein Extraktionsverfahren mit Lösungsmittel oder durch ein mechanisches Auspressen gewonnen. Beim Ölentzug durch Pressdruck bleibt ein Pressrückstand, der Kuchen oder Expeller, zurück. Aus der Extraktion stehen Extraktionsschrote als Futtermittel zur Verfügung. Die Ölschrote sind proteinreich und damit auch reich an essenziellen Aminosäuren. Nach einer Ölextraktion aus Körnern einer geschälten Saat entstehen sogenannte »high protein« Extraktionsschrote. Die Gehalte an Lysin sowie an Umsetzbarer Energie (ME) je kg nehmen um 10 bis 13 % zu. Das Verhältnis Lysin-Energie dagegen bleibt unverändert und beträgt 29 bis 30 g pcv Lysin/MJ NE.
Aus der Fermentation von stärkehaltigen Körnerfrüchten bei der Herstellung von Bier oder Alkohol fallen als Nebenprodukt Hefeerzeugnisse an, die überwiegend aus abgestorbenen Hefezellen bestehen. Diese Futtermittel sind ebenfalls Proteinträger.

Futtermittel aus der Verarbeitung von Milch, Schlachttieren und Fisch zeichnen sich ebenfalls durch hohe Anteile hoch verdaulicher Proteine und essenzieller Aminosäuren aus.

Faserträger

Nachmehle, insbesondere Kleien, aus der Müllerei, Malzkeime aus der Mälzerei, Treber aus der Brauerei, Schlempen aus der Brennerei und Trester aus der Mosterei sind Rückstände, die überwiegend von Stärke und Fetten befreit sind und vor allem aus Zellwandbestandteilen, verdauungsresistenten Fasern und anderen schwer verdaulichen Stoffen bestehen. Diese Faserträger weisen zugleich eine geringe Energie- und Lysindichte auf. Im Futtermittelcharakter-Dreieck sind sie im Quadranten unten links am Achsenkreuz wieder zu finden (vgl. Abb. 3-3).

Die Körnerfrüchte sind die wichtigsten Rohstoffe für die Fütterung von Schweinen (vgl. Abb. 3-1) und liefern Energie-, Protein- und Faserträger (vgl. Abb. 3-4).

In Abbildung 3-5 ist das Futtermittelcharakter-Dreieck als Diagramm mit ausgewählten Einzelfuttermitteln zu sehen. Zur Orientierung und Einordnung sind auch Bedarfseckwerte für tragende und säugende Sauen für die Ferkelaufzucht und die Endmast ab 100 kg Lebendgewicht eingetragen. Entlang der X-Achse nimmt der Energiegehalt in MJ NE je kg Futter mit 88 % Trockenmasse stetig zu. Das Verhältnis von g pcv-Lysin je MJ NE im Futter ist auf der Y-Achse vermerkt. Es wird damit angegeben, wie viel verdauliches Lysin mit jeder Einheit an Energie, die aus diesem Futtermittel für Erhaltung und Leistung zur Verfügung steht, aufgenommen werden kann.

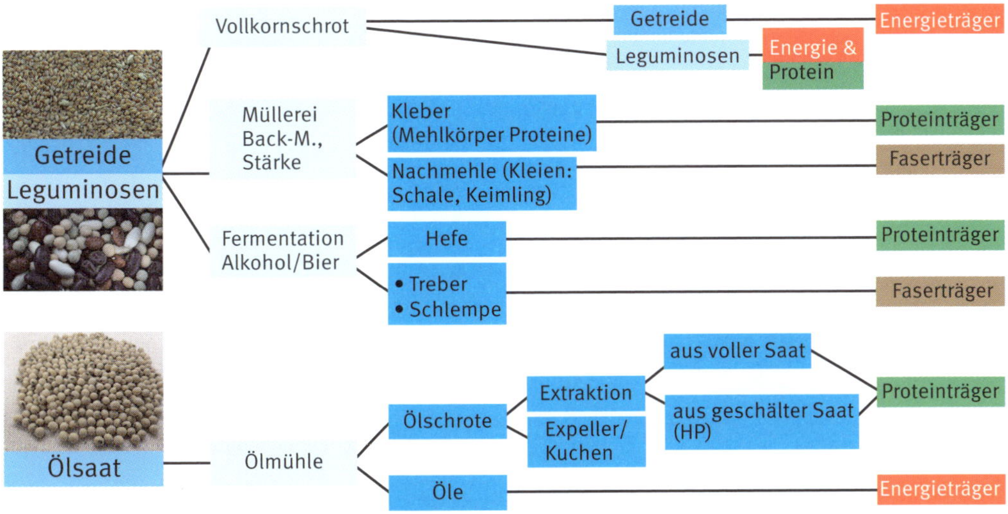

Abb. 3-4: Körnerfrüchte und deren Nebenerzeugnisse in der Fütterung

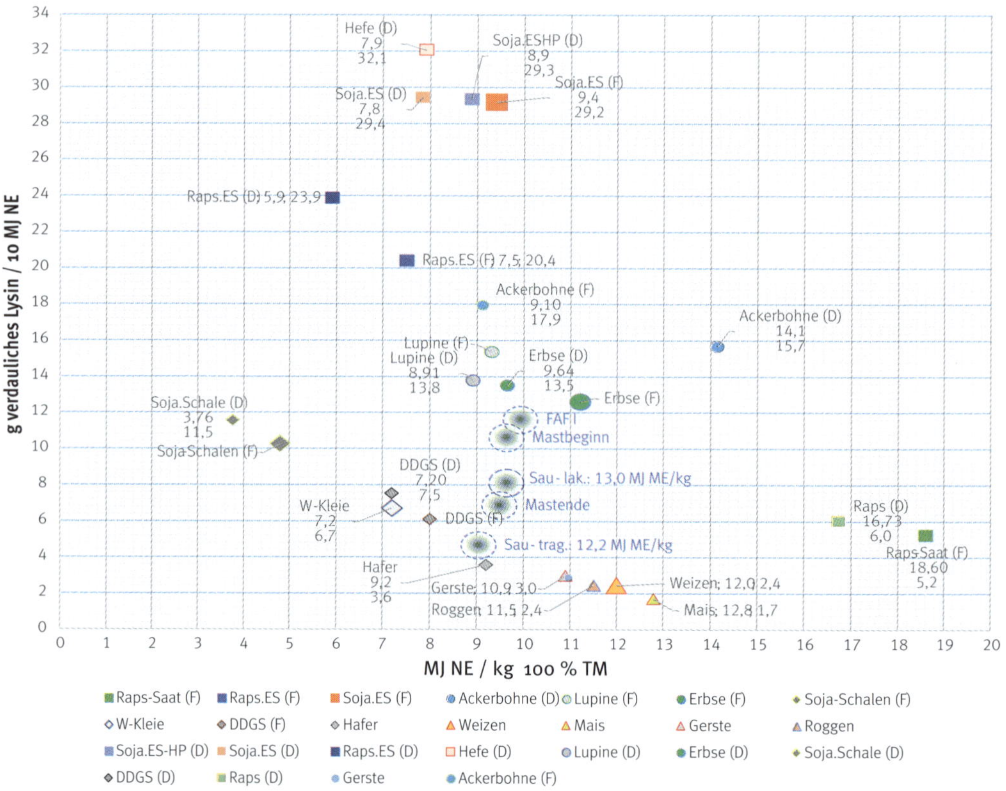

Abb. 3-5: Futtermittel und Bedarfseckpunkte: Energiedichte und verdauliches Lysin je 10 MJ NE

3.1.3 Hauptfutterkomponenten – Kurzportrait

Die Landwirtschaft nutzt vornehmlich die Erträge der landwirtschaftlichen Flächen und veredelt Naturrohstoffe dadurch, dass Tiere damit gefüttert werden und Lebensmittel tierischer Herkunft, insbesondere tierische Proteine, entstehen. Der Agrarhandel verschafft dem Tierhalter ergänzende Futtermittel, um Versorgungsdefizite der eigenen Rohstoffe auszugleichen und die physiologische Produktivität zu erhöhen. Die selbst bzw. lokal erzeugten Erntegüter sind die Hauptfutterkomponenten. Während Getreide die dominierende Feldfrucht und als Energieträger eine sehr gute Futtergrundlage für Schweine ist, fehlt ein ausreichendes Angebot an lokal erzeugten Proteinträgern. Der Rapsanbau allein liefert nicht genug Protein, sodass Sojabohnen oder deren Futtererzeugnisse aus fernen Regionen in beträchtlichem Umfang importiert werden müssen. Körnerleguminosen haben das Potenzial, eine lokale und nachhaltige Erzeugung von Schweinen mit ausreichend Proteinen zu versorgen; momentan ist deren Anbaubedeutung aber noch viel zu klein.

3.1.3.1 Getreide

Ganze Körner

Die Körnerfrüchte sind die wesentliche Futtergrundlage für die Schweineerzeugung (vgl. Abb. 3-1), weil Grob- (Gras- und Maissilagen) und Saftfuttermittel (z. B. Treber frisch, Kartoffeln und Rüben) keine Bedeutung haben. Um hohe physiologische Effizienz zu ermöglichen, sind hoch verdauliche, konzentrierte und für Tiere attraktive Futtermittel notwendig. Körnerfrüchte erfüllen diese Anforderung insbesondere dann gut, wenn sie durch ein Vermahlen zum Schrot geworden sind. Die verdauungsresistente Schale kann dann die Nährstoffe im Korn nicht mehr schützen und die Inhaltsstoffe sind für die Verdauungssäfte im Verdauungstrakt gut zugänglich.

Wie aus Abbildung 3-5 zu erkennen ist, sind die Getreidekörner Energieträger. Der Energiegehalt bewegt sich zwischen 9,6 bis 11,4 MJ NE/kg. Das entspricht 12,6 bis 14,3 MJ ME/kg. Lysin ist die erste limitierend wirkende Aminosäure, weil alle wichtigen Getreidearten spürbar weniger Lysin im Verhältnis zum Energiegehalt mitbringen, als Schweine benötigen (vgl. Abb. 8-6). Während der Na- und Ca-Gehalt ebenfalls ergänzungswürdig ist, kann das Schwein mit dem Phosphor aus Getreide schon zum großen Teil ausreichend versorgt werden. Endmast- und Trage-Futtermischungen können durchaus ohne Phosphorergänzungen auskommen. Bei einer stark P-reduzierten Fütterung setzt der Getreide-P-Gehalt die Grenzen der brutto-P-Minimierung.

Eine Getreidemast bedarf einer Ergänzung mit passenden Proteinträgern. Eine gezielte Ergänzung mit freien Aminosäuren kann extreme Lücken beim Lysin, Methionin, Threonin oder Tryptophan und Valin schließen, ohne dass der Rohproteingehalt und damit der Rohproteineintrag merklich ansteigt. Zu einer N-reduzierten Mast gehören freie Aminosäuren als Möglichkeit der Minimierung des Proteingehaltes unbedingt dazu. Die wichtigsten Proteinträger sind aber die Ölschrote.

Gerste, aber vor allem die Haferkörner sind aufgrund der anhaftenden Spelzen Spelzgetreidearten und enthalten dadurch weniger Energie und mehr Faserstoffe, wie Cellulose und Hemicellulose. Diese Körnerfrüchte sind dadurch dafür prädestiniert, die Faserbedürfnisse zu bedienen.

Kleien und Nachmehle

Getreidekörner liefern in erster Linie in der Lebensmittelherstellung Stärke aus dem Mehlkörper oder Endosperm (vgl. Abb 3-6). In den Mühlen fallen daher als Nebenerzeugnisse der Backmehlherstellung aus dem Mehlkörper die Kleien und Nachmehle (Grießkleie, Futter- und Nachmehle) an. Etwa 17 bis 20 % der Körnermasse stehen dann als Futtermittel zur Verfügung. Kleien

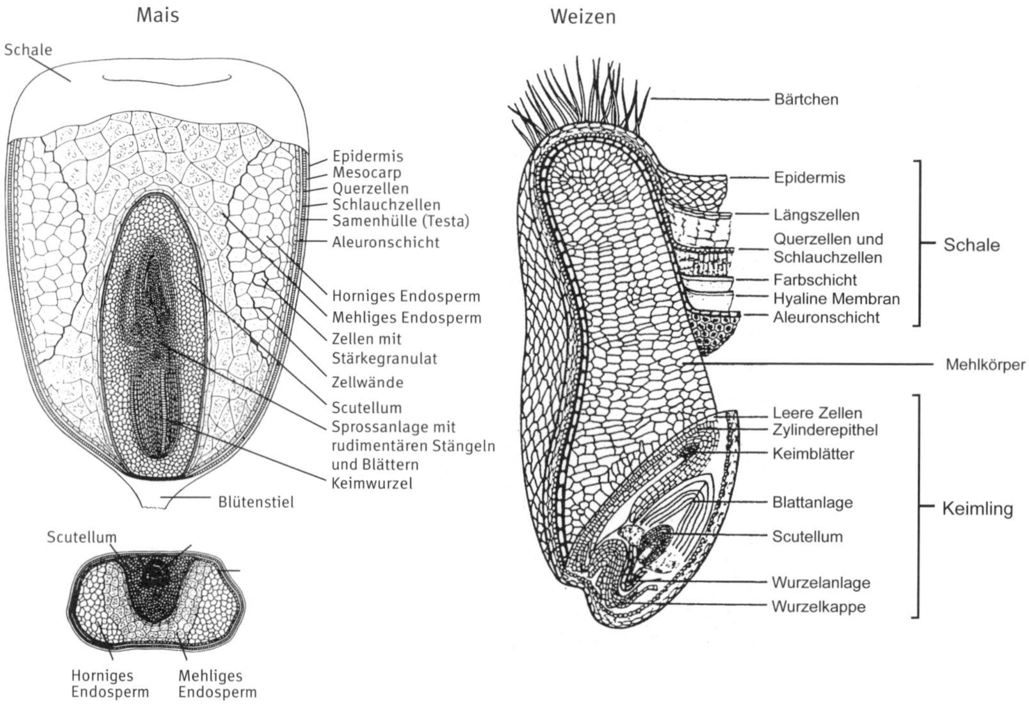

Abb. 3-6: Kornbestandteile – Mais und Weizen

bestehen hauptsächlich aus den Keimlingen und der Schale. Die Schalen sind von Natur aus verdauungsresistent, also schwer verdaulich, weil sie den Keimling und das Endosperm vor Verderb und Verzehr schützen. Kleien sind daher reich an Strukturkohlenhydraten, wie Hemicellulosen oder Cellulose, und sind die klassischen Faserträger (vgl. Abb. 3-5). Gleichzeitig befinden sich in der Schale auch hohe Anteile an Mineralstoffen und NSP. Die Schale kann auch mykotoxin-belastet sein. Stark P-reduzierte Mischungen können wegen der vergleichsweise hohen P-Gehalte nur in begrenztem Umfang noch Kleieeinmischungen vertragen.

Nebenerzeugnisse alkoholischer Fermentationsprozesse

Auch die Nebenerzeugnisse alkoholischer Fermentationsprozesse, wie aus der Bierbrauerei (Biertreber) oder der Alkoholbrennerei (Schlempe, DDGS), sind weitgehend von Stärke befreit und bestehen aus den Zellwand-, Kornschalen- und Keimlingsbestandteilen. Sie enthalten dann viele Strukturkohlenhydrate, wie die Nicht-Stärke-Polysaccharide (NSP) und Proteine des Keimlings. Auch diese Futtermittelgruppe gehört eher zu den Faserträgern (vgl. Abb. 3-5).

Kleber

Kleberproteine sind die Proteine des Mehlkörpers. Sie werden als Nebenerzeugnisse der Stärkegewinnung aus dem Endosperm für die Lebensmittel- und chemische Industrie gewonnen. Kleberproteine bilden die Strukturen, in denen in der Kornreifung der Energievorrat für den Keimling in Form von Stärke angelegt wird. Diese Proteine haben wesentlichen Anteil an der Ausprägung der Backeigenschaften der Backmehle. Durch den Verschnitt mit mehr oder weniger großem Anteil der Kleien entsteht ein mehr oder weniger faser- und proteinreiches Kleberfutter (Maiskleberfutter: < 33 % XP, > 8 % XF i.d.T.) oder ein reiner Kleber (Maiskleber: > 65 % XP, < 2 % XF i.d.TM).

3.1.3.2 Ölsaaten und -schrote

Von den Ölsaaten fallen in der Pflanzenölgewinnung durch mechanisches Pressen und durch das Extraktionsverfahren mit Fettlösemitteln, wie Hexan, die proteinreichen Nebenprodukte, wie Expeller = Kuchen und Extraktionsschrote, an. Durch das Entziehen des Öls reichert sich das Protein im Rückstand an. Das Extraktionsverfahren kann dem Ausgangserzeugnis bis auf 1,5 bis 2 % Rohfett das meiste Öl entziehen. Expeller dagegen enthalten mehr Fett, bis über 10 %, weil diese Verfahren mit variierender und geringerer Intensität das Fett vom Rückstand abtrennen können. Wenn zuvor in einem müllereitechnischen Schälvorgang Kleien ausgesondert werden, sinkt der Anteil der schwer verdaulichen Faserbestandteile und der Proteinanteil nimmt zu. Die HP = high-Protein Ölschrote enthalten ebenso wie die mit Protein angereicherten Konzentrate mehr verdauliche essenzielle Aminosäuren als die Standardschrote.

3.1.3.3 Körnerleguminosen

Die Körner der Körnerleguminosen nehmen eine Mittelstellung zwischen den stärkereichen Getreidekörnern und den proteinreichen Extraktionsschroten und Ölkuchen der Ölsaaten ein.

3.1.4 Spezielle Einzelfuttermittel

Während die Hauptfutterkomponenten in der Regel als Haupterntegüter aus dem Acker- und Feldfutterbau der Landwirte stammen und eine futterarttypische Zusammensetzung aus Proteinen, Fetten, Kohlenhydraten sowie Mineral- und Wirkstoffen in die Mischungen einbringen, werden in der Fütterung für spezifische Anforderungen je nach Notwendigkeit und Zweckmäßigkeit gern auch spezielle Einzelfuttermittel eingesetzt. Diese sind nach Abb. 3-2 z. B. Einzelfuttererzeugnisse der Ernährungs- und Futterwirtschaft ab der Kategorie 08 nach der DLG-Positivliste oder VII nach dem EU-

Futtermittelkatalog. Aus den Ausgangserzeugnissen entstehen durch unterschiedliche Behandlungen erst die Einzelfuttermittel. Sie sind entweder ein Nebenprodukt einer Lebensmittelerzeugung oder direkt das Hauptprodukt einer Einzelfuttermittelerzeugung. Diese Futterkomponenten gelangen in der Regel zur Mischfutterwirtschaft. Sie werden im Allgemeinen als Bestandteile von Allein-, Mineral- oder Ergänzungsfuttermischungen in die Futtermischungen einbezogen. Eine möglichst genaue Einmischung als Mikrokomponente durch technisch und fachlich kompetente Mischfutterwerke ist hier sinnvoll, damit die erwarteten Dosierungen und Effekte auch erreicht werden. Oft sind sie entsprechend ihrem Energie- und Nährwert ökonomisch nicht vorzüglich.

Durch spezielle Herstellverfahren (vgl. Abb. 3-7: Gruppen K, hB, fB und cE) und eher ungewöhnliche Herkünfte der Ausgangserzeugnisse (Gruppe eH, cH; vgl. Abb. 3-7) entstehen Einzelfuttermittel mit hoher Konzentration essenzieller Nährstoffe, Energie oder Wirkstoffe in Verbindung mit hoher Attraktivität, Verdaulichkeit und verringerter Wirksamkeit von antinutritiven Faktoren (ANF). Diese Komponenten sind ernährungsphysiologisch vorteilhaft und durch die Behandlungen teurer.

Durch unterschiedliche Aufbereitungen und Behandlungen entstehen Einzelfuttermittel, die sich vom Ausgangserzeugnis unterscheiden. Es sind Spezialitäten, wie z. B. das Sojaproteinkonzentrat (SPK), welches dazu beitragen kann, die besonderen Anforderungen von noch säugenden oder gerade abgesetzten Ferkeln zu erfüllen. Konzentrate, wie das SPK, ermöglichen es, Mischungen mit ausreichend hohen Proteingehalten sowie mit hoher Pro-

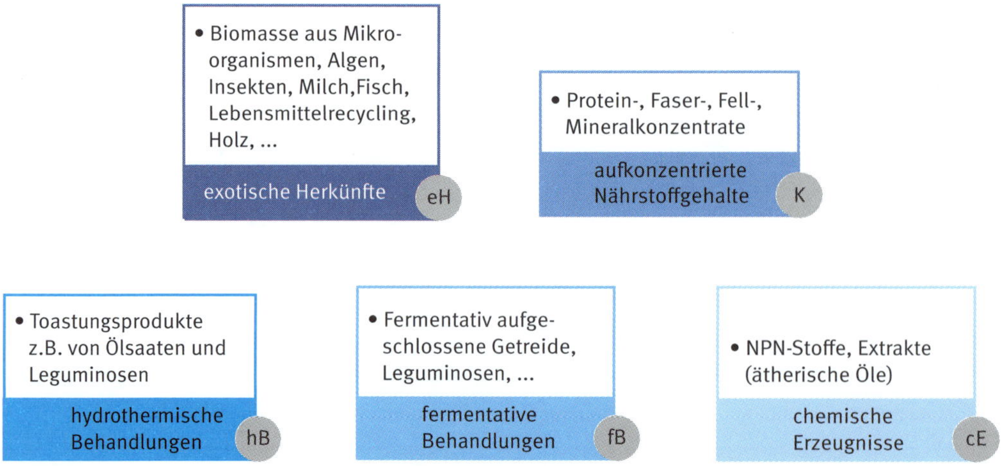

Abb. 3-7: Unterteilung von speziell hergestellten und verwendeten Einzelfuttermitteln

teinqualität, Verdaulichkeit und Attraktivität herzustellen. Futteröle liefern reine Fette. Damit lässt sich mit diesen Komponenten ausschließlich die Energiedichte erhöhen und die Fettqualität verbessern. Faserkonzentrate ermöglichen es, die spezifischen Bedürfnisse der Versorgung mit unverdaulichen Fasern bedarfsgerecht in Futtermischungen abzudecken. Die Vielfalt der Faserspezialitäten ergibt sich auch aufgrund ihrer Herkunft. Neben den Kleien, Schnitzeln, Trestern oder Trebern, die als Nebenprodukte anfallen und übliche Komponenten sind, sind auch Erzeugnisse aus Holz als spezielle Faserkonzentrate verfügbar.

Das Kartoffelprotein, ein Nebenerzeugnis der Kartoffelstärkegewinnung, enthält mit über 70 % Rohproteinanteil sehr große Konzentrationen der wichtigsten essenziellen Aminosäuren und wird daher in der sehr frühen Ferkelfütterung verwendet.

Proteinträger aus Fisch sind ebenfalls proteinreich und ernährungsphysiologisch sehr hochwertig, jedoch gehören sie zu den Proteinen tierischer Herkunft, deren Verwendung wiederum stark reglementiert und eingeschränkt ist.
Unter dem Stichwort »exotische« bzw. ungewöhnliche Herkunft (vgl. Abb. 3-7) lassen sich in der Gruppe eH auch Einzelfuttermittel mit möglicherweise großem Potenzial in der Zukunft einordnen. Protein- oder Wirkstoffträger aus den noch sehr ungewöhnlichen Ausgangserzeugnissen Insekten, Algen, Bakterien oder Gräsern könnten in der Schweinefütterung zukünftig genutzt werden, um die zu starke Nachfrage nach Sojaschroten aus sensiblen Naturräumen, wie dem Amazonas, zu reduzieren. In diesem Fall würden Einzelfutterspezialitäten zur Nachhaltigkeitsverbesserung der Schweinefütterung herangezogen.

Um eine ausreichende Versorgung mit essenziellen Mengenelementen, wie Calcium, Phosphor, Magnesium oder Natrium, zu erreichen, ist es schon seit vielen Jahrzehnten weltweit etabliert, die Gruppe der anorganischen Einzelfuttermittel (vgl. Abb. 3-7: eH) aus natürlichen geologischen Formationen für die Tierfütterung zu verwenden.

Da eine ausschließliche Versorgung der Tiere mit nur organischen Materialien, die als Haupt-Einzelfuttermittel im Allgemeinen in der Schweinefütterung verwendet werden (vgl. Abb. 3-8), eine ausreichende Versorgung mit den essenziellen Mengen- und Spurenelementen nicht gewährleisten kann, sind diese anorganischen Rohstoffe notwendig.

Sie sind sogar unverzichtbar, weil weder die Getreide- oder Leguminosenkörner noch die Ölschrote, wie Abbildung 3-8 zeigt, den Calcium- und den Phosphor-Anforderungen genügen. Keine im Diagramm aufgeführte Komponente deckt mit ihren Gehalten den Bedarf der Schweine und befindet sich in der näheren Umgebung der platzierten Schweinepiktogramme. Es

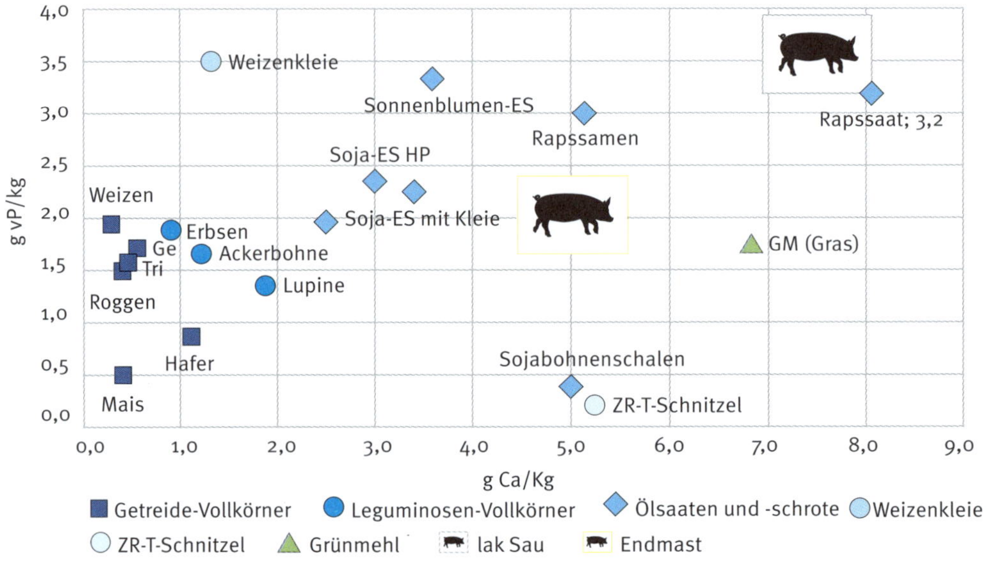

Abb. 3-8: Ca-vP-Diagramm für die Haupt-Einzelfuttermittel im Vergleich zum Ca-vP-Bedarf der Schweine

gibt keine organische Hauptkomponente mit höheren Mineralstoffgehalten, die die Untergehalte der Hauptkomponenten ausgleichen könnte.

Die Einzelfuttermittel aus mineralischer Herkunft sind Futterrohstoffe aus der unbelebten, also anorganischen Natur. Diese Stoffe haben das Vermögen, die Untergehalte der Hauptkomponenten beim Calcium, Phosphor, aber auch beim Natrium, schon mit sehr geringen Einmischraten auszugleichen und den Bedarf an Mengen- und Spurenelementen der Tiere leistungs- und tiergerecht zu decken. Aus Tabelle 3-1 wird deutlich, dass in Deutschland bzw. im EU-Rechtsgebiet zwischen 40 und 100 Rohstoffe als Einzelfuttermittel aus mineralischer Herkunft für die Tierernährung definiert und anerkannt sind. Von quantitativ erheblicher Bedeutung sind vermutlich weniger als 10 Rohstoffe. Dazu gehören in erster Linie der Futterkalk (Ca-Quelle), das Viehsalz (Na-Quelle) und das Mono-/Di-Calciumphosphat (P-Quelle). Die Einzelfuttermittel dieser Gruppe entstehen in der Regel durch eine mechanisch-chemische Aufbereitung von mineralischen Gesteinen aus natürlichen Lagerstätten. Aufgrund der Herkunft sind diese Einzelfuttermittel mit dem für sie typischen Risiko einer Schwermetallkontamination schwerer und mit dem hygienischen Risiko des Verderbs gar nicht belastet. In der Regel sind die essenziellen Elemente nicht in schwer verdaulichen, organischen Verbindungen eingebunden, die nur mit dazu passenden Enzymen aufgeschlossen werden können, sondern sie befinden sich in Kristallstrukturen. Aus diesen

Bindungsstrukturen lassen sie sich leicht herauslösen. Als Ionen stehen sie dann für die Resorption in den Intermediarstoffwechsel zur Verfügung. Sie interagieren dabei auch und beeinflussen gegenseitig ihre Resorption. Eine bedarfsgerechte Versorgung des Tieres mit Mengen- und Spurenelementen auf der Grundlage von mineralischen Einzelfuttermitteln darf daher nicht einseitige Übergewichte einzelner Elemente und keinen kontraproduktiven Überschuss aufweisen, weil davon die Resorption beeinträchtigt werden kann.

3.2 Zusatzstoffe

Peter Spring

Schweinefuttermischungen bestehen hauptsächlich aus Energie-, Protein- und Mineralstoffträgern. Die Energie wird im Stoffwechsel für die Erhal-

Tab. 3-1: Anzahl Einzelfuttermittel laut DLG-Positivliste und EU-Einzelfuttermittelkatalog aus mineralischer Herkunft (Kategorie 11)

DLG-Positiv-liste [1]	EU[2]-Futterkatalog	Nr. Gruppe	Elemente					Stand Dez. 2019
			Ca	P	Mg	Na	K	Hauptvertreter
9	16	11.1.	X					**Futterkalk ($CaCo_3$)**
2	34	11.3.		X				
12	12	11.2.			X			Magnesiumchlorid
5	7	11.4.				X		**Viehsalz (NaCl), Natriumcarbonat**
2	6	11.5.					X	Kaliumchlorid
	10	6.-9.						Geflügelgrit
5			X	X				**Monocalciumphosphat (MCP),** Dicalciumphosphat (DCP: $CaHPO_4$ * x H_2O
1			X	X	X			Calcium-Magnesium-Phosphat
2			X		X			Calcium-Magnesium-Carbonat
2			X	X		X		Calcium-Natrium-phosphat
3				X	X			Magnesiumphosphat
3				X		X		Mono-, Di-, Trinatrium-phosphat
1				X			X	
1			X	X	X	X		Natrium-Calcium-Magnesium-Phosphat
48	85	definierte Einzelfuttermittel in der Kategorie 11						

tung und Entwicklung des Körpers genutzt. Die essenziellen Nährstoffe dienen als Bausteine, die im Stoffwechsel für die Stoff- und Gewebebildung benötigt werden. Der Bedarf dieser Futterbestandteile ist zum großen Teil leistungsabhängig. Daneben enthalten Mischfuttermittel Komponenten in relativ kleinen Mischungsanteilen, die im Tier oder im Futterprodukt eine nützliche Wirkung entfalten. Diese Komponenten lassen sich unter dem mischungstechnischen Begriff »Mikrokomponenten« zusammenfassen.
In kleinen bis sehr kleinen Einmischungsraten im ppm-Bereich (g/t) können natürliche oder synthetische Wirkstoffe, teilweise auch solche mit essenziellem Charakter, für das Tier nützlich sein, die Hygiene des Mischfutters verbessern oder als technischer Hilfsstoff die Materialeigenschaften des Mischfutters beeinflussen. Auch mikrobielle Lebewesen, wie Bakterien oder Hefen, können Futtermischungen zugesetzt werden. Die futtermittelrechtliche Bezeichnung dieser Mikrokomponenten, die nicht Futtermittelausgangserzeugnisse sind und dem Futter zugesetzt werden dürfen, ist daher »Zusatzstoffe«. Aus Gründen der Futtermittelsicherheit und zum Schutz des Mischfutter-Verbrauchers nach EU-Recht sind diese Mischungskomponenten umfassend reglementiert und zulassungspflichtig (vgl. Kap. 2.8.1, S. 103 Inverkehrbringen und Verwendung von Zusatzstoffen in Futtermitteln).

Die Untergliederung der Zusatzstoffe im Futtermittelrecht zeigt Abb. 3-9. Produkte, die nach der Verordnung EG 1831/2003 zugelassen werden, werden in 22 Gruppen nach ihren Funktionsrichtungen unterschieden.

① **technologische Zusatzstoffe:**
- Bindemittel (Mykotoxine, Radionukleotide)
- Konservierungsmittel, Antioxidantien
- Emulgatoren, Fließfähigkeitsverbesserer
- Silierzusatzstoffe

② **sensorische Zusatzstoffe:**
- Aromen
- färbende Stoffe

③ **Ernährungsbedarf sichern**
- Spurenelemente
- Vitamine
- Aminosäuren
- Harnstoff

④ **zootechnische Zusatzstoffe:**
- ökologische Folgen verringern: geringere Phosphorausscheidungen, geringere Ammoniakemissionen, z. B. Enzym
- Leistung, Wohlbefinden, Magen-Darm-Flora, Verdaulichkeit verbessern: z. B. Probiotika, Prebiotika, Phytobiotika, Enzyme

⑤ **Parasiten kontrollieren**
- Kokzidiostatika
- Histomonostatika

Abb. 3-9: Zusatzstoffkategorien und Zuordnung von Wirkstoffgruppen

Essenzielle Nähr- und Wirkstoffe

Die ernährungsphysiologischen Zusatzstoffe tragen dazu bei, Lücken in der Versorgung mit essenziellen Nähr- und Wirkstoffen, die in einer Mischung mit Hauptfutterkomponenten noch bestehen, zu schließen. Stoffe aus mineralischen Quellen, einer mikrobiellen Fermentation oder chemischen Synthese, die essenzielle Versorgungsdefizite ausgleichen können, wirken im Intermediärstoffwechsel und tragen dazu bei, Mangelsituationen zu vermeiden (vgl. Abb. 3-11: Wirkrichtung »Versorgung«), die Gesundheit zu stärken, das physiologische Leistungsvermögen und die Effizienz der Fütterung auszuschöpfen sowie wirtschaftlichen Nutzen zu erreichen. Unter anderem gehören die freien Aminosäuren, Spurenelemente und Vitamine aus unterschiedlichen Herstellungsverfahren oder Herkünften in diese Zusatzstoffgruppe.

In Zeiten des Klimawandels stehen die Verringerung des Verbrauchs natürlicher Ressourcen, die Vermeidung unnötiger Ausscheidungen und die Verringerung von Belastungen durch Emissionen sehr stark im Vordergrund. Diese Zusatzstoffgruppe spielt daher für die effiziente Umsetzung einer Ressourcen schonenden Verwendung natürlicher Quellen dieser Nähr- und Wirkstoffe eine große Rolle. Nur durch den Zusatz von z. B. freien Aminosäuren entstehen Spielräume, bedarfsgerechte Futtermischungen mit sehr niedrigen Rohproteingehalten für hohe physiologische Leistungen herstellen zu können. Zugesetzte Vitamine und Spurenelemente sind für eine leistungsfähige Physiologie und stabile Tiergesundheit der Tiere unverzichtbar. Die natürlichen Gehalte vieler bedeutender Hauptfuttermittel enthalten für die Tiere zu wenig von den essenziellen Stoffen. Mangelerkrankungen, wie eine Anämie bei einer Eisenmangelversorgung / einem Eisenmangel oder die Weißmuskelkrankheit in Verbindung mit einer Muskeldystrophie bei einer Selenmangelversorgung, lassen sich mit der Fütterung durch eine an den Bedarf angepasste Ergänzung entsprechender Wirkstoffmischungen vermeiden. Mineralfuttermittel und Premixe dienen in der Fütterung dazu, die Hauptfuttermittel mit den Mikrokomponenten, den freien Aminosäuren, Spurenelementen, Vitaminen und anderen Zusatzstoffen zu ergänzen, um die Versorgungslücken systematisch zu schließen und die natürlichen Ressourcen nachhaltig zu verwenden.

Probiotika und Prebiotika

Daneben fällt in der Schweinefütterung in Europa insbesondere auch deshalb, weil antibiotische Leistungsförderer verboten sind, den zootechnischen Zusatzstoffen eine Schlüsselrolle für die Zukunft zu. Zu dieser Gruppe gehören unter anderem die Darmflorastabilisatoren, sogenannte Probiotika und Prebiotika, welche die Darmgesundheit der Tiere positiv beeinflussen und so u. a. die Durchfallinzidenz (Häufigkeit des Auftretens) reduzieren. Ein Probiotikum ist eine Zubereitung, die lebensfähige Mikroorganismen enthält. Prebiotika dagegen enthalten unverdauliche Faserstoffe (i. d. R. Kohlenhydrate), die im Dickdarm des Schweins das Wachstum und/oder die Aktivität einiger Bakterienarten gezielt anregen und damit einen »gesunden« und »widerstandsfähigen« Darm entstehen lassen und die Darmflora stabilisieren. In vielen Studien ließen sich mit unterschiedlichen Prebiotika so die gesundheitliche Lage von Tierbeständen oder die Fütterungseffizienz verbessern. Darmflorastabilisatoren werden vor allem bei Absetzferkeln bevorzugt eingesetzt, da in dieser Produktionsphase das Durchfallrisiko erhöht ist. Unmittelbar nach dem Verbot von Fütterungsantibiotika hat die Bedeutung dieser Zusatzstoffe in der Schweinefütterung zugenommen, weil sie es vermochten, ähnliche stabilisierende Effekte für Leistung und Gesundheit zu generieren. In Zeiten der Minimierung prophylaktischer und therapeutischer Antibiotikaanwendungen im Bestand tragen sie heute wesentlich dazu bei, die körpereigene Widerstandskraft zu stärken. Durch die Lenkung der Entwicklung der mikrobiellen Darmflora wirken sie der Entstehung einer Dominanz von pathogenen und ungünstigen Keimen entgegen. Dadurch wird der Aufbau der Darmzellen und -schleimschicht so beeinflusst, dass die Verdaulichkeit von Nährstoffen sich erhöht und das Immun- und Abwehrsystem stark und robust wird.

Enzyme

Neben den Darmflorastabilisatoren befinden sich in dieser Gruppe ebenfalls Verdauungsenzyme. Wichtige Enzyme in der Schweinefütterung sind Phytase, Amylase, Glucanase und Xylanase. Eine zentrale Rolle spielt die Phytase, weil sie den hydrolytischen Abbau der pflanzlichen Phytinsäure katalysiert und damit das darin gebundene Phosphor und auch andere Futterinhaltsstoffe, wie Aminosäuren oder Mineralstoffe, freisetzt. Durch den Zusatz von Phytase wird eine signifikante Steigerung der Verdaulichkeit des Phosphors aus pflanzlichen Komponenten erzielt. Um den Phosphorbedarf der Schweine zu decken, haben Futtermittelhersteller und Produzenten den Futterrationen in der Vergangenheit hohe Mengen an mineralischem Phosphor (z. B. Monocalcium- oder Dicalciumphosphat) zugesetzt. Eine mikrobiell hergestellte Phytase, die dem Futter heute in der Regel zugesetzt wird, erhöht die P-Verdaulichkeit natürlicher Hauptfutterkomponenten pflanzlicher Herkunft.

Dadurch lässt sich der Brutto-Phosphorgehalt im Futter absenken und in der leistungsorientierten Schweinefütterung eine P-minimierte Fütterungsstrategie realisieren. Erst dadurch lassen sich knappe natürliche P-Ressourcen schonen und schädliche P-Einträge in die Natur verringern.

Untersuchungen zeigen, dass die P-Verdaulichkeit mit Phytase von nativ ca. 30 % auf bis über 70 % gesteigert werden kann. Durch den erheblichen Anstieg der Phosphor-Ausnutzung kann der Gehalt an Phosphor im Futter reduziert werden. Letztendlich wird weniger Phosphor über die Gülle in die Umwelt ausgeschieden.

Durch die Zugabe von Phytase verbessert sich neben der Verdaulichkeit des Phosphors auch die der Aminosäuren und mancher Mineralstoffe (Officer and Batterham 1992). Phytat kann aufgrund seiner Struktur und negativen Ladung Mineralstoffe, wie Calcium, Magnesium, Eisen und Zink, in Magen und Darm unlöslich binden, sodass diese vom Tier nicht mehr aufgenommen werden können (Pallauf und Rimbach 1997). Die Phytase setzt diese durch ihre spaltende Wirkungsweise für das Tier frei.

Es sind unterschiedliche Phytase-Zusatzstoffe in der EU zugelassen und das Vermögen, Phosphor aus der Phytinsäure in pflanzlichen Futtermitteln aufzuschließen und für die Absorption durch die Darmwand zugänglich zu machen, ist sehr produktspezifisch. Die Dosierung in Phytaseeinheiten zur Erlangung einer bestimmten P-Freisetzung ist daher verschieden. In der Praxis waren Einsatzkonzentrationen von 500 FTU/kg (Phytaseeinheiten) lange die Norm. Durch die Verteuerung des Phosphors als begrenzte Ressource werden heute vermehrt auch 750 bis 1000 FTU/kg eingesetzt. Mit einer Erhöhung der Dosierung kann weiterer kostspieliger anorganischer Phosphor eingespart werden. Jedoch muss berücksichtigt werden, dass mit dem Anstieg der Dosierung in Phytaseeinheiten je kg Futter das P-Freisetzungsvermögen kontinuierlich abnimmt. Bei abnehmendem P-Aufschluss wird eine weitere Dosissteigerung unwirtschaftlich. In verschiedenen Versuchen wurde auch die Wirkung von unkonventionell hohen Phytasezugaben (bis über 2500 FTU/kg), auch Superdosing (Superdosierung) genannt, untersucht. Superdosing erlaubt das Phytat fast vollständig und noch rascher freizusetzen (A. J. Cowieson et al. 2011). Die ökonomisch optimale Dosierung wird wesentlich durch das Preisverhältnis von Phytase zu mineralischem Phosphor beeinflusst.

Phytogene Wirkstoffe

Neben den zootechnischen Zusatzstoffen finden insbesondere in der Ferkelfütterung Aroma- und andere sekundäre Pflanzeninhaltsstoffe Verwendung. Die Vielfalt der pflanzlichen Wirkstoffe, die als Extrakte in aufgereinigten Formulierungen mit definierten Wirkstoffkonzentrationen verwendet werden können, ist groß.

Sie verleihen dem Futter einen angenehmen Geruch oder Geschmack, verbessern dadurch die Futteraufnahme bzw. haben andere günstige Einflüsse auf die Darmgesundheit, die Darmflora, die Immunität, das Antioxidanssystem oder das systemische Entzündungsgeschehen. Insbesondere die letztgenannten Wirkungen von phytogenen Wirkstoffen haben mittlerweile eine große Bedeutung in der Beherrschung von Stress in Tierbeständen erlangt.

Da Stressoren, wie u. a. pathogene Keime oder Prooxidantien das Tier belasten, weil sie den Organismus schwächen oder sogar klinisch krank machen können, sind diese Faktoren ein Risiko für die Tiere und die Erzeugung. Vor 2006 hat man in der EU die antibiotischen Leistungsförderer verwendet, um dieses Risiko zu beherrschen. Seit dem Verbot von Fütterungsantibiotika und der Minimierung prophylaktischer Antibiotikabehandlungen sind geeignete andere vorbeugende Maßnahmen nötig. Sie müssen die Stressoreneinwirkung minimieren und die körpereigenen Abwehrsysteme stärken können. Dazu gehört zunächst eine grundlegende Haltungs- und Fütterungshygiene. Eine medikamentöse Pro- bzw. Metaphylaxe insbesondere mit Antibiotika soll nur so selten wie möglich vorgenommen werden, um der Entstehung von Antibiotikaresistenzen entgegenzuwirken. Dagegen sind die Möglichkeiten, die körpereigene Abwehr, wie Immunität oder Antioxidanssystem, und die Widerstandsfähigkeit gegenüber Belastungsfaktoren durch Fütterung und Futterstoffe zu stärken, in höherem Maße auszuschöpfen. Dies gelingt vor allem mit all den Fütterungsmaßnahmen, die dazu führen, dass eine für das Tier günstige und stabile Darmflora entsteht. Dadurch entwickeln sich im Darm stabile gesunde Verhältnisse. Neben der Verringerung von Verlusten und Erkrankungshäufigkeiten kann, so zeigen es viele wissenschaftliche Untersuchungen, auch ein Fortschritt in den Leistungen und der Verwendungseffizienz von Nährstoffressourcen erreicht werden (vgl. Abb. 3-10).

Phytogene Wirkstoffe, die Einfluss auf die vorbeugende Stärkung von Fitness und Vitalität haben, sind z. B. die ätherischen Öle vieler Gewürz- und Heilpflanzen. So wird der Stoffgruppe der Polyphenole eine antiinflammatorische (entzündungsmindernd), antioxidative und damit zellschützende positive Wirkung zugeschrieben. Außergewöhnlich hohe Konzentrationen an Polyphenolen weisen insbesondere Früchte, Blätter oder Samen von Tee, tropischen Früchten, Beeren oder Wein auf. Ein Beispiel für eine Gruppe der Futterzusatzstoffe ist in der Gruppe 2b unter der Kennnummer 2b485 zugelassen und es ist ein Extrakt aus Traubenkernen und Traubenhaut der Echten Traube. Dieser Stoff besteht zu über 80 % aus Polyphenolen.

Toxine und unerwünschte Stoffe binden

Die Spezialisierung im Pflanzenbau mit einfachen Fruchtfolgen, Anbaumethoden mit minimaler Bodenbearbeitung und Klimaveränderungen erhöhen das Risiko der Mykotoxinbildung. Allerdings können heute aufgrund moderner Analysemethoden und systematischer Überwachungsprogramme Mykotoxinbelastungen sicherer nachgewiesen werden. Daneben können auch Toxine bakteriellen Ursprungs, sogenannte Endo- oder Exotoxine, ein

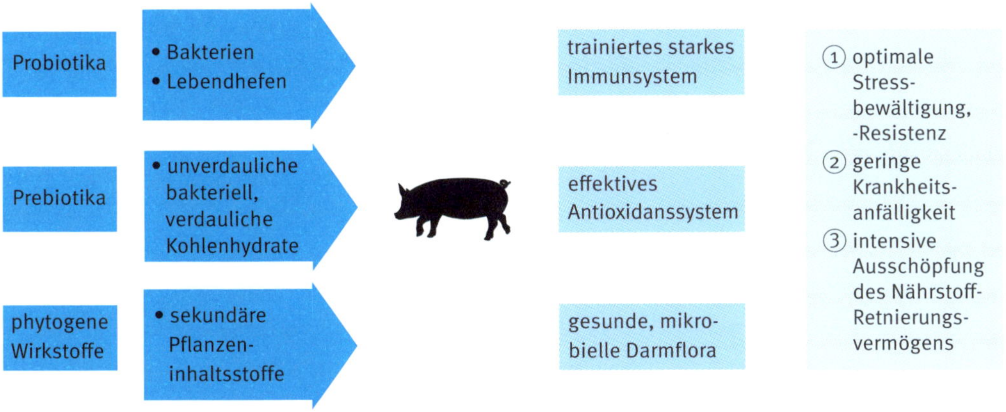

Abb. 3-10: Ansätze für eine Gesundheits- und Leistungsverbesserung ohne pharmazeutische Prophylaxe

Attraktivität, Hygiene	Stabile, gesunde Darmflora, gesundes Tier	Versorgung	Qualität	Wirkart
Futtermittel	Verdauungstrakt	Intermediärer Stoffwechsel	Lebensmittel	Wirkort, -objekt
Konservierung	Organ. Säuren	Spurenelemente	Spurenelemente	
Antioxidantien	Enzyme	Vitamine	Vitamine	
Technische Hilfsstoffe	Mikroorganismen	Antioxidantien	Antioxidantien	Wirkmittel
Aromen	Puffersubstanzen	Aminosäuren	Farbstoffe	
		Kokzidiostatika		
		Toxinbinder		

Abb. 3-11: Wirkort, -objekt und -art von Zusatzstoffen im Schwein

erhebliches gesundheitliches Risiko für die Tiere darstellen. Pilzliche und bakterielle Toxine gelangen mit dem Futtermittel in den Verdauungstrakt des Tieres. Wenn es gelingt, die Toxine entweder im Verdauungstrakt zu weniger toxischen Metaboliten abzubauen oder sie mit den Faeces auszuscheiden, bleibt das Tier unbeeinträchtigt.

Tatsächlich gibt es bestimmte natürliche Stoffstrukturen, die insbesondere kleine und mehr oder weniger spezifische Moleküle, wie etwa die Myko- oder Endotoxine, an sich heften (adsorbieren) können. Die für das Tier giftigen Stoffe verbleiben im Verdauungstrakt und werden schließlich wieder ausgeschieden, wenn der toxinbindende Stoff unverdaulich ist. Diese Eigenschaften kann man inzwischen einigen Futterzusatzstoffen zuordnen. Im Futterzusatzstoffrecht können das die Bindemittel (Funktionsgruppe 1g) oder die Mykotoxinbinder (Funktionsgruppe 1m) sein. Die Mykotoxinbinder sind Stoffe zur Verringerung der Kontamination von Futtermitteln mit Mykotoxinen. Sie unterdrücken oder verringern die Aufnahme, fördern ihre Ausscheidung und verändern ihre Wirkungsweise. Binder mineralischen Ursprungs (z. B. der Funktionsgruppe 1g) können aufgrund ihrer adsorbierenden Eigenschaften elektrisch geladene Teilchen bis kleine Moleküle, wie Ammoniak oder Schwermetalle, binden und aufgrund ihrer Unverdaulichkeit aus dem Verdauungstrakt ausschleusen.

Die unterschiedlichen Produkte weisen allerdings unterschiedliche Bindungskapazitäten auf. Daher können mit diesen Futterzusätzen negative Folgen einer Belastung von Futter oder Einstreue oft nur reduziert und nicht vollständig eliminiert werden. Zu den technologischen Zusatzstoffen gehören auch Säureregulatoren, darunter die Benzoesäure, welche in anderen Kapiteln behandelt wird.

Futterzusatzstoffe sind Mikrokomponenten, die ein höheres Futtersicherheitsrisiko mit sich bringen können und daher strengeren rechtlichen Reglementierungen unterworfen sind. Sie haben sehr vielfältige Wirkungen, die für die Versorgung des Tieres aber auch für die Nachhaltigkeit von Tierhaltung und Landwirtschaft sehr wichtig sind.

3.3 Einzel- und Mischfuttermittelbehandlung und Futtermittelform

Heinrich von Reichenbach

3.3.1 Fütterungsarten und Futterformen

Bei der Fütterung ist zu unterscheiden zwischen
a) der Vorlage eines Alleinfutters,
b) der Zumischung eines Ergänzungs- oder Konzentratfutters zu hofeigenenen Komponenten,
c) der Zumischung von Einzelkomponenten zu einer hofeigenen Grundmischung und
d) – zunehmend bedeutsamer – der separaten Vorlage von faserreichen Komponenten wie Stroh oder anderem Halmgut als sogenanntes Beschäftigungsfutter.

Komplett zusammengestellte Alleinfutter, Konzentratmischungen sowie einzelne Futterkomponenten werden zu verschiedenen Futterformen verarbeitet. Für die verschiedenen Arten der Futtervorlage – Trockenfütterung, Flüssigfütterung oder Breiautomatfütterung – sind nicht alle Futterformen gleichermaßen geeignet:

Mehlfutter besteht aus den gereinigten und vermahlenen Einzelkomponenten und zeigt die geringste Verarbeitungsintensität. Üblicherweise ist

es nicht thermisch behandelt. Es ist recht gut wasserlöslich, aber in der Trockenfütterung staubig, und es neigt zur Entmischung.
Pelletiertes Futter ist wärmebehandelt und entmischungsstabil. Aufgrund schlechter Wasserlöslichkeit sollten Pellets in der Flüssigfütterung als Pelletgranulat eingesetzt werden. Expandiertes Futter ist aufgrund seiner guten Wasserlöslichkeit und eines Bindigkeitseffektes, welcher einer Sedimentation von Partikeln in der Futtersuppe entgegenwirkt, ideal für die Flüssigfütterung und Breiautomatfütterung. In der Trockenfütterung ist es wenig staubend. Schüttdichte und Fließfähigkeit von expandiertem Futter sind jedoch vergleichsweise niedriger als bei Mehl- und Pelletfutter.

3.3.2 Futterseitige Anforderungen und Lösungsansätze

Zwischen der Futterherstellung und der Verfütterung erfolgen verschiedene Verarbeitungs- und Transportvorgänge. Futtermischungen müssen möglichst mischungsstabil sein, damit sie sich im Verlauf der Transportkette nicht entmischen. Mehlfutter tendiert generell dazu, zu entmischen. Je ungleicher die einzelnen Futterpartikel hinsichtlich ihrer Größe und Dichte sind und je abgerundeter ihre Form ist, desto größer ist die Entmischungstendenz. Indem die Mischungen zu Pellets oder Expandat-Aggregaten verarbeitet werden, wird eine Entmischung unterbunden.

Futter muss gute Fließeigenschaften besitzen, damit es aus Transportfahrzeugen und Silozellen problemlos entleert werden kann. Hohe Schüttdichte steigert die Transportkapazität und minimiert das Lagervolumen. Diesbezüglich punktet insbesondere pelletiertes Futter. Expandiertes Futter weist rund ein Fünftel geringere Dichte als Mehl- oder Pelletfutter auf und zeigt schlechtere Fließeigenschaften.

Futter muss seine Qualitätseigenschaften über einen längeren Zeitraum behalten: Nähr- und Wirkstoffgehalte, Hygiene sowie die Schmackhaftigkeit dürfen nicht spürbar beeinträchtigt werden. Verarbeitungsschritte können den Verderb lagerstabiler Komponenten in Gang setzen. Zum Beispiel werden durch die Vermahlung von Getreide Lipasen aktiviert, welche Fette abbauen. Erhitzung bei der Verarbeitung wiederum eliminiert diese Lipasen sowie hygienerelevante Erreger, z. B. Enterobakterien und Schimmelpilze. Durch die Futterverarbeitung können jedoch auch bestimmte Inhaltsstoffe, z. B. Vitamine und Enzymzusätze, geschädigt oder destabilisiert werden. Auch kann die Verdaulichkeit bestimmter Inhaltsstoffe leiden, so zum Beispiel von Proteinen und Aminosäuren in Ferkelstarterfutter. Dieses enthält Milchzucker und andere reduzierende Zucker, welche bei Erhitzung mit Aminosäuren und Proteinen zu sogenannten Maillard-Verbindungen reagieren können, welche unverdaulich sind. Zur Vermeidung solcher Schäden muss die Futterverarbeitung daher schonend erfolgen.

Um höchstmögliche Verdaulichkeit zu erzielen, wurde bis vor einigen Jahren Schweinefutter feinvermahlen. Mittlerweile wurde jedoch deutlich, dass Futter mit zu hohen Anteilen feiner Futterpartikel bei Ferkeln und Schweinen binnen kurzer Zeit zur Bildung von Magengeschwüren führt. Die Wirkmechanismen hierfür sind noch nicht eindeutig geklärt. Weiterhin erkannte man, dass die Zugabe von Grobkomponenten allein keine Abhilfe schafft, sondern dass der Anteil an Feinpartikeln < 0,2 mm minimiert sein muss. Deren kritischer Schwellenanteil liegt im Bereich von 35 %. Mit dem Übersteigen dieses Schwellenwertes steigt die Gefahr, Magenreizungen und Geschwürbildungen bei Ferkeln und Schweinen auszulösen. Bei Geflügelfutter hingegen sind höhere Feinanteile unkritisch, sofern gewisse Grobanteile enthalten sind. Diese bewirken, dass der Muskelmagen aufgrund seiner Zerkleinerungsarbeit nicht verkümmert, und sie wirken einer krankhaften Erweiterung (Dilatation) des Drüsenmagens entgegen.

Die Korngrößenverteilung (das Kornband) eines Futtermittels bestimmt man mittels Naßsiebung unter Verwendung eines Siebturms mit mehreren Sieblagen. Diese erlaubt die Kornbandbestimmung auch von pelletiertem oder expandiertem Futter, indem dessen aggregierte Partikel zuvor durch Einweichen in Wasser wieder vereinzelt wurden.

Verantwortungsvolle Futterproduzenten sind dazu übergegangen, ihre Hammermühlen zu optimieren, sowie vermehrt mit Brechwalzenstühlen zu vermahlen, mit welchen man gleichförmig-gröbere Kornbänder erzielt. Außerdem sind sie bemüht, die Nachzerkleinerung gröberer Partikel durch die Verarbeitung, insbesondere durch die Pelletierung, zu minimieren. Auch die Selbstmischer sollten beherzigen, dass zu hohe Feinanteile im Futter der Tiergesundheit schaden und sollten bei der Vermahlung ihrer hofeigenen Getreide geeignete Mahlsysteme (Scheibenmühle, Walzenstuhl) verwenden.

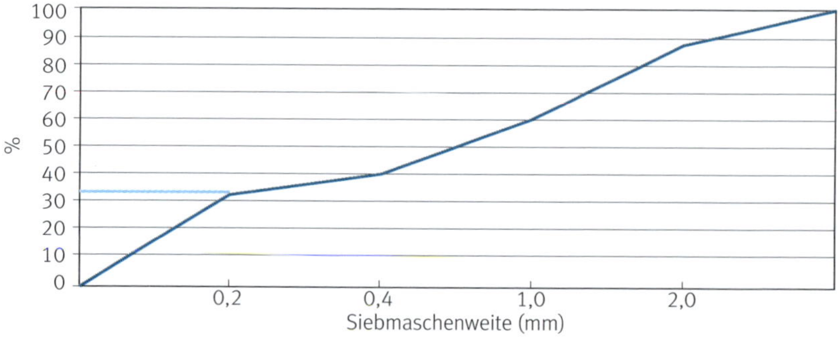

Abb. 3-12: Siebkurve Naßsiebung

3.3.3 Mischfutterherstellung

3.3.3.1 Komponentenbehandlung im Überblick

Die Komponentenbehandlung und Mischfutterherstellung beginnt mit der Rohwarenanlieferung per Schiffsfracht, Bahnfracht oder Lkw beim Futtermittelwerk. Die Lieferchargen werden erfasst und beprobt. Bestimmte Rohwaren, wie z. B. Zuckerrübenschnitzel oder Kleie, werden häufig bereits in pelletierter Form an die Mischfutterwerke geliefert, da sie so eine höhere Dichte und bessere Schüttguteigenschaften aufweisen. Mittels moderner NIRS-Analytik und Schnellbestimmungsmethoden werden Inhaltsstoffe und Besatz der Rohwaren quantifiziert und diese auf ggf. enthaltene Schadstoffe, wie z. B. Mykotoxine und Krankheitserreger wie z. B. Salmonellen, untersucht. Rückstellproben erlauben bei Beanstandungen Nachuntersuchungen der einzelnen Rohwarenchargen auch zu einem späteren Zeitpunkt.

Ein Großteil der Rohwaren, insbesondere Getreide und andere Saaten, werden mittels Gegenstromsichtern, Sieben und Schwergutabscheidern gereinigt und in Vorratszellen zwischengelagert. In manchen Betrieben erfolgt auch gleich eine Vorzerkleinerung oder Vermahlung mancher Komponenten mittels Brechwalzenstuhl oder Hammermühle. Die weitere Behandlung richtet sich danach, welchem Zweck die Rohwaren nun dienen sollen:

Zum einen können sie ohne weitere Behandlung als Einzelfuttermittel verkauft werden. Zum anderen können sie noch als Komponente weiterbehandelt bzw. veredelt werden; z. B. Sojabohnen durch hydrothermische Behandlung oder Getreide durch Stärkeaufschluss. Auch kann eine Formgebung durch Pelletierung erfolgen.

Die vorbehandelten oder veredelten Komponenten, welche nicht zum Weiterverkauf bestimmt sind, werden zu Mischfutter weiterverarbeitet. Diese Mischfutter wiederum werden in unterschiedlicher Form erzeugt und geliefert: als Mehlfutter, als Pelletfutter (auch als granuliertes Pellet) oder als expandiertes Granulat.

3.3.3.2 Basisverfahren Mehlfutter-Herstellung

Mehlfutter stellt die einfachste Form einer Halbfabrikat-, Konzentrat- oder Alleinfuttermischung dar. Ausgangs-Rohwaren für Mehlfutter sind die oben beschriebenen, vorbehandelten und ggf. veredelten Komponenten, außerdem von der Zusatzstoffindustrie gelieferte oder in den Werken selbst hergestellte sogenannte Vormischungen (Prämixe), welche Mikrokomponenten, wie z. B. Aminosäuren, Enzyme und Vitamine, enthalten. Weiterhin werden auch flüssige Zusatzstoffe, wie z. B. Fette und Melasse, zugegeben. Antibiotische

Leistungsförderer werden nicht mehr verwendet; nur in der Geflügelmast werden einzelnen Futtern noch Kokzidiostatika zugesetzt.

Die Inhaltsstoff- und Energiegehalte der Rezepturen werden anhand der jeweils aktuellen Bedarfsnormen-Tabellen der GfE eingestellt. In der Wahl der hierfür erforderlichen Futterkomponenten und Zusatzstoffe ist der Futterhersteller unter Beachtung vorgegebener sowie auch selbst gesetzter Restriktionen frei. Er kann nach Kostengesichtspunkten optimieren. Hierbei ist EDV-Unterstützung, die Verwendung sogenannter Linearer Optimierungsprogramme, unentbehrlich geworden.

Die verschiedenen Rezepturen sind in den elektronischen Steuerungssystemen des Mischfutterwerkes hinterlegt. Die Produktion der einzelnen Futterchargen erfolgt gemäß der Tagesproduktionsplanung auf den sogenannten Mischlinien des Werkes:

Gemäß der Rezepturdaten wird unter Angabe der jeweiligen Chargengröße eine Mischanweisung aufgerufen und eingelastet. Dosierorgane unter den Vorratszellen bemessen die jeweiligen Komponentenanteile nacheinander in einen großen Wiegebehälter. Prämixe und Flüssigkeiten werden hier noch nicht hinzugefügt. Aus dem Wiegenachbehälter wird die Wiegecharge zur Gemischtvermahlung gefördert. Sollten alle in der Charge enthaltenen Komponenten bereits vorab hinreichend einzelvermahlen worden sein, kann die Gemischtvermahlung entfallen. Auch kann vor der Vermahlung eine Vorab-Siebung erfolgen, um bereits feine Partikel zu separieren und diese an der Mühle vorbeizuführen.

Die Vermahlung erfolgt mittels Hammermühlen oder Brechwalzenstühlen. Erstere sind Prallmühlen, bei denen an einem Rotor beweglich gelagerte Reihen von Stahlleisten das Mahlgut zerschlagen. Sind die Partikel fein genug, um die auswechselbaren Sieblagen eines umgebenden Siebkäfigs passieren zu können, werden diese in den Mühlen-Nachbehälter ausgeschleust. Mahlintensität und Korngrößenverteilung lassen sich innerhalb bestimmter Grenzen durch Regelung der Umlaufgeschwindigkeit sowie durch Wahl der Sieböffnungen der Hammermühle beeinflussen.

Bei der Brechwalzenvermahlung wird das Mahlgut zwischen zwei rotierenden Stahlwalzen mit Schneidriffeln zerkleinert. Die Schneidintensität lässt sich durch Justierung des Mahlspalts zwischen den Walzen, unterschiedliche Drehgeschwindigkeit sowie Riffelstärke und den Abstand der Riffel voneinander bestimmen. Der Walzenstuhl ermöglicht es, ein deutlich gleichförmigeres Mahlspektrum mit weitaus geringerem Anteil an Feinstpartikeln als mit der Hammermühle zu erzeugen. Durch bestimmte Betriebsparameter und Riffelanordnung lässt sich für bestimmte Zwecke auch eine stark quetschende Wirkung anstatt einer Schneidwirkung erzielen.

Die vermahlene Charge sowie deren evtl. vorabgesiebte Feinanteile werden nun in einen großen Chargenmischer gefördert. Nach Zugabe von Premix und ggf. Zudosierung geringer Mengen von Wasser, Säure und anderen Flüssigkeiten wird die Charge gründlich gemischt. Alternativ oder zusätzlich lassen sich Flüssigkeiten auch in einem nachgeschalteten Durchlaufmischer (Melassierer) zugeben.

Die fertige Mehlfuttermischung wird nun direkt zur Verladung oder in eine Fertigwarenzelle gefördert, aus welcher sie zur späteren Verladung abgezogen werden kann.

3.3.3.3 Basisverfahren Futterpelletierung

Die Herstellung einer Futtermischung zur Pelletierung oder Expandierung entspricht weitestgehend der oben beschriebenen Herstellung von Mehlfutter. Soll pelletiert werden, wird das Mehlfutter statt in eine Verladezelle in eine Pressmehlzelle gefördert.

Eine Standard-Pelletierlinie umfasst einen Pressenvorbehälter mit Dosierschnecke, einen Vorkonditioniermischer, optional einen Durchlauf-Verweilbehälter, weiterhin Pelletpresse, Pelletkühler und Pelletabsiebung. Auch weitere zwischen- oder nachgeschaltete Elemente, z. B. eine Befettungsapparatur, Granulierstuhl und ein post-pelleting-Applikationsgerät, werden verwendet. Die übergeordnete Steuerungsanlage samt Prozessüberwachung stellt das Zusammenwirken aller Einzelgeräte sicher.

Die Dosierschnecke unterhalb des Pressenvorbehälters fördert das Pressmehl mit der vorgegebenen Durchsatzrate in den Vorkonditionier-Durchlaufmischer. In diesen werden dem Durchsatz entsprechende Dampfmengen und ggf. Flüssigkeiten hinzugespeist. Der kondensierende Dampf bewirkt eine Erwärmung und Befeuchtung des Pressmehls auf entsprechende Zielwerte.

In der Pelletpresse wird das vorkonditionierte Pressmehl auf der Oberfläche einer Lochmatrize von den Kollerrollen überrollt und in die Presskanäle gedrückt. Die Wandungen der Presskanal-Bohrungen verursachen hierbei einen Reibungswiderstand. Dessen Intensität ist neben den Pressmehleigenschaften vom Verhältnis der Presskanallänge zum Bohrungsdurchmesser abhängig. Bei richtiger Abstimmung der Presskanallänge und Gewährleistung der richtigen Prozessparameter (Feuchte, Temperatur, Durchsatzleistung usw.) bewirken Reibung und Presswiderstand die Entstehung stabiler Pellets. Während des Pelletiervorgangs verursacht die Reibung des Produktes an den Presskanalwandungen die Umwandlung (Dissipation) von mechanischer Energie zu thermischer Energie (Reibungswärme). Bei suboptimaler Abstimmung der Matrizen- und Prozessparameter kann eine Überhitzung und sogenannte »flash-Verdampfung« von Wasser entstehen. Die Pellets werden schuppig oder reißen auf und temperaturempfindliche Inhaltsstoffe können geschädigt werden.

Die heißen und noch weichen Pellets werden gegebenenfalls noch in einer sogenannten Fettschnecke befettet, bevor sie in einem Bandkühler oder Gegenstromkühler mittels Umgebungsluft gekühlt und getrocknet werden. Anschließend können sie mittels eines Granulierstuhls zu Pelletgranulat gebrochen werden, damit sie bei Flüssigverfütterung rascher suspendiert bzw. bei Trockenfütterung besser aufgenommen werden.

3.3.4 Komponentenveredelung im Überblick

3.3.4.1 Eliminierung antinutritiver Faktoren

Insbesondere Leguminosen- und Leinsaaten enthalten antinutritive Faktoren (ANF). Diese entstammen dem sekundären Pflanzenstoffwechsel und dienen zur Abwehr von Fraßfeinden und Krankheiten, zur Wachstumsregulation und mittels Farb-und Duftwirkung als Signalstoffe. Die ANF gehören verschiedenen Stoffgruppen an: Kohlenhydraten, Proteinen, Phenolen, Glucosiden, Glycosiden. Insbesondere bei Monogastriden hemmen sie die Nährstoffverdaulichkeit, vermindern die Futteraufnahme, verringern die tierische Leistung, verursachen Stoffwechselstörungen und wirken teils toxisch. Die kritischen ANF, vor allem Proteinase-Inhibitoren und Lektine, lassen sich durch Erhitzung nahezu vollständig eliminieren. Allerdings kann Temperaturwirkung, insbesondere bei trockener Rohware, auch Proteine und AS schädigen, indem Maillard-Reaktionen zwischen AS und reduzierenden Zuckern ausgelöst oder die Proteinlöslichkeit zu stark verringert werden.

Thermische ANF-Eliminierung

Zu unterscheiden sind Röstverfahren und Trockenextrusion. Bei ersteren werden die Saaten in einer Durchlauf-Trommel, einem Dächerschachtsystem oder in einem Fließbett eine Zeit lang heißen Verbrennungsgasen, Heißluft oder Hitzestrahlung ausgesetzt. Dies bewirkt eine Röstung und Austrocknung. Letztere erschwert das Kühlen des Produktes, denn an trockenem Prozessgut entsteht keine Verdunstungskälte, welche üblicherweise sehr zur Kühlung beiträgt.

Vorteile der thermischen Verfahren sind hohe Durchsatzleistungen, die kompakte Anlagen-Bauweise, ein geringer Wartungsaufwand und die gute Trocknung von zu feuchter Rohware. Nachteilig sind die oftmals unzureichende ANF-Behandlungswirkung, die Gefahr einer AS- und Proteinschädigung sowie Brandgefahr.

Bei der Trockenextrusion erfolgt die Erhitzung der Rohware in einem stark motorisierten Extruder mechanisch, d. h. durch Reibungserwärmung (Dissipation). Die ANF-Behandlungswirkung ist meist unzureichend und geht mit der Gefahr einer Proteinschädigung einher. Die Durchsatzleistungen von Trockenextrudern sind gering, die Verschleißkosten sind erheblich, ebenso der elektrische Energiebedarf von bis zu 60 kWh pro t Rohware.

Hydrothermische ANF-Eliminierung (Toastung)

Die evtl. genetzten und grob zerkleinerten Saaten werden im Durchlaufverfahren mittels Sattdampf erhitzt und in einer Verweilschnecke oder einem Reifekessel nachkonditioniert, bevor sie getrocknet und gekühlt werden. Ein hoher Feuchtegehalt schützt die AS und Proteine und steigert die ANF-Eliminierung. Vorteilhaft sind hohe Durchsatzleistungen, Dampf als Energieträger und ein geringer Anlagenverschleiß. Nachteilig ist, dass das Produkt vor dem Kühlen getrocknet werden muss.

Die hydrothermische Behandlung kann auch unter Dampfdruck erfolgen. Hierzu wird die genetzte Saat in einem Druckbehälter (Autoklaven) bei rund 2 bis 3 bar Überdruck bedampft. Aufgrund der höheren Behandlungstemperatur verkürzt sich die Konditionierdauer. Die Behandlungswirkung ist hoch, zugleich werden Proteine und AS geschont. Nachteilig ist, dass das Verfahren absätzig (nicht kontinuierlich) erfolgt, und dass die Trocknung allein durch Kühlung nicht ausreichend ist.

HTST-Verfahren zur ANF-Eliminierung

HTST steht für einen »High Temperature Short Time«-Prozess: Die zerkleinerte Rohware wird in einem Vorkonditionierer mittels Wasser und Sattdampf befeuchtet und vorerhitzt und für einen gewissen Zeitraum gehalten. Die HTST-Behandlung erfolgt in einem Extruder oder bauartähnlichen Expander. Diese sogenannten Schneckenmaschinen bestehen aus einem stabilen Rohrgehäuse und einer oder zwei motorgetriebenen Wellen mit Schnecken- und Paddelelementen. Ein Auslass mit regelbarem Öffnungsquerschnitt oder eine stabile Lochmatrize erzeugen einen Austrittswiderstand und bewirken einen Druckaufbau. Entsprechend wird das Vorkonditionat intensiven Knet-, Strömungs- und Scherkräften ausgesetzt. Reibungserwärmung führt hierbei zu weiterer Erhitzung des Prozessgutes über den Kochpunkt hinaus, sodass im Rohrgehäuse ein Dampfüberdruck entsteht. Die hohe Temperatur und der Überdruck wirken allerdings nur wenige Sekunden lang. Beim Austritt aus dem Rohrgehäuse gerät das Produkt plötzlich unter Umgebungsdruck. Ein Teil der überhitzten Produktfeuchtigkeit verdampft und entweicht schlagartig (steam flash), wodurch innerste Produktstrukturen gelockert bzw. aufgerissen werden. Infolge dieser flash-Verdampfung ist zum Trocknen des Produktes eine Kühlung mit Umgebungsluft ausreichend.

Stärkeaufschluss-Behandlungen

Frisch abgesetzte Ferkel können zunächst noch nicht genügend körpereigene Verdauungsenzyme zur Verdauung von nativer Stärke produzieren. Bei den Ferkelrationen wird daher aufgeschlossenes Getreide eingesetzt. Der Aufschluss erleichtert den Tieren die Stärkeverdauung und beugt Durchfällen und Darmerkrankungen vor.

Bei Einwirkung von Feuchte und Hitze nehmen die Stärkegranula Wasser auf. Die feste (semi)kristalline Granula-Struktur wird gelockert, die Stärke quillt und beginnt zu »verkleistern«. Solchermaßen desintegriert tendiert sie dazu, bei Abkühlung und Wasserverlust zumindest partiell wieder in ihre (semi) kristalline Ausgangsstruktur zu retrogradieren. Für den Erhalt des Stärkeaufschlusses ist daher zusätzlich eine mechanische Deformierung der gequollenen Stärkegranula erforderlich. Zur Bestimmung des Stärkeaufschlussgrades dient in Deutschland der Amyloglucosidase-Labortest (AMG-Methode), in angloamerikanischen Ländern meist die Pankreatin-Testmethode.

3.3.4.2 Stärkeaufschluss mittels Konditionierung und Flockierung

Die Getreidesaaten werden mittels Brechwalzenstuhl zu Bruchstücken von definierter Größe zerkleinert. Feinteile werden herausgesiebt. Die groben Partikel werden einmal oder mehrfach genetzt und abstehen gelassen. Anschließend werden sie in kontinuierlichem Verfahren in einem Vorkonditionierer durch Dampfzugabe bis auf Kochtemperatur erhitzt. Nun werden sie eine halbe bis eine Stunde lang durch einen sogenannten Hydrothermischen Reaktor (Durchlauf-Verweilbehälter) hindurchgefördert und konditioniert. Die gegarten heißen Getreidepartikel werden in einem Flockierstuhl dosiert und zwischen zwei Glattwalzen zu Flocken gequetscht. Hierdurch wird die räumliche Stärkestruktur gestört, was zu einer Stabilisierung der Aufschlusswirkung führt. Die feuchtheißen Flocken werden in einem Trockner-Kühler getrocknet und gekühlt.

Mittels Flockierung lassen sich moderate Stärkeaufschlussgrade im Bereich bis zu 50 % (gem. AMG-Methode) erzielen. Für die Ferkelfütterung werden mittlerweile jedoch meist höhere Aufschlussgrade verlangt.

Stärkeaufschluss mittels HTST-Behandlung

Hohe und sehr hohe Stärkeaufschlussgrade lassen sich mittels Expansion und Extrusion erzielen. Die Verfahren entsprechen weitgehend dem oben beschriebenen HTST-Verfahren zur ANF-Eliminierung. Im Vergleich zur Flockierung intensivieren die höhere Spitzentemperatur, die intensive Knetwirkung sowie die zusätzliche physische Strapazierung des Prozessgutes durch die flash-Verdampfung die Behandlungswirkung, sodass Stärkeaufschlussgrade von über 75 % (gem. AMG-Methode) erzielt werden. Die teils aufgeschäumte Fertigware wird vermahlen.

Stärkeaufschluss mittels Puffkanone

Ein weniger gebräuchliches, jedoch sehr wirksames Stärkeaufschlussverfahren ist das Puffen von Getreide: Hierbei werden kleinere Chargen der Saaten, evtl. nach vorangegangener Netzung, in einem Druckbehälter kurzzeitig Dampfüberdrücken von 15 bis über 20 bar ausgesetzt. Anschließend wird der Druckraum durch das Öffnen einer Schnellentriegelungsklappe schlagartig evakuiert. Die überhitzten Saaten werden vom Dampfausstoß mitgerissen und landen in einem weiten Expansionstunnel. Die in den Saatkörnern befindliche überhitzte Feuchtigkeit setzt unter Umgebungsdruckbedingungen eruptiv Dampf frei. Dies hat ein Aufreißen der Korn-Mikrostrukturen und ein Aufblähen der Saat zur Folge. Das solchermaßen gepuffte Getreide dampft im Expansionstunnel ab und wird anschließend fein vermahlen.

3.3.4.3 Faseraufschluss-Behandlungen

Seit einiger Zeit wird gefordert, Sauen und Mastschweine rohfaserreich zu füttern. Hierbei ist eine hohe fermentative Verdaulichkeit der Faserfraktion bedeutsam, damit diese zu hohem Anteil in kurzkettige Fettsäuren umgesetzt wird, welche das Tier energetisch zu nutzen vermag.

Die Faserstoffe (van Soest, 1991) lassen sich in Zellwandbestandteile und Zellinhaltsstoffe unterteilen und werden im Wesentlichen von den Hauptkomponenten Cellulose, Hemicellulose, Pektin und Lignin gebildet. Hemicellulose und Pektin sind löslich und recht gut im Darm fermentierbar. Allerdings sind sie großteils mit unlöslicher Cellulose und Lignin zu sogenannten Strukturkohlenhydrat-Komplexen zusammengeschlossen. Deren Fermentierbarkeit im Dickdarm und somit deren energetische Ausnutzung durch das Tier ist gering, aber durch bestimmte Verfahrenstechniken lassen sich die Komplexe partiell aufschließen. Dies erhöht das Quellvermögen und die Wasserhaltekapazität der von den Ligninverbindungen inkrustrierten Zellulose- und Oligosaccharidkomplexe. Diese werden so für die Verdauungsenzyme (Zellulasen, Glucanasen und Xylanasen) besser zugänglich. Die unlöslichen Faserkomponenten wiederum werden im Dickdarm vermehrt zu kurzkettigen Fettsäuren fermentiert. So kann das Schwein aus der HTST-behandelten Faserfraktion zusätzliche Energie gewinnen.

Mechanischer Rohfaseraufschluss

Stark quetschend-reibende Beanspruchung, z. B. durch die Kollerrollen einer Kollermühle oder einer Pelletpresse, hat einen positiven Einfluss auf die Quellfähigkeit und Fermentierbarkeit von Strukturkohlenhydrat-Komplexen und wirkt auch der Bildung von Schwimmdecken auf Güllekanälen und -becken entgegen. Stroh, Heu, Spelzen und andere Faserträger im Futter sollten daher entsprechend vorbehandelt worden sein.

Rohfaseraufschluss mittels chemischer Behandlung

Ehemals verbreitet, aber heutzutage wenig gebräuchlich ist die Behandlung von Stroh, Zuckerrohrbagasse und anderen Faserträgern mit Natronlauge oder deren Begasung mit Ammoniak. Entsprechend behandelte Produkte werden vor allem in der Wiederkäuerfütterung eingesetzt. Mit Natronlauge behandelte Produkte zeigen erhöhten Salzgehalt.

Rohfaseraufschluss mittels HTST-Behandlung

Mittlerweile werden auch Faserträger, wie Sojaschalen und Stroh, mittels bestimmter HTST-Verfahren bei sehr hoher Behandlungsintensität zu Spezialkomponenten für die Schweinefütterung veredelt. Hierbei können Zusatzstoffe, z. B. bestimmte Öle und Aromastoffe, hineingearbeitet werden.

Jedoch bereits bei der üblichen Behandlungsintensität, mit welcher Futtermischungen und Komponenten HTST-behandelt werden, zeigen sich Aufschlusswirkungen auch auf deren Rohfaserfraktion. Sehr gute Effekte lassen sich bei Raps- und Sonnenblumenschroten sowie Leguminosensaaten erzielen. Zusätzlich zur Faserverdaulichkeit wird meist auch die Verdaulichkeit von Proteinen und Fetten gesteigert, was unter anderem auf eine Minimierung des sogenannten Käfig-Effektes zurückzuführen ist. Zudem sind spezielle HTST-Behandlungen dieser und anderer Proteinfuttermittel ein sehr effektives Mittel, die Pansenstabilität des Rohproteins für die Milchviehfütterung zu steigern.

3.3.4.4 Stabilisierungs-Behandlung

Wenn Saaten geschält oder vermahlen werden, wird ein Verderbnisprozess in Gang gesetzt. Bestimmte Enzyme, z. B. Lipasen, werden aktiviert und bewirken rasch eine Oxidierung und ein Ranzigwerden der in den Saaten enthaltenen Öle und Fette. Auch Schälkleien von Reis, Getreide und Leguminosensaaten sind von raschem Verderb betroffen. Sie können jedoch durch hydrothermische Behandlung für mehrere Wochen bzw. Monate lagerstabil gemacht werden. Der Prozess entspricht dem der hydrothermischen ANF-Behandlung. Auch ein HTST-Prozess (Expandierung) eliminiert die Lipasen und zeigt zudem die oben beschriebenen Aufschlusswirkungen.

3.3.4.5 Schälen von Saaten

Als Schälen bezeichnet man bei Saaten das Entfernen einer oder mehrerer ihrer äußeren Schichten. Im weiteren Sinne umfasst das Schälen auch das Entfernen von Deckspelzen sowie von unterhalb der eigentlichen Samenschale befindlichen Schichten. Die entfernten Randschichten, wie z. B. Kleien, Sojaschalen oder Getreidespelzen, werden als Nebenprodukte bezeichnet und seit langem als Futterkomponenten verwendet. Generell kommt dem Schälprozess sowohl im food- als auch feed-Bereich eine immer größere Bedeutung zu. Beispielsweise lässt sich durch die Schälung der hohe Rohfaseranteil von Rapssaat, welcher aufgrund des hohen Ligninanteils auch fermentativ kaum verdaulich ist, deutlich verringern. Auch wird der Proteinanteil der Rapssaat infolge einer Schälung angehoben und die Verdaulichkeit allgemein gesteigert.

Zur Schälung von Rapssaat wird die Saat per Siebung zunächst in drei Größen klassifiziert. Mittels einer kurzen, intensiven Heißlufteinwirkung wird die Samenschale dann versprödet. Eine Passage durch einen Brechwalzenstuhl mit nur schwach geriffelten Walzen bewirkt ein Aufbrechen der spröden Schale, deren Inhalt hierbei möglichst wenig gequetscht werden soll. Nachfolgende mechanische Belastung der angebrochenen Saatkörner, mittels eines Rührwerks (»Impeller«) oder eines pneumatischen Separators, führt zu einer Trennung der Schalenteile vom Saatinneren. Durch einfache Windsichtung oder mittels eines Tischauslesers werden die Schalen separiert. Der Schälgrad ist innerhalb bestimmter Grenzen justierbar. Für eine nachfolgende Ölabpressung der Saat ist allerdings ein gewisser Restanteil an Schalen zum Aufbau eines Presswiderstands in der Schneckenpresse erforderlich.

Vergleichbare Verfahren kommen bei der Schälung von Sonnenblumensaat zur Anwendung. Diese sowie Hafersaat lässt sich auch hervorragend in sogenannten Fliehkraftschälern schälen: In diesen werden die Saatkörner mittig auf horizontale Drehteller dosiert und von darauf aufgesetzten Wurfleisten erfasst. Entlang der Wurfleisten mit der Spitze nach außen ausgerichtet, werden die Saatkörner radial gegen einen den Rotor umgebenden Prallring mit schräggestelltem Hartgummi- oder Keramikbelag geschleudert. Die starke

Reibung zwischen dem schräg gestellten Belag und der Samenschale bremst die Saat rapide ab. Die Saatkerne prallen infolge ihrer Massenträgheit von innen gegen die Schalenspitze, reißen diese auf und gleiten heraus. Schalen und Saatkerne werden zum Bodentrichter des Fliehkraftschälers abgelenkt und zu einer Sichtmaschine (Windsichter, Hülsenseparator) gefördert. Ungeschält gebliebene Saat wird per Tischausleser von den Schälprodukten getrennt und kann dem Schälprozess erneut zugeführt werden.

Die Schälung von Reissaat (paddy) hingegen erfolgt üblicherweise mittels Gummiwalzenschälern.

Zur Schälung von Getreide- und Leguminosensaaten kommen zunehmend Schleifmaschinen zur Anwendung: Diese bestehen aus einem Schleifrotor mit auf die vertikale Antriebswelle gesetzten zylindrischen oder konischen Schleifscheiben mit eingearbeiteten Luftkanälen. Der Schleifrotor wird von einem festen Siebkorb mit Gehäuse umgeben. Zwischen Schleifkörper und Siebkorb besteht ein ringförmiger Schleifspalt, der unten durch einen Auslaufteller mit justierbarem Schließdruckmechanismus zugehalten wird. Eine Schnecke drückt die Saat kontinuierlich oben in den Schleifspalt, gegen den justierbaren Schließwiderstand des Auslauftellers. Der Schleifstein trägt oberflächlich Material von den Saaten ab. Das Schleifmehl wird mittels Aspiration aus dem Prozessgut im Schleifspalt ausgetragen.

Die Schleifintensität wird durch die Durchsatzleistung (Passagegeschwindigkeit), die Spaltweite, den Gegendruck im Schleifraum, die Schleifkörper-Oberflächenbeschaffenheit und durch die Anzahl der Passagen bestimmt. Durch sorgfältige Einstellung ist es beispielsweise möglich, von Gerste zuerst die Deckspelze und dann bei nachfolgenden Passagen die Samenschale (Testa) und schließlich die proteinreiche Aleuronschicht vom inneren Mehlkörper (Endosperm) des Saatkorns zu separieren. Auch Schälerbsen werden mittels solcher Schleifprozesse geschält. Dieses Schleifverfahren stellt auch den ersten Prozessschritt des nachstehend beschriebenen Proteinverschiebungs-Verfahrens dar.

3.3.4.6 Proteinverschiebung

Manche Leguminosensaaten, beispielsweise Erbsen und Mungbohnen, enthalten neben Proteinen auch hohe Stärkeanteile. Ziel des Verfahrens ist es, Stärke und Proteine weitestgehend voneinander zu separieren, um eine stark proteinhaltige Fraktion sowie eine proteinverarmte, stärkereiche Fraktion zu gewinnen. Voraussetzung hierfür ist zunächst eine Feinstvermahlung der zuvor gereinigten und geschälten Saat in einer Feinprall-Sichtermühle. Die Sichtereinrichtung führt unzureichend zerkleinertes Primärkorn-Material erneut dem Mahlprozess zu. Die Vermahlung bewirkt eine Herauslösung der vergleichsweise groben Stärkegranula aus der sie umgebenden proteinreichen Endosperm-Matrix. Das Feingut wird nun im Jet-Windstrom eines Hochleistungs-Windsichters dispergiert und in eine stärkereiche Grobfraktion sowie eine Feinfraktion mit bis über 65 % Proteinanteil getrennt. Eine dritte Fraktion bilden die zuvor abgetrennten Schalen.

3.3.5 Ausblick

Mehr und mehr steht die Tiergesundheit im Fokus der Futterverarbeitung. Neben den Optimierungen beispielsweise von bestimmten Partikelgrößenverteilungen rücken auch funktionale Futteraspekte weiter in den Vordergrund. Technische Verfahren tragen nicht nur zur Verbesserung von Tiergesundheit und Leistung bei, sondern ermöglichen auch eine zielgerichtetere Nutzung einzelner Futtermittel und deren Bestandteile. Nicht nur die Mischfutterindustrie, sondern auch deren Zulieferer werden zukünftig verstärkt gefordert sein, entsprechende Behandlungs- und Verarbeitungsverfahren zu entwickeln und zu optimieren.

3.4 Futtermittelhygiene

Andrea Meyer, Wilke Griep

3.4.1 Allgemeines

Neben der bedarfsgerechten Gestaltung der Futterration spielt die Futterhygiene und -lagerung eine zentrale Rolle im, Rahmen der täglichen Versorgung der Tiere. Um in dieser Hinsicht geeignete Futtermittel zu erhalten, wird bereits bei der Erzeugung des hofeigenen Getreides ein wichtiger Grundstein gelegt. So beginnt das Sicherstellen einer guten Getreidequalität beim Anbau, also lange vor der Einlagerung. Dazu gehören alle Maßnahmen des integrierten Pflanzenschutzes von der Verwendung weniger anfälliger Sorten, der Fruchtfolgegestaltung, der hygienischen und sauberen Ernte und Einlagerung bis zum sachgerechten Pflanzenschutz auf dem Feld und im Lager. Erntemaschinen, Transportfahrzeuge und Lagerstätten sollten sauber sein, sodass Getreide nicht verschmutzen kann. Möglicherweise ist eine Schädlingsbesiedlung im Lager vor der Einlagerung systematisch zu bekämpfen. Das geerntete Getreide enthält bei aller Sauberkeit im Ernteverfahren unvermeidlichen Besatz, der mit einer Annahmereinigung zumindest teilweise aus dem Erntegut entfernt werden kann. Stäube, Schmachtkörner, Spelzen, Strohteile oder Unkrautsamen können Toxine enthalten. Mit der Reinigung kann die natürliche Toxin- und Keimbelastung von Futtermitteln verringert werden. Insbesondere der Schwarzbesatz ist um bis zu 100-fach höher mit anhaftenden Mikroorganismen behaftet und ist feuchter als einwandfreie gesunde Körner. Durch Kombination von Windsichtung und Siebreinigung können auch Schmachtkorn, Unkrautsamen etc. entfernt werden.

Erkranktes, fehlerhaft geerntetes und falsch eingelagertes Getreide scheidet als Rationskomponente aus. Nach der Ernte oder dem Zukauf bilden die meisten Futtermittel eine geeignete Grundlage für verschiedene Vorratsschädlinge, wie Nager, Vögel, Schnecken, Insekten und Milben. Des Weiteren können Futtermittel mit Mikroorganismen, insbesondere mit Bakterien, Hefen und Schimmelpilzen, kontaminiert sein. Der Gehalt der Trockensubstanz bestimmt dabei die Intensität der Besiedlung. Im trockenen Futter spielt die Vermehrung von Bakterien eine untergeordnete Rolle. Es können jedoch vorhandene Organismen, die im Trockenfutter regelrecht konserviert waren, bei Schaffung von günstigen Bedingungen in einen aktiven Zustand überführt werden. In flüssigen Futtermitteln finden Mikroorganismen einen idealen Nährboden und erreichen ein sehr breites Spektrum. Die Bakterien, die hier eindeutig die Oberhand gewinnen, stammen aus den Futterkomponenten und aus dem Umfeld des Stalls (Bodenmaterial, Staub, Siloreste usw.). Eine unzureichende Futter- und Fütterungshygiene kann in wenigen Stunden zu einer extremen Vermehrung der Mikroorganismen sowie zu einer verminderten Schmackhaftigkeit, einem erhöhten Futteraufwand, einem Erkrankungsrisiko und einer möglichen Störung der Fütterungstechnik führen.

Die hygienische Beschaffenheit des Futters wird durch den Grad der Verunreinigung (Schmutz, Staub, Schadnagerexkremente), den Befall mit Vorratsschädlingen und ihren Exkrementen sowie den Besatz mit Pilzen und Bakterien bzw. deren Toxine bestimmt.

Voraussetzungen für eine hygienische Futtermittellagerung:
- Getreide vor der Einlagerung reinigen.
- Nach der Getreideernte möglichst schnell eine lagerstabile Feuchte von max. 14 % und eine Temperatur von max. 14 °C erreichen oder mit Säure unverzüglich konservieren (a_w-Wert [Wasseraktivität] sollte $< 0{,}65$ sein).
- Futter kühl, trocken und nicht im Stall lagern.
- Außensilos im Schatten, Innensilos in durchlüfteten Räumen platzieren, zur Vermeidung von Schwitzwasser.
- Silos sollten glattwandig sein, z. B. Polyestersilos oder Trevirasacke, um das Anhaften von Futterresten zu vermeiden.
- Richtige Neigung des Auslauftrichters (Mehlfutter 60°, Pressfutter 45°), sonst verschlechtert sich das Auslaufverhalten aus der Silozelle.
- Auslaufdurchmesser des Silotrichters mindestens 40 cm.

- Weniger Staubbildung bei Befüllung mit Elevator statt mit Gebläse.
- Reinigung der Futtersilos mindestens vor jeder zweiten Befüllung (Mannloch ratsam), im Sommer Totalentleerung jeden Monat.
- Reinigung stark verschmutzter Futtersilos mit Reinigungsroboter.
- Desinfektion des Lagers bei Milben-, Pilz- oder Salmonellenbefall.
- Maximal dreiwöchige Lagerung von zugekauftem und säurekonserviertem Mehlfutter.
- Maximal sechswöchige Lagerung von pelletiertem Futter und Sojaschrot.
- Maximal einwöchige Lagerung von Hofmischungen.
- Anmischen des Flüssigfutters zu jeder Mahlzeit.
- Maximal eintägige Lagerung von CCM mit Wasser im Mischbehälter.
- Maximal zwölfwöchige Lagerung von Pflanzenöl.

Eine mangelhafte Futterhygiene verschlechtert die Wirtschaftlichkeit der Tierhaltung, da die Keime deutliche Leistungsminderungen und Gesundheitsstörungen hervorrufen können:

- Futtermittel mit erhöhten Toxingehalten können zu Verdauungs- und Fruchtbarkeitsstörungen führen.
- Eine ständige Aufnahme bestimmter Bakterien und giftiger Stoffwechselprodukte verändern die Darmschleimhaut, was Durchfälle und geringere Nährstoffverwertung zur Folge hat.

Leistungsminderungen oder gesundheitliche Probleme werden häufig nicht mit unzureichender Futterhygiene in Zusammenhang gebracht, da sie oft erst mit größerer Zeitverzögerung auftreten.

3.4.2 Ursachen einer unzureichenden Futtermittelqualität

Mängel in der Futterqualität können bereits im Futterpflanzenbestand durch den Befall mit Fusarien oder Mutterkorn sowie durch Frostschäden entstehen. Getreide, das sich auf dem Feld im Lagerzustand befindet, bereits auswächst, mit erhöhtem Bruchkorn, Verunreinigungen und Fremdbesatz behaftet ist, bildet schon vor der Ernte eine Grundlage für eine unzureichende Futterqualität. Bei der Lagerung sind die ausreichende Säuberung des Silos vor der Neubefüllung, die Einlagerungsfeuchte, eine ausreichende Belüftung zum Abkühlen des i. d. R. zu warm geernteten Getreides sowie ein sicherer Schutz vor Schadnagern zu gewährleisten. Futterreste sind zu entfernen, Fütterungseinrichtungen (Tröge, Automaten, Futterleitungen, Anmischbottich) sollten regelmäßig gereinigt werden. Breiautomaten sind exakt einzustellen, da Futter und Wasser im Trog vermischt werden und durch Falscheinstellung auftretende Futterreste einen idealen Boden für die Keimvermehrung darstellen. Weiterhin ist der Flüssigfütterung in puncto Hygiene eine erhöhte Aufmerksamkeit zu schenken.

Die Problempunkte der Flüssigfütterung sind:

- Anmischbottich
- Leitungen
- Tröge
- Lagertanks
- Brauchwassertanks
- Restfutter in den Leitungen

Futtermittel verderben umso schneller:

- je höher die Ausgangsbelastung mit Schadorganismen ist,
- je günstiger die Umweltbedingungen (Feuchte, Temperatur, pH-Wert, Sauerstoff) sind,
- je höher das Nährstoffangebot für die Schadorganismen ist.

Nach der Ernte durchläuft das Getreide noch einen gewissen Nachreifungsprozess und weist einen hohen Besatz an Oberflächenkeimen auf. Innerhalb des Korns findet ein Umlagerungsprozess statt, das Getreide »schwitzt«. Für den Lagerschutz ist der a_w-Wert von Bedeutung. Dieser Wert gibt die Wasseraktivität an und zeigt, wie beweglich das Wasser im Korn ist. Bei hoher Mobilität wandert es zur Oberfläche (Schwitzprozess), Temperatur und Feuchte im Korn steigen an und fördern damit die Keimvermehrung. Von der Getreideforschung wird ein maximaler Feuchtegehalt bei Roggen und Gerste von 14,3 %, bei Weizen und Triticale von 14,0 % und bei Hafer von 11,8 % empfohlen. Der a_w-Wert sollte nicht über 0,65 liegen. Mit dem Anstieg des Wassergehaltes und der relativen Luftfeuchtigkeit nimmt die Gefahr des Futterverderbs zu (Abb. 3-13).

Dauerhaft lagerfähiges Getreide darf ohne Belüftung nicht mehr als 14 % Wasser enthalten und eine Stapeltemperatur von max. 14 °C

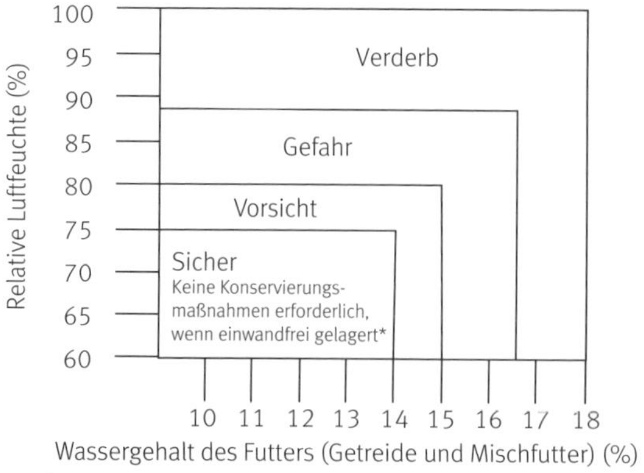

* Wenn Kondenswasserbildung ausgeschlossen
Bei geschrotetem Futter ist eine sichere Lagerung erst unter 7% relativer Luftfeuchte zu erwarten

Abb. 3-13: Beziehung Luftfeuchte und Wassergehalt

nicht überschreiten. Werden diese Werte überschritten, ist eine Belüftung oder ein Umlaufen des Getreides, verbunden mit einer regelmäßigen Temperatur- und Feuchtigkeitskontrolle, erforderlich.
Nachfolgend sind die wichtigsten Vorratsschädlinge aufgeführt. Die jeweiligen Hygienemaßnahmen sollen zur Prophylaxe dienen.

Mäuse, Ratten und Vögel

Neben den Fraßverlusten ist die Übertragung von Schadkeimen durch Mäuse und Ratten von Bedeutung. Insbesondere die Verunreinigung mit Kot und Harn im Lagergetreide sowie der Verbleib von verendeten Tieren im Futter können zu einem massiven Befall mit Krankheitserregern (z. B. Salmonellen) führen. Bei unzureichender Lagerhygiene sind Verunreinigungen im Getreide in Form von Vogelexkrementen keine Seltenheit.

Käfer

Zu den bedeutendsten Getreideschädlingen gehören der Kornkäfer, der Reiskäfer und der Getreideplattkäfer. Bei einem erhöhten Befall steigen Feuchtigkeit und Temperatur des Getreidestapels, was für Pilze und andere Vorratsschädlinge günstig ist. Bei Temperaturen unter 10 °C entwickeln sie sich nicht mehr weiter. Der flugunfähige Kornkäfer ist 2,5 bis 5 mm lang und legt 100 bis 200 Eier. Korn- und Reiskäfer bevorzugen ganze Getreidekörner, weil sie sich nur in diesen vermehren können. Die Käfer bohren ein Loch ins Korn und legen ein Ei ab. Die Larve höhlt anschließend das ganze Korn aus. Diese Entwicklung ist für das Auge nicht sichtbar, aber mit speziellen Geräten zu hören. Der Getreideplattkäfer ist ein weit verbreiteter, sehr bewegungsaktiver Vorratsschädling in Getreidesilos. Er ist ca. 2 bis 3 mm lang, dunkelbraun und so stark abgeplattet, dass er auch durch kleinste Ritzen gelangt. Seine Nester können Temperaturen von 60 bis 70 °C entwickeln. Käfer und Larven fressen Körner aller Getreidearten sowie Unkrautsamen.

Motten

Sie legen ihre Eier ins Getreide. Die entstehenden Larven fressen im Korn, verlassen es dann, um sich zu verpuppen und sondern einen Spinnfaden ab, mit dem die Oberfläche bei massenhaftem Befall zugesponnen wird. Dabei wird die Abgabe von Wasserdampf stark beeinträchtigt, was bei größeren Temperaturschwankungen zu Kondensation und Schimmelbesatz führen kann.

Milben

Eine hohe Feuchtigkeit im Vorratssilo bzw. im Getreide begünstigt das Auftreten von Milben. Sie gehören zu den Spinnentieren und sind max. 0,5 mm groß.

Milben benötigen eine rel. Luftfeuchte von mindestens 65 %. Ein starker Milbenbefall ist am süßlichen Geruch und an der leicht rötlichen, sich bewegenden Staubschicht zu erkennen. Da sich Milben von kleinsten Partikeln ernähren, hat der Staubanteil im Futter eine große Bedeutung für die Entwicklung. Sie fördern den mikrobiellen Verderb des Futters, indem sie z. B. höhere Feuchtegehalte verursachen. Ist das Futter von Milben befallen, sind häufig auch erhöhte Gehalte an Pilzen und Bakterien vorhanden. Da sich Eier und Larven unter günstigen Bedingungen in Ecken und Ritzen ungestört und in rasantem Tempo entwickeln können, steht ein Milbenbefall in engem Zusammenhang mit unzureichender Reinigung (Besenreinigung) und Hygiene. Futter mit hohem Milbenbesatz sollte nicht verabreicht werden, da allergische Reaktionen bei Tieren auftreten können. Die Kontrolle auf Milbenbefall kann mit der Lupe erfolgen. Fließt ein aufgeschütteter Kegel aus Mehlfutter innerhalb eines Tages auseinander, sind im Futter Milben enthalten.

Mikroorganismen

Mikroorganismen (Bakterien, Schimmelpilze, Hefen) gehören in bestimmten tolerierbaren Größenordnungen zum normalen Futterbesatz. Auch hier wird der überproportionale Befall mit Mikroorganismen durch eine fehlerhafte, insbesondere zu feuchte Lagerung begünstigt. Der Stoffwechsel der Mikroorganismen steigert zudem den Feuchtigkeitsgehalt im Futterstock. Das pH-Optimum der Hefen liegt zwischen 3,0 und 7,0, die Generationszeit beträgt zwei bis zehn Stunden. Sie ernähren sich insbesondere von Zucker und Milchsäure. Die Stoffwechselprodukte sind Alkohole und Kohlendioxid, zusätzlich erzeugen sie Wasser und Wärme. Hefen bilden keine Toxine! Vorbeugende Maßnahmen gegen den Befall mit Mikroorganismen sind das Trocknen, das Kühlen, eine luftdichte Lagerung oder die Zugabe von Konservierungsmitteln (siehe Kap. 3.2).

Die in den Futtermitteln enthaltenen Bakterien werden mehr oder weniger vollständig verdaut. Bei hohen Bakteriengehalten fallen große Mengen an Zerfalls- und Zersetzungsprodukten an. Letztendlich kann es zu Milieuänderungen im Dünndarm kommen, wodurch pathogene Keime in erster Linie aus dem Dickdarmbereich begünstigt werden können (Pig News and Information 1990, Vol. 11 No. 3, 349–352).

Mykotoxine

Kommt es zu einem vermehrten Aufkommen von Pilzen, bilden sich bei günstigen Umweltbedingungen giftige Stoffwechselprodukte in Form von Mykotoxinen. So können bereits auf dem Feld Pilze die Futterpflanze schädigen (Fusarien). Während der Lagerung können sich dann Lagerpilze, wie z. B. Aspergillen, bilden. Die von den Pilzen gebildeten Mykotoxine können dann über die Aufnahme des kontaminierten Futtermittels zu Leistungsdefiziten, in Form von z. B. Fruchtbarkeitsproblemen oder einer verschlechterten Futteraufnahme, führen.

3.4.3 Hygienemaßnahmen zum Erhalt der Futterqualität

Während der Ernte sollte der Eintrag an Schmutz möglichst gering gehalten werden. Angelieferte Ware sollte immer auf Schädlingsbefall kontrolliert werden. Sorgfältig konservierte bzw. trocken eingelagerte Futtermittel sollten einmal im Monat (bei mehr als 12 °C wöchentlich) kontrolliert werden. Um Selbsterwärmungen rechtzeitig zu erkennen, empfiehlt sich die routinemäßige Verwendung von Stockthermometern oder elektronischen Temperaturmessgeräten. Bei Temperaturunterschieden von mehr als 10 °C gegenüber der Umgebungstemperatur oder innerhalb des Futterstocks sollte das Futter unmittelbar auf mögliches Schimmelpilzwachstum bzw. Schädlingsbefall und die Lagerungsbedingungen überprüft werden. Der Lagerraum ist so zu gestalten, dass den aufgeführten Vorratsschädlingen keine Überlebensräume geboten werden. Das Erntegut ist trocken und kühl zu lagern. Dächer und Fenster sollten abgedichtet, Kondenswasser verhindert und Lüftungsmöglichkeiten geschaffen werden. Während der Lagerung ist eine Sinnenprüfung verbunden mit einer regelmäßigen Temperaturkontrolle ratsam.

Umfangreiche Hygienemaßnahmen sind in Flüssigfutteranlagen insbesondere dann durchzuführen, wenn entsprechende Nebenprodukte aus der Lebensmittelherstellung (Molke, Schokomix etc.) eingesetzt werden.

Spezielle Aspekte der Flüssigfütterung

Futtermittel sind bereits bei der Ernte mit einem natürlichen Besatz an Verderbniserregern belegt. Werden dann Futter und Wasser gemischt, bietet dieses Flüssigfutter einen idealen Nährboden für eine Vielzahl von Mikroorganismen. Um die hygienische Qualität des Futters einschätzen zu können, werden verschiedene Parameter zur Bewertung herangezogen. Mesophile Keime sagen etwas über die Gesamtbelastung an Bakterien aus. Zu den Enterobacteriaceen gehören Darm- und Bodenbakterien. Von den letzteren besitzen viele die Fähigkeit, Eiweiß abzubauen. Aber nur die wenigsten sind Krankheitserreger. Die oft in Nebenprodukten (z. B. Molke) vorkommenden Hefen können sich mit oder ohne Luft entwickeln. Dabei entsteht Gas (Kohlendioxid = CO_2). Ab etwa 10 Mio. Hefen je ml wird Gas im Flüssigfutter verstärkt gebildet, welches zu einem deutlichen Gaseintrag in den Verdauungstrakt führen kann.

Symptome, wie z. B. Rückgang des Futterverzehrs, sind zu beobachten. Das Gas im Verdauungstrakt drückt auf die Organe, sodass der Kreislauf insbesondere in Stresssituationen überfordert ist. Je höher die Temperaturen, desto schneller die Vermehrung. Da Schimmelpilze auf Sauerstoff angewiesen sind, treten sie, z. B. in erster Linie am Bottichdeckel, auf. Bleiben Futterreste über Wochen in der Flüssigfutteranlage, kann es unter anderem zur Bildung von Ammoniak und Schwefelwasserstoff kommen, was die Futteraufnahme weiter senkt.

Den größten Anteil an den Mikroorganismen bilden Milchsäurebakterien. Durch die Vergärung von Kohlenhydraten werden Milchsäure oder ein Gemisch aus Milch- und Essigsäure, CO_2 und Alkohol produziert. Diese haben durch ihre pH-Wert-Senkung eine günstige Wirkung. Da die von den Milchsäurebakterien benötigten Kohlenhydrate oftmals nicht ausreichend im Flüssigfutter verfügbar sind, bauen die Bakterien Eiweiß ab, wobei biogene Amine entstehen. Diese können die Futteraufnahme reduzieren (Nagel, 2003).

Ein pH-Wert von unter 5 kann die Entwicklung von Enterobakterien stoppen. Mangelnde Futterhygiene ist also in mehrfacher Hinsicht nachteilig für das Schwein: Zum einen werden dem Futter durch eine übermäßige Keimbelastung wertvolle Nährstoffe entzogen und Energieverluste durch das bei der Hefefermentation entstehende CO_2 verursacht. Zum anderen können mikrobielle Stoffwechselprodukte (CO_2, Ammoniak, biogene Amine, Schwefelwasserstoff) die Gesundheit beeinträchtigen. Insbesondere bei Fütterungssystemen, bei denen der Futterbrei immer in den Rohrleitungen bleibt, ist darauf zu achten, dass Anmischbottich und Leitungen nicht mit einem Biofilm überzogen werden. Dieser bietet einen idealen Nährboden für unerwünschte Keime und besteht u. a. aus coliformen Bakterien und Enterobakterien.

Verbesserung der Flüssigfutterhygiene:

- Aufeinander abgestimmte Rührwerke und Behältergrößen,
- Verwendung lichtundurchlässiger, verschlossener Frischwassertanks,
- Einsatz möglichst gering belasteter Ausgangsprodukte,
- Einbau von Stichleitungen anstelle von Ringleitungen,
- funktionsfähige Mehlklappe (Dichtungen jährlich erneuern, um Mehleinlauf vor hochspritzendem Wasser zu schützen),
- konsequente Sauberkeit im Anmischbottich (angebackene Futterreste und Biofilme mit Hochdruckreiniger entfernen, Wassersprühköpfe kontrollieren, Gummidüsen bei Bedarf auswechseln),
- Grundreinigung der gesamten Anlage mit Natronlauge (Konzentration 1 bis 5 %, mind. zwei Stunden Einwirkungszeit) oder mit Natronlauge,

und Melkmaschinenreiniger im Wechsel mindestens einmal jährlich (Reste nicht verfüttern, Leitungen gründlich mit Wasser spülen),
- kurzzeitige Verwendung organischer Säuren zur Hemmung des Hefewachstums,
- kein permanenter Einsatz organischer Säuren, da dies zur Selektion säuretoleranter Keime (z. B. Hefen) und zum Rückgang derjenigen Mikroorganismen führt, die für die Stabilisierung des Fließfutters sorgen (keine Sterilisation der Anlage!),
- bei Einsatz von Säureneblern im Anmischbottich auf ausreichend hohen Druck achten, Verneblung (abwechselnd saures bzw. alkalisches Reinigungsmittel) nach der Bottichreinigung erst dann, wenn Innenwände abgetrocknet sind,
- Kontrolle des Futterbreis durch Einbau transparenter Futterrohrabschnitte (Klarsichtrohr),
- Nach der Ausstallung Abläufe in den Trögen mit einer Spülmaus reinigen.

Hygieneplan zur Reinigung von Flüssigfütterungsanlagen

1. Zur täglichen Reinigung gehören:

- die Kontrolle der Tröge auf Sauberkeit (Tröge sollten auch bei Sensorfütterung mindestens einmal täglich leer gefressen sein),
- das Ausspülen des Anmischbottichs mit Wasser,
- die Kontrolle der Leitungen und des Restwassers/Anmischbottichs auf Gasbildung,
- das Spülen mit angesäuertem Wasser in Rohrleitungen von Restlosfütterungsanlagen,
- nach dem Füttern das Öffnen des Anmischbottichs zur Trocknung.

2. Zur einwöchigen Reinigung gehören:

- die gründliche Hochdruckreinigung der Bottiche (Schmutzwasser nicht verfüttern),
- die Zirkulation einer sauren im Wechsel mit einer alkalischen Reinigungsflüssigkeit.

3. Zur Grundreinigung vor jedem Mastdurchgang bzw. zur zweimaligen Vorgehensweise pro Jahr gehören:

- die gründliche Hochdruckreinigung der Bottiche (Schmutzwasser nicht verfüttern),
- die Spülung der gesamten Anlage mit Wasser,

- die Zirkulation (ca. 15 Min.) und Einwirkung (ca. 3 h) einer sauren Reinigungsflüssigkeit im Wechsel mit einem alkalischen Reinigungsmittel für Melkmaschinen oder mit Natronlauge,
- die erneute Zirkulation und die Nachspülung mit Wasser.

Weiterhin sind Desinfektionskonzepte für Anmischbottiche auf Basis von Ozon- bzw. UV-Licht verfügbar.

Hefenachweis: zwei Drittel eines Kunststoffgefäßes mit Fließfutter füllen, verschließen und nach etwa zwei Stunden die Form kontrollieren. Wölben sich die Außenflächen (Bombage), sind Hefen vorhanden.

3.4.4 Orientierungswerte zur Beurteilung der mikrobiologischen Beschaffenheit von Futtermitteln

Der Verband der landwirtschaftlichen Untersuchungs- und Forschungsanstalten (VDLUFA) hat Orientierungswerte zur Beurteilung der mikrobiologisch-hygienischen Beschaffenheit anhand der Gehalte an Bakterien, Schimmelpilzen und Hefen herausgegeben. Sie sind keine Grenzwerte, sondern stellen Größenordnungen dar, die eine noch durchschnittliche mikrobiologische Beschaffenheit eines Futtermittels bezeichnen. Sie werden in KBE/g (koloniebildende Einheiten) angegeben. Nachfolgend sind für ausgewählte Futtermittel Orientierungswerte für diese drei Keimgruppen aufgeführt: verderbanzeigende Bakterien, verderbanzeigende Lagerpilze und Hefen.

Für Flüssigfutter liegen keine Orientierungswerte des VDLUFA vor. Die LUFA NRW gibt vorläufige Orientierungswerte je g Flüssigfutter heraus:

- Bakterien: 10^6 (= 1 Mio.) KBE
- Schimmelpilze: 5000 KBE
- Hefen: 1 Mio. KBE

3.5 Analytik der Futtermittel

Wilke Griep

Futtermittel lassen sich gezielt und effizient in der Fütterung von Schweinen verwenden, wenn die Futterwerte der Tagesrationen weitgehend mit den notwendigen Gehalten an Energie und anderen Inhaltsstoffen für eine erreichbare Futteraufnahme und Leistung der Tiere übereinstimmen. Eine Überversorgung ist eine Ressourcenverschwendung und eine Unterversorgung wirkt leistungseinschränkend. Eine chemische Futterwertanalyse (vgl. Abb. 3-14) ist die Weender Rohnährstoffanalyse. Sie liefert Informationen zu den Inhaltsstoffen eines Futters. Die Vorsilbe »Roh« macht deutlich, dass diese Stofffraktionen nicht im chemischen Sinne als reine Stoffgruppen aufgefasst

Tab 3-2: Beurteilung der mikrobiologisch-hygienischen Beschaffenheit von Futtermitteln nach Keimgruppen (nach VDLUFA, 2012)

Bakterien (mesophil aerob)	produkttypisch/feldbürtig	KG 1	Gelbkeime, Pseudomonas, Enterobacteriaceen, sonstige Bakterien
	verderbanzeigend	KG 2	Bacillus, Micrococcus, Staphylococcus
		KG 3	Streptomyceten
Schimmel- und Schwärzepilze	produkttypisch/feldbürtig	KG 4	Acremonium, Verticillium, Fusarium, Aureobasidium, sonstige Pilze (z. B. Trichoderma)
Schimmelpilze	verderbanzeigend	KG 5	Aspergillus, Penicillium, Scopulariopsis, Wallemia, sonstige Schimmelpilze
		KG 6	Mucorales
Hefen	produkttypisch/feldbürtig bzw. verderbanzeigend	KG 7	Hefen

Tab. 3-3: Orientierungswerte für produkttypische und verderbnisanzeigende Mikroorganismen (nach VDLUFA, 2012)

	KG 1 Bakterien produkt-typisch Mio. KBE/g	**KG 2 Bakterien verderb-anzeigend Mio. KBE/g**	**KG 3 Strepto-myc. Mio. KBE/g**	**KG 4 Feldpilze produkttyp. Tsd. KBE/g**	**KG 5 Lagerpilze verderb-anzeigend Tsd. KBE/g**	**KG 6 Mucorales Tsd. KBE/g**	**KG 7 Hefen Tsd. KBE/g**
Einzelfuttermittel							
Körner/Schrote							
– Gerste	20	1	0,05	40	30	2	100
– Hafer	50	1	0,05	200	50	2	200
– Mais	2	0,5	0,05	20	30	5	60
– Weizen/Roggen	5	0,5	0,05	30	20	2	30
Weizenkleie	8	1	0,1	50	50	2	80
Nachmehle/Grießkl.	5	1	0,1	50	30	2	50
Extraktionsschrote	1	1	0,1	10	20	1	30
Mischfuttermittel							
Mast-/Zuchtschw.							
mehlförmig	6	1	0,1	50	50	5	80
pelletiert	1	0,5	0,05	5	10	1	5
Ferkel							
mehlförmig	5	0,5	0,1	30	20	5	50
pelletiert	0,5	0,1	0,05	5	5	1	5
Eiweißkonzentrate	1	1	0,05	10	20	1	30
Milchaustauscher	0,5	0,1	0,01	5	5	1	10
Grobfuttermittel							
Grassilage[1)]	0,2	0,2	0,01	5	5	5	200
Maissilage[1)]	0,4	0,2	0,03	5	5	5	1000
Heu	30	2	0,15	200	100	5	150
Stroh	100	2	0,15	200	100	5	400

1) *Die Mikroorganismen der KG 1 und 4 sind feldbürtig und somit typisch für das Pflanzenmaterial vor der Silierung; sie sterben unter optimalen Silierbedingungen ab.*

werden dürfen. Diese grobe, aber robuste und zuverlässige Methode, die am Ende des 19. Jahrhunderts im Göttinger Vorort Weende entwickelt wurde, liefert die zentralen Grundinformationen zum Futterwert eines Futters. In Verbindung mit Verdaulichkeitsquotienten aus wissenschaftlichen Untersuchungen zu den Einzelfuttermitteln lassen sich Gehalte an verdaulichen Inhaltsstoffen und Energiegehalte berechnen.
Darüber hinaus können mit entsprechenden Analysen und Prüfungen die hygienische Qualität und Eigenschaften der Futterattraktivität und Antinutritivität festgestellt werden (vgl. Abb. 3-14).
Diese auf ein Einzelfutter und eine Partie bezogenen Informationen werden berücksichtigt, um zu entscheiden, ob die Verwendung in der Fütterung ausgeschlossen werden muss oder nur in einem beschränkten Umfang in Kauf genommen werden sollte. Allgemeingültige Verwendungsschwellenwerte lassen sich der Fachliteratur entnehmen. Beim Überschreiten der empfohlenen Verwendungsschwellen in Rationen und Mischungen nehmen die Risiken, welche von Verderb, Belastungen oder ANF ausgehen, stark zu.

Insbesondere um Beeinträchtigungen und Schäden durch hygienische Belastungen bei einer Partie eines Einzelfutters auszuschließen, sind hygienisch-mikrobiologische Untersuchungen des Rohstoffs notwendig. Eine wichtige erste Qualitätskontrolle ist die sensorische Prüfung mit den Sinnen

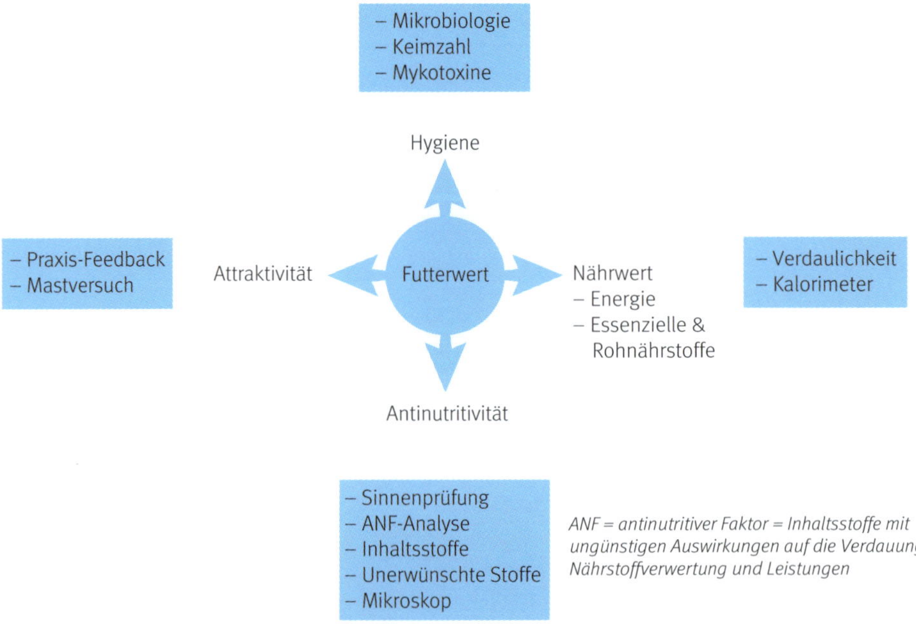

Abb. 3-14: Futterwert – Analyse- und Prüfrichtungen

Riechen, Sehen und Erfühlen eines Futterrohstoffs beim Bezug der Ware. Diese sollte systematisch und konsequent durchgeführt werden, um Partien mit sensorischen Mängeln schnell zu erkennen und für die Verwendung auszuschließen. Eine regelmäßige Bewertung der feststellbaren Wasser- und Futteraufnahme und ein Abgleich mit Soll-Futteraufnahmekurven (vgl. DLG oder z. B. Rechenmeister) zeigt auf, ob es noch Potenziale zur Verbesserung der Futterattraktivität gibt. Gegebenenfalls müssen Rezepturanpassungen bei den Makro- aber auch den Mikrokomponenten, wie z. B. mit Säuren, Aromen oder anderen Verdaulichkeitsverbesserern, vorgenommen werden. Eine gute Ausbalancierung der Energie- und Nährstoffversorgung entsprechend der Entwicklung und Leistung trägt auch zu einer hohen Futteraufnahme bei.

3.5.1 Futteranalytik in Verbindung mit betrieblicher Mischfutteroptimierung bringt Nutzen

Die Analytik der Hauptkomponenten von Eigenmischungen, Mineral-, Ergänzungs- oder Alleinfuttermitteln trägt maßgeblich dazu bei, die betrieblichen Mischfutterrezepturen enger auf die Bedürfnisse der Tiere abzustimmen. Die Nährstoffsicherheitszuschläge lassen sich auf diese Weise verringern. Betrieblich angepasste Futtermischungen auf Grundlage einer präzisen Analytik werden nicht nur vom Düngerecht verlangt, sondern ermöglichen vor allem gesünder und effizienter zu füttern und Wirtschaftlichkeitsreserven im Betrieb zu nutzen. Mit Unterstützung des Fachberaters, der die Futterberechnungen anhand von partiespezifischen Analysewerten erstellt, kann sehr weitgehend nachvollzogen, welche Futterwerte diese Mischungen tatsächlich haben.

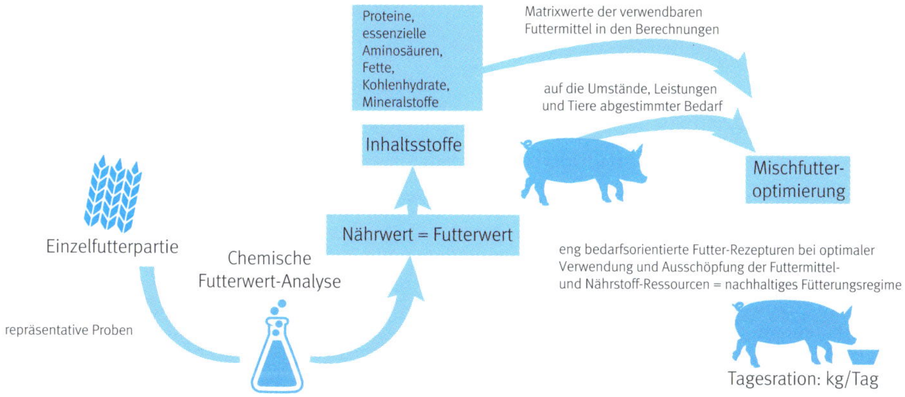

Abb. 3-15: Futternährwerte aus einer Futterwertanalyse sind Grundlagen der Fütterungsoptimierung mit partiebezogenen Futterwerten

Dabei können die Betriebsleiter zu den Mischungen Informationen erhalten, die über das, was eine Alleinfutterdeklaration hergibt, hinausgehen. Der wichtigste Nutzen der Mischfutterberechnung mit den Eigenkomponenten und den offen deklarierten Ergänzungskomponenten besteht darin, den Energiegehalt unter weitgehender Berücksichtigung der Verdaulichkeiten der Einzelfutter mit der Einzelfutterformel der GfE ermitteln zu können. Dies wird umso wichtiger, je mehr der Landwirt weitgehend nährstoffangepasst füttern möchte. Dann kann er die Wirkungen von Enzymen in der Mischungsberechnung zur Ressourcenschonung nutzen und nachvollziehen. Er kann ggf. mitbestimmen, welche Energiebewertung er für sich nutzt und welche nachrangigen Aminosäuren er einbeziehen möchte oder, ob er z. B. die Wirkung einer Fermentation oder eines Enzymzusatzes auf den Futterwert berücksichtigt haben möchte.

3.5.2 Probenahme

Für den Landwirt ist die korrekte Durchführung der Probenahme der wichtigste Beitrag dazu, eine aussagekräftige und nützliche Futterwertanalytik zu erhalten. Das Ziel jeder Probenahme ist es, ein repräsentatives Muster für eine räumlich abgrenzbare Partie eines Rohstoffs, die in sich ausreichend homogen ist, zu erlangen. Dies gilt auch dann, wenn die Futteranalytik nur der Optimierung des internen Fütterungsregimes dient. Es entstehen durch eine fehlerhafte Probenahme sogar Fütterungsrisiken, weil es zu spürbaren Abweichungen zwischen der gewollten Soll- und der dann realisierten Ist-Fütterung kommen kann. Ein fehlerhaftes Probenahmeverfahren hat möglicherweise keine ausreichende Aussagekraft und ist damit eigentlich wertlos.

In Abbildung 3-16 ist stichwortartig und strukturiert beschrieben, welche Elemente die Qualität einer Probenahme bestimmen. Je mehr eine gerichtsfeste Futterwertanalytik benötigt wird, desto mehr und korrekter sind alle Anforderungen, die in Rechtsvorschriften des Futterrechts oder z. B. in den Einheitsbedingungen des deutschen Getreide- und Futtermittelhandels ausformuliert sind, einzuhalten. Je wichtiger die Analytik ist, desto eher ist die Probenahme durch einen amtlich vereidigten Probenehmer zu vollziehen. Für eigene Zwecke können Rechtsquellen wie die EU-Verordnung (EG) Nr. 152/2009 »Probenahmeverfahren und Analysemethoden« von Futtermitteln zur Orientierung herangezogen werden. Danach sind für eine allgemeine Futterwertanalyse bei einer Partiemenge von z. B. unter 2,5 t loses Futtermittel mindestens sieben Einzelentnahmen und für eine Partiemenge von 20 t $\sqrt{20 \times \mathit{Partiemenge}\ (t)} = 20$ Einzelentnahmen notwendig. Die Sammelprobe aus den Einzelentnahmen sollte mindestens 4 kg umfassen. Durch zufällige

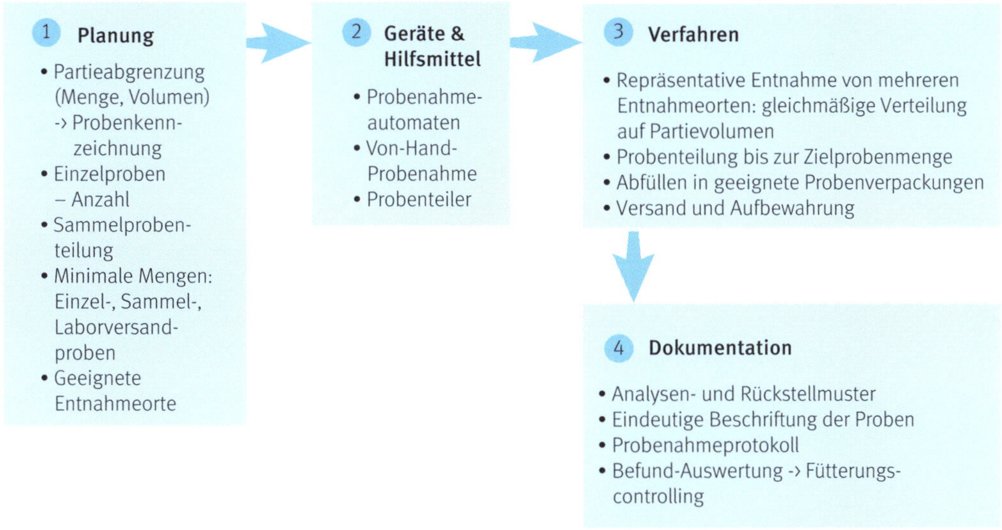

Abb. 3-16: Repräsentative Futterprobenahme – Abfolge und Qualitätskriterien

Probenteilung mit einem Probenteiler werden Endproben mit einem Gewicht von 500 g daraus gewonnen. Bei der Untersuchung auf unerwünschte Stoffe gelten abweichende Vorgaben.

Die fehlende Zugänglichkeit von Einzelfutter- oder Mischfutterpartien ist eine sehr verbreitete Hürde, um ordnungsgemäß Proben für die Analytik entnehmen zu können. Entweder befindet sich die Partie in einem hermetisch abgeschlossenen Silo oder in einem Stapel im Freilager mit hohen Höhen und Wänden. Wenn das Getreide oder Futtermittel erst eingelagert ist, lassen sich kaum noch Einzelproben von räumlich gleichmäßig verteilten Entnahmeorten entnehmen.

In diesem Fall können nur aus dem fließenden Warenstrom beim Ein- oder Auslagern in Behältern die Einzelproben gesammelt werden (vgl. Abb. 3-17). Die Probeentnahme ist dann bei gleichbleibendem Warenmassenstrom über die Zeit gleichmäßig verteilt zu organisieren. Zu einem Vorrat eines Futtermittels ist die laufende Entnahme aus dem Output-Warenstrom besonders vorteilhaft, weil sie sehr verbrauchsnah Zeitreihenpar-

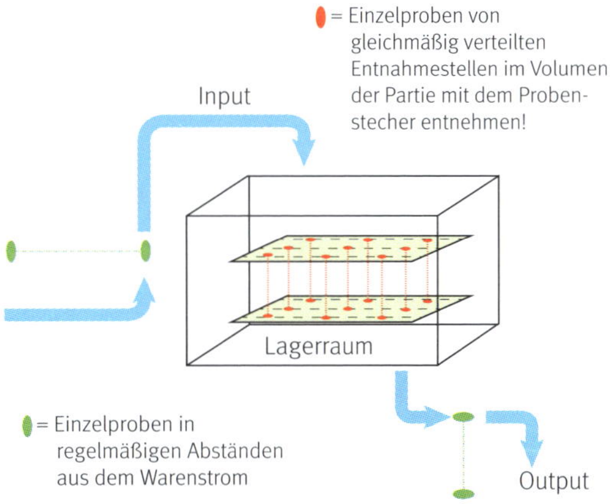

Abb.3-17: Probeentnahmestellen in den Warenströmen und im Lagerraum (Silo oder Freilager) einer Partie

tie-Sammelproben liefert. Daraus lassen sich laufende Analyseproben und schließlich die Analytikbefunde und Informationen darüber, ob mit größeren Abweichungen im Futterwert gerechnet werden muss und ob Anpassungsberechnungen für die Mischungen erforderlich sind, ermitteln. Je mehr gerade wegen des neuen Düngerechts eine Dokumentation der Nährstoffverbräuche erforderlich sein wird, desto mehr werden systematische Analysepläne, also ein Futterwertmonitoring, im Laufe der Verbrauchsperiode benötigt.

3.5.3 Futterinhaltsstoffe der Einzelfuttermittel

Ein Einzelfuttermittel, wie etwa die Körner von Getreide oder Ölsaaten, oder Nebenprodukte der Lebensmittelherstellung, wie Nachmehle, Schlempen, Treber oder Trester, haben einen für das jeweilige Futtermittel typischen Futterwertcharakter. Trotzdem schwankt der Futterwert einer Einzelfutterpartie mehr oder weniger stark. Eine Bedarfsdeckung hinsichtlich der Versorgung mit Energie und den jeweiligen essenziellen Nährstoffen kann dann immer treffsicherer erreicht werden, wenn die jeweiligen Gehalte der wesentlichen Inhaltsstoffe analytisch festgestellt werden und in Rations- und Mischfutterberechnungen oder -optimierungen als Futterwertinformationen verwendet werden (vgl. Abb. 3-13). Futterwertbestimmend sind die Gehalte der Inhaltsstoffe Proteine, Fette, Kohlenhydrate. Aus den Proteinen werden durch den Verdauungsvorgang die essenziellen Aminosäuren freigesetzt und für die körpereigene Proteinsynthese aufgenommen, während aus den Kohlenhydraten und Fetten Energie gewonnen wird. Die Weender Futtermittelanalyse ist das sehr weit anerkannte Standardverfahren zur Ermittlung dieser Inhaltsstoffe. Es wird nach Rohasche (XA), Rohfaser (XF), Rohprotein (XP), Rohfett (XL) und stickstofffreien Extraktstoffen (NfE) unterschieden. In einem standardisierten Trocknungsverfahren wird der Gehalt an Wasser bzw. an Trockenmasse ermittelt.

Heute wird die Weender Futtermittelanalyse als erweiterte Standardanalyse verwendet (vgl. Abb. 3-18). Dabei werden die Kohlenhydrate (NfE und Rohfaser) durch eine Bestimmung von Stärke und leicht löslichen Zuckern sowie den Faserfraktionen NDF, ADF und ADL stärker differenziert. Damit konnte die Schätzung des Energiegehaltes verbessert und die Versorgung der Tiere mit Fasern neu definiert werden. Gerade die Kohlenhydrate erfüllen einmal die Funktion eines Energielieferanten für das Tier, aber auch in Form der Fasern als Strukturstoff zur Förderung des Kauens, der Darmperistaltik, der stabilen und gesunden Darmflora, dem Wohlbefinden und einer reibungslosen Darmfunktionalität. Die

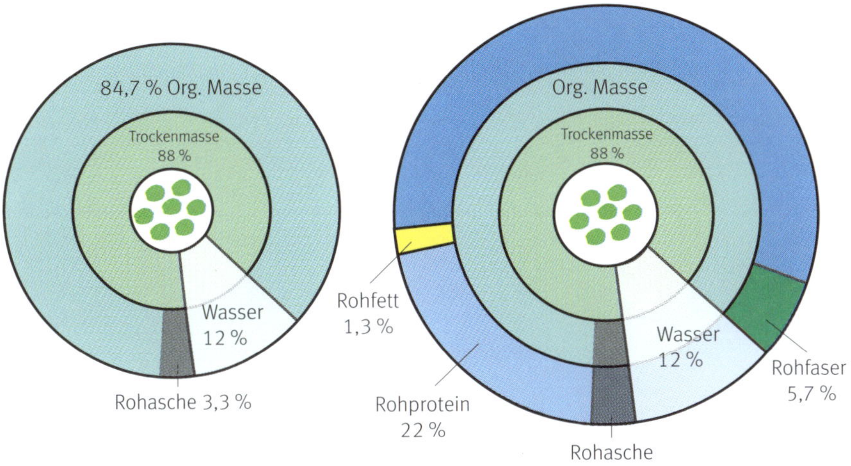

Abb. 3-18: Weender Futtermittelanalyse – Standardverfahren – Beispiel Erbsen

Ableitung einer optimalen Versorgung mit Fasern ist bei den Schweinen noch in der Entwicklung.

3.5.4 Rohnährstoffgehalte als Berechnungsgrundlage

Der Energiewert (vgl. Kap. 2.9) und die Proteinqualität (vgl. Kap. 2.6.1) einer Einzelfutterpartie lassen sich mit geeigneten Schätzfunktionen mit recht hoher Zuverlässigkeit ableiten. Sowohl der Gehalt an umsetzbarer Energie (ME) als auch an Nettoenergie (NE) mit Differenzierung nach wachsenden und ausgewachsenen Tieren lassen sich für Einzelfuttermittel und Mischfuttermittel berechnen. Für die Einzelfuttermittel-Energieberechnung werden dann noch die Verdaulichkeiten der OM, des XP und XL aus der Literatur einbezogen. Wenn der Rohproteingehalt einer Partie analysiert ist, können von Aminosäure-Laboren entwickelte und angewendete Schätzfunktionen dazu benutzt werden, mit großer Zuverlässigkeit die Aminosäuregehalte von bis zu acht essenziellen Aminosäuren (Lys, Met, Thr, Trp, Val, Leu, Ile, His) für die einzelne Partie zu ermitteln. Damit bietet die Futterwertanalytik die Möglichkeit, für die einzelbetriebliche Situation eng angepasste Futterwerte für die Futterberechnung verwenden zu können.

3.5.5 NIRS – Schnellmethode

Die klassischen Standard-Futterwertanalyseverfahren sind nass-chemische Verfahren. Der Band III des VDLUFA Methodenbuches beschreibt für die Mitglieder im LUFA-Verband die Standard-Methoden. Diese erfordern

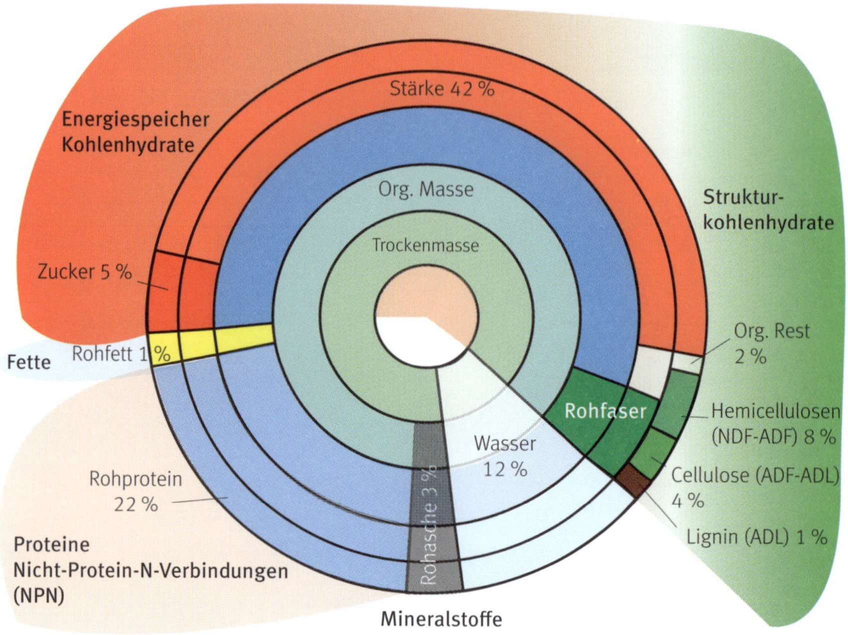

Abb. 3-19: Erweiterte Weender Futtermittelanalyse – Beispiel Erbsen

in der Regel ein Labor mit Einrichtungen für Nass-Chemie, Laborfachkräfte und -gerätschaften sowie den Verbrauch und Umgang mit flüssigen aggressiven Chemikalien. Diese Methoden sind aufwendig und erlauben nur eine begrenzte kleine Analytik-Intensität je produzierter, verkaufter oder verfütterter Menge an Futter.

Für eine intensiver auf den individuellen Futterwert ausgerichtete Fütterung, die eine Minimierung von Sicherheitszuschlägen anstrebt, sind erheblich mehr Futterwertanalysen erforderlich, als es mit nass-chemischen Referenzmethoden möglich ist. Außerdem sind nass-chemische Referenzmethoden viel zu kostenintensiv, um sie mit größerer Intensität in der Futterherstellung durchzuführen. Eine nachhaltigere Fütterung von Nutztieren, die sich in Richtung »precision pig farming« entwickelt, ist nur mit aussagekräftigen Schnellmethoden erreichbar. Erst schnell und zuverlässig arbeitende Futteranalytik-Methoden erlauben eine bedarfsgerechte und ökonomisch optimierte Fütterungsgestaltung und ein effektiv laufendes Fütterungscontrolling. Precision pig farming erfordert immer wiederkehrend eine Einschätzung des Futterwertes zu den verwendeten Komponenten und Futtermischungen. Mit einem laufenden Soll-Ist-Abgleich von Futterwerten mit einer angeschlossenen Feinjustierung der Herstellungsprozesse werden die Tierbedürfnisse möglichst optimal erfüllt, keine Ressourcen unnötig verschwendet und ökonomisch die Prozesse unter Kontrolle gehalten. Erst wenn wiederholte Futterwertfeststellungen mit Rückkopplungen auf die Futterherstellung implementiert sind, kann man eigentlich von einem effektiven Fütterungscontrolling sprechen.

Schnellmethoden der Futterwertanalyse mit einem effektiven Fütterungscontrolling sind in einer nachhaltigen Präzisionsschweinefütterung unerlässlich.

Nahinfrarotspektroskopie, NIR-Spektroskopie oder NIRS abgekürzt, ist eine physikalische Analysentechnik auf Basis der Spektroskopie im Bereich des kurzwelligen Infrarotlichts. Sie ist im Bereich der schnellen Futterwertanalytik mittlerweile die wichtigste Schnellmethode. Durch elektromagnetische Strahlung im (nahen) Infrarotbereich werden kovalente Molekülbindungen in (zumeist) organischen Verbindungen angeregt. Bei der NIRS findet die Detektion im nahen Infrarot (760–2500 nm bzw. ca. 13 000–4 000 cm^{-1}) statt. NIRS ist ein nahezu ideales Verfahren zur Bestimmung des Wassergehaltes in organischen Stoffen. Das Verfahren findet daher Anwendung in der quantitativen Inhaltsstoffanalyse pflanzlicher Teile, landwirtschaftlicher Erntegüter (Getreide, Mehl, Ölfrüchte), Futtermittel und Lebensmittel (Milch, Fleisch, …) zur Bestimmung von Feuchte (OH-Gruppe), Proteinen (Eiweiße, Aminogruppe usw.), Rohfasern (Faser, CH-Bindung und andere), Carboxygruppen (COOH) oder Fettgehalten (CH-Bindung).

4 Wasser

Gerhard Stalljohann

4.1 Physiologische Bedeutung

Für die Aufrechterhaltung aller Verdauungs- und Stoffwechselvorgänge ist die ausreichende Wasserversorgung die allererste Voraussetzung. Nahezu 70 % der Körpermasse eines wachsenden Schweins besteht aus Wasser, welches an nahezu allen elementaren Reaktionen des körpereigenen Stoffwechsels, wie Oxidation, Hydrolyse und Säure-Basen-Gleichgewicht sowie Transport von Nährstoffen, Zwischen- und Restprodukten des Stoffwechsels, Hormonen und anderen Wirksubstanzen, beteiligt ist. Nicht zu vergessen sind außerdem die Funktionen des Wassers bei der Regulation der Körpertemperatur und bei der Erregungsleistung zwischen den Nervenzellen.

Wasser ist der wichtigste, lebensnotwendige Nährstoff! Ein über 10 % hinausgehender Körperwasserverlust führt zur Einstellung von Stoffwechselvorgängen – der Stoff-, Informations- und Energieaustausch zwischen Zellen, Organen sowie im gesamten Körper kommt zum Erliegen. Wasser ist ein unverzichtbarer Stoff für die Lebensfähigkeit eines Organismus. Eine Mangelversorgung zeigt für das Tier schnell gravierende Auswirkungen, ist eine schwere Belastung und wird schließlich zum zentralen lebensbegrenzenden Faktor.

Wenn bei hohen Temperaturen Tränkewasser zu knapp verfügbar ist, verstärkt dies die physiologischen Belastungen. Wassermangel in Verbindung mit Hitze vermindert nicht nur die Futteraufnahme, sondern löst eine Stresslage aus, die das Abwehrvermögen herabsetzt, zu verstärktem oxidativem Stress führt und eine systemische Entzündungskaskade in Gang setzt.

Im Mittel werden ca. 4 Liter (3–5) Tränkwasser pro 1 kg Trockensubstanzaufnahme aufgenommen. Fehlt Wasser, hat dies unmittelbar Auswirkungen auf die Trockensubstanzaufnahme. Aufgrund der sehr zentralen Bedeutung des Wassers für eine ungestört funktionierende Körperphysiologie ist es futtermittelrechtlich als Futtermittel eingestuft und unterliegt somit den Vorschriften der Futtermittelhygieneverordnung (VO 183, 2005).

Eine unzureichende Wasseraufnahme führt nicht nur zu geringeren Futter- bzw. Nähr-, Mineral- und Wirkstoffaufnahmen – und hat damit geringere Leistungen zur Folge – sondern verursacht Organschädigungen und beeinträchtigt die Gesundheit und das Tierwohlbefinden.

Weil der tägliche tierindividuelle Wasserbedarf stark schwanken kann, ein Wassermangel schon nach kurzer Zeit massiven Stress, Belastungen und lebensbedrohliche Situationen zur Folge hat sowie ungestillter Durst unzweifelhaft Leiden bei den Tieren verursacht, darf es keine Einschränkungen beim freien Zugang zu frischem Tränkwasser geben. Eine restriktive Wasserverabreichung zur Minimierung des Güllevolumens und des Wasserverbrauchs ist inzwischen aus tierschutzrechtlichen Gründen streng verboten. Auch bei einer Flüssigfütterung sind zusätzliche Wassertränken notwendig, sodass das einzelne Tier immer die Möglichkeit hat, weiteres durststillendes Wasser aufnehmen zu können.

4.2 Wasseraufnahme

Der Tränkwasserbedarf schwankt vom Saugferkel bis zur säugenden Sau zwischen 0,3–40 Litern je Tag, wobei noch größere Schwankungen zwischen Einzeltieren bestehen können. In Abhängigkeit von der Umgebungstemperatur oberhalb der Schweine-Komfortzone zwischen 16 bis 22 °C steigt die Aufnahme und der physiologische Bedarf an Wasser erheblich an.

Öfter in der Praxis auftretende Folgen einer ungenügenden Wasserversorgung sind:

- Harnwegsinfektionen
- Kochsalzvergiftungen
- Milchmangel

Das Wasser übt den größten Einfluss auf die Harnqualität aus. Eine Einschränkung der Wasseraufnahme führt zu geringerer Harnmenge und die Konzentration der Harnbestandteile steigt an. Eine geringe bis hochgradige Erhöhung von Leukozyten und der Kristalle im Harn wird bei zu restriktiver Wasserversorgung oft bei Sauen festgestellt. Die Harnfarbe wird dunkelgelb und unterscheidet sich deutlich von dem hellgelben bis glasklaren Harn der nicht restriktiv getränkten Sauengruppe. Bei zu knapper Wasserversorgung ist mit einer deutlich höheren Rate von Harnwegserkrankungen zu rechnen. Kochsalzvergiftungen bei Schweinen sind oft die Folge von Wassermangel.

Mit oxidierten Ablagerungen verstopfte, eingefrorene oder versehentlich abgesperrte Leitungen sowie Tränken sind vielfach die Ursache für diese vom Tierarzt zu behandelnde NaCl-Intoxikation. Eine weitere Ursache kann oft auch ein Überangebot an Salzen mit Nebenprodukten aus der Lebensmittelgewinnung sein.

Zu geringe Wasseraufnahme führt bei Sauen in der Laktation zu geringerer Futteraufnahme und in der Folge auch zu geringerer Milchleistung. Unter anderem mit zusätzlichen Wassergaben rund um die Geburt sollte entgegengewirkt werden.

Schweine fressen mehr Trockenfutter, wenn es mit Wasser zu einem Futterbrei vermengt ist. Bei säugenden Sauen konnte gezeigt werden (Tab. 4-1), dass annähernd 0,4 kg Futter mehr aufgenommen wird, wenn das Futter als Flüssigfutter anstelle eines trockenen Futters verabreicht wird.

Dadurch, dass Wasser und Trockenfutter in einem Gemisch als Flüssig- oder Fließfutter angeboten werden, vergrößern sich zugleich aber auch futterhygienische Risiken, die mit einem angepassten Hygienemanagement und einer angemessenen Flüssigfütterungstechnologie unter Kontrolle zu bringen sind. Neben einer ausreichenden Versorgungsmenge ist immer auch eine notwendige hygienische Qualität von Wasser oder Flüssigfutter sicherzustellen. Weil Wasser und Feuchtigkeit in Verbindung mit Nährstoffen und Wärme die Verderbnis von Futter und die Vermehrung von Keimen und damit auch pathogenen Keimen auf dem Futter oder im Wasser zur Folge haben, entstehen unerwünschte hygienische Risiken.

Aus einem Versuch von Boyd, 2002 (Abb. 4-1) ist der direkte Zusammenhang zwischen der Wasseraufnahme der laktierenden Sauen und der Wurfaufzuchtleistung der Ferkel zu erkennen. Nur bei ausreichender Was-

Tab. 4-1: Auswirkungen der Trocken- und Flüssigfütterung von Sauen auf die Leistungen

		Trockenfütterung	Flüssigfütterung
Würfe	n	283	271
leb. geb./abgesetzte Ferkel	n	11,4/10,0	11,3/9,8
Geburtsgewicht je Wurf	kg	17,1	16,4
Absetzgewicht je Wurf	kg	78,3	74,3
Substanzverlust der Sau	kg	28,4	22,7
	%	10,8	8,4
Futterverbrauch in der Säugezeit	kg	109,8	117,2

Tab. 4-2: Ferkelleistungen bei Tränkwassereinsatz mit und ohne Chlordioxid
Haus Düsse, 2007

Wasserhygienische Behandlung	Wasserzusatz Chlordioxid	Kontrolle
Tiere aufgestallt (n)	198	199
Tiere ausgewertet (n)	197	199
Geburtsgewicht (kg)	1,59	1,56
Aufstallgewicht (kg)	7,75	7,74
Alter Versuchsende (Tg)	72	72
Versuchsdauer (Tg)	48	48
Gewicht Versuchsende (kg)	27,56a	25,96b
Tägliche Zunahme (g)	412a	378b
Futteraufnahme pro Tag (g)	712	670
Futterverbrauch je kg Zuwachs (kg)	1,73a	1,78b

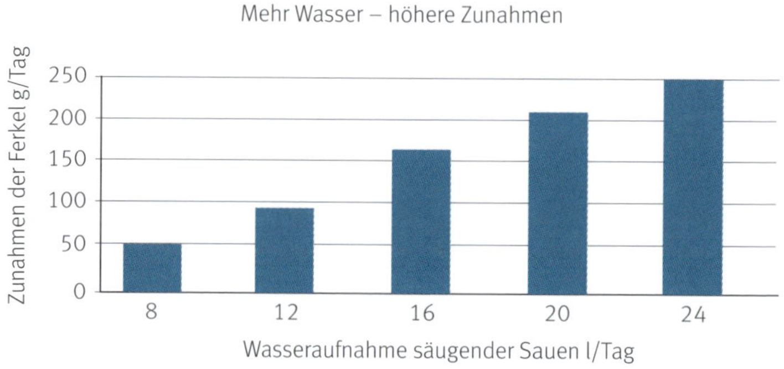

Abb. 4-1: Wasseraufnahme säugender Sauen und Tageszunahme der Saugferkel in der Säugezeit

serversorgung der Sau erhalten die Ferkel soviel Milch, dass sie auch eine normale Wachstumsentwicklung vollziehen können.

Ein höherer Hygienestatus wird im Ringleitungssystem gegenüber Stichleitungssystemen erreicht. In praxisnahen Versuchen konnte gezeigt werden, dass Ringleitungssysteme im Ferkelstall wasserhygienisch so vorteilhaft sind, dass signifikante Leistungsverbesserungen erzielt werden konnten. Einer Keimbesiedlung des Systems, die von den benutzten Tränkenippeln ausgeht, wird entgegengewirkt. Die Richtwerte-Spanne von 0,5 Liter Durchflussrate pro Minute für Saugferkel bis hin zu 3,0 Liter Durchflussrate pro Minute bei säugenden Sauen kann für die Kontrolle eines ausreichenden Mengenangebotes pro Zeiteinheit herangezogen werden. Aus zahlreichen Praxisbetrieben, die diese Tränkwassersysteme nutzen, wird zudem über ein deutlich geringeres Auftreten von Coli bedingten Verdauungsstörungen berichtet.

Abb. 4-2: Tränkenippel für Mastschweine

4.3 Richt- und Orientierungswerte

Zur Überprüfung einer hinreichenden Versorgung mit Tränkwasser können die Vorgaben der DLG zum durchschnittlichen Wasserbedarf von Schweinen und für Durchflussmengen (Tab. 4-3) sowie die Vorgaben des BMELV zur biologischen, chemischen und physikochemischen Tränkwasserqualität herangezogen werden (Tab. 4-4 und Tab. 4-5).

In einer Nutztierhaltungsumwelt wird die ausreichende Mengenverfügbarkeit von Tränkwasser in erster Linie durch die Wasserdurchlaufmenge je Minute an den Tränkeeinrichtungen des Tränkesystems festgestellt. Dabei kann ein zu geringer, aber auch ein zu hoher Wasserdurchlauf die optimale Wasseraufnahme der Tiere beeinträchtigen. Besonders bei Ferkeln kommt es bei einer zu hohen Durchflussrate von Wasser aus Tränkenippeln zum Verschlucken und unnötigen Was-

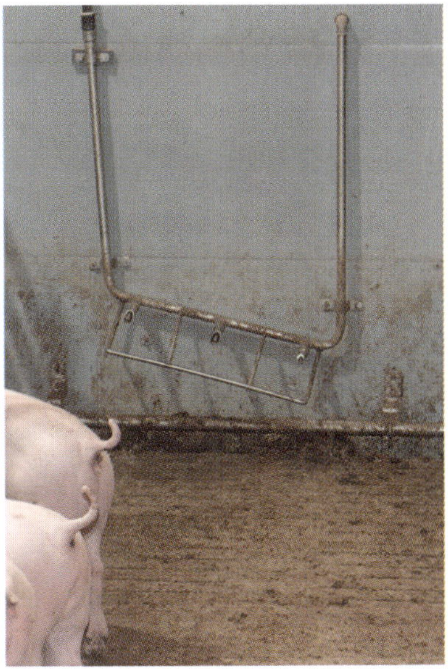

Abb. 4-3: Tränkenippel auf unterschiedlicher Höhe für unterschiedlich große Ferkel

Tab. 4-3: Durchschnittlicher Wasserbedarf von Schweinen und Richtwerte für Durchflussmengen (Quelle: DLG 2000, geändert)

	Tränkwasserbedarf Liter/Tier und Tag	Durchflussrate Liter/Minute
Saugferkel	0,3 – 0,7	0,45 – 0,55
Absetzferkel	0,5 – 2,5	0,55 – 0,65
Mastschweine		
– bis 75 kg	2,0 – 7,0	0,8 – 1,0
– ab 75 kg	5,0 – 10,0	
Sauen		
– tragend	10,0 – 15,0	0,8 – 1,0
– säugend	15,0 + 1,5/Ferkel	2,0 – 3,0
Eber	12,0 – 15,0	0,8 – 1,0

Tab. 4-4: Biologische Qualität des Tränkwassers (BMELV, 2007)

Parameter	Einheit	Anzahl
Aerobe Gesamtkeimzahl (KBE)		
bei 20 °C	in 1 ml	‹ 10.000
bei 37 °C	in 1 ml	‹ 1.000
Salmonellen	in 100 ml	0
Campylobacter	in 100 ml	0
E. coli	in 10 ml	(‹ 10)

Tab. 4-5: Empfehlungen für Orientierungswerte zur Bewertung der chemischen und physiko-chemischen Tränkwasserqualität (eingespeistes und im Verteilersystem befindliches Tränkwasser) im Sinne der Futter- und Lebensmittelsicherheit (BMELV, 2007)

Parameter	Einheit	Orientierungswert für die Eignung von Tränkwasser	Bemerkungen (mögliche Störungen)	Grenzwert für Trinkwasser nach Trinkwasserverordnung
Physiko-chemische Parameter				
ph-Wert[1]		> 5, < 9	Korrosionen im Leitungssystem	6,5 – 9,5
Elektrische Leitfähigkeit	µS/cm	< 3000	Evtl. Durchfälle bei höheren Werten, Schmackhaftigkeit	2500
Lösliche Salze, gesamt	(g/l)	< 2,5		
Oxidierbarkeit[2]	(mg/l)	< 15	Maß für Belastung mit oxidierbaren Stoffen	5
Chemische Parameter				
Ammonium (NH_4^+)	(mg/l)	< 3	Hinweis auf Verunreinigung	0,5
Arsen (As)	(mg/l)	< 0,05	Gesundheitsstörungen, Minderleistung	0,01
Blei (Pb)	(mg/l)	< 0,1		0,01
Cadmium (Cd)	(mg/l)	< 0,02		0,005
Calcium (Ca)[3]	(mg/l)	500	Funktionsstörungen, Kalkablagerungen in Rohren und Ventilen	kein Grenzwert vorhanden
Chlorid (Cl-)	(mg/l)	< 250 a) < 500 b)	Feuchte Exkremente a)	250
Eisen (Fe)[3]	(mg/l)	< 3	Antagonist zu anderen Spurenelementen, Eisenablagerungen in Rohren, Biofilmbildung, Geschmacksbeeinflussung	0,2
Fluor (F)	(mg/l)	< 1,5	Störungen an Zähnen und Knochen	1,5
Kalium (K)	(mg/l)	< 250 a) < 500 b)	Feuchte Exkremente a)	kein Grenzwert vorhanden
Kupfer (Cu)[4]	(mg/l)	< 2	Gesamtaufnahme bei Schafen und Kälbern berücksichtigen	2
Mangan (Mn)	(mg/l)	< 4	Ausfällungen im Verteilersystem, Biofilme möglich	0,05
Natrium (Na)	(mg/l)	< 250 a) < 500 b)	Feuchte Exkremente a)	200
Nitrat (NO_3^-)	(mg/l)	< 300 c) < 200 d)	Risiken für Methämoglobinbildung, Gesamtaufnahme berücksichtigen	50
Nitrit (NO_2^-)	(mg/l)	< 30	Risiken für Methämoglobinbildung, Gesamtaufnahme berücksichtigen	0,5
Quecksilber (Hg)	(mg/l)	< 0,003	Allgemeine Störungen	0,001
Sulfat (SO_4^{2-})	(mg/l)	< 500	Laxierender Effekt	240
Zink (Zn)[6]	(mg/l)	< 5		kein Grenzwert vorhanden

a) Geflügel, b) sonstige Tierarten, c) ruminierende Wiederkäuer, d) Kälber und andere Tierarten
1) pH <5: sauer und möglicherweise korrosiv wirkend, Zusatz organischer Säuren kann pH-Wert senken
2) Maß für organische Substanzen im Wasser (< 5 mg/l für eingespeistes Wasser)
3) Zusetzen von Leitungen und Nippeltränken
4) Orientierungswert problematisch für Schafe sowie Kälber mit Milchaustauscher (Cu-arme MAT verwenden)
6) Orientierungswert nur bei Herstellung von MAT-Tränke

serverlusten. Eine physiologisch unzureichende Wasseraufnahme könnte bei zu hoher, aber insbesondere bei zu geringer, Wasserdurchlaufrate am Nippel als verbreitetes Phänomen unter den Tieren entstehen und ein Risikofaktor für Gesundheit, Leistung und Wohlergehen sein.

Abb. 4-4: Mutter-Kind-Tränke im Abferkelstand

Die Kontrolle der Tränkesysteme sollte in regelmäßigen Abständen durchgeführt werden. Dazu reichen als Hilfsmittel meistens der Sekundenanzeiger der Armbanduhr und ein passendes Aufnahmegefäß aus. Neben einer alltäglichen Kontrolle der Tränken – mindestens mittels einer in Augenscheinnahme von Auffälligkeiten bei der Tränkebenutzung durch die Tiere (z. B. stärkere oder gar keine Frequentierung) – sollte die Funktionstauglichkeit der Tränken (Anbringung, Verschlussteile, Durchfluss, …) mindestens einmal pro Aufzucht- oder Mastdurchgang überprüft werden.

Bei Schalentränken führt die Verschmutzung der Tränken zu einer verringerten Wasseraufnahme. Verschmutzte Tränken müssen natürlich unverzüglich bei jedem Betreuungsrundgang gereinigt werden. Wenn es systematisch immer wieder zur Verschmutzung der Tränken kommt, lohnt es sich, dies zu ergründen und technologische Veränderungen vorzunehmen, sodass eine möglichst geringe Verschmutzungsrate erreicht wird. Ursache kann u. a. eine Fehlplatzierung der Tränke sein. Die Tränken sollten nicht da positioniert sein, wo die Tiere vornehmlich ihre Kotstelle haben. Dies ist an den Orten der Bucht zu erwarten, die sich abseits vom Liege- und Fressbereich befinden, an denen Zugluft auftritt oder an denen der Kontakt zu Tieren der Nachbarbuchten möglich ist.

Für eine gute Annahme von Tränken und eine ausreichende Wasseraufnahme sind außerdem die Anbauhöhen maßgeblich und entscheidend. Zur Orientierung können die Ein- bzw. Anbauhöhen der Tabelle 4-6 herangezogen werden.

Für eine ausreichende Wasseraufnahme von Sauen hat sich zudem der Einsatz der Aqualevel-Tränketechnik bewährt. Dabei führt ein Wassereinlauf in den Futtertrog und die installierte Technik stellt sicher, dass im Trog immer frisches Wasser eingelassen wird, wenn der Wasserstand im Trog durch den

Tab. 4-6: Empfehlungen für Ein- bzw. Anbauhöhen von Tränken

		Montagehöhe		
		Beckentränken*	Nippeltränken	
			45° Platte	90° Platte
		cm	cm	cm
Saugferkel		5	15	10
Absetzferkel		10–15	30–50	25–40
Mastschwein	30 kg	20	55	45
Mastschwein	70 kg	30	75	65
Jungsau	120 kg	40	90	75
Sau	trächtig	40	90	75
Sau	säugend		90	75

** Höhe von Boden bis Vorderkante Beckentränke*

Wasserverbrauch der Sauen unter ein Minimumlevel gefallen ist. Damit wird jederzeit ein minimaler Wasserfüllstand im Trog eingehalten.

Damit bei der Wasserversorgung mit Trognippeln bzw. -sprühern nicht zu viel Wasser und Futter aus den Trögen herausgeschöpft wird und damit in die Gülle verloren geht, bietet sich die Verwendung von geteilten Trögen an. Einer Überfüllung mit angefeuchtetem Futter muss durch Anpassung der Futterkurve für die Zukunft vorgebeugt werden. Aus futterhygienischen Gründen muss feuchtes Futter, welches im Trog als Rest verblieben ist, bei den Kontrollgängen durch den Bestand aus dem Trog entfernt werden. Für den Fall hoher Restfuttermengen ist natürlich an erster Stelle die Futterkurve neu zu justieren. Möglichkeiten zur einfachen Entleerung der oftmals nicht mehr gefressenen Reste sind sinnvoll und tragen zum hohen futterhygienischen Status bei. Hierzu eignen sich kippbare Tröge oder einfach bedienbare Ausläufe an der untersten Stelle des Troges für eine bequeme Schnellreinigung.

Abb. 4-5: Tränkeschalen für Sauen sind regelmäßig zu reinigen

Eine zu geringe Wasseraufnahme kann auch durch biologische, chemische oder/ und physiko-chemische Eigenschaften des Wassers bedingt sein. Daher ist es grundsätzlich sinnvoll, einmal pro Jahr eine Wasserprobe aus dem Tränkesystem zur Untersuchung auf pH, *E. coli*-Keime sowie Eisen und Mangan zu entnehmen und in einem Labor auf diese Eigenschaften hin untersuchen zu lassen. Die Befunde ermöglichen eine regelmäßige Beurteilung des Hygienestatus im Tränkwasser. Auch die Entnahmen von Tränkwasserproben, insbesondere um mikrobiologische Untersuchungen durchzuführen, erfordern Sorgfalt und hygienisch sauberes Vorgehen und geeignete Probenbehältnisse. Dies ist erforderlich, damit die Befunde aussagekräftig und verwendbar sind.

Zur Beurteilung von Tränkwasseruntersuchungsergebnissen können die Vorgaben der Tabellen 4-4 und 4-5 genutzt werden.

Abb. 4-6: Unterschiedliche Wasserversorgungseinrichtungen für Ferkel

4.4 Wassermanagement

Täglich oder wöchentlich zu wiederholende Maßnahmen zur Sicherstellung einer ausreichenden Wasserversorgung müssen systematisch durchgeführt werden. Das ist notwendig, weil Wassermangel sich gravierend und schnell als Beeinträchtigung auf die Tiere auswirkt. Die regelmäßige Kontrolle des Tränkesystems, der Wasserverbrauchsmengen in Stallteilbereichen, aber insbesondere auch der ausreichenden Wasserverfügbarkeit an den Wasserentnahmestellen der Tiere hat die höchste Wichtigkeit. Die Prüfung aller Tränken und möglicherweise die stichprobenartige Feststellung der Wasserdurchflussraten mit ggf. einer Nachjustierung der Tränken ist zu Beginn eines Abferkel-, Ferkelaufzucht- oder Mastdurchganges unbedingt notwendig. Bei den täglich mehrfachen Kontrollgängen ist immer auf Anzeichen für Wassermangel bei den Tieren und auf Sauberkeit in den Tränkeschalen und -trögen zu achten und immer mal wieder stichprobenartig die Funktionsfähigkeit der Tränken zu prüfen. Verschmutzungen in den Schalen und schmutziges altes Futter in den Trögen müssen daraus entfernt werden.

Neben den wiederkehrenden Maßnahmen sollten Optimierungsmaßnahmen, die einen Installationsaufwand nach sich ziehen können, zur Anhebung des Hygienestatus genutzt werden (Tab. 4-7).

Tab. 4-7: Checkliste zur Optimierung der Tränkwasserversorgung

Tränkwasserverfügbarkeit täglich kontrollieren!
Plausibilität des Wassermengenverbrauchs in regelmäßigen Zeitabständen für Stallteilbereiche prüfen
Tränkwasserqualität mindestens einmal pro Jahr auf mikrobiologische und wasserhygienische Eigenschaften untersuchen
Vor jeder Neubelegung sollte das »alte« Standwasser aus den Leitungen abgelassen werden
Nach Bedarf ist die Verwendung von Säuren oder Laugen zur Reinigung und Desinfektion von Wasserleitungen (Biofilmbeseitigung) und als Zusatz zum Tränkwasser (Medikatoreinsatz) notwendig
Hygienische Risiken minimieren durch – Wasservorratsbehälter nicht in Stallabteilen einbauen (Bakterienvermehrung) – Lichtundurchlässige Behälter verwenden – Nippeltränken statt Beckentränken verwenden – Nippel- und Beckentränken nicht nebeneinander einsetzen – Kunststoffleitungen sind gegenüber Metallleitungen zu bevorzugen – »Tote« Leitungsstränge vermeiden – Zentralfilter für einen Stall einbauen, keine Siebchen in den Tränkenippeln – Alte, poröse Wasserleitungen austauschen
Bei überhöhten Eisen- bzw. Calciumgehalten im Brunnenwasser ist eine Wasseraufbereitung oder die Verwendung von öffentlichem Trinkwasser aus den kommunalen Wassernetzen in Betracht zu ziehen.

5 Futtermischungen entwickeln

5.1 Mischfutteroptimierung

Wilke Griep, Gerhard Stalljohann

Eine Nutztierhaltung braucht zur Versorgung der Tiere Mischfuttermittel die zu den Tieren passen. Um den Bedürfnissen der Tiere optimal gerecht zu werden und gleichzeitig nachhaltig und wirtschaftlich zu füttern, ist eine Optimierung der Mischfuttermittel notwendig. Dabei werden viele teilweise sehr unterschiedliche Kriterien berücksichtigt. Bei diesen unternehmerischen Optimierungen sind Lösungen zu finden, die gleichzeitig den betriebswirtschaftlichen und ernährungsphysiologischen Ansprüchen gerecht werden. Der externe Berater mit dem Know-how zur Tierernährung, zu Einzelfuttermitteln, zur Fütterung und zu den betrieblich individuellen Verhältnissen kann den landwirtschaftlichen Unternehmer in diesem zentralen Feld des Fütterungsmanagements unterstützen. Dazu sind geeignete Werkzeuge, wie Futteroptimierungs- und -berechnungsprogramme notwendig. Weil zu viele Ansprüche gleichzeitig beachtet und in einen optimalen Bereich eingestellt werden sollen, sind die bestmöglichen Lösungen nur mit mathematischen Algorithmen und Computern zu ermitteln. Die Berechnung auf dem Blatt Papier kann das nicht leisten. Durch Praxiserfahrung lassen sich zwar ungeeignete und geeignete Mischungen voneinander unterscheiden und grob benennen, aber eine ökonomische Optimierung ist kaum rechnerisch abzuleiten. Je mehr die Auswahl der Komponenten und die Anzahl der relevanten Futterwertmerkmale eingeschränkt werden, um so eher lassen sich mit Berechnungswerkzeugen, wie z. B. einer Excel-Tabellenkalkulation, und wiederholt angepassten Vorgabewerten (Szenariovariation) Mischungen finden, die einer auch ökonomischen Optimallösung sehr nahe kommen. In der Praxis ist die Methode verbreitet, »funktionierende« Mischungen graduell zu verändern

Aufwand und Unterstützung ist notwendig, wenn es darum geht, Informationen zu den verfügbaren Futtermittelpartien zu vervollständigen und die für den Tierbestand angemessenen Bedarfseckwerte abzuleiten, um dann eine ernährungsphysiologisch-ökonomisch optimierte Mischung zu erlangen. Die Algorithmen der Optimierungsberechnungen können viele Restriktionen und Anforderungen berücksichtigen, wenn sie die ökonomisch günstigste Mischung ermitteln. Es sind Erfahrung und Kompetenz notwendig, um möglicherweise die Vorgaben zu aktualisieren, damit anhand der Optimierungswerkzeuge praxistaugliche Lösungen generiert werden können.

Bei der Entwicklung eines auf die Bedürfnisse von Tieren zugeschnittenen Mischfuttermittels müssen die Bezüge und Einheiten der Angaben vollständig und richtig benannt werden. Fehler können leicht entstehen, wenn die Angaben unklar oder unvollständig sind.

Zu unterscheiden sind die Gehalte in Prozent oder in g/kg Originalsubstanz, lufttrockenem Futter (i. d. R. mit 88 % TM) oder Trockensubstanz (100 % TM) in einem Einzelfuttermittel, in einem Mischfuttermittel und den Verabreichungsmengen einer Mahlzeit oder Tagesration.

5.2 Eigenmischungen mit Flüssigfutter

Der Betrieb mit Eigenmischungen verwertet seine selbst erzeugten Pflanzenerträge, hat betriebseigene Anlagen zur Futtermittelaufbereitung, Lagerung, Vermahlung von Körnerfrüchten und Mischung von Mischfuttermitteln. Ersatzweise können fahrbare/mobile Mahl- und Mischanlagen in regelmäßigen Abständen Mischfutterpartien aus Eigen- und Zukaufkomponenten herstellen.

Die Menge und Qualität der selbst erzeugten oder zugekauften Futtermittel fällt jährlich unterschiedlich aus. Daher ist ein Fütterungsmanagement mit Prozessen, wie sie in Controlling-Regelkreisen üblich sind, erforderlich. Dazu gehört nach der Ernte die Ist-Analyse, eine Art Bestandsaufnahme zu Vorratsmengen und Futterwerten der Partien. Danach ist eine Ableitung einer optimalen Verwendung der Erntegüter und -mengen mit Festlegung der optimalen Fütterungsregime und der dafür benötigten optimalen Futtermischungen erforderlich.

Bei Flüssigfütterungssystemen im landwirtschaftlichen Betrieb sollte das Bewertungskriterium Trockenfuttergehalt im Fließfutter festgestellt und optimal eingestellt werden. Bei zu geringem Trockenfutteranteil am Fließfutter besteht die Gefahr, dass die Tiere ihr Futteraufnahmevermögen nicht ausschöpfen, weil das aufgenommene Wasser aufgrund der Masse eine Sättigung der Tiere auslöst. Die Minimierung des Wassergehaltes im Fließfutter stößt dann an seine Grenzen, wenn die Pumpfähigkeit verloren geht oder technologisch zu aufwendig wird. Dafür ist es notwendig, die Trockenmasseanteile insbesondere der feuchten Futterkomponenten zu kennen.

In der Mischfutterberechnung sollte das Optimierungswerkzeug die wertbestimmenden Inhaltsstoffe und Energiegehalte als Gehalte für eine Futtermischung mit 88 % Trockenmasse ausweisen. Diese Werte lassen sich mit den anerkannten Versorgungsempfehlungen abgleichen. Dabei wird sich herausstellen, ob mit der erwartbaren täglichen Fließfutter- und Trockenfutteraufnahme genügend Energie, Nähr- und Wirkstoffe aufgenommen werden können, um ein gestecktes Ziel in Leistung (TZ) und Effizienz (FVw) zu erreichen.

Die in Tabelle 5-1 benannten Mischungen ermöglichen eine eng an den Bedarf angepasste Versorgung der Schweine. Eine stark und sehr stark N- und P-reduzierte Fütterung ist damit möglich. Die Bedürfnisse an Futterstruktur und essenziellen Bausteinen, wie den essenziellen Aminosäuren, werden befriedigt. Zugleich werden gegenüber einer durchschnittlichen Fütterung die Verwendung von Proteinressourcen für die Tierfütterung eingeschränkt und die Einträge von N und P aus der Tierhaltung in Böden und Atmosphäre verringert.

Eine Leistung bis zu 850 g Tageszunahmen lässt sich mit diesen Mischungen realisieren. Bei geringen Rohproteingehalten von 16 %, 14,5 % und 12,5 bis 12 % in der Vor-, Mittel- und Endmast können durch Ausrichtung auf eine ausreichende Versorgung mit den acht essenziellen Aminosäuren auf der Ebene der praecaecal verdaulichen (pcv) Gehalte je kg Futter hohe Proteinbildungsraten ermöglicht werden.

Der Energiemindestgehalt wird bei der Futtergestaltung mit dem Gehalt an umsetzbarer Energie (ME), berechnet mit der Einzelfutterformel, oder wie in diesem Beispiel, mit der Nettoenergie (NE), berechnet in der von Prof. Noblet, INRA Frankreich empfohlenen Art und Weise, für die

Tab. 5-1: Beispielmischungen für eine Schweinemast mit Flüssigfuttermischungen*

Flüssigfütterung		**VM (891) ab 28 kg**		**MM (892) ab 60 kg**		**EM (893) ab 90 kg**		**EM-PE (894) bis 115 kg**	
	TM %	**27 % TM**	**100 % TM**	**27 % TM**	**100 % TM**	**27 % TM**	**100 % TM**	**27 % TM**	**100 % TM**
Schlempe (Weizen)	27,0	1,5	1,5	4,6	4,6	9,2	9,2	9,2	9,2
CCM	59,6	12,9	28,5	15,3	33,9	15,3	33,9	15,3	33,9
Triticale	87,1	6,9	22,2	7,2	23,2	3,8	12,2	1,7	5,5
Gerste	87,3	7,7	24,8	4,6	14,9	10,2	32,9	12,7	41,2
Weizenkleie	88,0		2,3	7,4					
Soja-ES	87,8	5,8	19,0	4,1	13,3				
Raps-ES	90,0					2,9	9,6	2,3	7,8
Kleinkomponenten	96,5	1,1	4,0	0,8	2,7	0,7	2,3	0,7	2,5
Wasser		64,1		61,1		58,0		58,0	
		100	100	100	100	100	100	100	100

* *Mischungen erlauben eine nährstoffangepasste Fütterung mit Bevorzugung von nachhaltigeren Futtermitteln; ausführlichere Informationen zu den Mischungen können beim Autoren angefordert werden.*

Mischung eingestellt. Ein mittlerer Gehalt von 9,6 MJ NE entspricht in diesen Mischungen einem Gehalt von über 13 MJ ME entsprechend der Futtermitteldeklaration (Mischfutterformel) und von 12,6 bis 12,8 MJ ME nach ME-Werten, die mit der Einzelfuttermittelformel berechnet wurden. Die Deklaration des Mischfutters basiert dann auf den Energiegehalten an umsetzbarer Energie, die mit der Mischfutterformel berechnet worden sind. Die ökonomische Optimierung der Mischungen mit der Nettoenergie (NE) als Bewertungsebene berücksichtigt im Unterschied zur ME die Energieverluste, die durch Wärmebildung dem Tier verloren gehen. Es wird so nur die Energie, die für Erhaltung und Leistung zur Verfügung steht, in der Optimierung verwendet.

Bei der Versorgung mit Phosphor ist die brutto-P-Versorgung zu minimieren, damit weniger Einträge in die Böden gelangen. Zugleich müssen die Bedürfnisse des wachsenden Tieres nach verdaulichem Phosphor voll befriedigt werden, damit keine Leistungsminderungen und möglicherweise Fundamentschwächen auftreten. In der Optimierung wird daher beim brutto-P-Gehalt der Mischung eine Maximum-Vorgabe eingestellt, die für die Mischung den Status »stark«, »sehr stark« oder das Versorgungslevel »betriebsindividuell extrem stark« P-reduziert rechtfertigt. Um die tier- und leistungsgerechte P-Versorgung bei einer sehr geringen brutto-P-Versorgung zu erreichen und die anderen antinutritiven Wirkungen der nativen Phytinsäuren zu neutralisieren, ist insbesondere die Verwendung von zugesetzten Phytasen sinnvoll und weit verbreitet. Die Verdaulichkeit von Phytin gebundenem Phosphor wird dadurch erhöht. Daneben sind auch andere essenzielle Futterinhaltsstoffe in einem höheren Anteil vom Tier nutzbar. In der Versorgungsberechnung muss insbesondere die verbesserte P-Versorgung berücksichtigt werden, damit es zu einer effektiven brutto-P-Minimierung in der Mischung kommen kann. Nachhaltige Fütterungsstrategien der Zukunft passen den Phytase-Zusatz und deren Dosierung individuell an die Mischungshauptkomponenten, deren Anteile an phytatgebundenem P und die Tierkategorie eng an, um hohe Zusatzstoffeffekte zu erreichen und eine brutto-P-Absenkung möglichst weitgehend ermöglichen zu können.

5.3 Mischfutterproduktentwicklung

Welche Eigenschaften soll das Mischfutterprodukt eines Mischfutterherstellers haben? Es muss solche ernährungsphysiologischen Eigenschaften aufweisen, dass die Tiere bei optimalen Haltungsbedingungen und guter gesundheitlicher Lage ihr genetisches Vermögen zur Ausprägung von hohen physiologischen Leistungen, wie der täglichen Gewichtszunahme, bei hoher

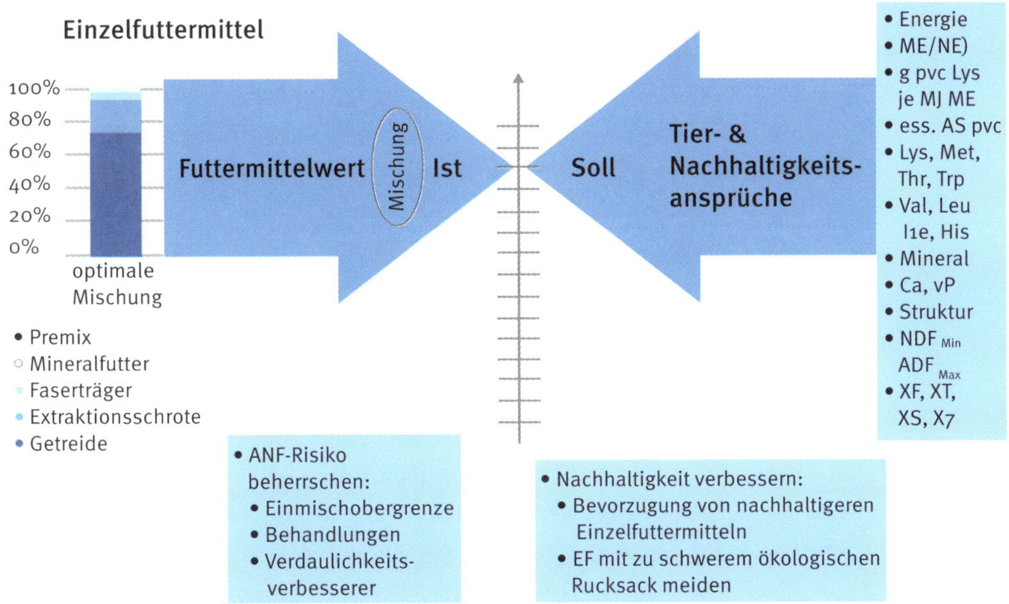

Abb. 5-1: Kriterien einer nachhaltigeren Optimierung von Futtermittelmischungen

Effizienz in der Verwertung des Futters sehr weit ausschöpfen. Gleichzeitig muss eine Wettbewerbsfähigkeit des Mischfutterproduktes im Markt der Mischfutter für Schweine gegeben sein. Über diese Grundvoraussetzungen hinaus sollten Eigenschaften des Produktes eine Produktdifferenzierung im Markt erlauben.

Ein Zusatznutzen, den ein Mischfutterprodukt aufweisen kann, wird die Überlegenheit in der Nachhaltigkeit in der Wertschöpfungskette bis zum erzeugten Mischfutterprodukt sein. Die Bedeutung dieses Kriteriums wird zukünftig zunehmen. Schon jetzt argumentieren Unternehmen des Lebensmitteleinzelhandels gegenüber den Verbrauchern mit Nachhaltigkeit der Lebensmittel und stellen große Fortschritte in den nächsten Jahren in Aussicht.

Wie kann ein Mischfuttererzeugnis sich von den Massenerzeugnissen durch Eigenschaften der Nachhaltigkeit abheben? Wie muss ein Prozess der Produktentwicklung gestaltet werden, damit mehr Nachhaltigkeit eine nachvollziehbare und glaubwürdige Produkteigenschaft ist?

5.4 Futtermitteloptimierungsprogramme

Zur Beantwortung dieser Frage kann der Leitgedanke dienen, dass wertvolle Ressourcen sparsam verbraucht und mit hoher Effizienz verwendet werden sollten. Die Vermeidung unnötiger Verbräuche verringert automatisch auch unnötige Belastungen durch Emissionen. Wenn Sicherheitspuffer in der Fütterung minimiert werden, muss die Mischfutterberechnung und -optimierung mit höherer Genauigkeit Mischungen ermitteln, die eine sehr große Übereinstimmung in allen essenziellen Nähr- und Wirkstoffen sowie der Energieversorgung zwischen Bedarf und Versorgung der jeweiligen Tiere und ihrer Entwicklung (Leistungen) erreichen.

Mithilfe geeigneter Optimierungsprogramme können sehr viele Kriterien gleichzeitig berücksichtigt werden. Im Mittelpunkt stehen Kriterien auf der Ebene der verdaulichen essenziellen Nährstoffe (Aminosäuren, Phosphor) und der umsetzbaren Energie oder Nettoenergie. Die Feuchtegehalte der Komponenten und der Zielmischung lassen sich mit diesem Werkzeug korrekt berücksichtigen und gestalten. Einschränkungen in der Verwendung von Einzelfuttermitteln, die sich aufgrund der Gehalte von antinutritiven Faktoren ergeben können, lassen sich systematisch umsetzen.

Einflüsse auf die Verdaulichkeit durch eine Futtermittelbehandlung oder durch die Verwendung von Zusatzstoffen können damit berücksichtigt werden. Das Werkzeug, das Futteroptimierungsprogramm, muss für die vielfältigen Anforderungen geeignet sein, der Anwender muss es entsprechend einrichten (Parameter anlegen, geeignete Formeln hinterlegen) und die Kompetenz haben, den Optimierungsprozess zu einer optimalen, plausiblen und praktikablen Zielmischung zu führen.

Um ein Mischfutter, welches zu einem eng an den Bedarf der Tiere angepassten Fütterungsregime gehört, mit der Futteroptimierung zu ermitteln, sind möglichst genaue Futterwertinformationen zu den Mischungskomponenten notwendig. Ein umfangreiches und intensives Rohstoffmonitoring hinsichtlich der Futterwerteigenschaften liefert dazu die Grundlagen. Durch systematische Beprobung und Analyse der Rohstoffe lassen sich zu den Partien der Komponenten Werte ermitteln, die als Matrixwerte eingepflegt werden. Dies ist die erste wesentliche Voraussetzung für hohe Genauigkeit und Zuverlässigkeit in der Mischfuttergestaltung. Technologien, die eine Schnellanalyse im fließenden Futtermittelstrom oder Mischbehälter machen können, können dazu genutzt werden, eine Feinjustierung durchzuführen und eine möglichst genau den Anforderungen entsprechende Mischung zu produzieren. Regelmäßig wiederholte Beprobungen und Futterwertanalysen der aufeinander folgenden Rohstoffverbrauchspartien mit geeigneten Schnellmethoden, wie der Nahinfrarotspektroskopie (NIRS) in zentralen Laboren, vermitteln ein Bild von der Variabilität im Futterwert der Komponenten. Mit dieser Information lassen sich Größenordnungen für den notwendigen Sicherheitspuffer in den Futterwerten ableiten.

Für die Mischfuttermitteloptimierung sind Informationslücken in der Datenmatrix der Futterkomponenten, die verblieben sind, weil keine analytischen Ergebnisse vorliegen, durch möglichst genaue und treffsichere Schätzverfahren zu ermitteln. Softwarewerkzeuge, die auf der Grundlage von Forschungsergebnissen und Futtermittelanalysen entwickelt worden sind, wie zum Beispiel das EvaPig® oder das Aminodat®, sind für diese Zwecke sehr nützlich, weil sie plausible Werte für die nicht analytisch bestimmten Gehalte der nachrangig essenziellen Aminosäuren oder des Phosphors oder der Energie liefern können. Außerdem können sie diese Werte auf der Bewertungsebene der verdaulichen Nährstoffgehalte oder der Nettoenergie ausweisen. Tabellenwerte aus der Literatur sollten nur dann verwendet werden, wenn sie angemessen erscheinen und genauere Futterwertinformationen nicht verfügbar sind.

Schließlich sind zu den Futtermitteln die ökonomischen Gewichte einzupflegen, damit letztendlich eine ökonomisch optimale Lösung ermittelt werden kann.

Im Optimierungsverfahren, wie zum Beispiel mit dem Programm Futter 5®, wurde zuerst sichergestellt, dass für alle ausgewählten Einzelfuttermittel und Zusatzstoffe die benötigten Matrixwerte eingepflegt worden sind. Minimum-Restriktionen sind zu setzen für die Gehalte der Energie-, dem Calcium-, dem verdaulichen Phosphor- sowie den Leitkennzahlen pcv-Lysin und Vitamin A. Dadurch wird die generierte Mischung die Eckanforderungen hinsichtlich Energie, Proteine, Mineralstoffe sowie Vitamine und Spurenelemente, die über einen Premix in die Mischung eingebracht werden, einhalten. Durch die Restriktion des minimalen pcv-Lysin-Gehaltes in Verbindung mit der Wahrung der Aminosäurenverhältnisse von pcv-Lysin zu den sieben essenziellen Aminosäuren Methionin, Threonin, Tryptophan, Valin, Leucin, Isoleucin und Histidin stellt sich ein Rohproteingehalt ein, sodass in der Regel kaum nachreguliert werden muss. Es könnte sich aufgrund der Preise ein zu hoher Rohproteingehalt einstellen. In diesem Fall ist ein Rohprotein-Maximum einzugeben, damit das Futter als nachhaltig und Mischfuttermittel einer stark N- und P-reduzierten Fütterung anerkannt werden kann. Bei einem sehr geringen Rohproteingehalt kann eine Minimum-Vorgabe bewirken, dass mehr natürliche Proteinträger in der Mischung verwendet werden. Dies kann notwendig sein, um die ausreichende Versorgung von nachrangig essenziellen oder nicht-essenziellen Aminosäuren sicherzustellen.

5.5 Beispiele

5.5.1 Eigenmischungen

In den hier für einen landwirtschaftlichen Betrieb mit Flüssigfütterung ermittelten Mischungen für die Vormast ab 30 kg, die Mittelmast ab 60 kg und die Endmast ab 90 kg Lebendmasse sind die individuellen Mineral- oder Ergänzungsfuttermischungen abzuleiten. In dem hier gewählten Beispiel möchte der Landwirt ein faserarmes CornCobMix (CCM) mit 59,6 % Trockenmasse, Gerste und Triticale als Energieträger mit Soja- oder Rapsextraktionsschrot sowie feuchter Weizenschlempe mit 27 % Trockenmasse als Proteinträger verwenden. Damit es gelingt, die Versorgung mit Struktur- und faserartigen Stoffen sowie Mineral- und Wirkstoffen zu gewährleisten, werden ein Fasergranulat, Mineralfuttermittel, freie Aminosäuren und ein Premix in die Optimierung einbezogen. Die ermittelten Anteile der Faser-, Mineral- und Wirkstoffkomponenten werden dann zu passenden Mineral- oder Ergänzungsfuttermischungen zusammengefasst. Wie daraus hervorgeht, sinkt der Ergänzungsfutteranteil. Die Anteile der Protein-, Mineral- und Mikrokomponentenreichen Mischungsbestandteile (vgl. Tab. 5-1) nehmen mit zunehmenden Gewicht von etwas über 6 % auf 3 % ab. Dies ist gerechtfertigt, weil der Bedarf sich ändert und die Futteraufnahme zunimmt.

Die mit dem Futteroptimierungsprogramm Futter 5 beispielhaft anhand der NE ermittelten Mischungen (vgl. Tab. 5-2) werden auf der Deklaration mit einem Energiegehalt von > 13 MJ ME/kg ausgewiesen und damit den gewohnten Anforderungen gerecht. Es wurden noch XP-Minimum-Vorgaben eingestellt. Ohne Rohprotein-Vorgaben findet das Programm auch rohproteinärmere Mischungen. Damit geht ein zunehmendes Risiko der Unterversorgung der essenziellen und nichtessenziellen Aminosäuren einher. Von 0,77 g pcv Lysin je MJ ME für Ferkel zu Beginn der Mast verringert sich diese Verhältniszahl kontinuierlich. Insbesondere für die Endmast liegen Hinweise aus der Praxis vor, dass die von der GfE ermittelten Versorgungsnormen, die hierfür eine Relation von unter 0,5 g pcv Lysin je MJ ME abgeleitet hat, in der Praxis noch mit größeren Risiken verbunden sind.

5.5.2 Produktentwicklung Mischfutter

Die Tabelle 5-3 zeigt für beispielhafte Optimierungsergebnisse, dass Maximalgehalte im Protein und brutto Phosphorgehalt in Kombination mit Mindestanforderungen bei Nettoenergie, acht essenziellen Aminosäuren, verdaulichem Phosphor, Calcium, Natrium sowie Spurenelementen und Vitaminen Mischungen für ein eng bedarfsangepasstes Fütterungsregime liefern können. Wenn die Phasenende-Endmastfuttermittelmischung lange

Tab. 5-2: Beispiel für ein Fütterungskonzept einer nachhaltigeren 4-phasigen Flüssigfütterung

Inhaltsstoff, Kennzahl, Parameter	Vorgabe, Aspekt, Aufgabe	Einheit	VM (891)	MM (892)	EM (893)	EM-PE (894)
		Gehalte in 88 % TM				
Rohprotein (XP)	**ggf. Maximum**	**%**	**16,0**	**14,5**	**12,5**	**12,0**
Rohfett (XL)		%	2,7	3,0	3,4	3,5
NDF	Minimum	g	156	178	190	196
ADF	Maximum	g	55	59	69	68
Calcium (Ca)	Minimum	%	0,70	0,53	0,50	0,55
Phosphor (P)	Maximum	%	0,35	0,39	0,36	0,35
verd.-P (vP)	ggf. Maximum	%	0,16	0,18	0,18	0,18
vP-inkl. 375 U Phytase	ggf. Minimum	%	0,30	0,32	0,30	0,29
vP-inkl. 750 U Phytase	**Minimum**	**%**	**0,30**	**0,32**	**0,30**	**0,29**
Natrium (Na)	Minimum	%	0,20	0,20	0,15	0,15
ME(S) EiFFo-G1	prüfen	MJ	12,8	12,8	12,6	12,6
verd.-Lys(S)/ME (G1-EiFFo)	prüfen	g	0,763	0,572	0,522	0,491
NEg (Gleichung 7) iOS	**Minimum**	**MJ**	**9,60**	**9,60**	**9,60**	**9,60**
verd. Lys(S)/NEg-7 (461)	prüfen	g	1,021	0,760	0,688	0,646
ME(S) MiFFo-G2	**Deklaration**	**MJ**	**13,2**	**13,2**	**13,1**	**13,1**
Preis	ökonom. Wert	EUR	20,36	18,19	17,27	16,99
verd. Lys: M+C	prüfen		0,59	0,59	0,62	0,62
verd. Lys: Thr	prüfen		0,62	0,63	0,67	0,66
verd. Lys: Trp	prüfen		0,20	0,21	0,20	0,19
d-Lys: d-M+C	Aminogramm prüfen und ggf. korrigieren; Minimum bei zusätzl. pvc Val, Leu	%	57	62	71	72
d-Lys: d-Thr		%	62	64	72	72
d-Lys: d-Trp		%	21	22	23	23
d-Lys: d-Ile		%	57	68	59	60
d-Lys: d-Val		%	65	78	73	75
d-Lys: d-Leu		%	107	134	125	129
d-Lys: d-His		%	35	44	40	40
Vitamin A	Leit-Zusatzstoff-Kennzahlen	IE	11.000	7.500	5.000	5.000
Vitamin D		IE	1.833	1.250	833	833
Selen		mg	0,37	0,26	0,17	0,16

vom Beginn der Endmast bis zum Schlachttermin verschnitten wird, gelingt es, den Proteingehalt in der letzten Phase der Mast unter dem Niveau eines klassischen Endmastfutters abzusenken. Wenn die Aminosäureausstattung bedarfsdeckend ist, sind keine negativen Auswirkungen auf die Mastleistung oder den Schlachtkörperwert zu erwarten.

Tab. 5-3: Beispielhafte Mischfuttermittel eines nachhaltigen Fütterungsregimes (trocken)

Rohstoff	Preis €/dt	TM %	881 VM: ab 28 kg 9,6 MJ NE 18 % XP	882 VM: ab 28 kg 9,6 MJ NE 17 %XP	883 MM: ab 70 kg 9,6 MJ NE 15 % XP	884 MM: ab 70 kg 9,6 MJ NE 13,5 % XP	885 EM: bis 120 kg 9,6 MJ NE 12 % XP
Weizen	15,20	86,3	27,6	20,5	37,9	37,4	45,2
Triticale	14,20	86,3	25,0	25,0	25,0	25,0	25,0
Gerste	13,72	86,3	11,0	23,4	10,0	18,0	13,7
Soja-ES 43 % XP i 88 % T	31,65	88,0		12,7			
Soja-ES HP	36,65	87,6	9,1				
Raps-ES	21,06	89,0	5,3		6,4	6,3	3,2
Ackerbohne	18,00	88,0	10,0	10,0	15,0	8,5	0,8
Lupine	22,00	88,0	7,5	2,4	3,2		
Maiskleber	84,56	89,0		1,0			
Rapsöl	70,00	99,9	1,01	1,08		0,13	
Weizenkleie	11,29	88,0				2,0	10,0
Mineralfutter			3,55	3,80	2,46	2,67	2,12
			Gehalte in 88 % TM				
Rohprotein (XP)		%	**18,1**	**17,0**	**15,0**	**13,5**	**12,0**
Rohfett (XL)		%	3,1	3,1	2,1	2,2	2,2
NDF		g	131	136	133	142	158
ADF		g	60	53	58	52	47
ME (S) EiFFo-G1		**MJ**	**13,0**	**12,9**	**12,8**	**12,7**	**12,6**
ME (S) EiFFo-G2		MJ	13,0	13,0	12,9	13,0	13,0
NEg (Gleichung 7) iOS		**MJ**	**9,6**	**9,6**	**9,6**	**9,6**	**9,6**
Lysin		%	1,14	1,12	0,83	0,82	0,68
pvc-Lysin		%	1,00	1,00	0,71	0,70	0,58
verd.-Lys (S)/ME (G1-EiFFo)		g	0,77	0,77	0,55	0,55	0,46
verd.-Lys (S)/NEg-7 (461)		g	1,04	1,04	0,74	0,73	0,61
d-Lys: d-M+C		%	59	58	60	58	66
d-Lys: d-Thr		%	66	66	67	69	69
d-Lys: d-Trp		%	21	21	21	21	20
d-Lys: d-Ile		%	60	56	66	57	59
d-Lys: d-Val		%	67	644	77	70	73
d-Lys: d-Leu		%	104	103	120	104	108
d-Lys: d-His		%	38	335	43	37	39
Preis		**EUR**	**20,33**	**20,71**	**16,84**	**16,59**	**15,47**
Calcium (Ca)		%	0,71	0,71	0,51	0,51	0,46
Phosphor (P)		%	0,41	0,39	0,37	0,37	0,40
Natrium (Na)		%	0,20	0,20	0,20	0,20	0,15
verd.-P (vP)		%	0,20	0,20	0,18	0,18	0,20
vP-inkl. 375 U Phytase		%	0,26	0,26	0,24	0,24	0,25
vP-inkl. 375 U Phytase		%	0,31	0,31	0,27	0,27	0,29
Vitamin A		IE	10.135	10.142	7.582	7.590	4.055
Vitamin D		IE	1.689	1.690	1.264	1.265	676
Zink		mg	54	50	41	44	29
Eisen		mg	97	61	60	60	38
Selen		mg	0,32	0,31	0,24	0,24	0,15

Die Verwendung von Phasenende-Futtermischungen, die im Mastbetrieb über lange Zeit gleitend verschnitten werden, ermöglichen es Proteingehalte zu senken und insbesondere in der Endmast Proteinverbräuche zu verringern. Die Mischungen sind ungewohnt und eine Anwendung des Konzeptes erfordert noch wachsendes Zutrauen in die Machbarkeit so extremer Absenkungen in den wertbestimmenden Futterwerteigenschaften.

6 Fütterung der Sauen

Andrea Meyer

6.1 Bedarfsnormen und Versorgungsempfehlungen

Die Leistungssteigerungen bei Sauen wurden in den letzten Jahren vor allem durch Selektion auf Wurfgröße, Milchleistung, Rahmen und Fundament erreicht. Bei gleichzeitiger Verkürzung der Säugezeit wurden die Wurffrequenz und damit die Anzahl der geborenen Ferkel je Sau und Jahr erhöht. Bei 12 bis 16 lebend geborenen Ferkeln, Saugferkelverlusten von < 14 % und 2,4 Würfen/Jahr ergeben sich Größenordnungen von 27 bis 35 abgesetzten Ferkeln/Jahr. Mittlerweile sind 30 und mehr abgesetzte Ferkel/Jahr keine Seltenheit mehr, sondern in vielen Betrieben die Normalität. Voraussetzung für diese hohen Aufzuchtleistungen sind optimale Fütterungs- und Haltungsbedingungen sowie Sauenherkünfte mit sehr hoher Leistungsveranlagung. Von elementarer Bedeutung ist ihre Milchleistung. In den letzten Jahren sind die Sauen deutlich schwerer und großrahmiger geworden und ihr Körper enthält mehr Muskel- und weniger Fettgewebe als früher.

Im Unterschied zur Milchkuh kommt es beim Schwein nicht zu einer Überlagerung von Trächtigkeit und Laktation. Es besteht daher die Möglichkeit, den Bedarf an Energie, Nähr- und Wirkstoffen über die Fütterung gezielt auf die unterschiedlichen Produktionsphasen abzustimmen.

Der Ausschuss für Bedarfsnormen der Gesellschaft für Ernährungsphysiologie (GfE) hat im Jahr 2006 Empfehlungen zur Energie- und Nährstoffversorgung von Schweinen herausgegeben. Darin erfolgt die Ableitung des Bedarfs entweder faktoriell oder über Dosis-Wirkungs-Versuche (Spurenelemente, Vitamine). Für eine faktorielle Ableitung müssen der Nettobedarf und die Nährstoffverwertung für die Teilleistungen (z. B. Erhaltung, Trächtigkeit) bekannt sein. Mit den Empfehlungen wird das Ziel verfolgt, den Bedarf für die hohen biologischen Leistungen der Sauen so weit wie möglich zu decken. Nachfolgend sind wichtige Bedarfswerte und Versorgungsempfehlungen dargestellt. Wegen der großen Bandbreite der Produktionsparameter in der Praxis (Ferkelzahl, Wurfzuwachs, Säugezeit u. a.) hat die GfE entsprechende Werte festgelegt, die durch Versuchsergebnisse bestätigt wurden und die für die überwiegende Zahl der Betriebe zutreffen.

6.1.1 Energie

Der Energiebedarf der Sauen setzt sich zusammen aus dem Bedarf für Erhaltung, Wachstum, Trächtigkeit und Laktation.

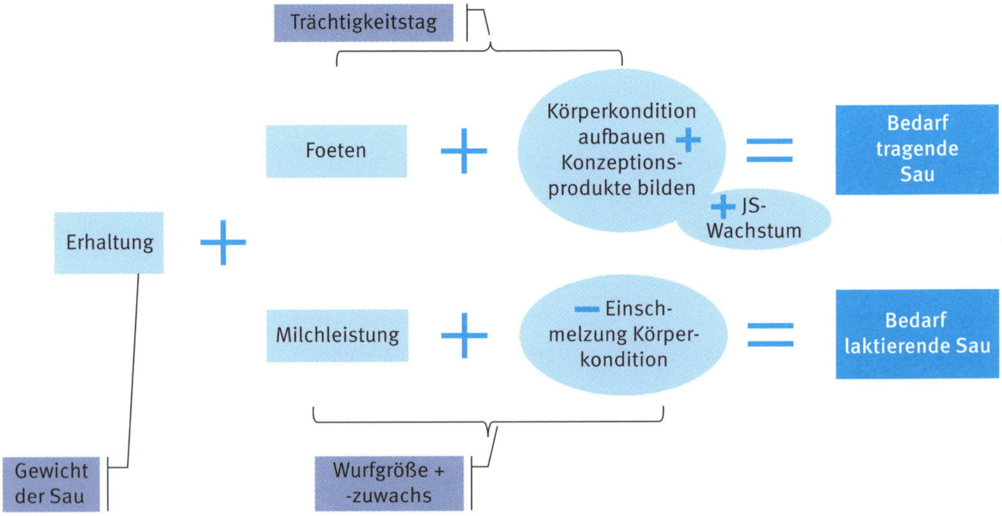

Abb. 6-1: Bedarfskomponenten in der Fütterung tragender und säugender (laktierender) Sauen

Erhaltungsbedarf

Der Erhaltungsbedarf umfasst den Bedarf für die Aufrechterhaltung einer ausgeglichenen Energiebilanz im thermoneutralen Bereich bei geringer Bewegungsaktivität und ist abhängig von der Lebendmasse. Er wird wie folgt berechnet:

$$\text{Erhaltungsbedarf (MJ ME/Tag)} = 0{,}44 \times LM^{0{,}75}$$

$LM^{0,75}$ = metabolische Lebendmasse

Eine Sau mit 200 kg LM hat eine $LM^{0,75}$ von 53,2 kg und somit einen Erhaltungsbedarf von 23,4 MJ ME/Tag, eine Jungsau mit 140 kg LM benötigt 17,9 MJ ME/Tag und eine Sau mit 250 kg LM 27,7 MJ ME/Tag.

Der thermoneutrale Bereich liegt zwischen der unteren und oberen kritischen Temperatur. Der Energiebedarf erhöht sich, wenn mehr Wärme für die Thermoregulation produziert werden muss. Die untere kritische Temperatur der tragenden Sau hängt von der Haltung und der Körperkondition ab und liegt bei etwa 13 bis 17 °C, bei der laktierenden Sau beträgt sie ca. 10 bis 12 °C. Die obere kritische Temperatur liegt bei etwa 28 bis 31 °C (tragende Sau) und bei 22 °C (laktierende Sau). Sinken die Temperaturen unterhalb des thermoneutralen Bereichs, steigt der Energiebedarf je 1 °C Temperaturabfall um 0,3 MJ ME/Tag in der Gruppenhaltung und um 0,6 MJ ME/Tag in der Einzelhaltung.

Tab. 6-1: Futterzuschläge für Temperaturen unterhalb des thermoneutralen Bereichs (Quelle: DLG 2008)

Einzelhaltung Temperatur °C	Einzelhaltung Futterzuschlag g/Tag	Gruppenhaltung Temperatur °C	Gruppenhaltung Futterzuschlag g/Tag
19	–	14	–
18	50	13	25
17	100	12	50
16	150	11	75
15	200	10	100

Bedarf für die Trächtigkeit

In der Trächtigkeit benötigen Sauen zusätzliche Energie für das Wachstum der Konzeptionsprodukte (Foeten, Plazenta, Fruchtwasser), der Gebärmutter und des Gesäuges sowie für den maternalen LM-Zuwachs. Bezogen auf den LM-Zuwachs ist der Anteil der Konzeptionsprodukte erst im letzten Drittel der Trächtigkeit deutlich erhöht (exponentielles Wachstum der Foeten). Der LM-Zuwachs der Sauen beträgt in der Trächtigkeit ca. 30 bis 80 kg. Insgesamt nimmt die noch wachsende Jungsau etwa 60 bis 70 kg LM zu. Hiervon entfallen lediglich etwa 20 bis 25 kg auf die eigentlichen Konzeptionsprodukte und ca. 40 bis 45 kg auf den Körpermasseansatz der Sau (maternales Wachstum). Bei Altsauen ab dem 3. Wurf unterstellt die GfE einen Zuwachs von ca. 25 kg während der Trächtigkeit. Dieses Zunahmeniveau reicht i. d. R. aus, um bei einer älteren Sau die in der Laktation entstandenen Gewichtsverluste (ca. 10 bis 15 kg LG) auszugleichen und eine optimale Gewichtsentwicklung der Foeten im Uterus zu gewährleisten. Zu beachten ist, dass in der Praxis häufig deutlich höhere Gewichtsverluste in der Säugeperiode auftreten.

Bedarf für die Laktation

Bei entsprechender Fütterung und Haltung sind Sauen in der Lage, tägliche Milchleistungen von 10 bis 15 Litern in der Laktationsspitze zu erbringen. Der Energiegehalt der Sauenmilch beträgt ca. 5,0 MJ/kg, der Fettgehalt liegt zwischen 8 und 8,5 % und der Proteingehalt zwischen 4,6 bis 5,6 % (nach GfE, 2006). Da Milchmengen, Milchinhaltsstoffe und der Umfang des Körpersubstanzabbaus stark schwanken und schwer zu erfassen sind, ist eine faktorielle Bedarfsableitung nahezu unmöglich. Es ist sinnvoller, die Milchleistung der Sau indirekt aus dem Zuwachs an Ferkelmasse (Anzahl Ferkel × LM-Zuwachs/Tag) zu bestimmen, denn Ferkelzuwachs und Milchleistung sind direkt voneinander abhängig. Zur Erzeugung von 1 kg Ferkelmasse werden im Mittel 4,1 kg Sauenmilch benötigt. Das bedeutet, dass bei einem Teilwirkungsgrad der Energie für die Milchbildung von 0,70 ein Bedarf an umsetzbarer Energie (ME) von 29 MJ je 1 kg LM-Zuwachs der Ferkel gedeckt werden muss (5,0 MJ/kg Milch ÷ 0,70 × 4,1 kg Milch). Bei 11 Ferkeln und 230 g Tageszunahmen ergibt sich daraus ein Bedarf für die Milchleistung von 73 MJ ME/Tag. Inklusive Erhaltungsbedarf benötigt dann eine Sau mit 200 kg LM etwa 97 MJ ME/Tag. Da die Sau diesen Bedarf aufgrund der begrenzten Futteraufnahmekapazität oftmals nicht decken kann, mobilisiert sie Körpermasse, um zusätzliche Energie für die Milchproduktion zu gewinnen. Dieser Weg ist sehr effizient. Je kg mobilisierte Körpermasse kann mit einer Einsparung der ME aus dem Futter von etwa 25 MJ gerechnet werden. Bereits in älteren Untersuchungen konnte gezeigt werden, dass eine Unterversorgung mit Energie und Protein bzw. Lysin die Milchleistung der Sau nur in geringem Maße beeinflusst, da die Leistung durch verstärkten Körpermasseabbau (Fett und Protein) aufrechterhalten wird. Das Abfragen großer Milchmengen durch große Würfe und wüchsige Saugferkel verursacht bei begrenzter Energieversorgung mit dem Futter eher einen stärkeren Substanzabbau bei der Sau und erst in zweiter Linie eine eingeschränkte Milchbildung. Die Beifütterung der Saugferkel kann zur Reduzierung eines möglichen Nährstoffdefizits beitragen.

Bedarf für die Güstzeit

Zum Bedarf der Sau in der Zeit vom Absetzen bis zur Wiederbelegung (Güstzeit) liegen keine gesonderten Untersuchungen vor. Da eine intensivere Energie- und Nährstoffzufuhr die Güstzeit verkürzt, das Rauscheverhalten verbessert, die Follikelreifung stimuliert und dadurch die Ovulationsrate erhöht, können für diesen Produktionsabschnitt die Bedarfsempfehlungen für die hochträchtige Sau übernommen werden.

Versorgungsempfehlungen

Wegen der unterschiedlichen Nährstoffansprüche in der Trächtigkeit und Laktation werden Empfehlungen für tragende und laktierende Sauen gegeben, wobei aufgrund des exponentiellen Verlaufs des Foetenwachstums zusätzlich eine niedertragende und eine hochtragende Phase unterschieden werden. Die Versorgungsempfehlungen sind Orientierungswerte, die LM-Angaben sind Beispiele. Die Empfehlungen für die Trächtigkeit berücksichtigen den Einfluss von Lebendmasse, maternalem LM-Zuwachs und des Körpermasseabbaus während der Laktation. Unterstellt ist, dass die Sauen noch bis zur 4. Trächtigkeit wachsen und Jungsauen aufgrund der gegenüber Altsauen geringeren Wurfgröße nur 12 Ferkel gebären. Eine Jungsau sollte bis zur ersten Abferkelung etwa 75 bis 80 kg zunehmen.

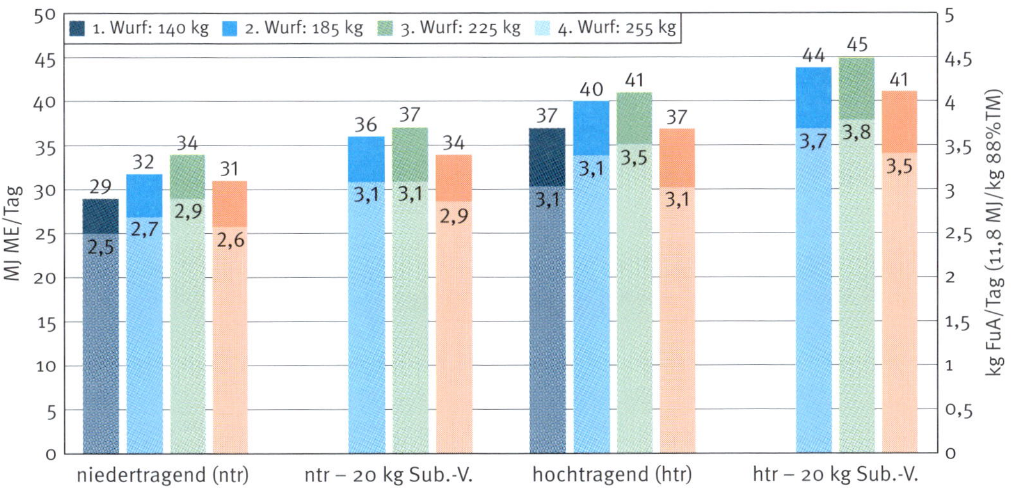

(Annahmen: mittlere LM in der jeweiligen Phase; 12 MJ ME/kg maternaler Zuwachs; Energie in Konzeptionsprodukten: 1,0 (NT) bzw. 2,5 MJ/Tag (HT); NT = niedertragend (1.-84. Tag); HT = hochtragend (85.–115. Tag)

Abb. 6-2: Empfehlungen zur Energieversorgung und Richtwerte zur Futteraufnahme von tragenden Sauen

Die Empfehlungen für die laktierenden Sauen berücksichtigen unterschiedliche Wurfmassezuwächse (WMZ) und dementsprechend unterschiedliche Lebendmasseverluste (LMV) der Sauen. Die meisten Sauen können die für einen hohen Wurfzuwachs erforderliche Futtermenge nur selten aufnehmen und bauen deshalb Körpersubstanz ab, die in der folgenden Trächtigkeit ausgeglichen werden muss. Die Empfehlungen unterstellen eine Säugezeit von 25 Tagen und ein Absetzgewicht der Ferkel von 7 bis 8 kg.

Die lineare Beziehung, die in Abbildung 6-3 anschaulich graphisch und mit Regressionsgleichungen dargestellt ist, zeigt, dass laktierende Sauen je 0,5 kg mehr Wurfmassezuwachs über 15 MJ ME je Tag mehr aufnehmen und je 10 kg höheres eigenes Körpergewicht 0,8 MJ ME je Tag mehr erhalten sollten. Bei höherer Wurfmassezunahme von über 3 kg je Säugetag ist ein Lebendmasseverlust der Sau nicht zu vermeiden und erreicht durchaus ganz selbstverständlich eine Größenordnung von 20 kg in der Laktation. Insbesondere in diesen Fällen ist die Ferkelbeifütterung von sehr großer Bedeutung. Ziel der Beifütterung ist es, insbesondere die Sau in der Versorgung großer Würfe zu entlasten und die Ferkel für eine frohwüchsige Entwicklung ausreichend zu versorgen. Prästarter, Starter oder ergänzende Milchaustauschertränken tragen dazu bei, die Unterversorgung der rangniederen Ferkel im Wurf und eine zu starke Auszehrung des Muttertieres zu vermeiden. Mit der Beifütterung wird das Verdauungssystem des Saugferkels frühzeitig auf eine weitgehend vegetarische Festfutter-Versorgung in der Ferkelaufzucht angepasst. Dabei müssen die Risiken der Entstehung von

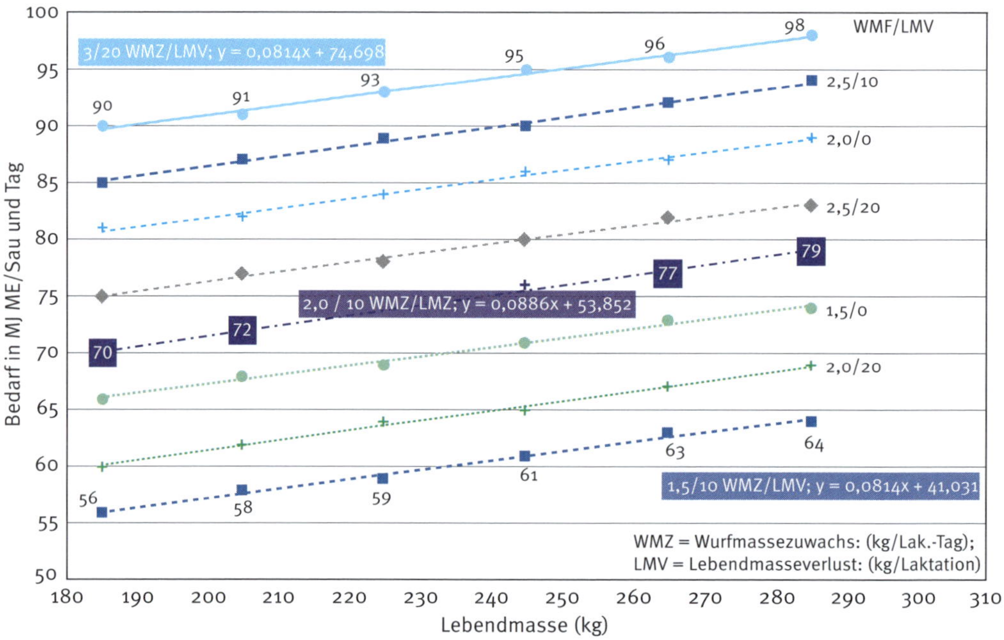

Abb. 6-3: Empfehlungen zur Energieversorgung der laktierenden Sau (Quelle: GfE, 2006; Annahmen: 25-tägige Säugezeit; 1 kg Ergänzungsfutteraufnahme der Ferkel reduziert die ME-Versorgung der Sau um 22 MJ oder den LM-Verlust um 0,9 kg)

Verdauungsstörungen und Darmerkrankungen mit geeigneten Produkten und Verabreichungsregimen beherrscht werden.

6.1.2 Aminosäuren und Rohprotein

Schweine haben einen Bedarf an Aminosäuren. Der Bedarf an essenziellen und nicht essenziellen Aminosäuren, der faktoriell abgeleitet werden kann, ergibt die Menge an Rohprotein. Aufgrund neuer Erkenntnisse zur praecaecalen Verdaulichkeit wird der Bedarf an Aminosäuren nicht mehr auf Basis der Bruttogehalte, sondern auf Basis der praecaecal verdaulichen (pcv) Gehalte angegeben. Da nur für die faktorielle Ableitung des Bedarfs an Lysin ausreichend Daten vorliegen, wird der Bedarf der übrigen essenziellen Aminosäuren im Verhältnis zum Lysin angegeben. Etwa 40 % der im Körper- und Milchprotein enthaltenen Aminosäuren sind essenziell. Daraus resultiert die Mindestmenge an pcv Rohprotein = Summe der pcv AS × 2,5. Im Folgenden wird nur auf die für übliche Fütterungspraxis wichtigen Aminosäuren eingegangen. Es wird eine praecaecale Verdaulichkeit der Aminosäuren von 80 % unterstellt.

Der Bedarf an Aminosäuren (AS) setzt sich zusammen aus dem Bedarf für Erhaltung, Wachstum, Trächtigkeit und Laktation.

Erhaltungsbedarf

Der Erhaltungsbedarf ist die Zufuhr an Stickstoff in Form von Proteinen und Aminosäuren, die die unvermeidlichen Verluste des Organismus gerade deckt. Zu diesen Verlusten gehören endogene N-Abgaben in die Digesta im Darm, Hautabschilferungen, wie Schuppen, Haare und unvermeidliche N-Ausscheidungen, über den Harn. Der Umfang dieser Verluste ist direkt abhängig von der metabolischen Körpermasse, also der Lebendmasse (LM) mit der Potenz 0,75 ($LM^{0,75}$). Es wird mit ausreichender Sicherheit der Erhaltungsbedarf gedeckt, wenn 38 mg pcv Lysin / kg $LM^{0,75}$ je Tag der Sau zur Verfügung stehen. Für eine Sau mit 200 kg LM resultieren daraus

(200 kg) 0,75 =
(53,2 kg) × (38 mg pcv Lysin) = 2,0 g pcv Lysin / Sau + Tag

Neben dem Lysin müssen auch die nach dem Lysin essenziellen Aminosäuren zum Ausgleich der unvermeidbaren Aminosäureverluste zugeführt werden. Die Proteine, die den Erhaltungsbedarf sicherstellen können, weisen ein ganz bestimmtes Aminogramm auf. Aus vielen wissenschaftlichen Untersuchen folgt, dass die optimale praecaecale Aminosäuren-Relation für Lysin : Methionin+Cystin : Threonin : Tryptophan : Valin : Histidin : Isoleucin : Leucin von 100 : 118 : 132 : 39 : 61 : 37 : 47 : 66 den Erhaltungsbedarf vollständig abdeckt, wenn der Lysin-Erhaltungsbedarf zugeführt wird.

Bedarf für die Trächtigkeit

Tragende Sauen benötigen Aminosäuren für Erhaltung, Konzeptionsprodukte, Gebärmutter, Gesäuge und für den maternalen LM-Zuwachs. Für die Konzeptionsprodukte inklusive Gesäuge ergibt sich bei 12 Föten ein Bedarf an pcv Lysin von 1,3 g/Tag bei niedertragenden und 6,5 g/Tag bei hochtragenden Sauen. Während der gesamten Trächtigkeit wird für den maternalen Zuwachs ein Bedarf von 17,8 g pcv Lysin / kg LM-Zuwachs der Sau benötigt. Der Bedarf der übrigen essenziellen AS lässt sich aus den jeweiligen Relationen zu Lysin ableiten.

Bedarf in der Laktation

Der AS-Bedarf in der Laktation wird in erster Linie von der Milchleistung bestimmt. Darüber hinaus spielen Wurfgröße und -nummer sowie der Abbau der Körpersubstanz, der die Versorgungslücke bei hohen Wurfaufzuchtleistungen schließt, eine Rolle. Laktierende Sauen benötigen Aminosäuren für Erhaltung und Milchbildung. Vom Bedarf wird dann der Anteil der AS aus der Mobilisierung der Körpersubstanz abgezogen. Ausgehend von einem

Eiweißgehalt in der Sauenmilch von 5,1 % ergibt sich ein Bedarf

$$(5{,}1 \text{ g pcv Lysin})/(\text{kg Sauenmilch}) \times (4{,}1 \text{ kg Sauenmilch})/(\text{kg Wurfmassezuwachs})$$
$$= 20{,}9 \text{ (g pcv Lysin)}/(\text{kg Wurfmassezuwachs})$$

Durch den Abbau von Körpermasse, hauptsächlich aus der Muskulatur, mobilisiert die Sau die Reserven essenzieller Aminosäuren, die für die Milchbildung noch fehlen. Der Körpersubstanzabbau besteht zu 15 % aus Rohprotein und im abgebauten Protein sind im Mittel 7,1 % Lysin enthalten. Bei einer Lysin-Verwertung im Intermediärstoffwechsel von 85 % erbringt ein Kilogramm an mobilisierter Körpermasse 9 g Lysin für die Milchbildung. Somit könnten bei einer 74 %-igen Verwertung 12 g Futter-pcv-Lysin eingespart werden.

Versorgungsempfehlungen – Aminosäuren

Die Aminosäure-Versorgung im Fortpflanzungszyklus von Sauen orientiert sich, wie bei wachsenden Schweinen, an der Qualität des Idealen Proteins. Im Unterschied zur Mast bei wachsenden Schweinen ist das Ideale Protein in den unterschiedlichen Phasen des Fortpflanzungszyklus auf die Bedürfnisse für Erhaltung einer weitgehend ausgewachsenen Sau, für den Konditionsaufbau, die Entwicklung von Föten, Fruchtwasser, Fruchthäuten oder für die Bildung von Milch ausgerichtet. Die Eckwerte für die Proteinqualität von Mischungen für nieder-, hochtragende und laktierende Sauen, die auf den Ableitungen der GfE, 2006, basieren stimmen weitgehend überein mit Vorgaben aus Dänemark, Frankreich, den Niederlanden oder den USA. Abweichungen von dem GfE-Aminogramm zeigen sich bei neueren internationalen Empfehlungen insbesondere für die Verhältnisse zwischen Lysin und Valin, Leucin und Isoleucin (vgl. Abb. 6-5).

Insbesondere in der Tragezeit ist bei einer sehr knappen Rohprotein-Ausstattung im Futter besonderes Augenmerk auf das Aminogramm zu richten. In der Kombination einer extremen Form der N-reduzierten Fütterung in der Säugezeit und einer hohen Wurfzuwachsleistung nimmt das Risiko stagnierender bzw. begrenzter Leistungen in Verbindng mit stärkeren Substanzverlusten der Sauen zu, weil sich Imbalanzen im Verhältnis der nachrangigen Aminosäuren zum Lysin einstellen. Entsprechend dem Liebig'schen Bild mit dem Wasserfass und den unterschiedlich hohen Dauben, können dann die Defizite der Aminosäuren, wie Valin, Histidin, Leucin oder Isoleucin, im Verhältnis zum Lysin leistungseinschränkend wirken. Solange diese

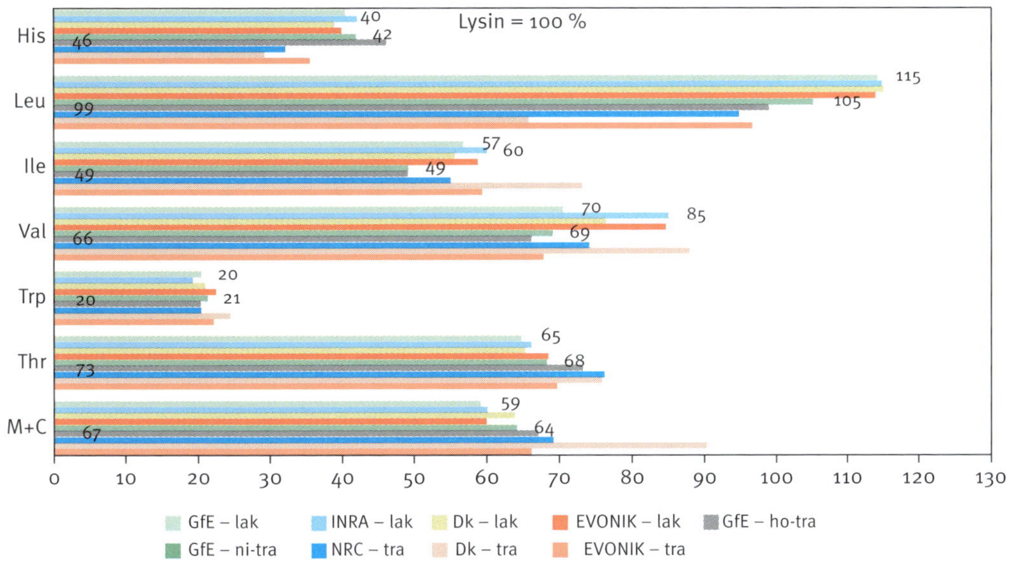

Abb. 6-4: Vergleich internationaler Aminogramm-Empfehlungen für Sauen

Aminosäuren nicht als freie Aminosäuren ergänzt werden können, ist eine ausreichend hohe Proteinträgerbeimengung nötig. Die Grenzen der sinnvollen Rohproteinabsenkung sind in diesem Fall überschritten.

Die Abbildung 6-5 zeigt, wie ausgehend vom vorgegebenen Energiegehalt die notwendige und zugleich Ressourcen sparende Proteinqualität des Mischfutters mit den Verhältnissen des Idealen Proteins abgeleitet werden kann. Im Laktationsfutter mit einem Soll-Energiegehalt von 13,0 MJ ME/kg ergibt sich ein notwendiger pcv-Lysin-Sollgehalt von

$$(13{,}0\ \text{MJ ME})/\text{kg} \times (0{,}62\ \text{g pcv Lysin})/(\text{MJ ME}) = (8{,}06\ \text{g pcv Lysin})/\text{kg}$$

Der pcv-Lysin-Sollgehalt entspricht 100 %. Durch Multiplikation des erhaltenen pcv-Lysin-Gehaltes (g/kg) mit dem Wert des Aminogramms (vgl. Spalten 2–3, in Abb. 6-5), der die Relation des Gehaltes zur Leitaminosäure Lysin in Prozent angibt, ergeben sich deren Sollgehalte (g/kg) in der Mischung (vgl. Spalten 7–9 in Abb. 6-5).

Durch Variation der Energie-Lysin-Verhältniszahl entsprechend den Eckwertvorgaben der Abbildung 6-6 und der Aminogramm-Werte der Abbildung 6-5 werden die unterschiedlichen Ansprüche der Tiere an die Versorgung mit Energie und Protein befriedigt. Die Abbildung 6-8 zeigt, welche Energiedichten bzw.

Abb. 6-5: Aminogramm-Empfehlungen und Beispiele für die Berechnung der Aminosäuregehalte in einem Fütterungsregime mit 3 Sauenfuttertypen (Ni.-tr. = Alleinfutter für niedertragende Sauen; ho.-tr. = für hochtragende; lakt. = für laktierende, 3 kg Wurfzuwachs, 20 kg LM-Verlust; Vergleiche Abbildung 2-10, Aminogramme für Sauen)

Ideales Protein = Aminogram				···> Beispielfutter ···>		ni.-tr.	ho.-tr.	laktierend
				ME Energie	MJ/kg	11,8	12,2	13,0
	ni.-tr.	ho.-tr	laktierend	pcv Lys/ME	g/MJ	0,29	0,35	0,62
Lys	100	100	100	Lys	(pcv) g/kg	3,42	4,27	8,06
Met	30	31	30	Met	(pcv) g/kg	1,03	1,32	2,42
M+C	67	64	59	M+C	(pcv) g/kg	2,29	2,73	4,76
Thr	73	68	64	Thr	(pcv) g/kg	2,50	2,90	5,16
Trp	20	21	20	Trp	(pcv) g/kg	0,68	0,90	1,61
Val	66	69	70	Val	(pcv) g/kg	2,26	2,95	5,64
His	46	42	41	His	(pcv) g/kg	1,57	1,79	3,30
Ile	49	49	57	Ile	(pcv) g/kg	1,68	1,79	3,30
Leu	49	49	57	Leu	(pcv) g/kg	1,68	2,09	4,59
Arg [1)]	90	90	56	Arg (EVO)	(pcv) g/kg	3,08	3,84	4,51

[1)] *EVONIK (Quelle: nach GfE, 2006)*

Gehalte an MJ ME je kg (88 % TM) in der Praxis üblich sind. Die Energiedichte des Mischfutters ist abgestimmt auf das potenzielle Futteraufnahmevermögen der Tiere, welches gerade in der Laktation bei leistungsstarken Sauen so weit wie möglich ausgeschöpft werden sollte. Dann kommt das Tier mit weniger Nährstoffmobilisierung aus den Körperreserven durch die Laktation. Mithilfe einer Tabellenkalkulation können die angepassten Aminosäure-Sollgehalte der Zielmischungen betriebsindividuell mit der vorgegebenen Energiedichte ermittelt werden. Die möglichst enge Annäherung an diese Eckwerte in der praktischen Fütterung gewährleistet gleichzeitig die bedarfsdeckende Versorgung mit Energie, Rohprotein und essenziellen Aminosäuren, den unverzichtbaren Bausteinen der körpereigenen Proteinsynthese, und eine nachhaltige, das heißt wirtschaftlich effiziente und ressourcenschonende Fütterung.

Abbildung 6-6 zeigt, wie sich die Verhältnisse der Leitaminosäure Lysin zum vorgegebenen Energiegehalt einer Mischung gemäß den GfE-Vorgaben verändern können. Sobald feststeht, welche Energiedichte = (MJ) ME (umsetzbare Energie) je (kg) Futter mit 88 % Trockenmasse eine Futtermischung enthalten soll, lässt sich der mindestens notwendige absolute Gehalt der Mischung in (g) pcv Lysin / (kg) ermitteln. Ist dieses Soll-Verhältnis in den Mischungen gewahrt, passt die Energieversorgung zur Proteinversorgung und das Tier bildet kein unnötiges Fett, weil permanent ein Futter mit Energieüberschuss verabreicht wird oder es kommt nicht zu einer eingeschränkten Proteinbildung und einer unnötigen N-Ausscheidung,

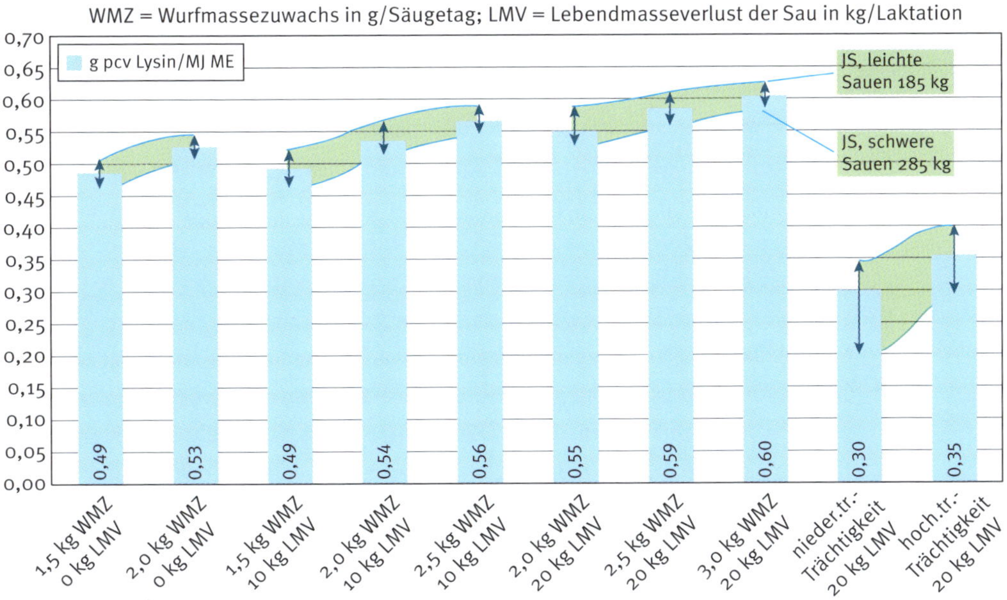

Abb. 6-6: Verhältnis zwischen der Leitaminosäure Lysin (pcv) und dem Energiegehalt (ME) in der Laktation und Tragezeit (g/MJ)

weil eine beschränkte Energieausstattung als Minimumfaktor auf die Proteinbildungsrate begrenzend wirkt.

Die Diagramme der Abbildung 6-7 zeigen für eine gegebene Wurfgröße und einen hohen und einen geringen Wurfmassezuwachs die Auswirkungen auf das Ferkelabsetzgewicht. In beiden Diagrammen zeigt sich, dass mit steigender Wurfgröße beim Absetzen die Wurfmassezunahme erheblich größer wird.

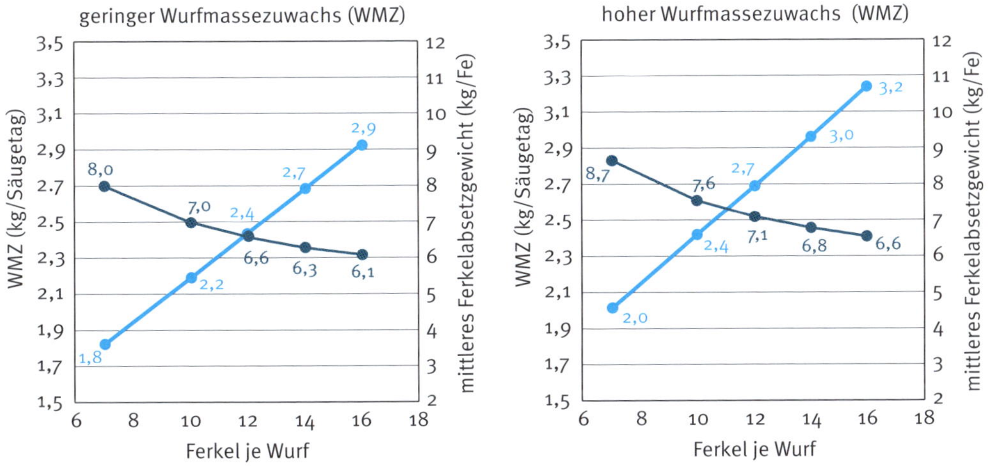

Abb. 6-7: Ferkelabsetzgewicht in Abhängigkeit von Wurfgröße und Wurfmassezuwachs

Da insbesondere in den ersten zwei Lebenswochen die Nährstoffversorgung nur über die Sauenmilch erfolgt, muss mit der Wurfgröße die Milchleistung der Sau enorm steigen. Werden in einer Ist-Fütterung z. B. nur 2,4 kg WMZ erreicht, können nur weniger und/oder leichtere Ferkel abgesetzt werden. Die Beifütterung der Ferkel in der Säugezeit kann nur bei hoher Aufnahme durch die Ferkel einen maßgeblichen Beitrag zur Energie- und Nährstoffversorgung der Ferkel für deren Wachstum leisten. Die Beifütterung trägt vielmehr dazu bei, den Substanzverlust der Sau zu minimieren und die Ferkelverdauung auf die alleinige Festfutteraufnahme vorzubereiten.

Die Abbildung 6-8 zeigt Energiegehalte und Futteraufnahmen in Mischungen für die Laktation und Tragezeit üblicher Sauenfütterungskonzepte. Zuschläge können notwendig sein, um Handycaps, wie geringe Umgebungstemperaturen, starke Auszehrung in der vorhergehenden Laktation oder andere Stressoren, zu kompensieren.

Die pcv-Lysin-Verdaulichkeitsquotienten, die es ermöglichen, den mindestens benötigten deklarierten Brutto-Lysin-Gehalt eines Zukaufmischfutters zu berechnen, können, je nach Futtermischung, sehr unterschiedlich sein und sind nicht deklarationspflichtig. Auch der Energiegehalt ist nicht zwingend deklarationspflichtig. Außerdem muss beim deklarierten Energiegehalt von Futtermischungen aus rechtlichen Gründen die ungenauere Mischfutterformel zur Berechnung des Energiegehaltes verwendet werden. Der Landwirt kann bei seinen Mischungen nur bei transparenten Futterberechnungen von Mischungen aus Komponenten mit geeigneten Futterwertanalysewerten

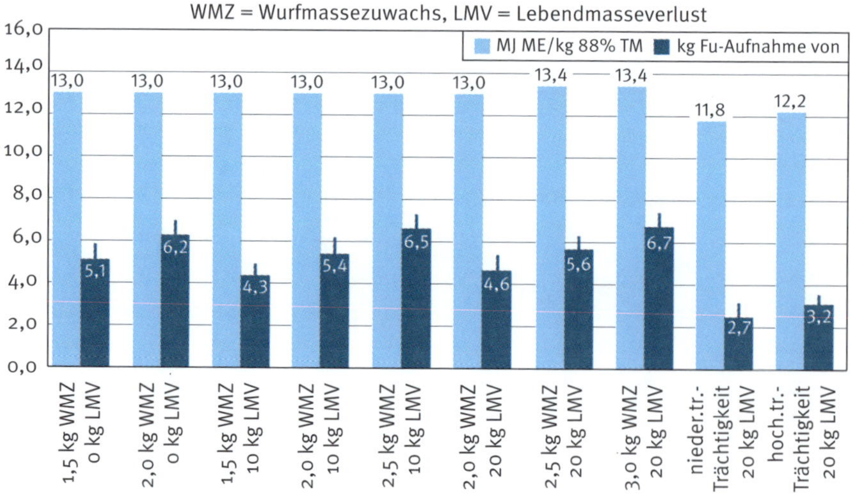

Abb. 6-8: Übliche Soll-Energie (ME) -gehalte in (MJ/kg 88 % TM) und daraus folgende bedarfsdeckende Futteraufnahmen mit Spannen für Zuschläge (Annahme: 185 kg LM zu Laktationsbeginn)

sowohl den Energie- als auch den Proteinwert der Mischungen mit höchster Zuverlässigkeit ermitteln und eine nachhaltige, bedarfsgerechte und effiziente Fütterung erreichen. Bei erworbenen Futtermischungen ist der Landwirt auf die Deklarationsangaben und freiwilligen zusätzlichen Auskünfte des Lieferanten angewiesen. Selbst bei offener Deklaration reichen die Informationen nicht aus, um Energie- und Proteinwerte exakt berechnen zu können. Eine pauschale Annahme zur Lysin-Verdaulichkeit in der Laktation von etwa 85 % und von 80 % in der Tragezeit zu treffen und diese für die Umrechnung der pcv-Bedarfsvorgaben in Brutto-Lysin-Bedarfsvorgaben zu verwenden, ist zwar praxisüblich, aber insbesondere in einer Fütterung, die besonderen Wert auf Nachhaltigkeit legt, wegen notwendiger Sicherheitszuschläge in der Proteinqualität nur suboptimal.

Versorgungsempfehlungen für die Jungsauenaufzucht

Die Fütterung in der Jungsauenaufzucht muss eine gesunde und nicht zu schnelle Wachstumsentwicklung ermöglichen, um eine lange Nutzungsdauer zu gewährleisten. Gegenüber der Mast wird in der Jungsauenaufzucht eine geringere Wachstumsintensität als in einer intensiven Mast angestrebt, damit genügend Zeit für den Muskel- und Knochenaufbau bleibt. Zuchtunternehmen empfehlen den Jungsauenaufzüchtern die Vorgaben, die spezifisch zu der jeweiligen Herkunft passen. Der Eintritt der Geschlechtsreife (etwa im Alter von 200 Tagen) ist in erster Linie vom Alter und nicht vom Körpergewicht abhängig. Eine intensivere Aufzucht beeinflusst hingegen das Körpergewicht und die Kondition zum Zeitpunkt der Zuchtreife. Allerdings kann eine sehr knappe Versorgung den Eintritt der Geschlechtsreife verzögern. Entscheidend ist die Körperzusammensetzung. So besteht ein positiver Zusammenhang zwischen Rückenspeckdicke und Eintritt der Geschlechtsreife. Um hohe Fruchtbarkeitsleistungen zu erzielen, muss die Jungsau über genügend Körperfett zum Zeitpunkt der Erstbelegung verfügen. Das vom Fettgewebe gebildete Hormon Leptin fördert die Freisetzung von FSH (follikelstimulierendes Hormon) und LH (luteinisierendes Hormon) und somit die Fruchtbarkeitsleistung. Etwa 8 bis 14 Tage vor der Erstbelegung führt eine höhere Energieaufnahme über eine erhöhte Insulinsekretion zu einer vermehrten Freisetzung des Hormons Gonadotropin und dadurch zu einer höheren Ovulationsrate (Flushing-Effekt). Als Mindest-Rückenspeckdicke zur ersten Belegung werden in der Praxis 16 bis 18 mm angesehen. Die Beziehung zwischen Rückenspeckdicke und der Körperkonditionsbeurteilung, die Betriebe anstatt der Speckmessung durchführen, ist allerdings nicht so eng, wie bisher angenommen. Jungsauen sollten im Alter von 230 bis 250 Tagen und einem Gewicht von mindestens 140 kg

Tab. 6-2: Versorgungsempfehlungen für die Jungsauenaufzucht

LM kg	Tageszunahmen g	ME MJ/Tag	pcv Lysin g/Tag	Lysin g/Tag	vP g/Tag
30–60	650	21	12,6	15	3,9
60–90	700	28	13,2	16	4,4
90–120	700	33	13,0	16	4,5
120–150	700	37	13,0	16	4,6

erstmals belegt werden (frühestens in der 2. Rausche). Dies entspricht ca. 600 bis 630 g Lebenstagszunahmen bzw. 650 bis 680 g Tageszunahmen ab 30 kg. Die Empfehlungen der Zuchtunternehmen unterscheiden sich z. T. deutlich, so werden je nach Genetik durchaus auch 750 bis 800 g Tageszunahmen von 30 bis 120 kg oder Gewichte von 150 bis 160 kg zur Erstbelegung empfohlen. Die nachfolgenden GfE-Empfehlungen (vgl. Tab. 6-2) basieren auf den Empfehlungen für wachsende Schweine und umfassen auch die Eingliederungsphase ab etwa 90 kg LM. In dieser Zeit sollten die Sauen etwa 1 mm Speckdicke wöchentlich zulegen. Die AS-Relationen entsprechen denen für die Mast.

Werden die Empfehlungen einiger bedeutender Zuchtunternehmen für die Wachstumsbereiche von 25 bis 60 kg und von 60 bis 110 kg verglichen, variieren die ME-Gehalte von 12,5 bis 13,4 MJ/kg und die Lysingehalte von 9,4 bis 12 g/kg im ersten Aufzuchtabschnitt und von 11,8 bis 13,2 MJ/kg bzw. 6,5 bis 10 g Lysin/kg im zweiten Aufzuchtabschnitt. Diese Zahlen zeigen, dass eine allgemeingültige Empfehlung für alle Genetiken nicht gegeben werden kann und auf die Fütterungsempfehlungen der jeweiligen Zuchtunternehmen verwiesen werden muss.

Werden in den ersten drei Phasen Futter mit 12,0 bis 12,5 MJ ME/kg und in der Eingliederungsphase ab 120 kg Futter mit 12,5 bis 13,0 MJ ME/kg eingesetzt, ergeben sich daraus die täglichen Futterrationen der Abbildung 6-9. In einer Aufzuchtfütterung ist insbesondere in der Mittel- und Endaufzucht eine rationierte Fütterung verbreitet.

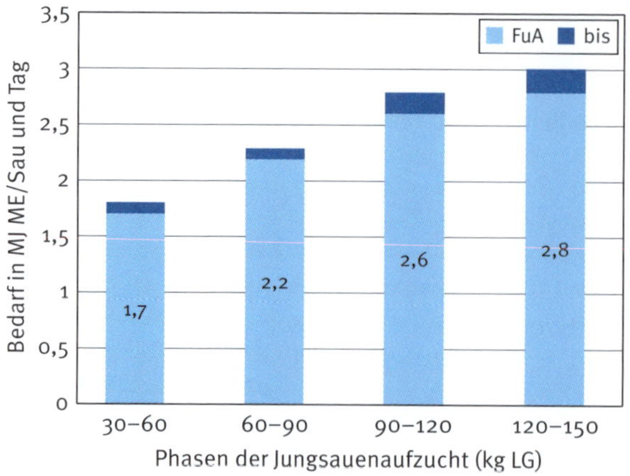

Abb. 6-9: Futteraufnahme in der Jungsauenaufzucht

6.1.3 Mineralstoffe

Zu den Mineralstoffen zählen Mengen- und Spurenelemente. Da bei ausreichender Versorgung mit schwefelhaltigen Aminosäuren kein Mangel an Schwefel besteht, wird nachfolgend nur auf die Mengenelemente Calcium, Phosphor, Magnesium, Natrium, Kalium und Chlor eingegangen. Der Nettobedarf eines Elementes ist die

Summe aus den Mengen, die in einer Zeiteinheit in Körpermasse, Konzeptionsprodukte und Milch überführt werden, sowie den unvermeidlichen Verlusten. Letztere sind die Mengen, die auch bei Unterversorgung noch ausgeschieden werden. Für Calcium werden 20 mg/kg und für Phosphor 10 mg/LM und Tag unterstellt.

Die tragende Sau hat einen Bedarf an Mengenelementen für das Wachstum der Föten und die Reproduktionsorgane, die Jungsau zusätzlich für ihr Wachstum. Hochtragende Sauen lagern bis zu 7 g Ca, 4 g P, 0,2 g Mg, 2 g Na, 1 g K und 2 g Cl täglich ein. Die Gehalte in der Sauenmilch werden von der GfE mit 2,2 g Ca, 1,6 g P, 0,2 g Mg, 0,8 g Na, 1,0 g K und 0,8 g Cl je kg angegeben.

Für Magnesium, Kalium und Chlor werden keine Gehalte empfohlen, da keine gesicherten Daten vorliegen und eine Mangelsituation unter praxisüblichen Fütterungsbedingungen nicht zu erwarten ist.

Die Abbildung 6-10 benennt Eckwerte zur Ableitung der Mengenelementversorgung von Sauen in den Phasen des Fortpflanzungszyklus. Insbesondere in der Laktation ist der Leistungsbedarf an Calcium und Phosphor durch den hohen Ca- und P-Gehalt in der Milch, je nachdem wie viele Ferkel säugen, hoch. Die laktierende Sau muss diesen höheren Bedarf vor allem durch eine höhere Futteraufnahme, aber auch durch einen Anstieg in dem Verhältnis von Energie zu Calcium (vgl. Abbildung 6-10, g Ca je MJ ME) decken. Je mehr eine reichliche bzw. eine zu hohe Calcium-Versorgung vermieden werden soll, desto mehr bewegt sich der Faktor zur Berechnung des sinnvollen Calcium-Gehaltes von 0,65 g Ca/MJ ME in Richtung 0,50 g Ca/MJ ME. Eine zu hohe Calcium-Versorgung wirkt sich ungünstig auf die Verdauung und

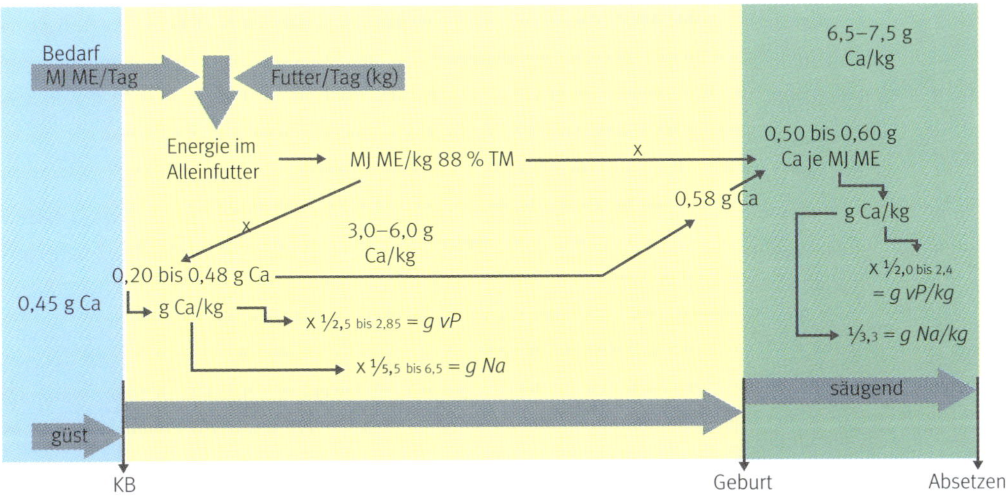

Abb. 6-10: Eckwerte der Mineralstoffversorgung von Sauen nach GfE, 2006 und DLG 2008

Verwertung anderer Mineralstoffe (z. B. beim Phosphor) und Spurenelemente sowie die Phytat und Phytase-Wirkung aus. Eine zu hohe Ca-Versorgung oder ein starker Ca-Überhang zur bedarfsgerechten P-Versorgung ab einem Ca : P-Verhältnis > 1,3 vermindert die P-Verdaulichkeit. Es lassen sich dann auch negative Auswirkungen auf Leistungen und Mineralstoffeinlagerung im Knochen feststellen. Diese Effekte werden größer, je mehr eine P-reduzierte Fütterung realisiert wird.

Auf der anderen Seite kann eine zu geringe Ca-Versorgung ebenfalls die P-Aufnahme und -Verfügbarkeit einschränken. Die untere Schwelle (Abbildung 6-10) stellt für die Laktation bei einer üblichen Energiedichte noch eine Versorgung oberhalb der minimalen Ca-Empfehlungen der GfE, 2006, sicher. Wenn zur Berechnung des Gehaltes an verdaulichem Phosphor auch die enzymatische Wirkung von zugesetzter Phytase berücksichtigt wird, nähert sich das Brutto-Ca : P-Verhältnis bei einer P-minimierten Fütterung dem bisher unüblichen Bereich von 1,0 : 1,0. Je mehr eine P-angepasste Fütterung notwendig ist, desto weiter sollte man sich in behutsamen Stufen an den Grenzbereich einer minimalen Versorgung »herantasten« und durch ein geeignetes Fütterungscontrolling absichern.

Spurenelemente

Zu den wichtigsten Spurenelementen zählen Eisen, Jod, Kupfer, Mangan, Selen und Zink. Daten zur faktoriellen Bedarfsableitung sind nur in geringem Umfang vorhanden, deshalb bezieht die GfE den Bedarf auf die Futter-Trockenmasse. Für die Praxis werden diese Werte auf der Basis von 88 % TM angegeben, wodurch sich die Empfehlungen um etwa 13 % erhöhen. Dadurch können größere Schwankungen in den Futtermitteln berücksichtigt werden. Die Angaben in Tabelle 5-13 gelten unter guten Produktionsbedingungen, krankheits- oder stressbedingt sind eventuell höhere Konzentrationen erforderlich.

Vitamine

Der Bedarf an den fettlöslichen Vitaminen A, D, E und K sowie an den wasserlöslichen Vitaminen wird aufgrund fehlender Daten nicht faktoriell ermittelt, sondern vorwiegend über Dosis-Wirkungsbeziehungen abgeleitet. Die Angaben gelten unter guten Produktionsbedingungen, krankheits- oder stressbedingt sind evt. höhere Konzentrationen erforderlich. Neben den wissenschaftlichen Empfehlungen der GfE und den gesetzlichen Höchstgehalten können auch die Empfehlungen bzw. die in der Praxis üblichen Dosierungen von zugesetzten Vitaminen einer Arbeitsgemeinschaft der Wirkstoffhersteller als Orientierungswerte herangezogen werden (Abb. 6-11).

Tab. 6-3: Empfehlungen zur Versorgung der Sauen mit Spurenelementen (mg/kg)

Eisen	Jod	Kupfer	Mangan	Selen	Zink
80 (750)[1]	0,60[2] (10)[1]	10 (25)[1]	20 (150)[1]	0,20 (0,50)[1]	50 (150)[1]

[1] *gesetzlicher Höchstgehalt*
[2] *1 mg Jod bei > 1,5 mmol Glucosinolat/kg Futter (z. B. bei Einsatz von Rapsprodukten)*
Quelle DLG, 2008

Zu den vitaminähnlichen Substanzen gehört neben Cholin auch L-Carnitin, das in der Leber aus den Aminosäuren L-Lysin und L-Methionin gebildet werden kann. GfE-Empfehlungen liegen noch nicht vor.

Vitamine		Zuchtsauen	Futtermittelrechtliche Höchstgehalte	Empfehlungen nach GfE[1]
A	I.E.	3 000–5 000	12 000	2 300 lak. 4 000 tragend
D_3	I.E.	500	2 000	
D	I.E.			200
E	mg	40–80		
E	I.E.			30 lak. 15 tragend
K	mg	0–2		(0,1)
B_1	mg	1,2–2,0		1,7
B_2	mg			4,2
B_6	mg	4–6		1,5
B_{12}	mcg	20–30		17
Biotin	mcg	200–300		220
Cholin	mg	300–500		1 200
Folsäure	mg	2–3		1,44
Nikotinsäure	mg	30–40		11
Pantothensäure	mg	12–16		13
Vit. C	mg	15–200[2]		
Spurenelemente				
Eisen (Fe)	mg	100–150	750	80–90
Kupfer (Cu)	mg	10–25	25	8–10
Zink (Zn)	mg	100–150	150	50
Mangan (Mn)	mg	50–100	150	20–25
Jod (J)	mg	1,0–1,5	10	0,6[3]
Selen (Se)	mg	0,3–0,5	0,5	0,15–0,20

[1] *je kg TM*
[2] *bei Stress*
[3] *bei Einsatz von glucosinolathaltigen Futtermitteln (z. B. Rapsschrot) Erhöhung erforderlich*
Quelle: Arbeitsgemeinschaft für Wirkstoffe in der Tierernährung (AWT 2000, ergänzt)

Vitamin-Bedarf		Sauen je kg lufttrockenes Alleinfutter von	bis
Vitamin A	I.U./kg	10 000,00	15 000,00
Vitamin D3	I.U./kg	1 500,00	2 000,00
Vitamin E	mg/kg	60,00	80,00
Vitamin K3	mg/kg	4,50	5,00
Biotin	mg/kg	0,50	0,80
Folsäure	mg/kg	3,50	5,50
Niacin	mg/kg	30,00	40,00
D-Pantothensäure	mg/kg	30,00	35,00
Vitamin B1	mg/kg	2,00	2,50
Vitamin B2	mg/kg	6,00	10,00
Vitamin B6	mg/kg	3,50	5,50
Vitamin B12	mg/kg	30,00	50,00
Vitamin C	mg/kg	200,00	300,00
Betain	mg/kg	1 200,00	1 300,00
L-Carnitin	mg/kg	50,00	60,00
Cholin	mg/kg	500,00	800,00
β-Carotin	mg/kg	300,00	300,00

Quelle: FEFANA-Empfehlungen-Broschüre 2016

Abb. 6-11: Orientierungswerte (g/kg) und Empfehlungen zur Versorgung der Sauen mit Vitaminen und Spurenelementen

6.2 Ansprüche

6.2.1 Futteraufnahme

Während in der Trächtigkeit eher das Problem besteht, die Sauen aufgrund des geringen Futteranspruchs satt zu bekommen, bleibt die unzureichende Futteraufnahme von Jung- und Altsauen in der Säugezeit ein Risiko, eine bedarfsgerechte Versorgung zu erreichen. Die laktierenden Sauen nehmen, insbesondere wenn große Würfe hohe überdurchschnittliche Zuwächse bilden, zu wenig Futter auf, um den Bedarf an Energie und essenziellen Nähr- und Wirkstoffen zu decken. Wenn der Bedarf für die Leistungserbringung größer ist als die Versorgung, die bei einem ausgeschöpften Futteraufnahmevermögen erreicht wird, dann ist es ein ganz natürlicher Vorgang, dass das Defizit mit Energie und Nährstoffen gedeckt wird, die aus dem Einschmelzen von Körperreserven freigesetzt werden. Die Körperkondition verändert sich somit entsprechend den Phasen des Fortpflanzungszyklus. In der Laktation zehren große Würfe mit hohen Zuwächsen an der Kondition der Mutter. Nach dem Absetzen folgt in der Güst- und Tragezeit die Phase des Konditionsaufbaus für die nachfolgende Laktation. Dieser ganz natürlichen Dynamik kommt mit zunehmender physiologischer Leistung der Sauen, also mit größeren Würfen, großen Wurfzuwächsen und sehr kurzen Zwischenwurfzeiten eine sehr große Bedeutung zu.

Beobachtungen, Erfahrungen und Untersuchungen belegen, dass Sauen eine hohe Fortpflanzungsbereitschaft und Fruchtbarkeit zeigen können, wenn möglichst wenig Körperreserven in der Laktation eingeschmolzen werden müssen. Daraus leitet sich die Strategie ab, eine hohe Futteraufnahme in der Laktation zu erreichen, die Vitalität und Gesundheit zu erhalten, hygienischen Stress und Hitzestress zu vermeiden und eng bedarfsangepasste Futtermischungen zu verwenden.

Die Sauen sollen in der Laktation viel Futter aufnehmen. Um dieses Ziel zu erreichen, werden in der Praxis unterschiedliche Anfütterungskonzepte durchgeführt. Für die Praxis werden am Abferkeltag ca. 1,5 bis 2 kg empfohlen. Die DLG empfiehlt eine Menge von 2 bis 2,5 kg Laktationsfutter am Tag nach dem Abferkeln und anschließend eine Steigerung um 0,5 kg pro Tag. Auch wird über eine tägliche Erhöhung um jeweils 1 kg diskutiert. Untersuchungen aus Bayern zeigen, dass die Menge an Laktationsfutter bei Altsauen innerhalb einer Woche nach dem Abferkeln auf die Höchstmenge gesteigert werden sollte. Ein langsames Anfüttern ist nicht empfehlenswert. Bei Jungsauen ist eine verhaltene Anfütterung mit Sattfütterung ab dem 10. Säugetag nicht nachteilig, vorteilhaft ist der geringere Substanzverlust während der Laktation. Durch eine langsamere Anfütterung gerade bei Jungsauen soll einem Überfressen mit nachfolgender Trägheit bis hin zur Futterverweigerung vorgebeugt werden. In einem Langzeitversuch der LfL Bayern (2011) mit 254 Würfen wurden die DE x DL-Sauen folgendermaßen gefüttert (Tab. 6-4).

Die Säugezeit betrug 26 Tage, ab der 2. Lebenswoche wurde Prestarter gefüttert, der ab der 3. Woche mit Ferkelaufzuchtfutter verschnitten wurde.

Jungsauen nahmen im Mittel 1,2 kg Futter weniger als Altsauen auf. Die langsam angefütterten Altsauen fraßen 0,34 kg/Tag weniger als die normal angefütterten, während es bei den Jungsauen diesbezüglich keine gesicherten Unterschiede gab, da sie die langsame Anfütterung in den folgenden Säugewochen kompensierten.

Tab. 6-4: Anfütterung der säugenden Sauen (13,4 MJ ME/kg Futter)

Tag nach dem Abferkeln	**Kontrollgruppe normale Anfütterung kg/Sau**	**Versuchsgruppe langsame Anfütterung kg/Sau**
1	2,5	2,5
2	3,0	2,8
3	3,5	3,1
4	4,0	3,4
5	4,5	3,8
6	5,0	4,2
7	5,5	4,6
8	6,0	5,1
9	ad libitum	5,6
10		6,1
11		6,6
12		ad libitum

Tab. 6-5: Futteraufnahme in der Laktation

		Anfütterung Jungsauen		**Anfütterung Altsauen**	
		normal	**langsam**	**normal**	**langsam**
Futtermenge	kg/Tag	4,99	4,93	6,32	5,97
Anfütterungsphase	kg/Tag	3,98	3,49	4,94	4,29
Säugeabschnitt 2	kg/Tag	5,54	5,79	7,12	7,12
Säugeabschnitt 3	kg/Tag	5,84	6,06	7,31	7,25
Säugeabschnitt 4	kg/Tag	5,79	6,10	7,54	7,22
Prestarter/Ferkel	g	157		157	

Tab. 6-6: Vergleich der Anfütterungskonzepte

		Anfütterung Jungsauen		**Anfütterung Altsauen**	
		normal	**langsam**	**normal**	**langsam**
Würfe		34	34	95	91
Wurfzahl		1	1	4,15	3,92
geborene Ferkel		9,3	9,9	11,7	11,6
aufgezogene Ferkel		10,5	10,0	10,3	10,2
Geburtsgewicht	kg	1,55	1,47	1,49	1,48
Absetzgewicht	kg	8,13	8,15	9,06	8,89
Wurfzuwachs	kg	70,9	66,6	76,2	73,6

Eine zu schnelle Anfütterung bedingt oftmals einen Einbruch in der Futteraufnahme. Der dann stattfindende Körperfettabbau der Sauen führt zu einem Anstieg im Fettgehalt der Sauenmilch und kann dadurch Durchfall bei den Ferkeln verursachen. Dies trifft aber auf unsere hochleistenden Sauen weniger zu, da heutzutage die meisten Sauen deutlich geringere Fettauflagen aufweisen als früher. Deshalb ist beim Körpersubstanzabbau heute eher vom Abbau des Körperproteins auszugehen.

Die Höhe der Futteraufnahme möglichst genau abzuschätzen, ist für einen bedarfsgerechten und wirtschaftlichen Einsatz von Futtermitteln unerlässlich. Wird die Futteraufnahme überschätzt, werden die Tiere unterversorgt, und sie verlieren mehr Körpersubstanz (negative Energiebilanz). Eine Unterschätzung der Futteraufnahme kann eine Verfettung zur Folge haben. Ein hoher Futterverzehr in der Laktation ist die Voraussetzung für hohe biologische Leistungen. Großrahmige Sauen sind am ehesten in der Lage, viel Futter und damit Energie und Nährstoffe aufzunehmen, um eine hohe Milchleistung sicherzustellen. Die Futteraufnahme und somit die Sättigung der Tiere wird durch physikalische und physiologische Faktoren geregelt (vgl. Abb. 6-12). Bei den physikalischen Faktoren spielen insbesondere die Verdaulichkeit und die Struktur der Futtermittel eine Rolle. Je höher verdaulich das Futter ist, desto schneller passiert es den Verdauungstrakt, desto schneller kann wieder Futter aufgenommen werden. Grob strukturiertes Futter, wie z. B. Grassilage oder Stroh, führt schneller zur mechanischen Sättigung als z. B. Kraftfutter. Auf der anderen Seite kann die Sättigung durch chemische Faktoren, z. B. durch hohe Energiekonzentration, erfolgen. Zu den wichtigsten Einflussfaktoren auf den Futterverzehr zählen Lebendmasse, Milchleistung, Genetik, Körperkondition, Umgebungstemperatur und Wasserverfügbarkeit. Hohe Temperaturen wirken sich nachteilig auf die Futteraufnahme aus. Faustzahl: Je 1 °C > 20 °C sinkt der Futterverzehr um mehr als 100 g/Tag. Eine hohe Faserversorgung in der

Tab. 6-7: Substanzverluste der Sauen

Gewicht		Anfütterung Jungsauen		Anfütterung Altsauen	
		normal	langsam	normal	langsam
Geburt	kg	239,5	228,2	302,0	297,1
nach Geburt	kg	214,8	205,1	275,7	270,4
beim Absetzen	kg	200,2	193,6	266,2	260,0
Gewichtsverlust	kg	14,6	11,5	9,5	10,4
Gewichtsverlust	%	6,8	5,6	3,4	3,8

Trächtigkeit erhöht die Futteraufnahmekapazität in der Laktation. Auch eine höhere Fütterungsfrequenz kann die Futteraufnahme steigern.

Ob die Sauen genügend Futter während der Trächtigkeit und Laktation aufgenommen haben, kann anhand des Zustandes der Körperkondition beurteilt werden, indem die Fettauflage zur Geburt und nach dem Absetzen ermittelt oder die Sau an diesen Terminen gewogen wird. Dadurch kann der Verlust an Körpersubstanz in der Säugezeit kalkuliert werden. Um negative Auswirkungen auf die Fruchtbarkeitsleistung zu vermeiden, sollten Substanzverluste von 10 % nicht überschritten werden. Verluste von < 8 % sind anzustreben, das sind z. B. 20 kg bei einer Sau mit einem Abferkelgewicht von 250 kg. Wenn bereits eine intensive Ferkelbeifütterung der Saugferkel in der Größenordnung von 0,7–1,0 kg je Ferkel gelingt, hat dies schon eine spürbare Entlastungswirkung auf die Körpersubstanzmobilisierung bei der Sau. Unterschiedliche Futterzusatzstoffkonzepte (Lebendhefen, konjugierte Linolsäure, phytogene Wirkstoffe, Probiotika usw.) tragen ebenfalls dazu bei, den Substanzabbau zu verringern.

Die Anforderungen an die Futteraufnahme in der Säugezeit sind deutlich höher als in der Trächtigkeit. So benötigt eine Sau mit 14 Ferkeln (= 3 kg Wurfzuwachs/Tag) 95 MJ ME/Tag. Bei einem Energiegehalt von 13,0 MJ/kg müsste die Sau durchschnittlich 7,3 kg täglich aufnehmen. Aufgrund der langsamen Anfütterung in der ersten Laktationswoche mit einer Erhöhung der Futtermenge um 0,5 kg/Tag müsste die Sau in der restlichen Säugezeit rechnerisch mehr als 8,7 kg/Tag fressen, um ihren Bedarf zu decken. Weil diese hohen Futtermengen in den meisten Betrieben nicht aufgenommen

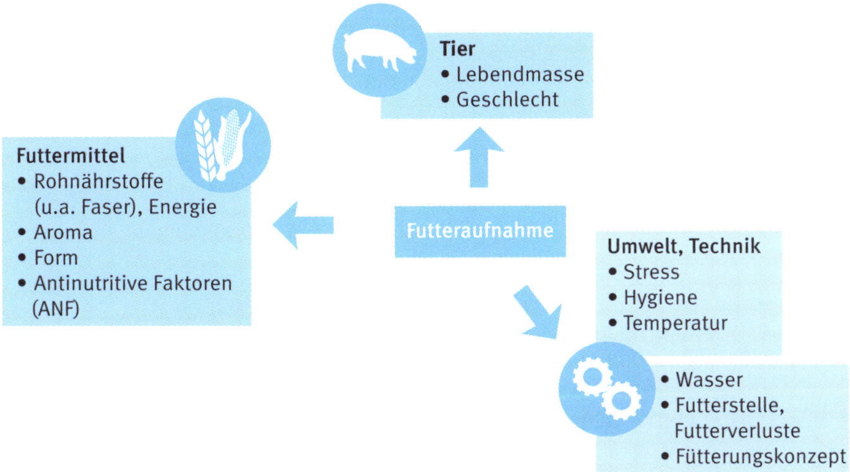

Abb. 6-12: Futteraufnahme – Einflussfaktoren

werden, baut die Sau Körperreserven ab. Würde die Energiekonzentration um 0,4 MJ ME/kg auf 13,4 MJ ME/kg erhöht, wären 7,1 kg, also 200 g Futter weniger pro Tag erforderlich. Das bedeutet, dass die Steigerung der Futteraufnahme insgesamt die Energieversorgung in größerem Umfang verbessert als eine erhöhte Energiekonzentration. Werden z. B. 0,5 kg Futter/Tag mehr aufgenommen, ergibt sich bei 6 kg Futter/Tag Folgendes:

6 kg/Tag	× 13,0 MJ ME/kg	= 78,0 MJ ME/Tag (100 %)
6 kg/Tag	× 13,4 MJ ME/kg	= 80,4 MJ ME/Tag (103 %)
6,5 kg/Tag	× 13,0 MJ ME/kg	= 84,5 MJ ME/Tag (108 %)

Das »A und O« sind schmackhafte Futtermittel. Vorteilhaft ist der Einsatz gleicher Komponenten im Trächtigkeits- und Laktationsfutter, damit sich die Darmflora beim Futterwechsel nicht mehr als nötig anpassen muss. Wichtig ist ein fließender Übergang, eine abrupte Umstellung direkt vor dem Abferkeln ist zu vermeiden.

Futterwechsel 1 Woche vor oder nach dem Abferkeln

Die Futteraufnahme in der Laktation wird auch durch die Körperkondition der Sau während der Trächtigkeit beeinflusst. Die Körperkondition kann nach einem Raster (BCS = Body Condition Score) von Note 1 = extrem mager bis Note 5 = extrem fett beurteilt werden. Zum Geburtstermin sollten Jungsauen nicht über der Konditionsklasse 4 und Altsauen nicht über 3,5 liegen, denn eine zu üppige Nährstoffversorgung in der Trächtigkeit senkt die Futteraufnahme in der Laktation. Ob die Flüssigfütterung die Futteraufnahme der laktierenden Sauen erhöht, ist noch nicht abschließend geklärt.

Maßnahmen zur Erhöhung der Futteraufnahme von laktierenden Sauen:

- schmackhaftes, hygienisch einwandfreies Futter anbieten
- kleine Futterportionen über den Tag verteilen/Sattfütterung über geeignete Technik
- breiige Futterverabreichung bevorzugen
- Wasser in ausreichender Menge und Qualität anbieten
- Fütterungsmaßnahmen um die Geburt anwenden
- Fütterung der tragenden Sau auf Kondition (BCS, Speckdicke messen)
- Hitzestress vermeiden → Stallklima steuern/anpassen, Lüftung, Stallluftkühlung, den Tieren Abkühlung verschaffen (Verdunstungskühlung mit Wasser), stallbautechnische Dämmung gegen Hitze/Kälte

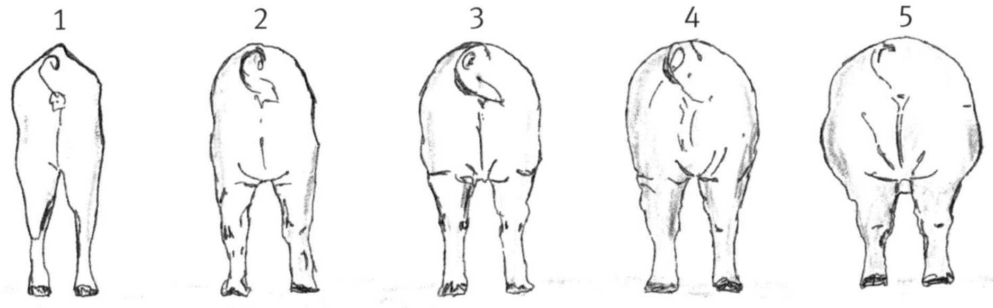

1	2	3	4	5
• Beckenknochen / Sitzbein / Hüfthöcker stehen deutlich hervor • Schwanzansatz / Flanken sind eingefallen • Dornfortsätze der Rückenwirbel stehen über dem gesamten Rücken deutlich hervor • Einzelne Rippen sind klar zu erkennen	• Beckenknochen und Hüfthöcker sind leicht bedeckt • Gewebe an Schwanzansatz und Flanken ist leicht eingefallen • Dornfortsätze der Rückenwirbel und einzelne Rippen sind sichtbar	• Beckenknochen und Lendenwirbel sind nicht sichtbar, können aber ertastet werden • Dornfortsätze der Rückenwirbel sind nur in Schulterhöhe gerade und sichtbar • Schwanzansatz ist von Fettgewebe umgeben	• Beckenknochen/ Rippen kaum fühlbar • Rückenwirbel nur unter Druck ertastbar • Flanken sind voll, am Schwanzansatz, im Vulvabereich und an Innenschenkeln sind leichte Fettfalten zu erkennen	• Beckenknochen/ Rippen/Rücken- und Lendenwirbel unter starkem Druck nicht ertastbar • Schwanzansatz mit Fettfalten tief im Gewebe versunken • Starke Fettfalten im Vulvabereich und an Innenschenkeln

Abb. 6-13: Orientierungsschema zur Beurteilung der Körperkondition von Sauen

- Hitzestresswirkungen abmildern → ausbalancierte, nährstoffangepasste Futtermischungen (N-minimiert), geeignete Futterzusatzstoffe verwenden, Stress minimieren, angepasste Fütterungszeiten

Da das Fötenwachstum erst im letzten Trächtigkeitsdrittel überproportional zunimmt, benötigen Sauen in den ersten Trächtigkeitswochen nur Futter für den Erhaltungsbedarf. Allerdings sind stark abgesäugte Sauen zu Beginn der Trächtigkeit über den Erhaltungsbedarf hinaus zu versorgen, um den Substanzverlust während der Laktation auszugleichen. Die Versorgungseinstellungen für niedertragende Sauen (bis 84. Tag) liegen bei 35 MJ ME/Tag für Sauen und 31 MJ ME/Tag für Jungsauen, bei einem Energiegehalt von 12,0 MJ/kg entspricht das 2,9 kg bzw. 2,6 kg/Tag. Bei älteren und großrahmigen Sauen kann diese kleine Tagesration zu Unruhe, Aggression und Stress beitragen, weil ständig die Sättigung nicht erreicht wird und Hunger vorherrscht. Unter diesen Bedingungen erlangt die Versorgung mit einer ausreichenden Menge geeigneter Faserstoffe eine besondere Bedeutung. Sie tragen zur Beschäftigung (erkunden, kauen, verdauen), Beruhigung (Stressbewältigung), stabilen Darmflora und damit zu einem Sättigungsgefühl bei. Die Versorgung mit geeigneten Faserträger-Komponenten erfüllt dann auch die Anforderung der Tierschutz-Nutztierhaltungsverordnung, bei der im Trächtigkeitsfutter mindestens 7 % Rohfaser enthalten sein müssen. Allerdings wirkt die Rohfaser verschiedener Futterkomponenten nicht immer gleich (z. B. aus Weizen oder aus Stroh). Wichtig für die Verdauungsvorgänge ist, die Mikroben in den hinteren Darmabschnitten mit genügend bakteriell fermentierbarer Substanz (BFS) zu versorgen. Die zur BFS u. a. gehörenden Cellulose, Hemicellulose und Pentosane sind schwer verdauliche Strukturkohlenhydrate. Über die Analyse der Zellwandbestandteile NDF (Neutral-Detergenzienfaser) und ADF (Säure-Detergenzienfaser) kann der Gehalt an schwer verdaulichen Kohlenhydraten ermittelt werden. Abgestimmte Empfehlungen zu den notwendigen NDF-Gehalten liegen derzeit noch nicht vor, aus Erfahrungswerten werden mindestens 200 g NDF/kg für Trächtigkeits- und 160 g für Laktationsfutter abgeleitet. Futtermittel mit einem hohen Wasserbindungs- und Quellvermögen erzeugen nicht nur ein schnelles, anhaltendes Sättigungsgefühl bei den Sauen, sondern sie weiten auch den Magen. Dadurch entwickeln die Sauen die Fähigkeit, in der Laktation mehr Futter aufzunehmen.

6.2.2 Einsatzeinschränkungen von Futtermitteln

Einzelfuttermittel sollten in Futtermischungen dann bis zu einem empfohlenen maximalen Einmischungsanteil verwendet werden, wenn fundierte Erkenntnisse vorliegen, dass antinutritive Faktoren (ANF) dieses Einzelfuttermittels sich so massiv auswirken, dass die Nachteile daraus die Vorteile, die für eine intensivere Verwendung sprechen, überwiegen. Damit sind nicht bekannte Kontaminationen mit Toxinen, Keimen und anderen unerwünschten Stoffen gemeint, weil in dem Fall über die Verwendung dieses Einzelfuttermittels von dem Schweregrad und dem Kontaminanten unter den Gesichtspunkten der Futtermittelsicherheit zu entscheiden ist.

Nur wenn Eigenschaften eines Futtermittels tolerabel sein können, aber den Futterwert und die Futterattraktivität herabsetzen und dadurch unvorteilhaft für die Produktion sind, sind Verwendungsbeschränkungen zu dieser Komponente sinnvoll. Die Herabsetzung der Proteinverdaulichkeit durch einen Verdauungsenzym-Hemmer, wie z. B. die Trypsininhibitoren der Sojabohne, oder die bitter schmeckenden Glucosinolate im Rapskorn, die die Futteraufnahme verringern, kann Verwendungsbeschränkungen begründen. Sobald Technologien angewendet werden, die die ANF-Wirkungen neutralisieren, wie z. B. das Toastungsverfahren bei der Sojaschrotherstellung oder die Entwicklung der 00-Rapssorten, die nur noch sehr wenig Glucosinolate enthalten, entfallen die Gründe für eine Beschränkung eines Einzelfuttermittels in Fütterungskonzepten.

Um allgemein die Risiken zu beherrschen, dass unerkannt ANF aber möglicherweise auch Kontaminanten in Fütterungssysteme durch eine dominierende Rohstoffherkunft eingebracht werden, sollten grundsätzlich keine zu einseitigen Mischungen verwendet werden. Das könnten Mischungen mit Komponenten sein, die über ⅔ oder schon ½ Anteil an der Mischung einnehmen. Das hängt von dem Risiko ab, welches es zu beherrschen gilt.

In der Fütterung der laktierenden Sau sind solche Komponenten mit Vorsicht zu verwenden, die die Futteraufnahme beeinträchtigen könnten. Ein Rapsextraktionsschrot aus 00-Raps sollte hier inzwischen unkritisch sein. Soja-Proteinträger und möglicherweise auch andere Leguminosenkörner sollten in ihrer Herstellung einem geeigneten hydrothermischen Behandlungsprozess unterworfen sein, damit die Protein-/Aminosäurenverdaulichkeit nicht leidet.

Ein Defizit in einem Nährstoff, wie z. B. einer essenziellen Aminosäure, ist grundsätzlich kein Grund für eine vorgegebene Verwendungsbeschränkung, denn die ökonomisch angemessene Einschränkung in der Verwendung wird mit der Futteroptimierungsberechnung bewertet, transparent gemacht und berücksichtigt. Dieses Handicap gegenüber anderen möglichen Futterkomponenten hängt von der Auswahl der verfügbaren Futterkomponenten ab und kann in jeder betrieblichen Einzelfallsituation anders ausfallen.

6.3 Nährstoffangepasste Fütterung

Die hohen Nährstoffüberschüsse in Veredelungsbetrieben mit extremer Flächenknappheit und in den Veredelungsregionen, aber auch die klimapolitische Notwendigkeit der Emissionsminderung zwingen dazu, zukünftig mehr als je zuvor, den Nährstoffanfall und die Emissionen zu senken. Auch in der Sauenfütterung gibt es Spielräume, diesem Ziel durch eine effizientere Nutzung von insbesondere Stickstoff (N) und Phosphor (P) näher zu kommen. Dafür ist eine streng bedarfsangepasste Fütterung mit einer Minimierung von Sicherheitszuschlägen nötig. Die auf N und P bezogenen Versorgungsstandards der DLG und des Düngerechts ermöglichen es, den düngerechtlichen Aufsichtsbehörden eine anerkannte Stufe der Nährstoffverringerung plausibel darzulegen.

Tab. 6-8: Fachlich anerkannte Versorgungsstandards der N- und P-reduzierten Sauenfütterung

(g/kg 88 % TM)	Rohprotein		Phosphor	
	laktierend	tragend	laktierend	tragend
N-/P-reduziert	170	140	5,5	4,5
Stark N-/P-reduziert	165	135	5,0	4,3
Sehr stark N-/P-reduziert[1]	160	130	4,8	4,1

[1] *noch kein Standardverfahren der Düngeverordnung*

6.4 Futtermischungen

In den Tabellen 6-9 und 6-10 sind Beispielrationen für tragende und laktierende Sauen aufgeführt. Alle Rationen enthalten Gerste. Gegen den Einsatz von Roggen in der Sauenfütterung besteht in der Praxis z. T. noch Skepsis. Sofern kein Mutterkorn im Roggen ist, sind die Vorbehalte unbegründet. Neben Sojaschrot werden als Proteinkomponenten Erbsen und Rapsschrot verwendet. Rohfaserlieferanten sind Trockenschnitzel, Weizenkleie, Sojaschalen und Lignocellulose. In vielen Rationen für laktierende Sauen ist ein Ölzusatz erforderlich, um die entsprechenden Energiegehalte zu erreichen. Drei Rationen wurden mit Ergänzungsfutter erstellt. Für die Mineral- und Ergänzungsfutter wurde übersichtshalber nur die erstlimitierende Aminosäure Lysin angegeben. Für tragende Sauen ist bei Rohfasergehalten unter 7 % eine zusätzliche Faserversorgung über Stroh etc. zu gewährleisten.

Ökologisch wirtschaftende Betriebe müssen ihre Rationen anders planen, da bestimmte Futtermittel, z.B. Sojaschrot und Zusatzstoffe wie Phytase und freie Aminosäuren, nicht eingesetzt werden dürfen. Um die Sauen bedarfsgerecht mit Aminosäuren und verdaulichem Phosphor zu versorgen, sind höhere Anteile an Protein- und Phosphorträgern notwendig, was wiederum das Tier und die Umwelt belastet.

6.5 Fütterungsstrategien

Das angestrebte Leistungsniveau stellt an das Haltungsmanagement und insbesondere an die Fütterung hohe Ansprüche. Sauen sollen im Fortpflanzungszyklus in optimaler Zuchtkondition gehalten werden. Dies ist notwendig, um große, einheitliche Würfe und hohe Milchleistungen für eine verlustarme Aufzucht mit hohen Ferkelabsetzgewichten zu produzieren. Eine nachhaltige Nutzung der Sauen wird dann erreicht, wenn sie nach dem Absetzen wieder problemlos zur Rausche kommen und tragend werden. Der entscheidende Grundstein für hohe Leistungen wird schon in der Aufzucht und bei der Eingliederung von Jungsauen gelegt. Beides muss deshalb optimal gestaltet werden.

Im Hinblick auf die vorgenannten Zielsetzungen in der Sauenhaltung ergeben sich für ein modernes Fütterungskonzept folgende Ansatzpunkte:

- Differenzierte Leistungs- und Fütterungsphasen einschl. Jungsauenaufzucht
  a) Jungsauenaufzucht, -eingliederung
  b) Trächtigkeit
  c) Laktation
- Fütterung auf eine optimale Körper-/Zuchtkondition ausrichten
- Optimierung von Stoffwechselinteraktionen zwischen den Leistungsstadien

Tab. 6-9: Beispielrationen für tragende Sauen

Komponente	Einheit	Ration 1	Ration 2	Ration 3	Ration 4	Ration 5	Ration 6	Ration 7
Gerste	%	63,5	57,5	52,5	39,5	75,5	80	30
Hafer	%		30	18				30
Roggen	%	10			20			
Triticale				15				
Sojaschrot (43 % RP)	%	11	10			8		
Sojaschrot HP	%				6			
Rapsschrot	%			12				
Erbsen	%				17			
Trockenschnitzel	%	12			8			
Weizenkleie	%					14		
Sojaschalen	%				6			
Pflanzenöl	%	1			1			
Mineralfutter[1)]	%	2,5	2,5	2,5	2,5	2,5		
Ergänzungsfutter[2)]	%						20	40
ME	MJ/kg	11,9	11,9	12,1	12,1	12,0	12,2	12,2
Lysin	%	0,64	0,64	0,64	0,62	0,62	0,66	0,65
Rohprotein	%	13,3	13,5	13,3	13,6	13,5	13,6	14,3
Rohfaser	%	6,4	7,0	6,5	6,6	6,3	5,3	7,5
Calcium	%	0,64	0,60	0,65	0,62	0,62	0,61	0,65
Phosphor	%	0,45	0,45	0,42	0,44	0,45	0,45	0,43

[1)] *Mineralfutter (Ca/P/Lysin): 16/5/1 (Ration 1), 20/4/1 (Ration 2), 20/1/3 (Ration 3), 16/5/0 (Ration 4), 21/0/2 (Ration 5)*
[2)] *Ergänzungsfutter (RP/Ca/P/Lysin): 25/2,8/0,85/1,8 (Ration 6), 20/1,5/0,6/1 (Ration 7)*

Tab. 6-10: Beispielrationen für laktierende Sauen

Komponente	Einheit	Ration 1	Ration 2	Ration 3	Ration 4	Ration 5	Ration 6	Ration 7
Gerste	%	32,5	43	25	39	41	50	30
Hafer	%					6,5		
Mais	%				10			
Roggen	%	20						
Triticale	%					30	28	
Weizen	%	20	34	46,5	20			35
Sojaschrot (43 % RP)	%	21	18					
Sojaschrot HP	%			10,5	12	17	15,5	
Rapsschrot	%			8				
Erbsen	%				15			
Trockenschnitzel	%			5				
Lignocellulose	%						1,5	
Pflanzenöl	%	3	2	2	1	2	2	
Mineralfutter[1)]	%	3,5	3	3	3	3,5	3	
Ergänzungsfutter[2)]	%							35
ME	MJ/kg	13,2	13,0	13,0	13,1	13,1	13,1	13,0
Lysin	%	1,06	1,03	1,00	1,03	1,03	1,03	1,00
Rohprotein	%	16,6	16,3	16,4	16,1	16,4	16,3	16,4
Rohfaser	%	3,9	4,5	4,6	4,0	4,1	4,7	4,2
Calcium	%	0,74	0,73	0,73	0,74	0,76	0,76	0,77
Phosphor	%	0,51	0,52	0,51	0,50	0,53	0,50	0,54

[1)] *Mineralfutter (Ca/P/Lysin): 18/3/7 (Ration 1), 21/4/9 (Ration 2), 18/4/1 (Ration 3), 22/4/7 (Ration 4), 19/4/7 (Ration 5), 22/4/9 (Ration 6)*
[2)] *Ergänzungsfutter (RP/Ca/P/Lysin): 26/2,1/0,9/2,2 (Ration 7)*

- Prophylaxe gegen Stoffwechselstörungen und Schadkeime (z. B. Steuerung der Mineralstoff- und Elektrolytenbilanz) sowie Stabilisierung von Gesundheit und Wohlbefinden
- Spezielle Fütterungsmaßnahmen zur Verringerung der Nährstoffausscheidung

Die praktische Umsetzung eines solchen Fütterungskonzeptes muss sich zusätzlich auch an den betriebsspezifischen Produktionsbedingungen (Sauenherkunft, Jungsauenanteil im Bestand, Leistungsniveau, Haltungsbedingungen und betriebsspezifische Bestandsprobleme etc.) orientieren.

6.5.1 Differenzierte Leistungs- und Fütterungsphasen

Der Produktionszyklus einer Sau ist durch sehr unterschiedliche Nährstoffansprüche charakterisiert. Die einphasige Fütterung wird den unterschiedlichen Fütterungsansprüchen, insbesondere bei einer kurzen Säugezeit, nicht gerecht. Außerdem kann ein Fütterungskonzept mit nur einer Futtersorte nicht als ressourcenschonend, tier- und umweltgerecht bezeichnet werden, weil entweder in einer Phase eine Unterversorgung oder eine Überversorgung der Tiere in Kauf genommen wird. Beides ist nicht nachhaltig.
Neben einer optimalen Jungsauenaufzucht mit mittlerer Wachstumsintensität ist eine bedarfsgerechte, auf hohe Leistungen ausgerichtete Fütterung von Sauen nur durch eine mindestens zweiphasige Fütterung (Trächtigkeit und Laktation) möglich. Bei bestimmten bestandsspezifischen Problemen kann auch der Einsatz eines speziellen Geburtsvorbereitungsfutters (dreiphasige Fütterung) sinnvoll sein. Eine mehrphasige Fütterung reduziert zugleich die N- und P-Ausscheidungen und leistet somit auch einen wesentlichen Beitrag zur Naturressourcenschonung und Entlastung der Umwelt. Eine weitergehende Anpassung über Futtermenge bzw. Energieaufnahme in den verschiedenen Leistungsabschnitten kann bei zwei- bzw. dreiphasiger Fütterung nach z. B. einem Fütterungskonzept wie in Abbildung 6-14 erfolgen.

6.5.2 Güste und tragende Sauen

Nach dem Absetzen schließt sich bis zum Belegen eine über dem eigentlichen Nährstoffbedarf liegende Fütterung mit etwa 30 bis 40 MJ ME je Tag mit einem Futter für laktierende Sauen an. Diese Nährstoffüberversorgung (Flushing-Fütterung) bewirkt gerade bei stark abgesäugten Sauen einen positiven Effekt auf die Ovulationsrate. Nach der Belegung wird die täglich verabreichte Futtermenge je nach Kondition auf etwa 29 bis 37 MJ ME je Sau und Tag begrenzt und auf ein Futter für tragende Sauen umgestellt. Diese

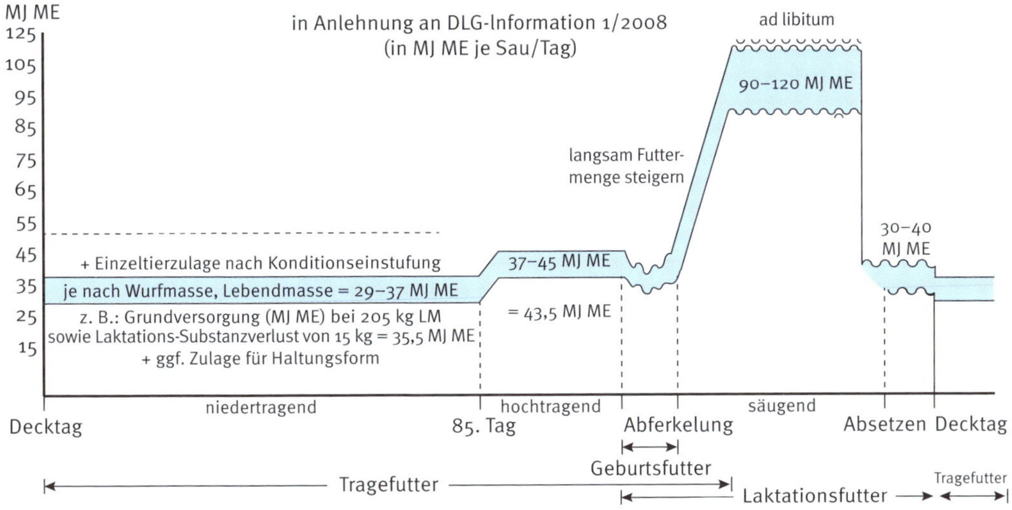

Abb. 6-14: Fütterungskonzept für Sauen in Abhängigkeit von Kondition und Zyklusphase

Empfehlungen sind lediglich als Anhaltspunkte zu sehen, da stark abgesäugte Sauen durch erhöhte Futtergaben bis 37 MJ ME je Sau und Tag in dieser Produktionsphase so zu versorgen sind, dass sie ihre Konditionseinbußen wieder ausgleichen. Ebenso ist es wichtig, dass Sauen in den ersten Wochen nach der Belegung nicht überfüttert werden. Eine stark über den Bedarf hinausgehende Versorgung zu Beginn der Trächtigkeit kann dazu beitragen, dass intrauterin weniger Embryonen überleben und zu Föten werden können. Nach dem Umstallen in den Wartestall wird die Futtermenge für alle Sauen nach Kondition und Haltungsbedingungen zugeteilt (siehe Kap. 6.1.1). Bei Temperaturen unterhalb des thermoneutralen Bereichs sind je nach Haltungsform entsprechende Energiezuschläge notwendig. Bei strohloser Haltung ist Zugluft prinzipiell zu vermeiden und ggf. eine Heizung erforderlich, um Harnwegsinfektionen vorzubeugen.

In der Trächtigkeit muss den im Vergleich zur Säugezeit wesentlich geringeren Nährstoff- und Energieanforderungen Rechnung getragen und trotzdem eine Sättigung der Sauen erreicht werden. Eine über dem Bedarf liegende Versorgung der Tiere erhöht das Risiko, dass Geburtsschwierigkeiten, wie z. B. verlängerte Geburten, auftreten und in der Säugezeit die Futteraufnahmekapazität verringert ist. Eine zu geringe Futteraufnahme in der Säugezeit hat ein stärkeres Einschmelzen von Körperreserven zur Folge. Beide Folgen wirken sich ungünstig auf die Fortpflanzungs- und Lebensleistung aus.

Die Gewichtsentwicklung der Föten findet vorwiegend im letzten Drittel der Trächtigkeit (ab 85. Trächtigkeitstag) statt, wodurch sich der Futterbedarf

Tab. 6-11: Futterzuschläge für Temperaturen unterhalb des thermoneutralen Bereiches bei strohloser Haltung (Futter mit 12,2 MJ ME/kg für tragende Sauen)

Einzelhaltung[1)] Temperatur °C	Einzelhaltung[1)] Futterzuschlag g/Tag	Gruppenhaltung[2)] Temperatur °C	Gruppenhaltung[2)] Futterzuschlag g/Tag
19	–	14	–
18	50	13	25
17	100	12	50
16	150	11	75
15	200	10	100

1) + 0,6 MJ ME je 1 °C weniger, 19 °C = thermoneutral
2) + 0,3 MJ ME je 1 °C weniger, 14 °C = thermoneutral
(Vgl. DLG, 2008)

erhöht. Um den Stoffwechsel und die Nachhaltigkeit der Erzeugung nicht unnötig zu belasten, sollte der Rohproteingehalt im Futter für tragende Sauen bei maximal 14 % Rohprotein liegen. Bei einer praxisüblichen Komponentenzusammensetzung ist der Bedarf an essenziellen Aminosäuren abgedeckt. Um eine Überversorgung und unnötige Pufferung des Futters zu vermeiden bzw. eine optimale Umstellung des Stoffwechsels nach der Geburt sicherzustellen, damit der höhere Bedarf an Calcium und verdaulichem Phosphor in der Säugezeit abgedeckt ist, sollten die Ca-Gehalte im Futter für tragende Sauen auf maximal 0,6 % bei einem Ca : vP-Verhältnis von 2,5 bis 2,7 : 1 beschränkt werden. Ein Futter für tragende Sauen zeichnet sich durch höhere Rohfasergehalte (mind. 7 %) und eine geringere Energiedichte aus. Der höhere Anteil an Rohfaser bewirkt auch eine schnellere Darmpassage des Nahrungsbreies und stabilisiert die Dickdarmflora und damit auch die Immunitätslage der Sauen. Als rohfaserreiche Komponenten kommt eine Vielzahl an Futtermitteln in Frage. Je nach Art und Herkunft der Rohfaser kann die Kotkonsistenz beeinflusst werden. Der Einsatz von Rohfaserträgern, die im Dickdarm gut fermentiert werden und nur gering lignifiziert sind, wie z. B. Trockenschnitzel oder Sojaschalen, führt zu einem weicheren Kot und ist eine wirkungsvolle Maßnahme zur Vorbeugung vor Verstopfung.

6.5.3 Geburtsvorbereitung

Die hochtragende Sau wird etwa ab dem 108. Trächtigkeitstag in die Abferkelbucht eingestallt. Hier werden vielfach spezielle Anfütterungsmaßnahmen vorgenommen, die eine schnell ablaufende Geburt und Rückbildung der Gebärmutter sowie eine problemlose Anfütterung der Sau gewährleisten sollen. Außerdem kann mit der Fütterung in der Vorbereitung der Geburt prophylaktisch der Entstehung des MMA-Problems und anderer hygienischer Risiken begegnet werden.

Spezielle Geburtsvorbereitungsfutter fördern die Sättigung der Sau, wirken einer möglichen Darmträgheit entgegen und senken den Harn-pH-Wert. Eine einfache Möglichkeit ist der Verschnitt von Laktationsfutter und Gerste im

Verhältnis 1 : 1. Das Futter wird etwa eine Woche vor bis wenige Tage nach der Geburt eingesetzt.

Futterzusätze, wie Probiotika, phytogene Wirkstoffe, Prebiotika oder organische Säuren, können dazu beitragen, eine robuste und stabile Darmgesundheit und -morphologie zu entwickeln, die gesundheitliche Widerstandskraft zu stärken und die Pathogen-Populationen im Darm und in der Harnblase durch pH-Wert-Absenkungen zu beherrschen. Damit wird neben der Gesundheit eine hohe Milchleistung der Sau in der Laktation unterstützt. Die Mineralstoff-, Spurenelement- und Vitamin-Versorgung und -Reserven sollten schon vor der Geburt erhöht und aufgefüllt werden. Organische Spurenelementverbindungen bieten Spielräume dafür, die Mischungen trotzdem mit geringen Gehalten auszustatten oder erhöhte Reserven anzulegen. Die Bedürfnisse an Bausteinen des körpereigenen Antioxidanssystems, wie Selen, Kupfer, Zink oder Mangan, sowie den Antioxidantien Vitamin E oder C, nehmen sehr stark zu. In der Geburt benötigt und beansprucht der Körper sehr intensiv das Immun- und Antioxidanssystem. Ein starkes körpereigenes Abwehrsystem trägt in erster Linie zur Vermeidung der üblichen geburtsbedingten Infektionserkrankungen der Sauen und Ferkel bei.

Die Versorgung mit Energie, essenziellen Nährstoffen und Wirkstoffen sollte in der Hochträchtigkeit ab etwa dem 85. Tragetag zunehmen, weil das fötale Wachstum stark zunimmt und in den letzten Tagen vor der Geburt bereits Körpersubstanz eingeschmolzen wird, wenn die Versorgung nicht anzieht.

6.5.4 Laktierende Sau

Für die ausreichende Nährstoff- und Energieversorgung der laktierenden Sau stellt die Futteraufnahmekapazität häufig einen begrenzenden Faktor dar. Ein Futter für die Säugezeit ist bezüglich seiner Energie- und Nährstoffkonzentration so auszurichten, dass auch bei suboptimaler Futteraufnahme der Bedarf der Sau weitgehend abgedeckt ist und die Einschmelzung von Körperfett und -protein möglichst gering gehalten wird. Der Energiegehalt des Laktationsfutters sollte etwa 13,0 bis 13,4 MJ ME/kg betragen. Höhere Energiedichten verdrängen vielfach die für eine optimale Verdauung und Sauengesundheit notwendigen Rohfaserkomponenten aus der Mischung.

Am Tag der Abferkelung sollten ca. 1,5 bis 2 kg Futter gegeben werden. Danach sollte die vorgelegte Futtermenge um 0,5 kg/Tag gesteigert werden. Das Ziel des Fütterungskonzeptes ist, schnell eine maximale Futteraufnahme zu erreichen, sodass die Phase einer negativen Energie-/Nährstoffversorgungsbilanz möglichst kurz ist. Die Sau kann zwar aus ihren Körperreserven ein verhältnismäßig großes Defizit kompensieren, jedoch nimmt mit zunehmendem

Umfang des Defizits die Energie- und Nährstoffverwertungseffizienz ab und Risiken des Auftretens von Gesundheits- und Fertilitätsstörungen nehmen zu. Beeinträchtigungen von Gesundheit, Nachhaltigkeit und Wirtschaftlichkeit nehmen tendenziell zu.

7 Fütterung der Ferkel

Manfred Weber

In der Ferkelaufzucht wird die Grundlage für die Wirtschaftlichkeit der Mast gelegt. Nur wenn die Aufzucht vom Ferkel problemlos durchlaufen wird, können Schweine produziert werden, die einen hohen Muskelfleischanteil und ein gutes Wachstumspotenzial besitzen. Angestrebte Geburtsgewichte um die 1,5 kg und eine durchgehend hohe Futteraufnahme sind Voraussetzungen für eine optimale Aufzucht. Schwankungen in der Futteraufnahme, sei es durch zu geringes Angebot oder durchgemachte Krankheiten, führen zu geringeren Zunahmen und einem geringeren Fleischansatzvermögen. Folgende Prämissen für eine gute Ferkelfütterung sollten eingehalten werden:

- Jederzeitiges Angebot von frischem, schmackhaftem Futter
- Einsatz von aufgeschlossenen Futtermitteln zu Beginn der Ferkelaufzucht
- Frühzeitiges Gewöhnen an pflanzliche Nahrungsmittel (Enzymtraining)
- Optimierung der Fütterung rund ums Absetzen

Um all diese Punkte einzuhalten und fütterungsbedingte Krankheiten zu vermeiden, ist über die gesamte Aufzuchtzeit (1,5–30 kg) eine nährstoffangepasste Fütterung notwendig.

7.1 Bedarfsnormen und Versorgungsempfehlungen

Zur Darstellung des Bedarfs und der Versorgungsempfehlungen werden die Werte der Gesellschaft für Ernährungsphysiologie (GfE) aus dem Jahre 2006 herangezogen. Allen Werten ist die faktorielle Ableitung gleich, d. h. der Bedarf wird anhand von Erhaltungsbedarf und Leistungsbedarf geschätzt. Dabei wurden notwendige Festlegungen hinsichtlich Teilwirkungsgraden und Verwertungsgrößen vorgenommen.

7.1.1 Energie

Sowohl die Bewertung des Futters als auch die Zahlen zum Bedarf werden weiterhin auf der Stufe der umsetzbaren Energie (ME) angegeben. Zur Ermittlung des Energiebedarfs hat die GfE folgende Prämissen gesetzt:

Der **Erhaltungsbedarf** wird mit folgender Formel berechnet:

Erhaltungsbedarf: ME_m (MJ ME/Tag) =

$(0{,}44 \times LM^{0{,}75}) \times 1{,}25$ (für höhere Bewegungsaktivität)

Tab. 7-1: Zusätzlicher Energiebedarf bei Unterschreitung der UKT

Lebendmasse der Ferkel (kg)	UKT (°C)	Zulagen (kJ/°C/kg $LM^{0,75}$/Tag)
Neugeborene	32–35	36
2 kg	25–30	47
20 kg	15–19	17–21

Um alle Körperfunktionen aufrechtzuerhalten, muss der Organismus bei geringen Temperaturen, die unter den kritischen Umgebungstemperaturen (UKT) für Ferkel liegen, mehr Energie aufwenden. Daher werden dann zur Berechnung des Erhaltungsbedarfs Zulagen notwendig. Diese sind in Tabelle 7-1 angegeben.

Der Bedarf an Energie für das Wachstum setzt sich zusammen aus dem Wachstum an Proteinmasse und Fettmasse. Schon im Laufe des Wachstums des Ferkels ändert sich der Anteil von Protein an der Leerkörpermasse. Bei 10 kg LM werden 160 g Protein pro kg gefunden. Bei 30 kg Lebendmasse sind es 168 g. Noch deutlicher unterscheidet sich der Anteil an Fett. Dieser steigert sich von 110 g/kg bei 10 kg LM auf 170 g/kg bei einer Lebendmasse von 30 kg.

Dabei werden Energiegehalte von 39,7 kJ/g Fett und 23,8 kJ/g Protein postuliert. Die bei der Berechnung wichtigen Teilwirkungsgrade setzt die GfE auf jeweils 0,75 für Fett und Protein fest.

Summiert man die Zahlen für Erhaltungs- und Wachstumsbedarf, ergeben sich die in Tabelle 7-2 aufgeschriebenen Empfehlungen zur Versorgung.

Tab. 7-2: Empfehlungen zur Versorgung mit ME (MJ ME/Tag) für Ferkel (GfE 2006)

LMZ (g/Tag)	LM (kg)					
	5	10	15	20	25	30
100	2,9	4,3				
200	4,1	5,5				
300	5,2	6,7	8,0	9,3		
400		7,9	9,3	10,6	11,9	13,2
500		9,1	10,6	12,0	13,4	14,7
600			11,8	13,3	14,8	16,2
700				14,7	16,2	17,7
800					17,7	19,3

7.1.2 Protein (Aminosäuren)

Generell sollte gesagt werden, dass Schweine keinen Bedarf an Protein haben, sondern hier in erster Linie der Bedarf an essenziellen Aminosäuren gemeint ist. Dabei sind folgende Aminosäuren besonders zu beachten: Lysin (Lys), Methionin/Cystin (Met/Cys), Threonin (Thr), Tryptophan (Trp), Valin (Val), Leucin (Leu), Isoleucin (Ile) und Histidin (His).

Im Gegensatz zur früheren Vorgehensweise hat sich die GfE ab 2006 dazu entschlossen, den Bedarf und die Versorgungsempfehlungen hinsichtlich der Aminosäuren

Tab. 7-3: Eckwerte für die Ableitung der bedarfsgerechten Versorgung der Ferkel mit essenziellen Aminosäuren

Erhaltungsbedarf:
38 mg pcv Lysin/kg $LM^{0,75}$
Bei einem AS-Verhältnis von: Lysin : Met/Cys : Thr : Trp
1 : 1,18 : 1,32 : 0,39

Lebendmasse-Wachstum:
Bedarf für Wachstum: 6,3 bis 6,8 g pcv Lysin je 100 g Proteinzuwachs
Bei einem AS-Verhältnis von: Lysin : Met/Cys : Thr : Trp
1 : 0,50 : 0,60 : 0,17

nicht mehr auf Basis der Bruttoaminosäuren darzustellen, sondern auf die Basis praecaecale Verfügbarkeit (pcv) umzustellen. Die Ableitung des Bedarfs wird auch für die Aminosäuren, analog zum Energiebedarf, faktoriell vorgenommen. Folgende Annahmen der Tabelle 7-3, die aus Versuchsergebnissen und Literaturangaben erstellt wurden, bilden dabei die Grundlage:

Auch hier führt die Summierung der Bedarfszahlen zu einer Gesamtversorgungsempfehlung, wie sie in Tabelle 7-4 dargestellt ist.

Tab. 7-4: Empfehlungen zur Versorgung mit pcv Lysin (g/Tag) für Ferkel (GfE 2006)

LMZ (g/Tag)	LM (kg)					
	5	10	15	20	25	30
100	2,1	2,2				
200	4,0	4,1				
300	6,0	6,0	6,1	6,2		
400		8,0	8,1	8,1	8,2	8,3
500		9,9	10,0	10,1	10,1	10,2
600			11,9	12,0	12,1	12,1
700				14,0	14,0	14,1
800					16,0	16,0

7.1.3 Praxisgerechte Versorgungsempfehlungen für Energie und Aminosäuren

Basierend auf den Bedarfsempfehlungen können Versorgungsempfehlungen für Ferkel gegeben werden. In den ersten beiden Säugewochen kann der Nährstoffbedarf bei ausreichender Milchmenge der Sau über diese gedeckt werden. Bei geringem Milchfluss oder sehr hohen Ferkelzahlen im Wurf müssen Ferkel an andere Sauen versetzt werden oder im Notfall auch mutterlos an der künstlichen Amme aufgezogen werden.

Ab der zweiten Woche sollten die Ferkel mit zusätzlichem Futter versorgt werden. In den ersten Tagen werden zwar nur geringe Mengen vom Ferkel aufgenommen, es lernt dabei aber spielerisch die Aufnahme von festem Futter. Natürlich müssen diese Futtermittel entsprechend hochwertig (Verdaulichkeit) konzipiert werden. Um diese und die dann folgenden Futtermittel erstellen zu können, werden die in Tabelle 7-5 dargestellten Versorgungsempfehlungen für Ferkel benötigt.

Unterstellt wird hier ein Zunahmeniveau in der Aufzucht ab der dritten oder vierten Lebenswoche von 450 oder 500 g pro Tier und Tag. Damit entspricht dies praxisüblichen Werten, die bei einer erfolgreichen Ferkelaufzucht erreicht werden müssen.

Neben der, für die unterstellten Zunahmen, notwendigen Energieaufnahme kann dort auch die notwendige Futteraufnahme abgelesen werden. Unterstellt sind Energiegehalte von 13,8 MJ ME für das erste und 13,0 MJ ME für das letzte Ferkelfutter. Neben den geforderten Gehalten an pcv Lysin (g/MJ ME) sind auch die Gehalte für Bruttolysin aufgeführt. Notwendig wird dies in erster Linie aus rechtlichen Gründen. Bei amtlichen Untersuchungen kann der pcv-Lysingehalt nicht analysiert werden, sondern

Tab. 7-5: Empfehlungen zur Nährstoffversorgung von Ferkeln für ein mittleres (tägliche Zunahme: 450 g) und hohes (tägliche Zunahme 500 g) Leistungsniveau in der Aufzucht (DLG 2008)

Lebenswoche (LW)	Tägliche Zunahme (g)		Gewicht Wochenende (kg)		Energieaufnahme (MJ ME/Tag)		Futteraufnahme[3] (g/Tag)		pcv Lysin (g/MJ ME)	Lysin (brutto) (g/MJ ME)[4]
1.	200		2,9		Sauenmilch (evtl. Zugabe von Ergänzungsfuttermitteln)					
2.	225		4,5							
3.	260		6,3							
4.[1]	300		7,5				20 bis 50		0,90	1,00
Absetzen (25. Tag)	**Leistungsniveau – mittlere Tageszunahme (g)**									
	450	**500**	**450**	**500**	**450**	**500**	**450**	**500**	**450 + 500**	**450 + 500**
4.[2]	200	200	8,1	8,1	4,1	4,1	300	300	0,90	1,00
5.	270	300	10,0	10,2	6,0	6,5	435	471	0,90	1,00
6.	350	400	12,4	13,0	7,6	8,3	567	619	0,85	0,95
7.	420	480	15,4	16,4	9,2	10,3	687	769	0,85	0,95
8.	510	580	19,0	20,4	11,3	12,6	869	969	0,75	0,85
9.	610	650	23,2	25,0	13,8	14,8	1061	1138	0,75	0,85
10.	680	720	28,0	30,0	16,1	17,3	1238	1331	0,75	0,85
Summe:					460 MJ ME	501 MJ ME	34,9 kg	38,0 kg		

1) *bis zum 25. Tag*

2) *Abschnitt 26. bis 28. Tag; Absetzen mit 25 Tagen und 7,5 kg Lebendmasse*

3) *Annahme für die Tabelle (je kg Futter): 13,8 MJ ME in LW 4 bis 5; 13,4 MJ ME in LW 6 bis 7; 13,0 MJ ME ab LW 8*

4) *unterstellte praecaecale Aminosäurenverdaulichkeit: ~90 %*

nur der Bruttolysingehalt. Dieser wird auch als Einziger auf Belegen von Zukaufsfutter ausgezeichnet.

Neben der Leitaminosäure Lysin spielen in der praktischen Fütterung auch die drei Aminosäuren Met/Cys, Thr und Trp eine wichtige Rolle. Üblicherweise werden diese in Abhängigkeit vom Lysin dargestellt. Folgende Relationen zum Lysin sollten in Futtermitteln für Ferkel eingehalten werden:

Lys : Met/Cys : Thr : Trp = 1 : 0,53 : 0,63 : 0,18

7.1.4 Mengenelemente

Unter Mengenelementen versteht man die folgenden Elemente: Phosphor (P), Calcium (Ca), Magnesium (Mg), Natrium (Na), Kalium (K), Chlor (Cl) und Schwefel (S).

Bei einer ausreichenden Versorgung der Ferkel mit den schwefelhaltigen Aminosäuren Methionin und Cystin besteht kein weiterer Bedarf an Schwefel, sodass dieses Element aus der weiteren Betrachtung herausfallen kann. Gleiches gilt für das Element Magnesium. Bei einer Zusammensetzung der Ration aus in Mitteleuropa üblichen Komponenten besteht keine Gefahr der Unterversorgung mit Magnesium.

Auch für Kalium und Chlor sind bei üblichen Futterkomponenten keine Unterversorgungen bekannt. Daher werden keine eigenen Tabellen aufgelistet. Grob kann man sich an den Empfehlungen für Natrium orientieren. Dabei sollte die Empfehlung von Kalium die des Natriums um das doppelte übersteigen, die für Chlor um das 1,5-fache.

Die Empfehlungen für Phosphor werden weiterhin auf Basis des verdaulichen Phosphors erfolgen, wobei bei Einsatz von Phytasen die Versorgungsempfehlungen weiter gesenkt werden können.

Die Empfehlungen für Phosphor, Calcium und Natrium sind der Tabelle 7-6 zu entnehmen.

Tab. 7-6: Empfehlungen zur Versorgung mit Mengenelementen Phosphor, Calcium und Natrium für Ferkel (GfE 2006)

LMZ (g/Tag)	LM (kg)					
	5	10	15	20	25	30
Verdaulicher Phosphor (g/Tag)						
100	0,6	0,6				
200	1,1	1,2				
300	1,6	1,7	1,7	1,8		
400		2,2	2,3	2,3	2,4	2,5
500		2,7	2,8	2,8	2,9	3,0
600			3,3	3,45	3,4	3,5
700				3,9	4,0	4,0
800					4,5	4,5
Gesamt-Calcium (g/Tag)						
100	1,4	1,5				
200	2,6	2,7				
300	3,8	3,9	4,1	4,2		
400		5,1	5,3	5,4	5,6	5,7
500		6,3	6,5	6,6	6,8	6,9
600			7,7	7,8	8,0	8,1
700				9,1	9,2	9,3
800					10,4	10,6
Gesamt-Natrium (g/Tag)						
100	0,22	0,26				
200	0,39	0,43				
300	0,55	0,60	0,64	0,68		
400		0,77	0,81	0,85	0,89	0,93
500		0,84	0,87	0,92	0,96	1,0
600			1,2	1,2	1,2	1,3
700				1,4	1,4	1,5
800					1,6	1,7

7.1.5 Spurenelemente

Eisen (Fe)

Eisen ist ein zentrales Element in den Blutfarbstoffen und dem Myoglobin des Muskels. Es ist für die Übertragung des Sauerstoffs unerlässlich. Zudem fungiert es als Co-Ferment etlicher Enzyme.

Eine über die üblichen Futtermittel hinaus gehende Versorgung beim Schwein ist vor allem beim Saugferkel vonnöten. Der Grund ist der geringe Gehalt an Eisen in der Sauenmilch (siehe Kapitel 6.2).

Die üblichen Empfehlungen liegen außerhalb der Säugephase bei 80 bis 120 mg Eisen/kg Futtertrockenmasse.

Kupfer (Cu)

Der Großteil des Kupfers findet sich in der Leber, den Knochen, der Muskulatur und der Haut. Es ist vor allem an der Bildung von roten Blutkörperchen beteiligt und dient als Co-Ferment verschiedener Enzyme. Herauszuheben ist hier eine Ferroxidase, die die Oxidation von zweiwertigem Eisen katalysiert und damit zur Bildung von Hämoglobin entscheidend beiträgt. Daher zeigt sich ein Mangel an Kupfer häufig im Krankheitsbild der Blutarmut.

In der Säugephase stehen dem Ferkel etwa 1,2 bis 1,6 mg Cu/kg Sauenmilch zur Verfügung. Diese Kupfermenge ist für die ersten beiden Lebenswochen ausreichend. Anschließend ist eine Ergänzung über Futtermittel notwendig, die bei 6 mg/kg Futtertrockenmasse liegen sollte. Gerade beim Kupfer ist eine deutliche Überversorgung im Ferkelfutter aufgrund der durchfallhemmenden Wirkung immer wieder anzutreffen. Mehr dazu in Kapitel 6.2.

Jod (I)

Der Großteil des Jodgehaltes des Körpers (ca. 80 %) befindet sich in der Schilddrüse. Dabei bildet es einen Hauptbestandteil des Schilddrüsenhormons Thyroxin. Ein Jodmangel ruft beim Ferkel Hautverdickungen und Haarausfall hervor. Auf die Jodversorgung ist vor allem in meeresfernen Gebieten zu achten. Da Jod vor allem im Meerwasser vorkommt, trägt der Ersatz von Fischmehl durch, in der Regel pflanzliche Eiweißträger, ebenfalls zu einer Reduzierung des Jodgehaltes im Ferkelfutter bei. Besonders bei der Verfütterung von Rapsprodukten ist auf eine zusätzliche Jodzufuhr zu achten. In der Regel reicht ein Gehalt von 0,15 mg/kg Futtertrockensubstanz aus. Bei Rapsfütterung sollten 0,3 mg/kg eingehalten werden.

Mangan (Mn)

Mangan ist an der Mineralisierung des Skeletts beteiligt, zudem ist es ein wesentlicher Teil des antioxidativen Systems im Körper. Auch für die Entwicklung und Funktion des Geschlechtsapparates trägt Mangan eine entscheidende Verantwortung. Daher bewirkt ein Manganmangel auch hauptsächlich Auftreibungen und Krümmungen an Gliedmaßen und eine verringerte Fruchtbarkeit. Überhöhte Calcium- und Phosphorzufuhr reduzieren die Manganaufnahme. Insbesondere durch das hohe Wachstum ist beim Ferkel ein besonderes Augenmerk auf die Manganversorgung zu legen. 15 bis 20 mg/kg Futtertrockensubstanz ist zu erreichen.

Selen (Se)

Als zentraler Bestandteil des Enzyms Gluthadionperoxidase übernimmt Selen eine wichtige Aufgabe im antioxidativen System des Körpers. Der Mangel drückt sich in Muskel- und Gewebeschwund aus. Gerade beim Ferkel, das sehr stark wächst, ist auf eine ausreichende Versorgung zu achten. Da die Sauenmilch nicht ausreichend Selen enthält, sollte Selen schon in ausreichendem Maße im Saugferkelbeifutter enthalten sein. Empfohlen werden 0,2 bis 0,25 mg/kg Futtertrockenmasse.

Tab. 7-7: Empfehlungen zur Spurenelementeversorgung beim Ferkel (mg/kg Futtertrockensubstanz) (GfE 2006, DLG 2008)

Spurenelement	Empfehlung
Eisen	80–120*
Jod	0,15**
Kupfer	6
Mangan	15–20
Selen	0,20–0,25
Zink	80–100

* *bei Saugferkeln mindestens 200 mg Fe i.m. am 2–3 Tag p.p.*
** *bei Einsatz von glucosinolathaltigen Futtermitteln (z. B. Rapsschrot) 0,3 mg/kg*

Zink (Zn)

Als Bestandteil von mehr als 300 Enzymen und des Insulins ist Zink ein wichtiger Faktor u. a. in der Zellbildung und Wundheilung. Daher macht sich eine Unterversorgung auch in Hautirritationen bemerkbar. Eine Versorgung mit 80 bis 100 mg/kg Futtertrockensubstanz wird beim Ferkel für ausreichend erachtet. Ähnlich wie Kupfer hat auch Zink bei Zulagen über den physiologischen Bedarf gerade beim Ferkel eine wachstumsfördernde Wirkung. Einer Überdosierung und damit Ablagerung im Boden sollte entgegengewirkt werden (Kap. 7.2.1).

In der folgenden Tabelle 7-7 sind noch einmal die Empfehlungen zur Spurenelementeversorgung zusammengefasst.

7.1.6 Vitamine

Die Grundlagen der Bedarfsableitungen für Vitamine (Tab. 7-8) bilden in erster Linie Dosis-Wirkungsstudien. Die angegebenen Zahlen sollen nach GfE 2006 bei optimalen Leistungen das Auftreten von Mangelerscheinungen sicher verhindern und Überdosierungen ausschließen. Für spezielle Stresssituationen können höhere Dosierungen angeraten werden. Die üblichen Dosierungen im Alleinfutter und Mineralfutter liegen allerdings üblicherweise deutlich höher als die angegebenen Bedarfszahlen.

Tab. 7-8: Angaben zu den Empfehlungen an Spurenelementen und Vitaminen je kg Alleinfutter für Ferkel (88 % Trockenmasse) (DLG 2008)

		Empfehlung
Vitamin A	I.E.	4000
Vitamin D	I.E.	500
Vitamin E	mg	15
Vitamin K	mg	0,15
Vitamin B1	mg	1,7
Vitamin B2	mg	4,4–3,7[1)]
Vitamin B6	mg	3
Vitamin B12	mcg	40–23[1)]
Niacin	mg	20–15[1)]
Pantothensäure	mg	13
Folsäure	mg	0,3
Biotin	mcg	90
Cholin	mg	1000

[1)] *nach dem Absetzen*

7.2 Ansprüche an die Fütterung

7.2.1 Saugferkel

Die Basis für gute Leistungen wird mit der Versorgung nach der Geburt gelegt. Um eine intakte Immunabwehr aufbauen zu können, muss das neugeborene Ferkel schon innerhalb der ersten drei Lebensstunden so viel wie möglich an Kolostralmilch aufnehmen. In ihr sind unter anderem spezifische Abwehrkörper enthalten, die die Ferkel über die passive Immunisierung gegen Krankheitserreger schützen. Bereits nach 24 bis 36 Stunden können die großmolekularen Schutzkörper aufgrund der abnehmenden Durchlässigkeit der Darmwand nicht mehr durch die Darmwand aufgenommen werden. Neben den Abwehrstoffen gewährleistet in den ersten Tagen die Milch der Sau auch die Versorgung mit Energie und Eiweiß. Da neugeborene Ferkel nur über geringe Fettreserven verfügen, kann nur über eine frühe Futteraufnahme ein entsprechender Blutzuckerspiegel des Ferkels gehalten werden, der für die Funktionsfähigkeit des Organismus von entscheidender Bedeutung ist. Unterstützend sollten hier Ferkelnesttemperaturen über 38 °C wirken.

Bei den mittlerweile stark gestiegenen Fruchtbarkeitszahlen kommt es häufig vor, dass trotz frühzeitigem Umsetzen der Ferkel nicht genügend aufnehmende Sauen da sind und eine ausreichende Milchversorgung an der Mutter nicht mehr gewährleistet ist. Hier muss über ein Ammenmanagement (natürliche oder künstliche Ammen) Abhilfe geschaffen werden. Da die Verdauung in den ersten Wochen nur auf die Milch ausgerichtet ist und somit in erster Linie milcheiweiß-, milchfett- und milchzuckerspaltende Enzyme vorhanden sind, können pflanzliche Nährstoffe nicht oder nur in sehr geringem Maße verdaut werden (Abb. 7-1). Daher werden an die Milchaustauscher zur Versorgung der Ferkel an künstlichen Ammen (hier dürfen nur die größten Ferkel angesetzt werden) besonders hohe Ansprüche gestellt (Milchaustauscher müssen von Spezialherstellern zugekauft werden).

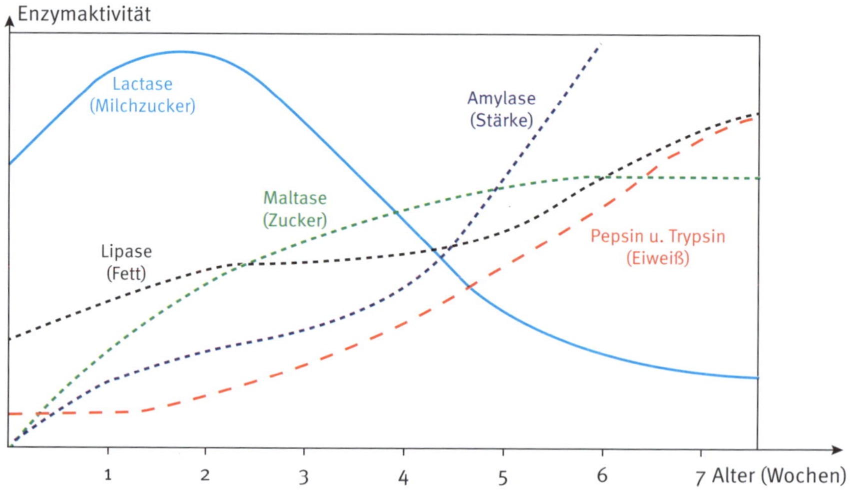

Abb. 7-1: Verläufe der Enzymaktivitäten beim jungen Ferkel

Bei an der Mutter verbliebenen Ferkeln ist eine Beifütterung ab der zweiten Lebenswoche zu empfehlen. Dieses Beifutter, das täglich frisch vorgelegt werden muss, leistet zwar keinen hohen Beitrag zur Energie- und Nährstoffversorgung des Ferkels, da es nur in geringen Mengen aufgenommen wird (etwa 1–1,5 kg bis zum Absetzen), trägt aber zur langsamen Gewöhnung an pflanzliche Nahrung bei. Dabei werden die Masse und das Volumen des Verdauungstraktes durch die stärker strukturierte Nahrung erhöht. Zudem wird durch die optimale Zusammensetzung, Aufbereitung und rechtzeitige Vorlage des Ferkelfutters die Produktion und Wirkung der nahrungsabhängigen Verdauungsenzyme angeregt und erhöht (»Enzymtraining«). Die Lactase-Aktivität hat bald nach der Geburt ihren Höhepunkt erreicht. Dagegen ist die Aktivität der eiweißspaltenden Enzyme Pepsin und Trypsin anfänglich außerordentlich niedrig. Sie steigt auch während der ersten drei bis vier Lebenswochen nur langsam an. Ähnlich liegen die Verhältnisse bei dem stärkeabbauenden Enzym Amylase, während die fettspaltende Lipase relativ gleichmäßig zunimmt. Das Beifutter, zumeist Prestarter genannt, muss daher folgende Bedingungen erfüllen:

Es muss schmackhaft (Einsatz von Aromastoffen), hochverdaulich (Milchprodukte, aufgeschlossene Getreide, Kartoffeleiweiß, Proteinkonzentrate) und sicher (Säuren, Probiotika, Prebiotika, Enzyme) sein.

7.2.2 Eisenversorgung

Die ansonsten bedarfsgerechte Zusammensetzung der Sauenmilch weist im Bereich der Eisenversorgung der Ferkel einen deutlichen Mangel auf. Das Spurenelement Eisen ist ein sehr wichtiger Bestandteil des Körpers. Der Hauptteil des Körpereisens befindet sich im Farbstoff der roten Blutkörperchen (Hämoglobin) und im Muskelfarbstoff Myoglobin. Bis zu etwa 20 % des Eisens sind in der Leber, der Milz und dem Knochenmark gespeichert. Eisen ist vor allem am Sauerstofftransport zu den Organen und Geweben sowie am CO_2-Abtransport über Lunge und Haut beteiligt. Weiterhin ist es Bestandteil einiger Enzyme. Der Eisenvorrat neugeborener Ferkel beträgt etwa 50 bis 60 mg/kg (GfE, 1987). Da höchstens 12 mg des Körpereisens verfügbar sind und der Bedarf bei ca. 10 bis 15 mg/Tag liegt, ergibt sich neben der Aufnahme der eisenarmen Sauenmilch (ca. 1 mg Eisen/kg) nach ein bis zwei Tagen ein zusätzlicher Bedarf. Dieser liegt bei ca. 40 bis 50 mg/kg Zuwachs. Diese Versorgungslücke ist umso größer, je höher das Zunahmeniveau ist. Der Gesamtbedarf bis zum 21. Lebenstag beträgt etwa 250 bis 300 mg und ist von mehreren Faktoren, z. B. von der Eisenversorgung der Zuchtsau und dem damit verbundenen Eisentransfer in den Fötus, abhängig.

Etwa 100 mg können über Milch, Beifutter, Körperreserven und sonstige Aufnahmen abgedeckt werden.

Eisenversorgungslücken führen bald zu einer Eisenmangel-Blutarmut (Anämie) mit Folgen, wie verringerter Widerstandskraft, Orientierungsproblemen, Infektionsanfälligkeit und Wachstumsverzögerungen. Insgesamt werden schlechtere Aufzuchtergebnisse durch einen Anstieg der Ferkelverluste und unbefriedigende Absetzgewichte erzielt. Äußeres Erscheinungsbild ist ein blasses Tier mit z. T. struppigem Haarkleid. Der Eisenbedarf wird häufig am zweiten oder dritten Lebenstag durch eine subkutane Eiseninjektion (200 mg oder 2 ml Eisen/Tier) in die Halsmuskulatur oder in die Kniefalte gedeckt. Der größte Teil des injizierten Eisens gelangt in die Leber, wird dort gespeichert und bei Bedarf freigesetzt. Der angelegte Vorrat reicht häufig aus, um die Eisenversorgung der Saugferkel bis zur Beifutteraufnahme zu sichern. Bei Ferkeln mit sehr hohen Tageszunahmen ist eine Wiederholung der Eiseninjektion zwischen dem 10. und 14. Lebenstag sinnvoll.

Bei der Dosierung der Eiseninjektion muss beachtet werden, dass beim 10 %igen Eisen (= 100 mg Eisen/ml) 2 ml und beim 20 %igen Eisen (= 200 mg Eisen/ml) 1 ml/Tier verabreicht werden. Die heutigen Ferkelherkünfte zeichnen sich durch einen hohen Gewichtszuwachs aus. Parallel muss entsprechend viel Blut bzw. Hämoglobin gebildet werden. Eine pauschale Dosierung von 1 bzw. 2 ml pro Ferkel führt oftmals zu einer Unterversorgung. Im übrigen gehen Untersuchungen von Lembacher und Bostedt (1994) davon aus, dass nur etwa 17 % der Ferkel zum Zeitpunkt der Geburt eine normale Eisenversorgung aufweisen. Fütterungsmaßnahmen zur Erhöhung des Eisengehaltes in der Sauenmilch waren nicht erfolgreich. Grund ist u. a. die rapide Abnahme der Verfügbarkeit des Eisens, die von 90 % bei Saugferkeln auf etwa 5 % bei älteren Schweinen absinken kann.

Eine weitere Möglichkeit der Eisenversorgung liegt in der oralen Verabreichung (= über das Maul) bereits kurz nach der Geburt. Entsprechen die Teilchengrößen der Eisenemulsion denen der Fettpartikel in der Muttermilch, ist eine Resorption in diesem frühen Zeitraum möglich. Da die Resorptionsrate schnell abnimmt, ist eine frühzeitige Eisengabe unerläßlich. Neuere Versuche belegen ausreichende Hämoglobingehalte im Blut und gleiche Leistungen der Ferkel, wenn Eisen in den ersten Lebensstunden oral verabreicht wird. Die Vor- und Nachteile einer oralen Eisengabe zeigt die nachstehende Übersicht 7-1.

Zahlreiche Versuchstätigkeiten haben im Ergebnis zu einer gleichzeitig mit Vitamin A und E und vereinzelt mit ätherischen Ölen versehenen Emulsion geführt. Das Vitamin E sorgt dafür, dass die Verwertung des Eisens optimiert

Übersicht 7-1: Vor- und Nachteile einer Eisenemulsionsgabe

Vorteile	Nachteile
• Anämieprophylaxe vom ersten Tag an • Stressminderung (keine Belastung durch Injektion) • Freiwerdender Impftermin	• Wird eine zweite Eisengabe notwendig, dann meist als Injektion (doppelte Kosten) • Höherer Zeitaufwand (Bei Applikation ist auf vollständige Aufnahme zu achten) • Höhere Kosten im Vergleich zur Injektion

wird. Werden 2 ml dieser Emulsion den neugeborenen Ferkeln innerhalb der ersten Lebensstunden verabreicht, wird die Eisenlücke zuverlässig geschlossen. Unabhängig von der Form der Eisengabe sollten die Ferkel nach acht bis zehn Tagen kontrolliert werden und bei Auftreten anämischer Symptome eine erneute Gabe in Höhe der ersten Applikation erhalten.

7.2.3 Wirkungen bestimmter Futterkomponenten und -zusatzstoffe

Gerade in der Ferkelfütterung ist eine Auswahl bestimmter Futterkomponenten zur Erfüllung der Ferkelansprüche außerordentlich wichtig. Hohe Verdaulichkeiten und geringstmögliche Belastungen für den Organismus stehen hier im Vordergrund.

Im Bereich der Energieträger lässt sich die Verdaulichkeit durch spezielle Aufschlussverfahren deutlich erhöhen, daher sollte ein Teil des Getreides im Ferkelfutter, insbesondere in der ersten Futtersorte, aufgeschlossen sein. Hier bieten sich besonders Weizen und Mais an.

Bei proteinreichen Futtermitteln ist ebenfalls auf eine hohe Verdaulichkeit, aber auch ein optimales Aminosäurenverhältnis zu achten. Gerade im Prestarter und FAF I bieten sich hier Milchprodukte an, die der Enzymausstattung der Ferkel sehr entgegenkommen. Aber auch hochverdauliche Proteine aus tierischen Futtermitteln, wie Blutplasma, Eiern oder Fischmehl, erfüllen dort ihren Zweck. Neueste Untersuchungen zeigen auch bei hydrolisierten Proteinen z. B. aus der Darmmukosa gute Wirkungen auf die Gewichtsentwicklungen der Ferkel. Bei pflanzlichen Produkten eignen sich vor allem Proteinkonzentrate und Isolate aus der Sojabohne oder aber auch Kartoffeleiweiß.

Um den Rohproteingehalt der Ferkelmischungen möglichst niedrig zu halten, ist der Einsatz von freien Aminosäuren (Lysin, Methionin, Threonin, Tryptophan und Valin) unumgänglich. Der gleiche Zweck, nämlich eine geringere Pufferkapazität des Futters, wird durch den Einsatz ausgesuchten

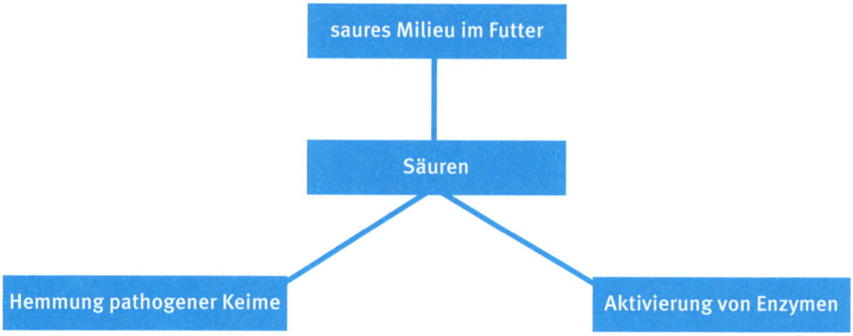

Abb. 7-2: Wirkungsrichtungen von Futtersäuren

Mineralfutters (z. B. Monocalciumphosphat) erfüllt. Calciumcarbonat sollte soweit wie möglich begrenzt werden.

Als mittlerweile gesetzt gelten organische oder anorganische Säuren in der Ferkelfütterung. Sie wirken auf unterschiedliche Weise (vgl. Abb. 7-2).

Wie Tabelle 7-9 zeigt, besitzen Säuren sehr unterschiedliche Wirksamkeiten. So ist die Säurewirksamkeit (pK-Wert) der Propionsäure deutlich geringer als die der Ameisensäure.

Aus diesem Grunde werden vor allem für Eigenmischer häufig Säuremischungen angeboten, die die unterschiedlichen Eigenschaften in sich vereinen. Diesen ist bei der Verfütterung der Vorzug zu geben. Die Einsatzmenge ist bei den unterschiedlichen Säuren sehr verschieden, daher ist den Angaben der Hersteller Folge zu leisten. Zumeist liegen diese bei 0,5 bis 2 %.

Sollen zur Unterstützung der Verdaulichkeit von Getreiderationen Enzyme zugesetzt werden, sind diese je nach eingesetztem Getreide auszusuchen. So eignen sich Xylanasen vor allem für Getreide-Sojarationen, Glucanasen sollten bei Gerste-, Roggen- und Haferrationen eingesetzt werden.

Phytasen, die die Phosphorverwertung steigern, gehören alleine schon aus Umweltschutzgründen in jede Schweineration, da dadurch der Einsatz von Phosphor in der Ration verringert werden kann.

Schließlich bleiben noch Pro- und Prebiotika bzw. phytogene Zusatzstoffe. Hier weisen Versuche sehr unterschiedliche Wirkungen auf. Positiven Ergebnissen stehen genauso viele negative Ergebnisse gegenüber. Es bleibt

Tab. 7-9: Säurewirksamkeit und Molekulargewicht organischer Säuren

Säure	Molekulargewicht (g)	pK_s (Säure)*
Propionsäure	74,1	4,9
Essigsäure	60,1	4,8
Sorbinsäure	112,1	4,8
Ameisensäure	46,0	3,7
Fumarsäure	116,1	3,0/4,4
Phosphorsäure	98,0	2,1

* *pK_S-Wert stellt den pH-Wert dar, an dem der entsprechende Wirkstoff zur Hälfte ionisiert und zur anderen Hälfte nichtionisiert ist. Je geringer der pK_S-Wert, desto saurer ist ein Wirkstoff (und umgekehrt).*

dabei zu resümieren, dass solche Zusatzstoffe sicherlich dort am besten wirken, wo geringe Leistungen durch Krankheits- oder Hygieneprobleme auftreten. Zur Absicherung der Ferkelgesundheit in Problembetrieben sind sie daher empfehlenswert.

7.2.4 Einsatzgrenzen bestimmter Futtermittel

Aufgrund der verschiedensten Inhaltsstoffe oder Kosten unterliegen die meisten Futtermittel einer Einsatzbegrenzung beim Ferkel. Die Tabelle 7-10 gibt dazu Empfehlungen. Bei sehr speziellen Mischungen können diese Zahlen sicherlich auch überschritten werden. Generell ist eine Überschreitung aber nicht zu empfehlen.

Tab. 7-10: Maximale Einsatzempfehlungen von Futtermitteln beim Ferkel (in % der Gesamtration)

Futtermittel	Ferkel
Ackerbohne	5
Bierhefe	5
Biertreber	5
Blutplasma	3
CCM	10
Erbsen	15
Fischmehl	5
Gerste	70
Grünmehl	3
Hafer	5
Kartoffeleiweiß	5
Leinsamen	5
Leinschrot	5
Maiskornsilage	25
Maiskörner	20
Maniok	20
Molke (6 % TM)	10
Rapssamen	5
Rapskuchen	5
Rapsextraktionsschrot	10
Rapsöl	4
Roggen	30
Sojaschrot	25
Sojaöl	4
Süßlupine	5
Triticale	30
Trockenschnitzel	5
Weizen	60
Weizenkleie	5

7.2.5 Ausnutzung der gesetzlichen Obergrenzen von Zink und Kupfer

Die Anreicherung von Schwermetallen im Boden wird in unseren industrialisierten Ländern immer stärker diskutiert. Dazu tragen auch Futtermittel bei, die mit einem deutlich über dem Bedarf liegenden Gehalt an Zink und Kupfer ausgestattet sind. Insbesondere betrifft dies die Ferkelfutter. Da beide Schwermetalle toxisch auf Bakterien wirken, findet man diese zur Durchfallprophylaxe häufig in größeren Mengen im Ferkelmischfutter.

Während beim Zink die Empfehlungen zum Einsatz im Ferkelfutter mit gut 100 mg/kg Futter nicht sehr weit von den gesetzlichen Höchstwerten (150 mg/kg) entfernt liegen, gestaltet sich dieses Verhältnis beim Kupfer deutlich weiter (6 mg/kg zu 170 mg/kg).

Betrachtet man die Zahlen der Tabelle 7-11, wird deutlich, dass vor allem bei der Ausschöpfung der gesetzlichen Obergrenzen für Kupfer der Eintrag in den Boden als bedenklich angesehen werden muss.

Ferkelfutter, die zusätzlich mit Kupfer (zumeist Kupfersulfat = 39 % Kupfer) versetzt werden, sollten daher nur ausnahmsweise in speziellen Stresssituationen eingesetzt werden.

Tab. 7-11: Angaben zu den Höchstgehalten an Spurenelementen und Vitaminen je kg Alleinfutter für Ferkel (88 % Trockenmasse) (DLG 2008)

		Empfehlung	gesetzlicher Höchstgehalt
Eisen[1]	mg	100[2]	750 250 mg/Tag bis 1 Woche vor Absetzen
Jod	mg	0,15[3]	10
Kupfer	mg	6	170 (bis 12 Wochen)
Mangan	mg	20	150
Selen	mg	0,25	0,5
Zink	mg	100 - 80[2]	150
Vitamin A	I.E.	4000	
Vitamin D	I.E.	500	2000
Vitamin E	mg	15	
Vitamin K	mg	0,15	
Vitamin B1	mg	1,7	
Vitamin B2	mg	4,4 – 3,7[2]	
Vitamin B6	mg	3	
Vitamin B12	mcg	40 – 23[2]	
Niacin	mg	20 – 15[2]	
Pantothensäure	mg	13	
Folsäure	mg	0,3	
Biotin	mcg	90	
Cholin	mg	1000	

1) *mind. 200 mg Eisen intramuskulär am 2.–3. Tag nach der Geburt*
2) *ab 10 kg Lebendmasse*
3) *Bei erhöhtem Glucosinolatgehalt im Futter (> 1,5 mmol/kg) ist eine Erhöhung auf 0,3 mg Jod / kg Futter erforderlich.*

7.3 Futtermischungen

Wie in der Sauenhaltung hat sich auch in der Ferkelaufzucht die Versorgung mit Alleinfutter durchgesetzt. Basierend auf den im Kapitel 7.1 aufgestellten Versorgungsempfehlungen können Richtwerte für die in der Ferkelaufzucht eingesetzten Futtermittel gegeben werden (Tab. 7-13). Die Einsatzmöglichkeiten zu den Futtermitteln werden im nächsten Kapitel angesprochen.

Grundsätzlich dürfen in der Ferkelaufzucht nur Futterkomponenten eingesetzt werden, die hygienisch einwandfrei sind. Dazu tragen grundsätzlich Maßnahmen bei (vgl. Abb. 7-3), die in den Wertschöpfungsstufen vom Pflanzenbau bis zur Fütterung grundsätzlich angebracht sind und den hygienischen Status der Ferkelaufzucht verbessern.

Tab. 7-12: Anfall von Kupfer und Zink in der Schweinehaltung (ergänzt nach Stalljohann 2010)

	Bedarfsempfehlung (mg/kg)	Gesetzliche Höchstmengen (mg/kg)	Anfall je Platz und Jahr bei Fütterung nach Bedarf (g/Jahr)	Anfall je Platz und Jahr bei Ausnutzung der gesetzlichen Höchstgrenze (g/Jahr)
Zn	100	150	31	16
Cu	6	170	38	2

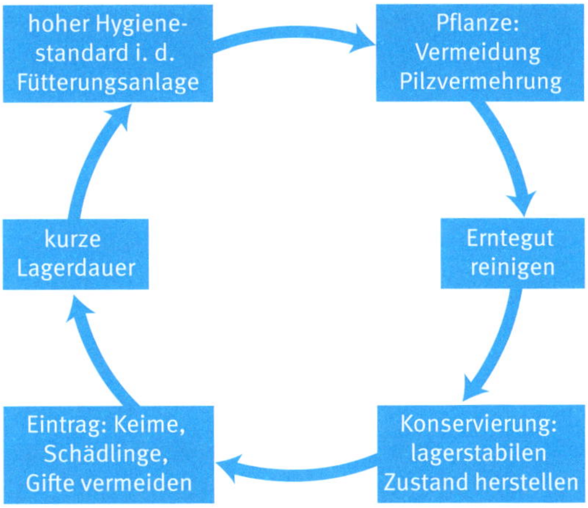

Abb. 7-3: Maßnahmen der Hygiene in der Ferkelfütterung

Die Eiweißversorgung darf nur über Komponenten mit hoher biologischer Wertigkeit erfolgen. Hier haben Futter, wie Blutplasma, Fischmehl und Milchprodukte, ihre Berechtigung. Auch der erhöhte Einsatz von freien Aminosäuren ist zu empfehlen. Damit kann der Gesamtproteingehalt in der Ration begrenzt und somit die Belastung des Organismus aufgrund der Ausscheidung von nicht nutzbarem Stickstoff verringert werden.

Zumindest in der ersten Phase der Aufzucht bietet sich der Einsatz von aufgeschlossenem Getreide an. Damit erhöht sich die Verdaulichkeit der Stärke erheblich, was dem noch nicht voll entwickelten Enzymsystem der Ferkel entgegenkommt.

Besondere Beachtung verdient auch die Mineralstoffversorgung. Aufgrund der noch eingeschränkt produzierten Salzsäure im Ferkelmagen sind Mineralstoffe einzusetzen, die eine geringe Pufferkapazität besitzen (z. B. Monocalciumphosphat).

Tab. 7-13: Richtwerte je kg Ferkelfutter (88 % Trockenmasse) (DLG 2008)

Lebendmasse	kg	Prestarter[5] 5 bis 8		Absetzfutter 8 bis 12		Diätfutter[1] 8 bis 12			Ferkelaufzuchtfutter I 12–20			Ferkelaufzuchtfutter II 20–30	
Energie (ME)	MJ	13,8	13,4	13,8	13,4	13,8	13,4	13,0	13,8	13,4	13,0	13,4	13,0
Lysin/ME[2, 3]	g/MJ	1,00		1,00		1,00			0,95			0,85	
Lysin	g	13,8	13,4	13,8	13,4	13,8	13,4	13,0	13,1	12,7	12,3	11,4	11,1
Rohprotein	g	190		190		165			185			180	
Rohfaser	g	–		40		min. 40			35			30	
Calcium	g	8,5		7,5		6,5			7,5			7,5	
verd. P	g	3,5		3,5		3,3			3,5			3,3	
Phosphor[4]	g	5,5		5,5		5,0			5,5			5,0	
Natrium	g			1,5 ⟵		⟶							

[1] diätetisches Absetzfutter für einen befristeten Einsatz bei Darmstörungen
[2] Lys : Met/Cys : Thr . Trp = 1 : 0,53 : 0,63 : 0,18
[3] unterstellte praecaecale Aminosäurenverdaulichkeit: 90 %
[4] unter Zusatz von Phytase
[5] Ergänzungsfuttermittel zur Sauenmilch

Beachtet werden sollte auch der Rohfasergehalt der Ferkelmischungen. Mindestens 4 besser 5 % müssen hier das Maß der Dinge sein.

In den Tabellen 7-14 und 7-15 sind für Eigenmischer entsprechende Mischungen für Aufzuchtfutter I und II dargestellt.

Für den Bereich von 7 bis 15 kg sind weitere Komponenten, wie Fischmehl (am besten Heringsmehl), Süßmolkenpulver, HP-Sojaschrot, Sojabohnen, Keksmehl, Bierhefe oder Kartoffeleiweiß, erforderlich, um den Nährstoffansprüchen der Ferkel gerecht zu werden. Fischmehl enthält viele hochverdauliche Aminosäuren und ist besonders gut geeignet, die Futteraufnahme der Ferkel direkt nach dem Absetzen zu verbessern. Derzeit darf Fischmehl nicht als Einzelkomponente, sondern nur in Form von fischmehlhaltigem Mischfutter bezogen werden. Dabei sind besondere gesetzliche Auflagen, wie Genehmigungen oder Registrierungen, je nach Futter auf Betriebsebene

Tab. 7-14: Beispielmischungen für Ferkel ab 7,5 kg (Absetzfutter/FAF I)

Komponente	Einheit	Mischung 1	Mischung 2	Mischung 3	Mischung 4	Mischung 5
Gerste	%	30	37,5	20	29	30
Weizen	%	35	38	53	28	39
Körnermais	%				10	
Sojaschrot HP	%		15	21	2	10
eiweißr. E-Futter für Ferkel ab 7,5 kg	%		5		25	15
eiweißr. E-Futter für Ferkel ab 7,5 kg incl. Mineralfutter und AS	%	33,5				
Raps/Sojaöl	%	1,5	1	2	2	2
Mineralfutter	%		3,5	4	4	4
Inhaltsstoffe						
Energiegehalt	MJ/ME	13,4	13,3	13,2	14,1	14
Lysin	G	13	12,5	1,23	13,6	13,5
Rohprotein	%	20	16,4	18,3	17,2	18,2
Mineralfutter						
Ca	%		15,2	17	16	16
P	%		4	3,5	3,5	3,5
Lys	%		11	9,5	10	10
Meth	%		3,5	3	3	3
Thr	%		4	4	2,5	2,5
Trp	%		0,3	0,05	0,2	0,2
Phytase				ja	ja	ja

Tab. 7-15: Beispielmischungen für Ferkel ab 15-20 kg (FAF II)

Komponente	Einheit	M1	M2	M3	M4	M5	M6	M7	M8
Gerste	%	27	13	38	25	20	29	29	38,5
Weizen	%	42,5	50	38,5	28	53	31,3	47,5	40
Triticale	%				21				
Körnermais	%						10		
Sojaschrot	%	15	20			20			
Sojaschrot HP	%			18	20		15	18	16
Rapsschrot	%	10							
Erbsen	%		5						
Lupinen	%		5						
Fasermix						**1**			
Raps/Sojaöl	%	1,5	3	1,5	1,5	2	2	1	1
Säuren							0,7	0,5	0,5
Mineralfutter	%	4	4	4	4	4	4	4	4
Inhaltsstoffe									
Energiegehalt	MJ/ME	13,0	13,4	13,3	13	13,2	13,7	13,5	13,4
Lysin	G	11,7	11	12	12	11,9	12,9	12,0	11,4
Rohprotein	%	18,6	18,5	16,5	18,4	17,7	18,5	18,1	17,4
Mineralfutter									
Ca	%	17	17	15,2	18	15,5	17	17	17
P	%	4	4	4	3	4	3,5	3,5	3,5
Lys	%	8	5	11	9	10	9,5	9,5	9,5
Meth	%	3	1,5	3,5	3	3	3	3	3
Thr	%	2	1,5	4	4	3,5	3,5	3,5	3,5
Trp	%	0,2	0,3	0,3	0,3	0,3			
Phytase		ja	ja	ja	ja	ja	ja	ja	ja

einzuholen. Kartoffeleiweiß ist wegen der hohen Gehalte an Aminosäuren, die außerdem hochverdaulich sind, besonders gut für ein Absetzfutter geeignet. Die geringe Pufferkapazität des Kartoffeleiweißes unterstreicht seine Vorzüglichkeit. Aus geschmacklichen Gründen sollte der Anteil aber möglichst nicht über 5 bis 6 % hinausgehen. Zum Teil wird auch entbitterte Ware eingesetzt. Süßmolkepulver ist eine weitere, für Ferkel gut geeignete Komponente. Es ist nicht nur hochverdaulich, sondern auch sehr schmackhaft. Keksmehl ist ein hochverdaulicher Energieträger, der wegen seines süßlichen Geschmacks gern gefressen wird. Die enthaltenen Fette erfordern eine sachgerechte Lagerung (sonst schnelles Ranzigwerden).

In der Tabelle 7-16 finden sich Beispielrationen mit Süßmolkepulver und Kartoffeleiweiß.

Aber nicht nur auf die Komponenten kommt es bei Ferkelfuttermischungen an. Auch der Vermahlungsgrad spielt eine wichtige Rolle. Zu feines Futter kann zu Verdauungsproblemen (Magengeschwüren) führen, zu grobes Futter zu einer eingeschränkten Verdaulichkeit. Für Ferkelfutter gilt nach Kamphues 2007 die Forderung 35 bis 45 % der Futterpartikel sollten größer als 1 mm sein, um ausreichend Struktur im Futter vorzufinden. Es sollten aber auch nicht mehr als 20 bis 25 % Partikel unter 0,4 mm zu finden sein.

Lindermayer 2009 zeigt aber auch, dass nicht unbedingt die Feinheit der Ferkelfutter einen Einfluss auf die Wachstumsleistungen der Ferkel hat, sondern dass in erster Linie die Beschaffenheit der Mühle entscheidend ist (Tab. 7-17).

Tab. 7-16: Futtermischungen für Selbstmischer mit Kartoffeleiweiß und Süßmolkepulver für Ferkelaufzuchtfutter I (7-15/20 kg) und Ferkelaufzuchtfutter II (ab 15/20 kg)

Komponente	Einheit	Ferkelaufzuchtfutter I			Ferkelaufzuchtfutter II		
Gerste	%	20	29	30	32	33	65,5
Weizen	%	10	10	23	22,5	40	
Triticale	%	40	25,5	20	20	21	10
Sojaschrot HP	%	24	24	18	20		18,5
Süßmolkepulver	%		5				
Kartoffeleiweiß	%			3			
Raps/Sojaöl	%	2	2,5	2	1,5	2	2
Mineralfutter	%	4	4	4	4	4	4
Inhaltsstoffe							
Energiegehalt	MJ/ME	13,8	13,8	13,8	13,6	13,7	13,3
Lysin	G	1,30	1,32	1,30	1,17	1,18	1,14
Rohprotein	%	19,9	19,8	19,7	18,6	19,1	17,7
Mineralfutter							
Ca	%		16			19	
P	%		4,5			3,5	
Lys	%		7,5			7	
Meth	%		3			2	
Thr	%		3			2,5	
Trp	%		0,1				
Phytase			ja			ja	

Tab. 7-17: Auswirkungen von Mühlenbeschaffenheit und Sieblochgröße auf die Entwicklung von Aufzuchtferkeln (Lindermayer 2009)

Parameter	Hammermühlenzustand		Sieblochgröße	
	alt	neu	3 mm	6 mm
Tageszunahmen (g/Tag)	514a	540b	523	530
Futteraufnahme (kg/Tag)	0,85a	0,90b	0,87	0,88
Futteraufwand (kg/kg Zuwachs)	1,65	1,67	1,66	1,66

7.4 Fütterungsstrategien

Die im Kapitel 7.3 aufgeführten Rezepturen müssen einzelbetrieblich in eine passende Fütterungsstrategie eingebaut werden, damit als Endprodukt tatsächlich »Qualitätsferkel« verkauft werden können. Der Begriff »Qualitätsferkel« wird häufig von Erzeugergemeinschaften und Ferkelvermarktern benutzt. Der Kunde soll mit diesem Begriff bestimmte Eigenschaften verbinden, die sich auf die Genetik oder den Gesundheitsstatus im Sauenbestand beziehen. Ein weiteres Qualitätskriterium ist die Partiegröße. Aber große Partien und einheitliche Genetik reichen nicht aus, um »Qualitätsferkel« auf den Markt zu bringen. Denn die Bereitschaft des Mästers, für »Qualitätsferkel« einen angemessenen Preis zu bezahlen, kann auf Dauer nur dann gesichert werden, wenn die Ferkel einer größeren Partie nicht nur gewichtsmäßig, sondern auch altersmäßig eine geringe Streuung aufweisen.

Als erfolgreicher Ferkelerzeuger kann in Zukunft nur noch der Betrieb gelten, der neben einer hohen Ferkelzahl je Sau und Jahr auch hohe Leistungen in der Ferkelaufzucht erreicht. Bisher gibt es durch den Sauenplaner zum ersten Bereich eine Fülle von Informationen, über den zweiten Bereich liegen vielen Betrieben aber in der Regel nur wenige Kennzahlen vor. Die Betriebszweigabrechnungen beschränken sich oft auf die Verlustrate der Ferkel und auf den Futterverbrauch in kg und € je Ferkel. Wer mehr Informationen haben möchte, muss zusätzliche Arbeit durch Wiegungen der Ferkel in Kauf nehmen. Die Ergebnisse müssen jeweils zu einer Überprüfung der Fütterungsstrategie führen. Veränderungen der Futterrezepturen oder der Haltungsbedingungen ziehen zwangsläufig auch Veränderungen der Fütterungsstrategie nach sich.

In der Schweinemast ist die Tageszunahme ein wesentliches Erfolgskriterium. Zahlreiche Untersuchungen zeigen, dass diejenigen Schweine, die von Geburt an rasch und gleichmäßig wachsen, auch die mit den besten Mastleistungen sind.

Schnellwüchsige Ferkel, die nur wenig auseinanderwachsen, sind aber nicht nur für den Mäster von Vorteil. Auch die Ferkelerzeuger bzw. die -aufzüchter haben ein großes Interesse, dass die Aufzuchtabteile zügig geräumt werden können. Da die leichtesten Tiere die Nutzung der vorhandenen Stallplätze sowohl in der Aufzucht als auch in der Mast blockieren, müssen für diese Tiere spezielle Maßnahmen ergriffen werden. Ein hochwertigeres Futter und eine bessere Wärmeversorgung können dazu beitragen, dass schwächere Ferkel in der Entwicklung mit den durchschnittlichen Ferkeln mithalten können. In der Entwicklung zurückgebliebene Ferkel müssen auf jeden Fall das Abteil verlassen. Denn ein hoher Gesundheitsstatus ist nur möglich, wenn sich jeweils nur eine Altersgruppe im Abteil befindet. Ferkelhütten sind als Ausweichställe eine gute Lösung.

Damit das Wachstum der Ferkel von der Geburt bis zum Verkauf beurteilt werden kann, sollte jeder Betrieb die Gewichtsentwicklung seiner Ferkel mit einer Waage erfassen. Dabei sind mindestens einmal im Jahr alle sechs in der Checkliste aufgeführten Punkte mit konkreten Wiegungen zu überprüfen (Abb. 7-4). Als Routinemaßnahme würde die Checkliste einen sehr hohen Zeitaufwand erfordern. Deshalb sollten nur die unter Punkt 3 und 5 aufgeführten Wiegungen zur ständigen Routine werden, um die eigene Produktionstechnik besser beurteilen zu können.

Das Geburtsgewicht sollte im Durchschnitt bei mindestens 1,5 kg liegen, und die mit 21 Tagen abgesetzten Ferkel sollten ein Gewicht von über 6,3 kg aufweisen. Bei vierwöchiger Säugezeit sind um 2 kg höhere Absetzgewichte anzustreben. Wird dieser Wert unterschritten, ist an erster Stelle der Gesundheitsstatus der säugenden Sauen sowie der Futtereinsatz kritisch zu durchleuchten. Während der Saugferkelphase sollten die täglichen Zunahmen der Ferkel mindestens ein Niveau von 230 g erreichen.

7.4.1 Besondere Maßnahmen bei Absetzferkeln

Das Absetzen bedeutet einen großen Einschnitt im Leben eines Ferkels. Es erlebt einen krassen Nahrungswechsel von flüssiger, warmer hochverdaulicher Milch zum festen Futter mit pflanzlichen Proteinen und viel Stärke. Das Verdauungssystem ist noch nicht voll entwickelt, die Enzymproduktion fällt nach dem Absetzen zunächst ab und im Magen steht relativ wenig Säure zur Verfügung. Je höher die Futteraufnahme direkt in den ersten Tagen nach dem Absetzen ist, umso eher entwickeln sich auch die für eine vollständige Verdauung erforderlichen Enzyme. Als Faustzahl sind 35 g Futter je kg LG und Tag in den ersten Tagen anzustreben, d. h. ein Ferkel mit 6,3 kg Gewicht

Checkliste für optimales Ferkelwachstum	ja	nein
Durchschnittliches Geburtsgewicht im Mittel über 1,5 kg?		
Wenn nein:		
Fütterung der hochtragenden Sauen überprüfen und optimieren		
Gesundheitsstatus der Sauenherde verbessern		
Ferkelgewichte am 7. Lebenstag im Mittel über 2,5 kg?		
Wenn nein:		
Wärmeversorgung der Ferkel prüfen ggf. verbessern		
Hygiene im Abferkelstall optimieren		
Kolostralmilchmanagement verbessern		
Liegt das 21/28 Tage Absetzgewicht über 6,3/8,3 kg?		
Wenn nein:		
Fütterung der säugenden Sauen überprüfen (Wasser!)		
Prestarter ab dem 10. Lebenstag anbieten		
Über Zusatzfutter (Ferkelmilch etc.) nachdenken		
Wiegen die Ferkel am 10. Tag nach dem Absetzen mind. 8,7/10,7 kg?		
Wenn nein:		
Hochwertigeres Futter einsetzen, Futter in Breiform anbieten		
Durchflussrate der Tränke nachprüfen (mind. 0,5 l/min)		
Stalltemperatur und Stallklima optimieren (nach Absetzen mind. 30/28 °C im Liegebereich)		
Kümmerer aus dem Abteil entfernen		
Erreichen 70 Tage alte Ferkel im Durchschnitt 28 kg?		
Wenn nein:		
Hygienestatus und Wärmeversorgung verbessern		
Futtermittel überprüfen (Analyse) oder wechseln		
Bei Eigenmischungen Futterstruktur überprüfen (Siebanalyse)		
Evtl. Belegdichte reduzieren (> 0,4 m²/Ferkel)		

Abb. 7-4: Checkliste für optimales Ferkelwachstum

sollte nach dem Absetzen 220 g Futter pro Tag aufnehmen. Nach sieben Tagen sollte dieser Wert bei 320 g pro Tag liegen.

Um ein optimales Wachstum zu erreichen, ist der Einsatz von Prestartern erforderlich. Der Energiegehalt sollte im Bereich von 14,5 bis 16,5 MJ ME/kg liegen. Je MJ ME sollte mind. 1 g Lysin enthalten sein. Die Komponenten müssen hoch verdaulich sein, deshalb ist aufgeschlossenes Getreide (geflockt, expandiert) erforderlich (rohe Stärke wird anfangs nicht verdaut). Die deklarierten Werte sind aber nicht der wichtigste Punkt, entscheidend sind Qualität und Verdaulichkeit der Komponenten. Neben aufgeschlossenem Getreide sind z. B. Magermilch- und Molkepulver, Fischmehl (vorzugsweise Heringsmehl) und Sojaproteinkonzentrat geeignet. Unverdaute Futterbestandteile können im Dickdarm als Nahrung für Coli-keime dienen und damit die Gefahr für das Auftreten von Coli-Problemen (z. B. Oedemkrankheit) erhöhen. In diesem Zusammenhang hat ein geringes Säurebindungsvermögen des Ferkelfutters ebenfalls große Bedeutung. Es wäre wünschenswert, dass dieser Wert in Zukunft deklariert wird.

Ein Teil der Betriebe hat sehr gute Erfahrungen damit gemacht, den Prestarter auch noch einige Tage über das Absetzen hinaus zu füttern, andere beginnen aus Kostengründen mit dem Einsatz des Absetzfutters schon in den letzten Tagen der Säugephase. Generell kann man eine dreiphasige Fütterung empfehlen. Hierbei werden nach dem Verfüttern des Absetzfutters noch ab etwa 12 kg Lebendgewicht ein Ferkelaufzuchtfutter I und ab 20 kg ein Aufzuchtfutter II gefüttert. Die Richtwerte zu den Inhaltsstoffen dieser Futtermittel sind in Tabelle 7-12 dargestellt. Wichtig ist aber, dass bei jedem Futterwechsel eine zwei- bis dreitägige Verschneidungsphase eingehalten wird. Auch sollten die Futterkomponenten von Futter zu Futter nicht stark schwanken. Dies ist immer dadurch zu gewährleisten, dass man alle Futtersorten von einem Hersteller bezieht oder aber bei Eigenmischungen auf die gleichen Komponenten zurückgreift.

Die Einsatzempfehlungen der in Tabelle 7-13 aufgeführten Futtermittel beziehen sich immer auf die Ferkelgewichte. Die Bildung gleich schwerer Ferkelgruppen und die Fütterung dieser nach den Empfehlungen ist in der modernen Ferkelfütterung unerlässlich. Leichte Ferkel sind etwas länger mit besser ausgestatteten Futtermitteln zu versorgen.

Für den problemlosen Übergang gibt es keine Patentrezepte, sondern nur Empfehlungen, um diesen möglichst verlustfrei zu realisieren. Es ist die Aufgabe des Tierbetreuers, hier ein stallspezifisches Konzept zu entwickeln. Als Anhaltspunkt können dafür die Empfehlungen der DLG (siehe Abb. 7-5) genommen werden.

Eine geeignete Fütterungstechnik ist außerdem eine weitere Voraussetzung dafür, dass nach dem Absetzen vom ersten Tag an ein hoher Futterverzehr sichergestellt wird. Mit einem Tierfressplatzverhältnis von 1 : 1 kann dem natürlichen Verhalten der Ferkel in dieser Phase am besten Rechnung getragen werden. Dies gilt auch für die Versorgung an Trocken- und Breifutterautomaten. Hier wird unbedingt geraten, in den ersten sieben bis zehn Tagen zusätzliche Futterschalen anzubieten. Da die Ferkel immer gleichzeitig am Gesäuge der Sau Milch aufgenommen haben, ist es vorteilhaft, wenn sie zumindest in den ersten zehn bis 14 Tagen nach dem Absetzen ebenfalls zur

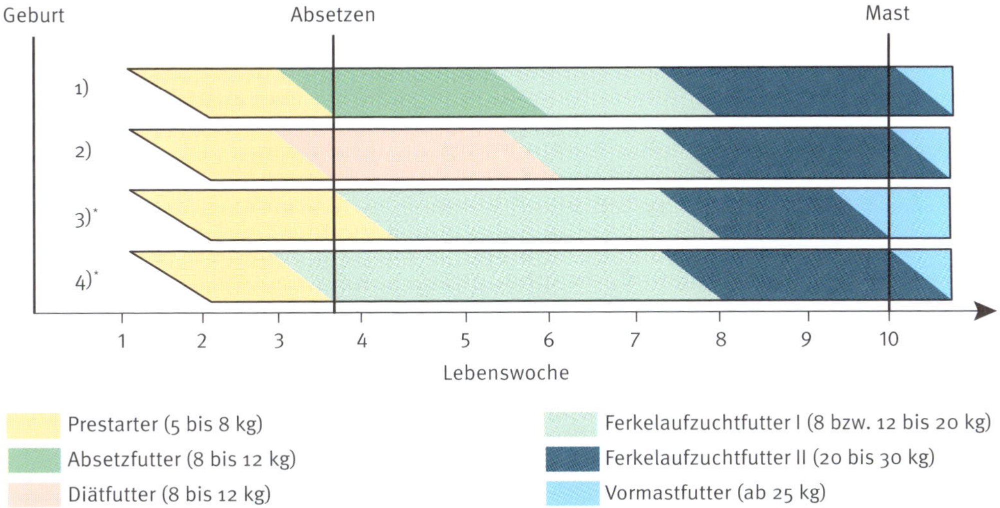

Abb. 7-5: Verschiedene Fütterungskonzepte in der Ferkelfütterung

gleichen Zeit fressen können. Es ist bekannt, dass Ferkel z. B. durch die Flüssigfütterung mehr Futter aufnehmen. Dies ist insbesondere in der ersten Woche nach dem Absetzen entscheidend. Die Darmzottenentwicklung ist von der Futteraufnahme nach dem Absetzen abhängig. Eine hohe Futteraufnahme begünstigt die Darmzottenentwicklung und damit auch die Ausnutzung der angebotenen Nährstoffe. Eine hohe Wachstumsintensität wird aber nicht alleine vom Futter entschieden, sondern die Wärmeversorgung der Ferkel steht immer im engen Zusammenhang mit der Fütterung. Speziell nach dem Absetzen ist es wichtig, dass das aufgenommene Futter nicht zur Erzeugung von Wärme verbraucht wird, sondern voll für das Wachstum zur Verfügung steht. In einem abgedeckten Liegebereich kann das optimale Mikroklima in den ersten Tagen (28 °C im Liegebereich der Ferkel) besser erreicht werden, als wenn das ganze Abteil aufgeheizt werden muss.

Abb. 7-6: Zusätzliche Futterschalen ermöglichen ein Tierfressplatzverhältnis von 1 : 1

Die zweite Phase der Ferkelaufzucht, die etwa zehn bis 14 Tage nach dem Absetzen beginnt, läuft oft problemlos. Mit optimalen Haltungsbedingungen und einer zwei- bis vierphasigen Fütterung können im Abschnitt vom Absetzen bis etwa 30 kg LG bis zu 500 g Tageszunahmen erreicht werden. Soll das Zunahmeniveau in der Ferkelperiode ein »Qualitätskriterium« sein, sind entsprechende Standards zu definieren. Werden die Ferkel nach drei Wochen Säugezeit abgesetzt und wiegen sie zu Beginn der Aufzucht 6,3 kg und am 70. Lebenstag 28 kg, beträgt die Zunahme während der Aufzuchtphase etwa 450 g pro Tag. Gute Betriebe erreichen mit 500 g in der gleichen Zeitspanne ein Gewicht von über 30 kg.

7.4.2 Besondere Maßnahmen bei Durchfallerkrankungen

Die meisten gesundheitlichen Probleme machen Durchfallerkrankungen in der Ferkelaufzucht. Dem kann mit Management, aber vor allem mit Fütterungsmaßnahmen vorgebeugt werden. Eine Möglichkeit ist die Verfütterung von Diätfuttermitteln. Durch die Erhöhung der Rohfasergehalte mit geeigneten Rohfaserkombinationen (löslich und unlöslich) wird mit diesem Futter die Darmmotorik gefördert. Durch eine geringere Säurebindungskapazität erreicht man eine bessere keimtötende Wirkung der Salzsäure im Magen. Das Futter darf dazu eine Säurebindungskapazität von max. 700 meq/kg besitzen. Erreicht wird dies durch folgende Maßnahmen:

- Absenkung des Rohproteingehaltes (< 17 %)
- pufferarme Mineralfutter
- reduzierte Calciumgehalte (< 6,5)

Auch kurzzeitige Säurezulagen gehören zur Durchfallprophylaxe. Ist kein Diätfuttermittel verfügbar, kann Abhilfe geschaffen werden durch die Zumischung von 25 % Gerstenschrot oder Weizenkleie. Diese Übergangsfutter dürfen aber nur kurze Zeit gefüttert werden, da sie normalerweise nicht bedarfsdeckend sind.

Ratsam ist auch die Gabe von mehreren kleinen Mahlzeiten in den ersten Tagen nach dem Absetzen. Danach kann ad libitum gefüttert werden. Hinsichtlich der Futterstruktur wird Problembetrieben geraten, mehliges Futter anzubieten, da Ferkel dieses langsamer fressen und somit einem »Überfressen« und damit einem zu großen nicht verdauten Nährstoffanfall im Dickdarm vorgebeugt wird.

Grundsätzlich ist es notwendig, die abgesetzten Ferkel so schnell wie möglich zum Fressen zu bringen, da ansonsten aufgrund von Energiemangel und daraus folgender reduzierter Enzymproduktion den Durchfällen und damit Wachstumsdepressionen Vorschub geleistet wird. Die Folge können auch Totalverluste aufgrund von Coli-Enterotoxämien sein. Als wirksam hat sich auch eine durchgängige Beleuchtung in den ersten 48 Stunden nach dem Absetzen erwiesen. Entscheidend ist auch die Wasserversorgung. Ohne ausreichende Wasserzufuhr wird keine ausreichende Futteraufnahme erreicht.

In Abbildung 7-7 sind noch einmal die wesentlichen Maßnahmen zur Vermeidung von Durchfallerkrankungen beim Absetzferkel in einer Checkliste zusammengefasst.

Checkliste zur Vermeidung (Behandlung) von Durchfällen beim Absetzferkel	ja	nein
Nährstoffgehalte der Futtermittel nach Empfehlungen		
Hygienische Lagerung der Futtermittel		
Regelmäßige Siloreinigung		
Enzymtraining durch Beifütterung an der Sau		
Verschneidungsphasen bei Futterübergängen		
Mehlfutter statt Pellets		
Optimale Wasserversorgung (0,5–0,8 l/min), max. 12 Tiere pro Tränke		
Optimales Stallklima (28–30 °C nach Absetzen)		
Ausreichend Rohfaser mind. 4 % ggf. 5 % (auf lösliche Anteile achten)		
Dauerlicht in den ersten 2 Tagen		
Kleine Portionen füttern (immer frisches Futter)		
Absenken der Rohproteingehalte (‹ 17 %)		
Absenken der Säurebindungskapazität (‹ 700 meq/kg)		
Reduzierung der Calciumgehalte (‹ 7g/kg)		
Einsatz von Diätfuttermittel (s. Kap. 6.3)		
Tierfressplatzverhältnis 1 : 1 in den ersten 7 bis 14 Tagen		
Regelmäßige Kontrolle der Eigenmischungsstruktur		
Regelmäßige Futtermittelanalysen (mind. 4 pro Jahr)		
Einsatz organischer oder anorganischer Säuren		

Abb. 7-7: Checkliste zur Vermeidung von Absetzferkeldurchfällen

7.5 Fütterungstechnik

Ferkel müssen in ihrer meist zehn Wochen dauernden Säuge- und Aufzuchtphase enorme Wachstumsleistungen vollbringen. Sie verdoppeln ihr Gewicht nach einer Woche, weisen, abhängig von der Säugedauer, 6 bis 8 kg nach der Säugephase auf und sollen nach zehn Wochen mit 28 kg in den Mastbereich versetzt werden. Um diese Leistungen erbringen zu können, sind hochwertige Futtermittel und beste Fütterungstechniken gefragt.

Sowohl vom Menschen, der die Technologie verwendet, dem Tier, welches tiergerecht Futter daraus erhält, als auch von den vorgesehenen Fütterungsstrategien gehen Anforderungen an eine Fütterungstechnologie für die Ferkel (vgl. Abb. 7-8) aus.

Die verbreitetsten Fütterungstechnologien in der Ferkelaufzucht sind in der Tabelle 7-18 benannt.

Mensch & Hygiene	Fütterungsstrategie & Futter	Tier
• leicht und gut zu reinigen • erlaubt hohen Hygiene-standard • leicht durch den Menschen bedienbar: einstellen, kontrollieren • robuste, wenig störanfällige Technik • hohe Funktionssicherheit	• ad libitum • Phasenfütterung (Multiphasen) • geeignet für verschiedene Futterformen (Mehl, Pellets, Krümel)	• verhaltens- und tiergerecht • wird schnell und gut von den Tieren angenommen

Abb. 7-8: Anspruchsteller und Ansprüche an die Fütterungstechnik beim Ferkel

7.5.1 Trocken- und Breifütterung von Ferkeln

Trocken- und Breifutterautomaten sind die deutschlandweit am stärksten verbreiteten Fütterungseinrichtungen für Ferkel. Bei der Entscheidung für ein spezielles System spielen Überlegungen zur Gruppengröße, zum möglichen Technikeinsatz und zur Nutzung der Futterdaten im Betriebsmanagement eine starke Rolle.

So eignet sich die reine Trockenfütterung nur für kleinere und mittlere Gruppengrößen. Wogegen Breifutterautomaten, an denen 25 bis 30 Tiere fressen können, aus ökonomischer Sicht nur für Gruppen ab dieser Größenordnung und aufwärts eingesetzt werden sollten. Für Flüssigfuttersysteme müssen auch mindestens 25 Ferkel je Gruppe gehalten werden, damit man auf ausdosierbare Mindestfuttermengen pro Mahlzeit kommt.

Trockenfutterautomaten

Bei Trockenfutterautomaten (Abb. 7-9) greift die in der Tierschutz-Nutztierhaltungsverordnung festgelegte Obergrenze von maximal vier Ferkeln pro Futterplatz bei ad libitum Fütterung. Wird eine rationierte Fütterung durchgeführt, darf es sogar nur ein Ferkel pro Fressplatz sein. Legt man diese

Tab. 7-18: Fütterungstechniken für abgesetzte Ferkel (Weber, 2010)

Trockenfütterung	Breifütterung	Flüssigfütterung	Übergangsfütterung
• Trockenfutterautomat • Intervallfütterung am Längstrog*	• Breifutterautomat • Rohrbreiautomat • Sensorfütterung am Rundtrog • Beifuttersysteme für säugende Ferkel mobil und stationär	• Sensorfütterung am Längstrog • Sensorfütterung am Kurztrog • Sensorfütterung am Rundtrog	• Automaten zum Anmischen von Futter und Wasser in kleinen Mengen

* *keine Praxisbedeutung mehr*

Abb. 7-9: Trockenfutterautomaten erleben Renaissance

Verordnung zu Grunde und setzt für ein Ferkel ca. 15 cm Fressplatzbreite an, dürfen an einem Automaten, der 1 m breit ist, maximal 28 (7 × 4) Ferkel fressen. Dies sollte immer beachtet werden, auch wenn die Maximalzahlen von Anbieterseite häufig höher gewählt werden (mögliche CC Relevanz).

Beim Einbau solcher Automaten ist darauf zu achten, dass sie, wenn möglich, mindestens 50 cm bis 1 m von der Buchtenecke entfernt angebracht werden. Dies vermindert die Verkotung der Trogschale. Ebenfalls ist darauf zu achten, dass die Tränkeeinrichtungen in der Bucht in unmittelbarer Nähe der Automaten installiert werden. Damit kann Futterverlusten vorgebeugt werden, da Ferkel dann keinen langen Weg mit vollem Maul, auf dem sie Futter verlieren könnten, zurücklegen müssen.

Ebenfalls aus Sicht der Futterverluste dürfen die Ränder der Trogschalen nicht zu niedrig sein. Eine Höhe von 12 cm bietet hier einen guten Kompromiss. Sie verhindert größere Futterverluste durch aktive Wühlakte, stellt aber für kleine Ferkel auch keine unüberwindliche Schranke dar. Hierbei ist eine nach innen umgebogene Trogkante hilfreich. Fressplatzteiler, die auch noch nach außen gezogen werden, vermindern ebenfalls das Verkotungsrisiko. Allerdings dürfen diese nicht so hoch angebracht werden, dass kleine Ferkel sich dort einklemmen können.

Breifutterautomaten

Hauptsächlich unterscheidet man Breifutterautomaten hinsichtlich Ausdosiermechanismus und Futterschalengestaltung. In Bezug auf die Ausdosierung sind vier Haupttypen zu unterscheiden. Zum einen gibt es Systeme, die den Trockenfutterautomaten gleichen, aber eine zusätzliche Wasserquelle im Trog besitzen. Daneben existieren Systeme, die die Ferkel über pendelnde Glocken oder Stäbe animieren, mit diesen zu spielen und so das Futter ausdosieren. Das dritte System bietet nur einen kleinen Schlitz zwischen Rohr und Trogschale, aus dem Futter fließen kann. Hierbei müssen die Ferkel das Rohr entweder hin und her bewegen oder über einen Drehmechanismus Futter herausdrehen. Die vierte Bauart stellt der sensorgesteuerte Breiautomat dar, bei dem das Futter aktiv (computergesteuert) durch einen Abstreifer in die Trogschale befördert wird.

Bei den Futterschalen unterscheidet man Systeme, bei denen Futter und Wasser getrennt sind und solche in denen Futter und Wasser gemeinsam in die Futterschale gelangen können, wobei die Futterschalen mit den Ausdosierungsmechanismen in unterschiedlicher Weise kombiniert werden. Daher lässt sich die Frage nach der besten Technik nicht eindeutig beantworten. Zumal Automatentests in den Versuchsstationen in Iden, Futterkamp und Wehnen gezeigt haben, dass mit allen getesteten Systemen gute Leistungen erzielt werden können.

Besondere Bedeutung kommt beim Einsatz der Breifutterautomaten der Dosiermengeneinstellung zu. Diese muss, um unnötige Futterverluste zu vermeiden, im Betrieb immer wieder überprüft und ggf. angepasst werden. Daher ist beim Kauf auf eine möglichst einfache und kontrollierbare Dosiereinstellung zu achten. Die Einstellung erfolgt zumeist über Hebel oder Knöpfe, an denen man über ein Gestängesystem, dass sich im Behälter befindet, den Dosiermechanismus einstellen kann. Dieses Gestänge sollte möglichst aus hochwertigem Stahl bestehen. Praxiserfahrungen haben gezeigt, dass minderwertige Verstellmechanismen bei regelmäßiger Desinfektion schon recht schnell starke Korrosionsspuren aufweisen können. Von der Seite der Reinigung betrachtet, lassen sich Edelstahlautomaten besser und schneller reinigen als Kunststoffautomaten. Hier stecken die Probleme aber auch im Detail. Daher sollte man, bevor man sich für einen Automaten entscheidet, diesen einmal »reinigungsfertig« zerlegen, um etwaige Unterschiede zu erkennen.

Bei der Troggestaltung haben sich Systeme bewährt, die mit Rundtrögen ohne separate Wassermulden arbeiten (Abb. 7-10). Ebenso solche, die eine wirkliche Trennung der Futterfläche zur Tränkemulde ermöglichen

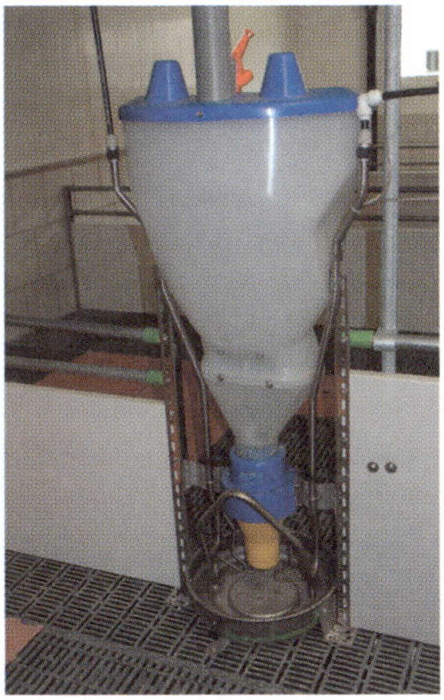

Abb. 7-10: Breiautomat ohne Futter-/Wassertrennung

Abb. 7-11: Computergesteuerter Rundfutterautomat

und somit weitestgehend eine Verschleppung von Futter in die Tränkemulde verhindern. Wo eine solche Trennung (Erhöhung, Trennblech) fehlt, kommt es häufiger zu Verstopfungen dieser Mulden durch hinein geschobenes Futter.

Ein Nachteil der Breifutterautomaten ist, dass nach dem Absetzen ein optimales Tierfressplatzverhältnis von 1 : 1 nicht erreicht werden kann. Daher hat sich in der Praxis eine Zusatzfütterung über eingestellte Futterschalen über fünf bis sieben Tage bewährt. Anschließend können bis zu 25 Tiere pro Automat versorgt werden. Eine Ausnahme stellt hier der Rondomat (Abb. 7-11) dar. Dadurch, dass mit diesem prozessgesteuerten System frisches Futter mehrmals am Tag in kleineren Mengen vorgelegt werden kann und ein Rundtrog mit großem Durchmesser verwendet wird, kann auf eine zusätzliche Aufstellung von Trögen verzichtet werden. Am Rondomat können 50 Ferkel versorgt werden. Für dieses System besteht die Möglichkeit einer zentralen Steuerung oder aber einzeln stehender, mit dezentraler Steuerung versehener Automaten.

Um Futterverluste zu vermeiden, hat es sich in der Praxis durchgesetzt, um Breifutterautomaten herum einen mind. 20 bis 30 cm großen plangeschlossenen Bereich zu schaffen (evtl. Gummimatte oder Kunststoffbelag). So kann ein Großteil der herausgefallenen Futtermenge noch von den Ferkeln aufgenommen werden. 2 bis 3 % Futterverluste haben sich allerdings als unvermeidbar herausgestellt.

Automatische Befüllsysteme für Trocken- und Breifutterautomaten

Bevor eine Wahl zum System zur Befüllung der Trocken- oder Breifutterautomaten getroffen wird, sollte klar sein, welche Auswertungsmöglichkeiten zur Futtermenge genutzt werden und wie viel Futter in diesem Abschnitt gefüttert werden soll.

Soll nur ein Futtermittel ausdosiert werden, reicht die Verteilung über einen Futterkreislauf mit Ketten- oder Seilförderung aus, wobei Ketten nur bis zu einer Länge von maximal 200 m genutzt werden sollten, da dann das Eigengewicht zu groß wird. Mit Seilanlagen können Längen bis zu 400 m absolviert werden. Bei den maximalen Förderwegen spielen die Anzahl der eingebauten Ecken aber eine begrenzende Rolle, da man davon ausgeht, dass jede Ecke die maximale Förderlänge um 10 bis 15 m reduziert. Sind in großen Anlagen die Förderwege länger, muss mit Futterübergabestationen gearbeitet werden.

Phasenfütterung

Zur Durchführung einer Phasenfütterung unter Verwendung mehrerer Futtermittel bestehen verschiedene Möglichkeiten der Futterverteilung. Die Anordnung mehrerer parallel verlegter Förderlinien ist eine und die möglicherweise preisgünstigste Variante. Allerdings fehlt hier die Möglichkeit der Vermischung der Futtermittel, es sei denn, man hat dazu ein eigenes Silo. Mittlerweile besteht auch die Möglichkeit mit einer Futterkette, die über verschiedene Silos befüllt wird, eine Phasenfütterung zu realisieren. Aber auch damit ist keine Erfassung des Futterverbrauches pro Fütterungseinheit möglich (außer bei Benutzung des vernetzten Rondomat-Systems). Hierzu muss dem Verteilsystem ein Misch- und Wägesystem vorgeschaltet werden. Sollen große Gruppen mit dem gleichen Futtermittel gefüttert werden, reicht ein Großmischer aus. Chargenmischer werden dann vorgeschaltet, wenn der Futterverbrauch in einzelnen Buchten (Automaten) erfasst werden soll. Diese Werte können dann als sehr hilfreiches Managementinstrument in der Wachstumskontrolle der Ferkel eingesetzt werden. Die dazu verwendete Software lässt heute umfangreiche Auswertungsmöglichkeiten zu. Praxisdaten zeigen, dass ein solches Fütterungssystem (Breiautomaten, Chargenmischer, Seilförderanlage) Kosten in Höhe von 25 bis 30 € pro Ferkelplatz verursacht. Einfache Systeme (Breifutterautomaten, Seilförderanlage) sind auch schon in Abhängigkeit der Stallgröße zwischen 15 und 20 € zu haben.

Beschäftigungsmaterial/Beschäftigungsfutter

Mit der Neufassung der Tierschutznutztierhaltungsverordnung von 2021 muss ab dem 01.08.2021 allen Tieren jederzeit Zugang zu gesundheitlich unbedenklichem und in ausreichender Menge vorhandenem organischen und faserreichen Beschäftigungsmaterial gewährt werden, das das Schwein untersuchen und bewegen kann und welches vom Schwein veränderbar ist und damit dem Erkundungsverhalten dient. In der Initiative Tierwohl wird zudem gefordert, dass das Schwein zusätzlich noch jederzeit Zugang zu Beschäftigungsfutter haben soll. Besonders interessant für Ferkel sind solche Futtermittel, die Ähnlichkeiten zu natürlichen Futtermitteln, wie Eicheln oder Bucheckern, haben, also pelletiert sind. Hier bieten sich Pellets aus Stroh, Gras, Luzerne oder Haferschalen an. Mittlerweile werden auch entsprechende Pelletautomaten zur Applikation angeboten.

Abb. 7-12: Beschäftigungsfutter am besten in separaten Pelletautomaten anbieten.

7.5.2 Flüssigfütterung für Ferkel

Bei Flüssigfütterungsanlagen für Ferkel lassen sich generell drei Arten von Systemen unterscheiden. Zum einen gibt es mittlerweile von mehreren Firmen angebotene klassische Flüssigfütterungsanlagen, wie wir sie aus der Mastschweinefütterung kennen. Hierbei wird das Futter in einem Anmischbehälter mit Wasser vermischt und dann über ein Rohrsystem zu den Trögen transportiert. Andere Systeme arbeiten mit einem Transport von Trockenfutter bis zur Fressstelle und dosieren dort mit oder auf Wasser im Trog aus. Beim Spotmix-System (Abb. 7-13) wird ebenfalls trockenes Futter bis ins Abteil transportiert, dort aber zentral in einem Rotationsverteiler mit Wasser versehen und flüssig in den Trog oder in spezielle Breifuttertröge (mit Zyklon) abgegeben.

Bei der **klassischen Flüssigfütterung** ist man auf größere Stalleinheiten und Buchtengrößen angewiesen, damit eine effektive Anmischmenge erreicht werden kann. Berechnungen der LWK Nordrhein-Westfalen zeigen, dass mindestens 50 Tiere in einer Gruppe

Abb. 7-13: Spotmix-System verbindet gute Hygiene mit Flüssigfutter

an zwei Trögen fressen müssen, damit am ersten Aufzuchttag eine genügend kleine Menge (bis 6 kg) angemischt werden kann. Ist dies gegeben, bietet die Flüssigfütterung eine Reihe von Vorteilen, wie den Einsatz von fast allen Futtermitteln, eine weitestgehend automatisierte Fütterung mit vielen Auswertungsmöglichkeiten und eine gleitende Futterumstellung. Alle Vorteile können aber nur dann genutzt werden, wenn die fütterungshygienischen Voraussetzungen eingehalten werden. Diese sind bei der Ferkelfütterung das Entscheidende, da Ferkel sehr sensibel auf Futterverderb reagieren. Diese Anlagen werden zumeist mit Rohrdurchmessern von 20 bis 32 mm ausgeliefert, sodass sich möglichst kleine Mengen an Futter in den Leitungen befinden. Restlosfütterungen und Einrichtungen zur Behälterhygiene (UV-Licht, Säurenebler) sind in der Ferkelfütterung Pflicht.

Systeme wie der **Pig-Runner** oder der **Ferkelsprinter** haben ihren Schwerpunkt eindeutig in der Anfütterungsphase bzw. der ersten Futterphase nach dem Absetzen. Es können damit sehr kleine Portionen immer wieder frisch dosiert werden. Bei zweiphasiger Aufzucht können diese Systeme einer klassischen Flüssigfütterung in der zweiten Aufzuchtphase vorausgehen.

Das Spotmix-System ist gegenüber Futterhygienemängeln nicht so anfällig wie die eben erwähnten Systeme. Die hohe Futterhygiene wird durch den trockenen Transport des Futters (im Luftstrom) gewährleistet. Anschließend wird erst im Abteil durch einen Rotationsverteiler die fertige Flüssigfuttermischung hergestellt. Eine Spülung der Ablaufrohre mit Wasser und Luft nach jeder Fütterung trägt ebenfalls zur besseren Futterhygiene bei. Das Spotmix-System bietet in besonderem Maße die Möglichkeit, sehr kleine Mengen anzumischen, diese zu dosieren und gleichzeitig zu erfassen. Die ermittelten Werte können dann nach entsprechender Auswertung als Managementhilfe (wie bei den klassischen Flüssigfütterungssystemen) genutzt werden. Es ist möglich, mit diesem System mehr als zehn Mahlzeiten pro Tag zu verabreichen.

Andere Systeme, die trocken transportieren und flüssig bzw. feucht ausdosieren, befinden sich mittlerweile in unterschiedlichen Formen auf dem Markt.

Dazu gehört das System **Pig-Mix** (Abb. 7-14). Dabei wird das Futter, das von oben auf einen Wasserstrahl fällt, durch diesen im Kurztrog (bis ca. 2 m) verteilt. Über Sensoren im Trog wird der Füllstand kontrolliert und ggf. eine Neubefüllung eingeleitet. In der Praxis traten immer wieder Probleme bei längeren Trögen mit Ferkeln auf, die sich bei der Befüllung direkt an die Austrittstelle des Wasser-Futter-Gemisches stellten und damit die gleich-

Abb. 7-14: Das Pig-Mix-System mischt das Futter erst im Trog mit Wasser.

mäßige Verteilung des Futters über den gesamten Trog behinderten. Mit den beiden Systemen lassen sich aber durchaus Ergebnisse erzielen, die mit Brei- und Flüssigfütterungssystemen vergleichbar sind.

7.5.3 Beifütterungssysteme für Saugferkel

Die Wurfgrößen haben sich in den letzten Jahren rasant vergrößert. Die Forderung von Seiten des Tierschutzes und mittlerweile auch von Vermarktungsorganisationen auf den Verzicht von künstlichen Ferkelammen, macht es nötig, diese große Zahl an der Mutter oder Ammensauen aufzuziehen.

Für kleinere Betriebe, für die ein fest installiertes System zu hohe Kosten aufwerfen würde, bietet sich ein mobiles System an, mit dem mehrmals täglich die Futterschalen mit Milch aufgefüllt werden können. Das System EasyFeeder besteht hierbei z. B. aus einem fahrbaren Anmischbehälter, in dem Milchpulver mit warmem Wasser gemischt wird und über eine Ausdosiereinheit in die Milchtröge in den Abferkelbuchten abgegeben werden kann.

Ein neues holländisches Produkt, der PiggerFeeder, stellt eine Zwischenstufe zwischen mobilem und stationärem System dar. Dabei handelt es sich um einen kleinen Futterautomaten, der in das Trennwandsystem der Abferkelbuchten eingehangen werden kann. Dieser Futterautomat wird dann mit Containern bestückt, die entweder flüssiges Futter (Milch) oder Prestarter enthalten können. So ist eine Phasenfütterung möglich.

Festinstallierte Beifütterungssysteme eignen sich vor allem für größere Betriebe. Diese Systeme werden von einer zentralen Futterstation ver-

Abb. 7-15: Tassensystem zur Milchbeifütterung

sorgt. Zunächst gab es solche in Form von Milchtassen, die auch heute noch als Cupsysteme (z. B. Culina Cup) auf dem Markt sind. Dabei wird die zentral angemischte Milch immer wieder frisch in die Milchtassen dosiert und die Ferkel können diese Zusatzmahlzeit aufnehmen. Risikoreich ist natürlich die Hygiene der Systeme, die optimal eingehalten werden muss. Automatische Spülsysteme sorgen dafür.

Die ausschließliche Verfütterung von Milch ist aus physiologischer und finanzieller Sicht nicht das Optimum. Daher wurden in den letzten zwei bis drei Jahren in erster Linie Systeme entwickelt, mit denen man sowohl Milch als auch Prestarter oder Starterfutter dosieren kann. Man ist weggegangen von der Milchtasse und füttert jetzt über kleine, zumeist in den Zwischenwänden eingebaute Tröge. In den technischen Gegebenheiten unterscheiden sich die Systeme **Culinaflex**, **Pigstart**, **Nutrix** oder **Babyfeed** geringfügig, sie funktionieren aber alle mit unterschiedlichen Futtermitteln, die sie in immer wieder frischen kleinen Portionen ausdosieren können. Zu empfehlen ist neben einer automatischen Reinigung der Behälter und Leitungen auch eine für die Futtertröge.

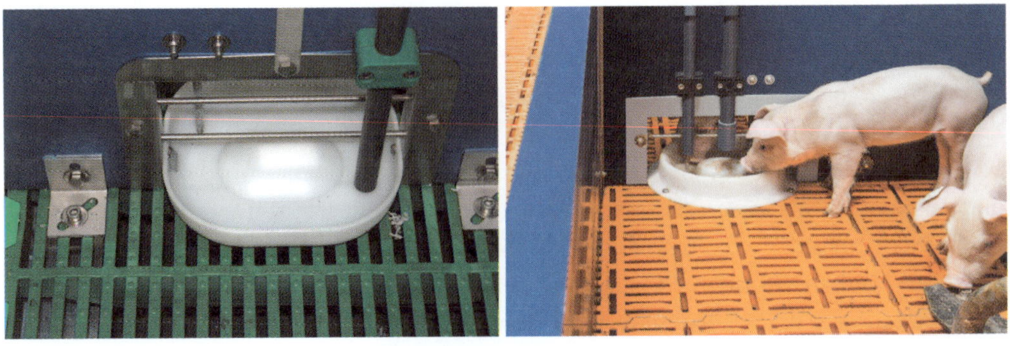

Abb. 7-16: Ferkelbeifütterungssysteme für mehrere Futtermittel

8 Fütterung der wachsenden Schweine

Gerhard Stalljohann, Wilke Griep

8.1 Bedarfsnormen

8.1.1 Ziele der Mast

Die heute gemästeten Schweine weisen ein höheres Wachstumsvermögen auf als je zuvor. Wenn vor 25 Jahren mittlere Tageszunahmen von über 700 g je Tag im Stall angestrebt wurden, so liegen heutige Zielgrößen eher bei 850 g und bei ausgewählten Herkünften bei mehr als 950 g mittlere Tageszunahmen. Der Fleischanteil ist mit über 56 % hoch, sodass Schlachtkörper nicht unnötig viel Fett enthalten. Fett ist vom Verbraucher eher unerwünscht. Deshalb ist der Fleischanteil ein Preiskriterium und zu viel Fett im Schlachtkörper beeinträchtigt deshalb die Wirtschaftlichkeit. Unnötigen Fettzuwachs bei Schweinen zu erfüttern, ist außerdem nicht nachhaltig, sondern eine Ressourcenverschwendung, weil jedes Gramm Fettzunahme wesentlich mehr Futterenergiezufuhr erfordert als ein Gramm Muskelfleischzuwachs. Die Fleischzunahme ist sehr eng verbunden mit der Proteinzunahme, weil weder im Fett- noch im Knochengewebe Proteine eingebaut werden und proteinhaltiges Binde- und Hautgewebe im Anteil wenig variiert und von untergeordneter Bedeutung ist.

Magere Schlachtkörper, die eine sehr gute Fleischbeschaffenheit und einen exzellenten Genusswert aufweisen und in der Mast mit einem möglichst geringen und vertretbaren Aufwand an Futter, Wasser, Arbeit und Stallplatzbelegungsdauer gefüttert/gehalten werden können, sind am Markt gewünscht. Dies lässt sich nur mit Schweinen aus leistungsstarken und gesunden Herkünften, unter optimalen Haltungsbedingungen, bei hohem Gesundheits- und Hygienestatus, mit hochwertigem Futter und ausgereiftem Fütterungsregime erreichen.

Da laufend aus marktwirtschaftlichen Zwängen heraus, eine höhere Effizienz beim Füttern unumgänglich ist, wird ständig Fortschritt in den Wachstumsleistungen und der Futterverwertung bei stabiler Gesundheit und ungestörter normaler Entwicklung der Tiere erwartet. Bei zunehmenden Leistungen steigen die Ansprüche an die Stoffwechselvorgänge. Intensivierung und andauernde höchste Beanspruchung des Stoffwechsels kann zwangsläufig zunehmenden oxidativen Stress und eine stärkere Beanspruchung des Immunsystems zur Folge haben. Beobachtet wird in der Praxis dann bei

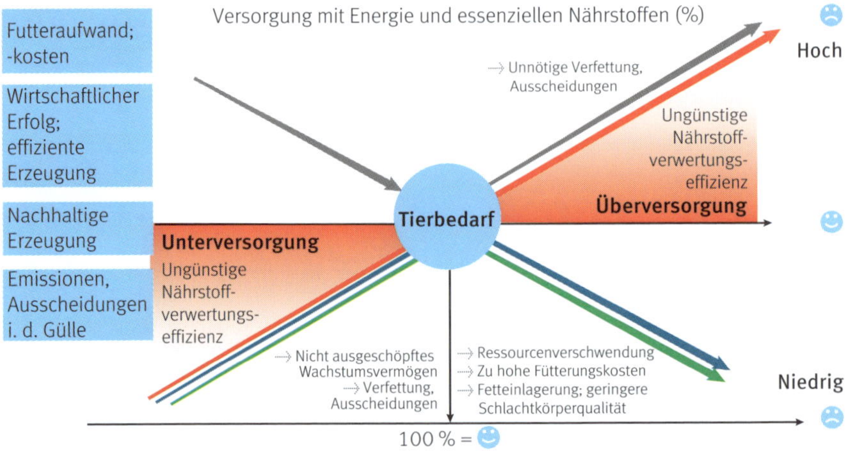

Abb. 8-1: Bedarfsabweichungen – Auswirkungen auf wirtschaftlichen Erfolg und Nachhaltigkeit

erhöhtem Leistungsniveau eine erhöhte gesundheitliche Anfälligkeit. Auch Verhaltensanomalien, wie die Aggressivität unter Tieren einer Gruppe, kann mit Stress in Verbindung gebracht werden. Daher steigen mit zunehmendem Leistungsniveau die Ansprüche an Haltung, Hygiene und Fütterung. Bei hohem Leistungsniveau wird es immer wichtiger, vorbeugend die Stressfaktoren so weit wie möglich zu minimieren.

Eine Fütterung, die höchste physiologische Leistungen unterstützen und ermöglichen soll, muss daher zunächst alle Bedürfnisse der Tiere nach essenziellen Stoffen befriedigen können. Das sind essenzielle Aminosäuren, Mineralstoffe, Spurenelemente und Vitamine. Darüber hinaus muss das Tier ausreichend Wasser und Energie mit dem Futter aufnehmen können. Da Schweine vielfach auch durch ihr begrenztes Futteraufnahmevermögen in ihrer Versorgung mit Energie, Nähr- und Wirkstoffen an Grenzen stoßen, müssen alle Möglichkeiten der Fütterung ausgeschöpft werden, sodass die Tiere möglichst viel Futter fressen mögen. Da jegliche gesundheitliche Beeinträchtigung, aber auch Störungen im Verdauungstrakt, im allgemeinen Wohlbefinden oder Stress die Nährstoffverwertung herabsetzen, sind hohe Standards der Biosicherheit, der Tierwohlunterstützung und Darmgesundheit sinnvolle und zugleich notwendige Begleitumstände, die zu einem nachhaltigeren Fleischangebot unbedingt dazugehören.

Sowohl Versorgungsdefizite als auch Stress oder Keimbelastungen und Erkrankungen können Einbrüche im Wachstumsverlauf verursachen. Ausgebliebenes Wachstum verlängert die Mastdauer und verursacht bis zum Erreichen eines marktüblichen Vermarktungsgewichtes einen größeren Energie- und Nährstoffverbrauch. Ein Mehraufwand wird aber auch deshalb nötig, weil

Infektionen, Verletzungen oder Krankheiten, die ein aktives und effektives Abwehren der Bedrohungen durch das Immunsystems erfordern, Nährstoffe und Energie verbrauchen. Eine wirtschaftliche und nachhaltige Mast erfordert daher vorbeugend, der Entstehung von Stress, Krankheiten oder Verletzungen entgegenzuwirken. Das umfasst die Sicherung der Soll-Qualität der Futtermischungen und die Gewährleistung einer Haltungsumwelt, Wasserversorgung und Fütterung, die den Bedürfnissen der Tiere gerecht werden.

Eine Unter- aber auch eine Überversorgung von Schweinen ist in der Fütterung zu vermeiden, weil das Abweichen vom optimalen Bedarf der Tiere mit mehr Emissionen und einem größeren Austrag an Nährstoffen verbunden ist und nur einen geringeren wirtschaftlichen Erfolg bezogen auf das erfütterte Schlachtgewicht erlaubt (Abb. 8-1).

Auswertungen von Beratungseinrichtungen wie zum Beispiel der Schweinespezialberatung Schleswig-Holstein (Abb. 8-2) belegen, dass der wirtschaftliche Erfolg mit möglichst großem Stallplatzumtrieb über 3,0 und einer Futterverwertung von 1 : < 2,8 und Verlusten unter 3 % verbunden ist.

Die Ziele der wirtschaftlichen Schweinemast sind durch minimale Verluste, eine hohe Wachstumsintensität bei hoch effizienter Verwertung des Futters und einen fleischreichen, sensorisch optimalen Schlachtkörper gekennzeichnet (Abb. 8-3).

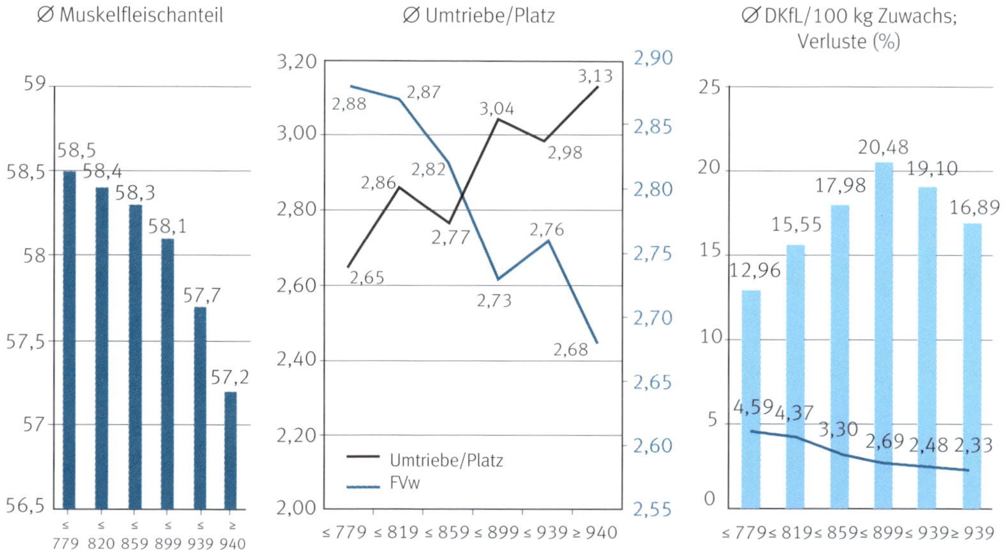

Wj 2015/16; n = 222 Betriebe 1550 Plätze/Betr.;
O 2,93 Umtriebe/Platz; 875 g Masttagszunahmen, FVw 1 : 2,77; 3,12 % Verluste
Klassenteilung nach Masttagszunahmen

Abb. 8-2: Rentabilität der Schweinemast in Schleswig-Holstein 2015/16 in Abhängigkeit von den TZ

Mast	Futter	Schlachtkörper
Mast • von 25–30 kg • bis 120–125 kg • Verluste ‹ 2 % • Zuwachs › 90 kg Tägliche Zunahmen • von › 850 g bis 950 g	Futterverbrauch • ‹ 2,70 kg/kg Zuwachs Energieverbrauch • ‹ 36,0 MJ/kg Zuwachs • ‹ 20 g Polyensäure je kg Futter	• Muskelfleischanteil (MFA) › 56 % • Indexpunkte/kg Schlachtgewicht › 0,98 • Intermuskulärer Fettanteil › 1,5 %

Abb. 8-3: Ziele der Schweinemast

Ausgehend von den Zielen der Mast ist für die dafür verwendeten Schweine der Bedarf abzuleiten. Der Bedarf je Schwein und Tag wird dann in Rezepturvorgaben für Alleinfuttermischungen umgesetzt. Das ist möglich, wenn man eine realistische, individuell angepasste Annahme zur Futteraufnahme für die Ableitung von Vorgaben zum Gehalt von Energie und Nährstoffen je Kilogramm Mischfutter verwendet. Zunächst muss der Bedarf an Energie und den essenziellen Aminosäuren sowie Calcium, Phosphor und Natrium befriedigt werden.

8.1.2 Energie

Die ausreichende Versorgung mit energieliefernden Inhaltsstoffen ermöglicht dem Tier die Fähigkeit zur Ausprägung von Gesundheit, Widerstandskraft, Vitalität und physiologischen Leistungen. Neben dem Leistungsbedarf, der die notwendige Energie liefert, damit Fleisch- und Fettgewebe während des Wachstums gebildet werden kann, muss mit der Fütterung der Erhaltungsbedarf gedeckt werden. Dieser Energiebedarf wird für die Erhaltung aller wichtigen Lebensfunktionen des Körpers verbraucht. Er ist direkt abhängig von der metabolischen Körpermasse (= $LG^{0,75}$). Der Erhaltungsbedarf verändert sich mit dem Gewicht entsprechend der Formel (0,44 x $LG^{0,75}$). Der Stoffwechsel und biochemische Synthesen erfordern Energie. Eine Überversorgung wird vom Tier dazu verwendet, Fettreserven anzulegen (Abb. 8-1). Eine Unterversorgung hat eine Verringerung der Wachstumsintensität zur Folge. Langsamer wachsende Schweine sind dadurch gekennzeichnet, dass der anteilige Aufwand für die Erhaltung des Tierkörpers zunimmt und die Nährstoff- und Futterverwertungseffizienz abnimmt (Abb. 8-2).

Eine leistungsgerechte Energieversorgung, die zu dem genetischen Typ der Tiere passt, erlaubt es den Tieren, in einer möglichst idealen Haltungsumwelt das genetische Leistungsvermögen sehr weit auszuschöpfen und damit hohe Tageszunahmen und günstige Futterverwertungswerte zu realisieren.

Dafür müssen dem Stoffwechsel aber dann auch die anderen essenziellen »Bausteine« des Wachstums in ausreichender Menge zur Verfügung stehen. Das Wachstum von Schweinen hängt von verschiedenen Eigenschaften der Futtermittel, des Schweines und der Umwelt ab.

Gut zutreffende Wachstumsprognosen werden für unternehmerische Entscheidungen und zur Erlangung einer nachhaltigen Schweinefleischbereitstellung benötigt. Sie lassen sich mit mathematischen Berechnungsmodellen auf der Grundlage von möglichst exakten, individuell angepassten Daten zu den Tieren, der Haltungsumwelt, den Futtermitteln und der Fütterung erstellen.

Die Futteraufnahme und die Verwertung der energieliefernden Inhaltsstoffe sind außerdem nicht statisch, sondern verändern sich dynamisch ebenso wie der Erhaltungsbedarf und die Leistungen.

Der Energie-Leistungsbedarf für Wachstum hängt davon ab, wie viel Protein und Fett je Tag im Zuwachs des Tieres eingelagert wird. Die »protein« und »lipid (fat) deposition« (Pd und Ld = Einlagerung im Körper) setzt sich mit zunehmendem Tiergewicht immer mehr aus Fett und immer geringfügig weniger aus Protein zusammen.

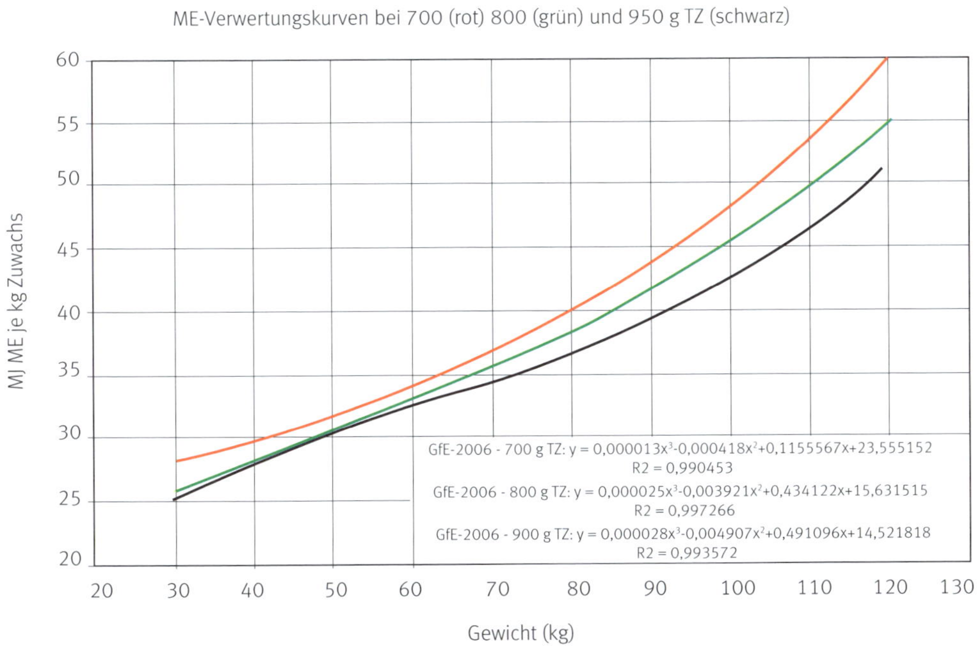

Abb. 8-4: ME-Verwertung (MJ/kg Zunahme) – Verlaufskurven bei zunehmendem Gewicht und unterschiedlicher Wachstumsintensität

In Abbildung 8-4 werden für drei unterschiedliche Wachstumsintensitäten, 700 g, 800 g und 950 g Tageszunahme (TZ), die Verläufe der Futterenergieverwertung dargestellt. Der Aufwand an Energie in MJ in einer Mastphase für den Output, die Lebendgewichtszunahme in Kilogramm, ist im Diagramm mit den ermittelten Schätzgleichungen bzw. Regressionsfunktionen zu sehen. Die Funktionen erlauben es, mit einer Annäherung an festgestellte Wachstumseckpunkte betriebsangepasste Verläufe zu entwickeln und Plan-/Zielwerte der Mast zu berechnen (z. B. Futteraufnahme, TZ, FVw, mit EXCEL). Die Kurven für eine höhere Wachstumsintensität befinden sich unterhalb der Verläufe mit geringerer Intensität. Das bedeutet, dass die Mast bei geringer Wachstumsintensität, z. B. 700 g TZ in der Gesamtmast, mehr Energiezufuhr mit dem Futter für jedes Kilogramm Gewichtszuwachs erfordert, als die Mast mit z. B. 950 g TZ.

Die Schweinemast für mittlere Leistungen von 950 g Tageszunahmen und einer Futterverwertung von 1 : ≤ 2,8 erfordert einen Verlauf der Kennzahl Energie-Lysin-Verhältnis entsprechend der Abbildung 8-6.

Aus den wissenschaftlich abgeleiteten Vorgaben für die tägliche Versorgung mit Energie und essenziellen Aminosäuren kann ein Verhältnis, die Menge der praecaecal verdaulichen (pcv) Leitaminosäure Lysin je Megajoule Umsetzbarer Energie (g pcv Lys/MJ ME) im Alleinfutter, als Kennzahl berechnet

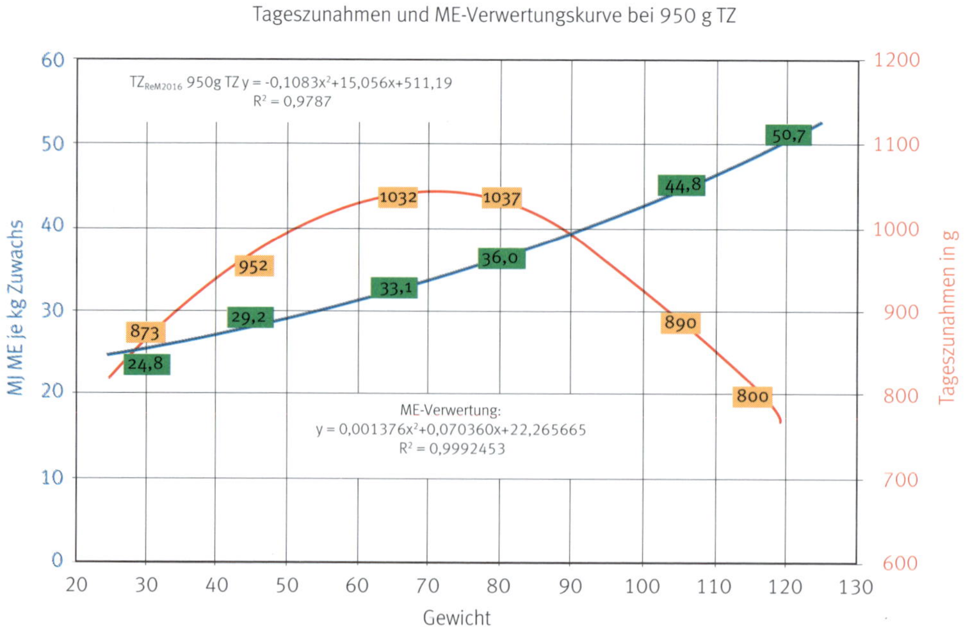

Abb. 8-5: Tageszunahmen und ME-Verwertungskurven bei 950 g TZ

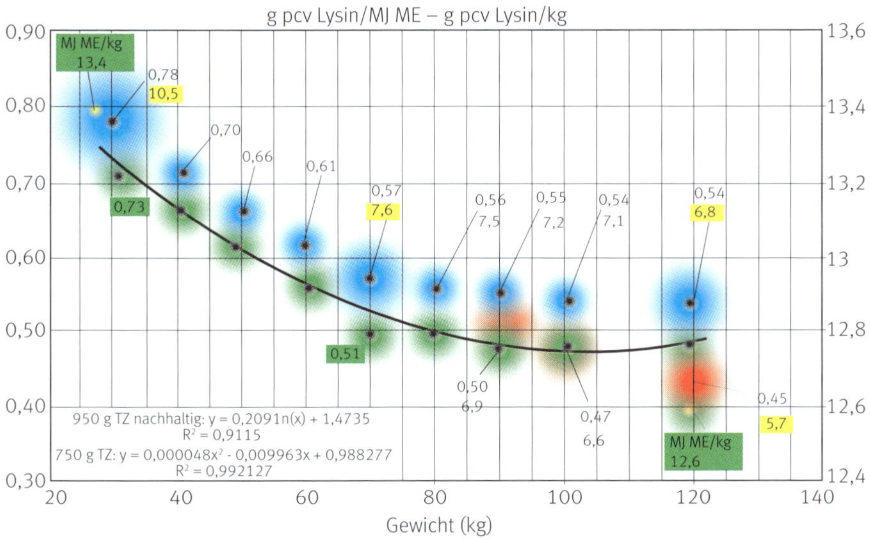

Abb. 8-6: Sollwerte in der Energiedichte und dem Energie-Lysin-Verhältnis in der Mast

Eckpunkte a) Energiedichte: gelbe Punkte; b) pcv-Lysin-Energie-Verhältnis: in einer intensiven (blaue Punkte, 950 g TZ), einer extensiven (grüne Punkte und schwarze Linie = Regressionsfunktion, 750 g TZ); c) streng bedarfsgerechten intensiven Mast (rote Punkte, nach DLG 2014, 950 g TZ)

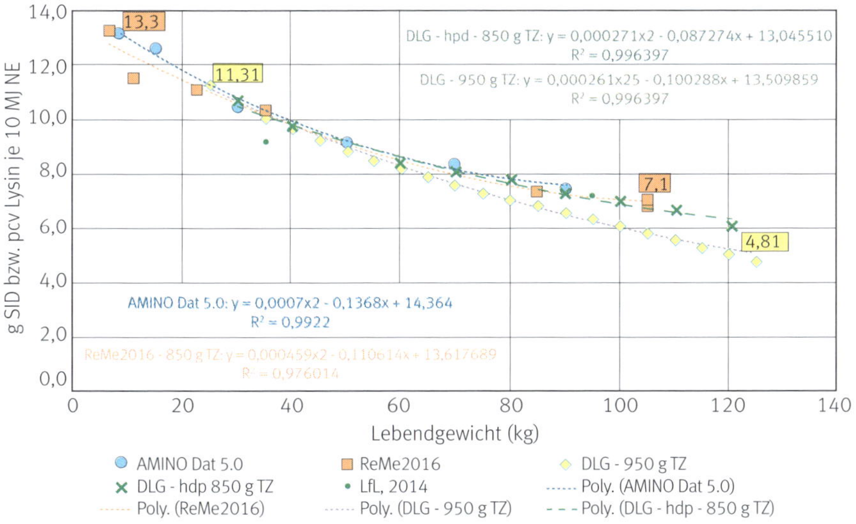

Abb. 8-7: pcv Lysin je 10 MJ Nettoenergie (NE)

werden. Damit die aufgenommenen essenziellen Aminosäuren für die Biosynthese im Stoffwechsel möglichst vollständig verwertet werden und nicht ein Defizit in der Energieversorgung die Proteinsynthese beschränkt, wird für die Fütterung ein Richtwert vorgegeben. Die Richtwerte sollen weder gravierend über- noch unterschritten werden (Abb. 8-1). Dann sind die Energie- und Proteinbausteinversorgung aufeinander abgestimmt und Energie und Proteine werden optimal verwertet. Die Abbildung 8-6 zeigt, wie sich die Energiedichte und das Energie-Lysin-Verhältnis in einem Alleinfuttermittel im Laufe der Mast verändern sollten.

In den Diagrammen dieses Kapitels sind Funktionen angegeben, die es erlauben, z. B. in einer Excel-Tabelle, die Kurvenverläufe einzubeziehen, intermediäre Werte zu ermitteln, andere oder Teilabschnitte der Entwicklung zu betrachten und Kurvenanpassungen vorzunehmen.

8.1.3 Nähr-, Mineral- und Wirkstoffe

Angepasst an die gestiegenen Leistungen hat die Gesellschaft für Ernährung (GfE) 2006 zuletzt Bedarfsnormen und Versorgungsempfehlungen für Nähr-, Mineral- und Wirkstoffe herausgegeben. Diese Empfehlungen basieren auf wissenschaftlichen Studien und dienen als Grundlage zur Optimierung von Fütterungsstrategien.

Über eine faktorielle Ableitung werden Empfehlungen zu der anzustrebenden Energie- und Lysinversorgung für unterschiedliche Zunahmeniveaus von jeweils 500 bis 1100 g Lebendmassezuwachs je Tag angegeben. Die GfE hält die Versorgungsempfehlungen für Energie auf Basis der umsetzbaren Energie (ME) in Mega Joule (MJ) für hinreichend genau, so lange keine Extreme bei Protein- und Fasergehalten in Futterkomponenten bzw. -mischungen auftreten.

Dem Arbeitskreis Futter und Fütterung der DLG dienten die Vorgaben der GfE, 2006, als Grundlage zur Erarbeitung von Empfehlungen zur Energie- und Proteinversorgung in Abhängigkeit von unterschiedlichen Zunahmeniveaus (DLG, 2010). Um den unterschiedlichen Herkünften und Strategien in der breiten Praxis gerecht zu werden, wurden Wachstumsverläufe mit 750, 850 und 950 g mittleren Lebendmassezuwachses je Masttag ausgewählt.

8.1.3.1 Proteine

Die Empfehlungen zur bedarfsdeckenden Versorgung mit Proteinen werden auf der Basis der praecaecal = »im Dünndarm« verdaulichen (pcv) Aminosäuren angegeben. Im Unterschied zu einer Versorgungsvorgabe, die nur Rohprotein beachtet, können damit der Bedarf und die Versorgung der Tiere an essenziellen Proteinbausteinen, den essenziellen Aminosäuren, genauer und zuverlässiger in Übereinstimmung gebracht werden. Dadurch ergeben sich Möglichkeiten, den Rohproteingehalt weit abzusenken und Futtermischungen effizienter und nachhaltiger zu gestalten.

Die Aminosäure Lysin ist in der Schweinefütterung die erstlimitierende unter den essenziellen Aminosäuren. Futtermischungen, die überwiegend aus Getreide bestehen, leiden zuerst unter einem Lysin-Defizit. Ölschrote sind gut geeignete Proteinträger, um mit Hauptkomponenten die Lücken bei den essenziellen Aminosäuren weitgehend zu schließen. Einen Beitrag zur Versorgung mit essenziellen Aminosäuren können auch zugelassene Futterzusatzstoffe, die freie Aminosäuren liefern, beisteuern. Diese Möglichkeiten sind unverzichtbar, wenn man sehr stark oder stark N- und P-reduzierte Fütterungsregime umsetzen will. Soweit die Lücke nicht zu groß ist und freie Einzelaminosäure-Zusätze auf dem Markt verfügbar sind, können diese die Lücken schließen. Lysin, Methionin, Cystin, Threonin, Tryptophan, Valin, Histidin, Arginin oder Isoleucin sind zugelassene Aminosäuren der Kategorie 3c, den »Aminosäuren, …« in der EU. Bisher wurden Empfehlungen vor allem zu den Aminosäuren Lysin, Methionin, Threonin und Tryptophan ausgesprochen. Je intensiver jedoch in der Fütterung der Rohproteingehalt in Alleinfuttermischungen reduziert wird, umso mehr ist es dann erforderlich, in der Fütterung auch die nachrangig essenziellen Aminosäuren sorgfältig zu beachten. Dazu zählen dann Valin, Isoleucin, Leucin, Histidin und Phenylalanin.

Das Rohprotein besteht in natürlichen Futtermitteln überwiegend aus den Proteinen, die die essenziellen (EAS) und nicht essenziellen Aminosäuren (NEAS) sowie den Stickstoff, aus dem die nicht essenziellen Aminosäuren synthetisiert werden, liefern. Eine zu geringe Rohproteinversorgung kann bei einer ausreichenden Versorgung mit den essenziellen Aminosäuren Phänomene einer mangelhaften Versorgung mit nicht essenziellen Aminosäuren auslösen. Deshalb darf eine minimale Rohproteinversorgung in Abhängigkeit von Erhaltung und Leistung nicht unterschritten werden. Um dies zu vermeiden, sollte das Rohprotein nicht zu über 6,5 bis 7 % aus Lysin bestehen. Aus wissenschaftlicher Sicht sollte die Tagesversorgung mit pcv Rohprotein mindestens die Größenordnung von (Summe der pcv Aminosäuren) x 2,5 (GfE, 2006, S. 66 Tab. 4-9) erreichen. Andere Autoren gehen davon aus, dass essenzielle und nicht essenzielle Aminosäuren ausgewogen angeboten werden, wenn 40 bis 50 % des Gesamt-N einer Mischung in den essenziellen Aminosäuren stecken. Diese Anforderung kann z. B. in der Endmast noch mit Mischfutter, welches 10 bis 12 % Rohprotein enthält, eingehalten werden. Eine Mischung sollte je g pcv Lysin 14,7 g pcv Rohprotein aufweisen. Bei 4,8 bis 5,7 g pcv Lysin je kg Alleinfutter wären nur 7 bis 8 % Rohprotein notwendig, um eine ausreichende Versorgung der nicht essenziellen Aminosäuren sicher zu stellen.

Die Qualität der Proteinversorgung ist durch die Verhältnisse zwischen der erstlimitierenden Leitaminosäure Lysin und den anderen nachrangig essenziellen Aminosäuren bestimmt. Auf der Bewertungsebene der prae-

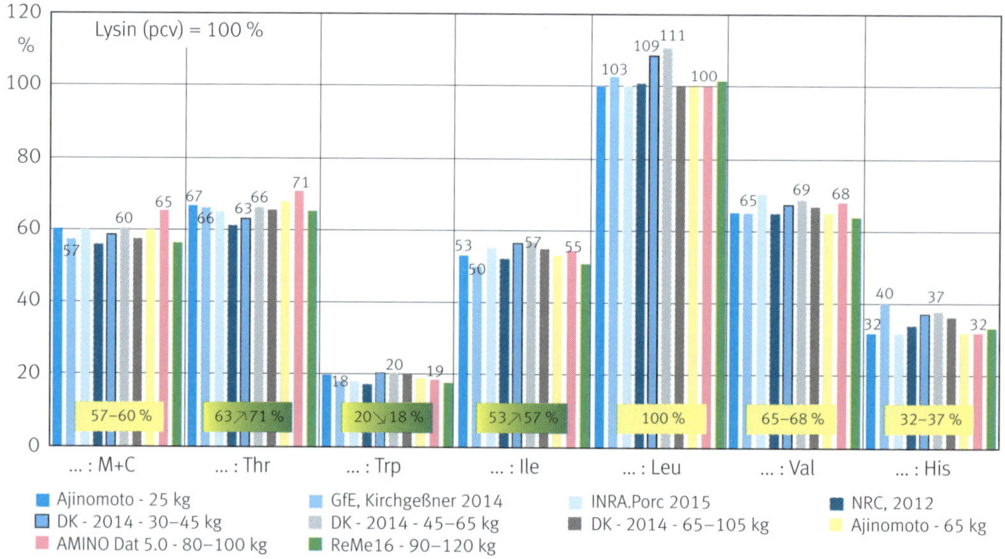

Abb. 8-8: Verhältnisse zwischen der Leitaminosäure Lysin und anderen essenziellen Aminosäuren

caecal verdaulichen (pcv) Aminosäuren sollte das ermittelte Verhältnis mit dem entsprechenden Verhältnis des Idealen Proteins übereinstimmen. In Abbildung 8-8 werden Verhältnisangaben von unterschiedlichen nationalen/internationalen Quellen gezeigt und Richtwerte sowie deren Schwankungen und Entwicklungen von der Vor- bis zur Endmast angegeben. Um ein hohes Leistungsvermögen nicht durch eine defizitäre Versorgung mit einer essenziellen Aminosäure einzuschränken, würde man sich an den höheren Angaben orientieren. Neuere Veröffentlichungen der wissenschaftlichen Gesellschaften (z. B. GfE, INRA, DK, NRC) passen besser zum aktuellen Produktivitätsniveau als ältere. Insbesondere in der Optimierung von sehr stark N-reduzierten Fütterungskonzepten sind die sieben angegebenen Verhältnisse zum pcv Lysin unbedingt zu ermitteln und entsprechend dem Idealprotein einzuhalten.

8.1.3.2 Mengenelemente

Die Mengenelemente sind überwiegend essenzielle Nährstoffe, die Bausteincharakter für das Skelett und die Zähne (Ca, P) oder zur Regulation des osmotischen Drucks zwischen intra- und extrazellulärem Raum haben (Na, K). Deshalb ist der jeweilige Bedarf vor allem von der Wachstumsintensität in den Phasen der Mast abhängig. Der Bedarf wird faktoriell abgeleitet.

Vor allem Phosphor ist, in Abhängigkeit vom Einzelfuttermittel, unterschiedlich gut verdaulich. Daher ist eine Versorgungsempfehlung bei diesem Mengenelement auf den verdaulichen Phosphor (vP) nötig. Neuere Erkenntnisse legen nahe, die Verdaulichkeit auch beim Calcium mehr zu berücksichtigen.

Mit zunehmendem Gewicht eines wachsenden Schweins nimmt die bedarfsdeckende Versorgung mit brutto-Calcium, -Natrium und verdaulichem Phosphor ab. Ähnlich wie bei der Leitaminosäure Lysin wird die Versorgungsempfehlung für Mengenelemente mit der Empfehlung zur Energieversorgung verknüpft. Daher bietet sich die aus dem Mengenelement-Energie-Verhältnis in g je MJ umsetzbare Energie (ME) und die Richtwertveränderung mit zunehmendem Lebendgewicht als Versorgungskriterium gut an.

Mit den im Diagramm angegebenen Regressionsgleichungen können für jedes Gewicht und jede Energieversorgungsstufe im Futter die dazu passenden bedarfsdeckenden Gehalte an Ca, vP und Na berechnet werden.

Beispiel: Vormastfutter **ab 30** kg: **13,4 MJ ME/kg**

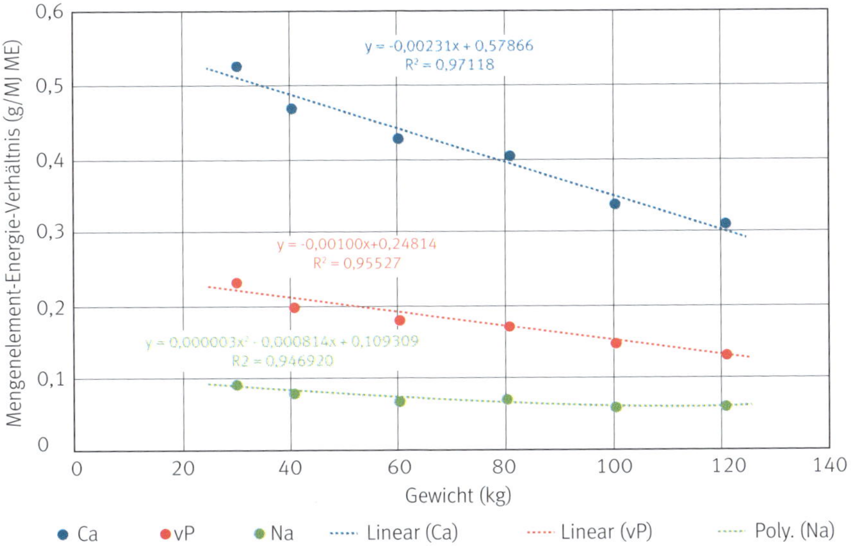

Abb. 8-9: Veränderung des Mengenelement-Energie-Verhältnisses in Abhängigkeit vom Gewicht

$$Ca\left[\frac{g}{kg}\right] = \text{Energiedichte}\left[\frac{MJ}{kg}\right] \times (-0{,}00231 \times LG[kg] + 0{,}57866)$$

$$= 13{,}4 \times ([-0{,}00231 \times 30] + 0{,}57866) = 13{,}4 \times 0{,}50936 = 6{,}82\left[\frac{g\ Ca}{kg}\right]$$

$$vP\left[\frac{g}{kg}\right] = ME\left[\frac{MJ}{kg}\right] \times (-0{,}001 \times LG[kg] + 0{,}24814)$$

$$= 13{,}4 \times ([-0{,}001 \times 30] + 0{,}24814) = 13{,}4 \times 0{,}21814 = 2{,}93\left[\frac{g\ vP}{kg}\right]$$

$$Na\left[\frac{g}{kg}\right] = ME\left[\frac{MJ}{kg}\right] \times (0{,}000003 \times LG^2[kg] - 0{,}000814 \times LG[kg] + 0{,}109309)$$

$$= 13{,}4 \times \left([0{,}000003 \times 30^2] - 0{,}000814 \times 30 + 0{,}109309\right)$$

$$= 13{,}4 \times (0{,}0027 - 0{,}02442 + 0{,}109309) = 13{,}4 \times 0{,}087589 = 1{,}17\left[\frac{g\ Na}{kg}\right]$$

Wenn das Schwein ein Gewicht von 120 kg erreicht hat, entspräche der Bedarf 3,86 g Ca/kg, 1,64 g vP/kg und 0,7 g Na/kg. Um Risiken und Ungenauigkeiten in der Herstellung auszugleichen, kann es sinnvoll sein, unter praktischen Verhältnissen die Zielwerte für Mischungen mit einem Sicherheitsaufschlag zu versehen. Es wird die 2,33 bis 2,35-fache Menge vom verdaulichen Phosphor als Bruttocalcium in der Schweinemast benötigt.

Eine nachhaltige Wertschöpfung strebt danach, Naturressourcen zu schonen und Naturbeeinträchtigungen zu minimieren. Daraus folgt, dass gleichzeitig neben dem Stickstoff- auch der Phosphor-Eintrag mit der Gülle in die Böden nicht zu hoch sein darf. In Regionen und Betrieben mit hoher Viehdichte kann daraus folgen, in der Fütterung den Phosphorgehalt im Futter zu minimieren und die Versorgung eng am Bedarf an verdaulichem Phosphor anzunähern. Dies kann mit geeigneter technologischer Unterstützung gelingen. Flankiert werden muss eine stark P-reduzierte ebenso wie eine stark N-reduzierte Fütterung durch ein geeignetes Fütterungscontrolling, weil eine eng am Bedarf ausgerichtete Fütterung ein erhöhtes Unterversorgungsrisiko mit sich bringt.

Die Möglichkeiten zu nutzen, die natürlichen Gehalte an P in den Einzelfuttermitteln besser auszuschöpfen, gehört zu den wichtigsten Maßnahmen einer nachhaltigen Fütterung. Durch Futtermittelbehandlung oder dem Zusatz von Enzymen, wie z. B. Phytase, kann die Verdaulichkeit von Phosphor erhöht werden. Diese Effekte müssen in der Futteroptimierung berücksichtigt werden, sodass es real zu einer Minimierung der brutto-P-Versorgung kommen kann. Landwirte benötigen, insbesondere bei sehr niedrigen brutto-P-

Gehalten, dafür vom Futterlieferanten transparente Informationen darüber, ob die Versorgung mit verdaulichem Phosphor sichergestellt ist.

Für die Versorgung mit Phosphor bei einer stark P-reduzierten Fütterung rückt die Versorgung mit Calcium und der Zusatz von mikrobieller Phytase zusätzlich in den Vordergrund.

Bei einem 1 g höheren Ca-Gehalt in einem Mischfutter nimmt der Gehalt an verdaulichem P zwischen 0,03 bis 0,04 g/kg ab. Es zeigt sich in einer Metaanalyse, die viele Studienergebnisse einbezogen hat, dass mit zu hohen Ca-Gehalten abnehmende Tageszunahmen einhergehen.

Jedes g Phosphor eines Mischfutters, welches nicht im Phytin eingebunden ist (Nicht-Phytat-Phosphor = NPP) und mehr darin enthalten ist, hat einen um etwa 0,8 g/kg höheren vP-Gehalt zur Folge. Je mehr g NPP/kg eine Mischung enthält, um so mehr Futteraufnahme und so höhere Tageszunahmen sind außerdem zu erwarten. In Mischungen mit nur 1,1 g/kg NPP (= Phytin-P-reiche Mischungen) wirkt eine zu hohe Ca-Versorgung signifikant negativ auf die P-Verwertung und Wachstumsleistung. In Mischungen mit 2,1 g/kg NPP (PP-arme Mischungen) nimmt bei höherer Ca-Versorgung die P-Verwertung zu und das Wachstum ist unbeeinflusst.

Für die Praxis bedeutet das, dass bei Futtermischungen, die dominant aus Phytin-reichen pflanzlichen Futtermitteln bestehen, ein höherer Calciumgehalt möglicherweise vorteilhaft für die Phosphorversorgung und das Wachstum ist und bei NPP-armen Mischungen eine Calciumüberversorgung zu vermeiden ist. P-Verdaulichkeit verbessernde Enzyme oder Futterbehandlungen, wie eine Fermentation, sollten angemessen in der Futteroptimierung berücksichtigt werden.

Die Natriumgehalte der wichtigsten Hauptfuttermittel, wie Getreide, Leguminosen, Gräser oder Extraktionsschrote, sind mit weniger als 1 g Na / kg TS in der Regel zu gering für die Schweinemast. Es besteht in der Regel ein Ergänzungsbedarf und Natrium und Chlorid werden nahezu vollständig aus dem NaCl des Viehsalzes aufgenommen. Eine Unterversorgung führt zur Senkung der Futteraufnahme, Lecksucht, Leistungsminderung und anderen Störungen. Eine Überversorgung ist insbesondere im Zusammenhang mit Wasserknappheit sehr problematisch. In der Praxis bewegt sich die Versorgung zwischen 1,5 bis 2,5 g Na / kg Futter.

8.1.3.3 Spurenelemente und Vitamine

Die Vorgaben für Spurenelemente und Vitamine in der Gestaltung von Mischungen haben sowohl die ernährungsphysiologischen normalen Bedürfnisse, die starken natürlichen Schwankungen der nativen Gehalte in den Haupteinzelfuttermitteln als auch die Dosierungenauigkeits- sowie Entmischungsrisiken bei Mikrokomponenten zu berücksichtigen. Einigen Wirkstoffen dieser Gruppe werden auch Sonderwirkungen zugesprochen, die erzielt werden, wenn Dosierungen gewählt werden, die in der Regel deutlich höher sind, als es eine normale physiologische Ernährung erfordert. In Phasen einer intensiven immunologischen Aktivität nimmt der Verbrauch von Spurenelementen und Vitaminen sehr stark zu.

8.2 Ansprüche

8.2.1 Futteraufnahme und Sättigung

Die Futteraufnahme hat eine grundlegende Bedeutung für eine bedarfs- und tiergerechte Versorgung und zugleich auch für eine wirtschaftlich erfolgreiche Fütterung von Schweinen. Insbesondere bei hoher Fütterungsintensität, also bei der Versorgung von Tieren mit außerordentlich hohen physiologischen Leistungen, die nahe an das genetische Leistungsvermögen heranreichen, ist das begrenzte Futteraufnahmevermögen der Tiere der wesentliche Begrenzungsfaktor.

Die Futteraufnahme von Schweinen wird durch eine Vielzahl von Faktoren beeinflusst (Abb. 8-10).

Während ökonomisch die Futteraufnahmemenge die relevante Effizienzkennzahl ist, ist ernährungsphysiologisch die Energieaufnahme eher maßgebend. In der Praxis wird aus Gründen der Vereinfachung allerdings auch überwiegend die absolute Futteraufnahme kommuniziert und diskutiert. Wenn man berücksichtigt, dass der Energiegehalt zumindest für die we-

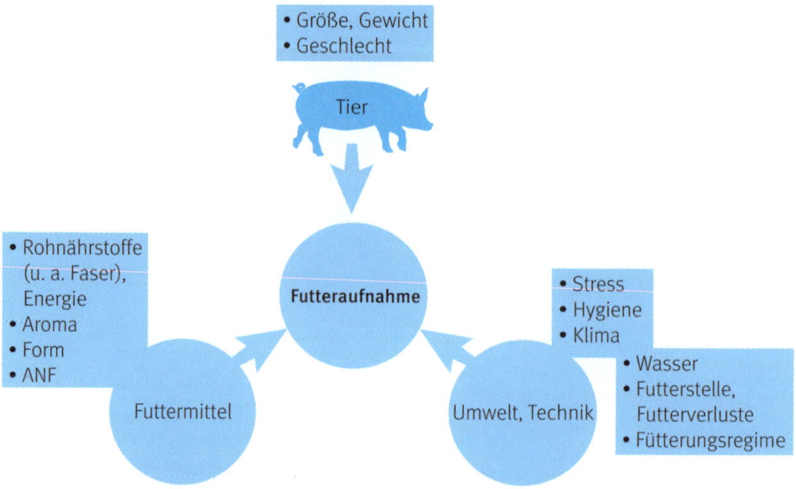

Abb. 8-10: Einflussfaktoren der Futteraufnahme

sentlichen Energieträger, wie die Getreidekörner, vor allem preisbestimmend ist, dann ist eigentlich die Energieaufnahme und die Energieverwertung die ökonomisch und physiologisch wichtigste Bestimmungsgröße.

Das Gewicht bzw. die Tiergröße und das Geschlecht bestimmen vor allem wie viel Futter gesunde Schweine in einwandfreier Umwelt aufnehmen. Hygienische, klimatische oder ethologische Belastungen oder Wassermangel können die Futteraufnahme verringern. Hitzestress oder Sozialstress durch zu wenig verfügbare Troglänge oder Buchtenfläche vermindern Fressdauer und -häufigkeit. Ungeeignete Futterentnahmestellen können unnötige Futterverluste verursachen, sodass der Futterverbrauch zunimmt.

8.2.2 Einsatzeinschränkungen von Futtermitteln

Weil Futtermittel natürliche antinutritiv wirkende, meist sekundäre Inhaltsstoffe aufweisen können, die die Effizienz in der Verwertung der in Futtermitteln enthaltenen Nährstoffe beeinträchtigen, kann es sinnvoll sein, Obergrenzen in den Anteilen eines Einzelfuttermittels in einem Mischfuttermittel nicht zu überschreiten. Damit kann man antinutritive Wirkungen unter Kontrolle behalten und eine optimale Verwertung des Mischfuttermittels sicherstellen. Einsatzeinschränkungen zu Einzelfuttermitteln können in Mischfutteroptimierungswerkzeugen zu den einzelnen Futtermitteln und für die Tierartkategorie vorgegeben werden. Für Mastschweine verändert sich vielfach mit zunehmendem Gewicht die Obergrenze in der Mischung. Dies ist gerechtfertigt, wenn sich die Empfindlichkeit des Verdauungstraktes gegenüber den ANF vom jugendlichen zum erwachsenen Tier hin verändert.

9 Nachhaltigkeit

9.1 Einzelfuttermittel und Einzelfutterherstellung

Michael Binder

Weniger Verbrauch von Proteinen in der Fütterung verringert die Ausscheidungen und Emissionen je Mengeneinheit erzeugtes Lebensmittel Fleisch. Der ökologische Rucksack, der sich aus der Art und Weise der Gewinnung des Lebensmittels ableitet und damit wesentlich durch die verbrauchten Futterressourcen bestimmt ist, kann so spürbar verringert werden.

Die wachsende Erzeugung von Lebensmitteln tierischer Herkunft verursacht eine steigende Nachfrage nach wenig nachhaltigen Futtermitteln, wie zum Beispiel Sojaextraktionsschrote aus südamerikanischer Herkunft. Der hohe Bedarf an solchen Futtermitteln in der Welt prägt ganze Landschaften und kann natürliche Lebensräume beeinträchtigen oder gar zerstören. Die Versorgung der wachsenden Weltbevölkerung mit Nahrung erfordert deshalb mehr Nachhaltigkeit in der Nutztierfütterung, um die ökologischen Belastungen zu minimieren. Durch die große Nachfrage nach Futtermitteln ist die globale Tierhaltung ein sehr wesentlicher Auslöser für Natur- und Umweltbeeinträchtigungen. In der Tierhaltung fallen Ausscheidungen und Emissionen an, die entweder als Treibhausgase zur Klimaerwärmung beitragen oder durch überschüssige Nährstoffzuflüsse in die Natur (Boden, Grundwasser, Gewässer) zu weiteren Umweltbeeinträchtigungen führen. Diese unterschiedlichen Umweltbelastungen werden kategorisiert nach der Art ihrer Wirkungen. Um die Wirkungen auf die globale Erwärmung, die Versauerung, die Eutrophierung, die Wasserqualität, den Ressourcenverbrauch oder die Ökotoxizität bewerten zu können, sind für diese Wirkungskategorien Sachbilanzparameter definiert worden.

Eine Berücksichtigung der Auswirkungen einer Nutztierhaltung und -fütterung auf Mensch, Tier und Umwelt ist in der Gestaltung der Wertschöpfung bis zum Lebensmittel zwingend notwendig. Da nicht alle Auswirkungen auch einen entsprechenden und angemessenen ökonomischen Niederschlag finden, ist es erforderlich, Nachhaltigkeitsindikatoren in Verbesserungsprozesse einzubeziehen. Damit kann die Nachhaltigkeit in der Erzeugung von Schweinefleisch in einer bisher fast ausschließlich ernährungsphysiologisch/ökonomisch geprägten Optimierung mehr Berücksichtigung erlangen.

In der Optimierung der Tierernährung als elementarer Teil der Lebensmittelproduktion finden daher zunehmend standardisierte Verfahren auf der

Grundlage von Lebenszyklusbewertungen (Life cycle Assessment = LCA) statt. Dabei werden verschiedene Kennzahlen herangezogen. Sie kennzeichnen das Potenzial eines Produktes in seinem Lebenszyklus zur Klimaerwärmung (Global Warming Potential GWP), der Eutrophierung (EP) oder der Versauerung (Acidification Potential AP) beizutragen. Der Umwelteinfluss unterschiedlichster Emissionen und Auswirkungen erfordert die Zusammenfassung der Wirkungen innerhalb einer Kategorie in Einheiten eines Equivalenten$^{(eq)}$ mithilfe von standardisierten Umrechnungsfaktoren. So wird das Potenzial der globalen Erwärmung in kg CO_2-^{eq} (CO_2-Fußabdruck), das Potenzial der Eutrophierung in kg $PO_4^{3-\ eq}$ und das Potenzial der Versauerung in kg $SO_2{}^{eq}$ je Kilogramm Produkt berechnet. Das Ausmaß der Wirkung wird dann einer Bezugsgröße, nämlich der funktionalen Einheit, zum Beispiel je Tonne produziertes Mischfutter oder je Kilogramm Schlachtgewicht, zugeordnet. Es wurden für die deutsche Schweinefleischerzeugung Werte von 3,22 kg CO_2-^{eq}, 23,3 g $PO_4^{3-\ eq}$ und 57,1 g $SO_2{}^{eq}$ je Kilogramm Schlachtgewicht ermittelt.

Die Futterherstellung trägt dabei mit etwa 63 % zum CO_2-Fußabdruck der Schweinefleischerzeugung bei. Neben der Wurfgröße in der Ferkelerzeugung haben in der Mast insbesondere der Muskelfleischanteil und die Futterverwertung einen Einfluss auf den CO_2-Fußabdruck.

Um für die Herstellung von Futtermitteln den Einfluss auf die Nachhaltigkeit der Erzeugung von Lebensmitteln tierischer Herkunft in einfacher Weise zu ermitteln, wurde beispielsweise das Berechnungsprogramm AMINOFootprint® durch Evonik Nutrition&Care GmbH entwickelt. In der Datenbank der Futtermittel sind zertifizierte ökologische Daten zu Futtermitteln und Rohstoffen hinterlegt, bei denen auch anteilig neben den Daten der Erzeugung die der Verarbeitungsprozesse berücksichtigt werden. Transportauswirkungen werden separat im Rechner bewertet. Durch umfangreiche Rechenabläufe im Hintergrund können mit dieser Anwendung die wesentlichen Nachhaltigkeitsindikatoren GWP, EP und AP für entweder 1 t eines Mischfutters oder 1 t Lebendgewicht der Schweine bezogen auf verschiedene Fütterungskonzepte ermittelt werden. Wissenschaftler und Produktentwickler der Mischfutterindustrie haben damit die Möglichkeit, neben den ernährungsphysiologischen und ökonomischen Aspekten auch die Nachhaltigkeit von Fütterungskonzepten zu bewerten und berücksichtigen.

9.2 Futtermischungen und Mischfutterherstellung

Wilke Griep

Im landwirtschaftlichen Betrieb werden Futtermittel aufbereitet, gelagert, behandelt, gemischt und dann an die Tiere verfüttert. Alle Maßnahmen, die dazu beitragen, den Ressourcenverbrauch an Futtermitteln in Bezug auf die gewonnenen Lebensmittel tierischer Herkunft zu verringern und zugleich Futtermittel mit einem »leichten ökologischen Rucksack« gegenüber denen mit einem großen CO_2-Fußabdruck zu bevorzugen, führen zu mehr Nachhaltigkeit in der Erzeugung. Es ist zu beachten, dass die Prozesse im landwirtschaftlichen Betrieb nicht unnötig zur Vergrößerung des unvermeidlichen CO_2-Fußabdrucks beitragen. Nur solche Futtermittelbehandlungen sind z. B. sinnvoll, die nicht unnötig viel Energie verbrauchen oder zu wenig im Hinblick auf eine effiziente Verwendung der Ressource Futter bewirken.

Aus der Perspektive des Nutztieres muss eine nachhaltige Fütterung auch die physiologischen, gesundheitlichen und ethologischen Bedürfnisse des Tieres berücksichtigen.

Auf die Futterverabreichung bezogen bedeutet dies vor allem, dass futterhygienische und fütterungstechnologische Maßnahmen genutzt werden, um Stress und gesundheitliche Risiken zu minimieren sowie hygienische Belastungen der Tiere oder der daraus gewonnenen Lebensmittel zu vermeiden. Maßnahmen der Futterhygiene und die Möglichkeiten die Fütterungstechnologie in dieser Hinsicht zu optimieren, wie sie in Tabelle 9-1 benannt werden, sind

Tab. 9-1: Maßnahmen bezogen auf die Futterhygiene

Reinigung & Qualitätssicherung

- Körner: Schwarzbesatz abtrennen
- Futterhygienische Wareneingangskontrolle ⇢ Rückstellmuster und Monitoring: Keime, Mykotoxine, Futterwert

Konservierung & Lagerung

- Körner in lagerstabile Zustand bringen (belüften, trocknen, kühlen, ansäuren, Luft entziehen [silieren])
- Verschmutzung, Keimbesiedlung, Kontaminationen und Verderb vermeiden ⇢ geeignete Lagerräume und -bedingungen

Fütterung & Technologie

- Futtermittelbehandlungen zur effizienteren Nutzung der enthaltenen Nährstoffe (z. B. Proteine, Phosphor, ...) nutzen
  - Vermahlung mit optimaler Partikelgrößenverteilung im Mahlgut
  - Fermentation (Silierung) erhöht die Verdaulichkeit
- Optimale Futtervorlage ⇢ Tier-Fressplatzverhältnis ⇢ Fütterungsregime
  - Phasenfütterung: erlaubt eine enge bedarfsangepasste Fütterung
  - optimale Entnahmestellen von Trockenfutter und Wasser für das Tier
  - minimierte Futterverluste, Mischfutterentmischungen, Keimbesiedlung und -vermehrung

Futtermischungen & Fütterungsregime

- N- und P-Minimierungspotenzial ausschöpfen und mit Fütterungscontrolling absichern: freie Aminosäuren nutzen!
- Verdaulichkeitsverbesserer nutzen: Enzyme, Probiotika, Prebiotika

Beiträge zu mehr Nachhaltigkeit, weil sie Tiergesundheit und -wohl sowie die effiziente Nutzung der Naturressource Futter beeinflussen.

Ein Fütterungssystem oder Fütterungsregime wird bestimmt durch die Auswahl der verwendeten Futtermittelausgangserzeugnisse[1], deren Aufbereitungen[2] und Behandlungen[3] sowie dem Schema der Fütterungsphasen[4], die dazu gehörigen Endfuttermischrezepturen[5], die Form[6] des Alleinfutters und die Art[7] (z. B. Mahlzeiten) und Weise[8] der Verabreichung der Phasenfuttermischungen. Die Gestaltung des Fütterungsregimes bestimmt ganz wesentlich das Niveau der Nachhaltigkeit des Nutztierhaltungssystems.

Alle Maßnahmen, die dazu beitragen, Rohstoff- und oder Nährstoff-Verbräuche je erzeugter Menge eines Lebensmittels und oder wesentlichen Nährstoffs zu sparen, machen ein Fütterungsregime nachhaltiger. Die Versorgung der Tiere sollte sich in allen Abschnitten der Fütterungsphasen eng an dem Bedarf der Tiere annähern. Über- und Unterversorgungsphasen sollten weitgehend vermieden werden und nur unwesentliche Ausmaße erreichen.

Eine lokale oder betriebsinterne Erzeugung der Ausgangserzeugnisse ist nachhaltiger als ein Bezug aus fernen Anbaugebieten. Dies gilt insbesondere dann, wenn der Bezug außerdem mit einem niedrigeren Niveau in der Nachhaltigkeit des Ackerbaus verbunden ist.

Weitgehend geschlossene Nährstoffkreisläufe (Abb. 9-1), also ein Austausch von Nährstoffen zwischen der tierischen Veredelung und der pflanzenbaulichen Futtermittelerzeugung, ohne dass Nährstoffüberschüsse große Umweltbelastungen verursachen, sind das Ideal einer nachhaltigen Lebensmittelerzeugung. Dies wird nur erreicht, wenn am pflanzenbaulichen Erzeugungsstandort der überschüssige Wirtschaftsdünger vom Viehveredelungsstandort ackerbaulich sinnvoll verwendet wird.

Das Futtergetreide und möglichst auch das Ausgangserzeugnis des Proteinträgers sind in einem Radius zum Veredelungsstandort zu erzeugen, der es ermöglicht, den Wirtschaftsdünger aus der Veredelung wieder zur ackerbaulich sinnvollen Verwertung an den Pflanzenbaustandort zu liefern. Eigenmischer, also Landwirte, die in ihrem Schweinestall eigenes Getreide veredeln, entsprechen dem Nachhaltigkeitsideal schon sehr weit (Abb. 9-2). Jedes beispielhafte Betriebsmodell bietet Möglichkeiten, ein höheres Niveau

---

1 *Futtermittel mit schwerem oder leichtem ökologischen Rucksack*
2 *hygienische Stabilisierung; z. B. reinigen, Mutterkorn auslesen, ansäuern – lagerstabilen Zustand des Rohstoffs herstellen: trocknen, kühlen, silieren, ansäuern, ...*
3 *z. B. Zerkleinerung, hydro-thermische Behandlung, Fermentation, müllereitechnische Separation,*
4 *Unterteilung der gesamten Fütterung der Sauen, Ferkel oder Mastschweine in Fütterungsphasen*
5 *Optimierung der Futtermischungen für die unterschiedlichen Fütterungsphasen*
6 *z. B. ganze Körner, Schrot, pelletiert, gekrümelt; trockenes Futter, Breifutter, Flüssigfutter, am Automaten, am Trog an einer Abrufstation*
7 *z. B. ad libitum, tagesrationiert in Mahlzeiten, Tagesration, Verteilung der Mahlzeiten*
8 *z. B. Verlauf der Tages- bzw. Mahlzeitenfutterration in kg in einer Fütterungsphase = Futterkurve*

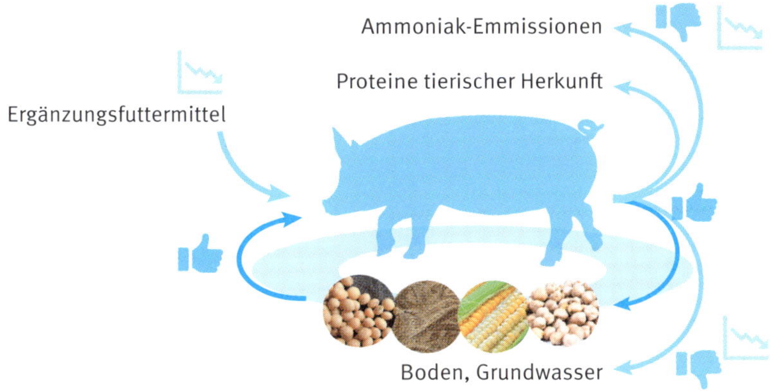

Abb. 9-1: Geschlossene Nährstoffkreisläufe: z. B. Stickstoff (N) im System Boden-Pflanze-Tier

Abb. 9-2: Betriebsmodell (Beispiele) und graduelle Unterschiede in der Nachhaltigkeit

der Nachhaltigkeit in der Erzeugung von Lebensmitteln tierischer Herkunft durch betriebsindividuelle Anpassungen zu erreichen. Betriebe mit Schweinen die mit selbst oder in der Region erzeugten Feldfrüchten, möglicherweise sogar einschließlich der Proteinträger, gefüttert werden, haben schon ein hohes Level der Nachhaltigkeit erreicht. Das Düngerrecht verlangt von allen Betrieben eine fachgerechte Verwendung der Wirtschaftsdünger. Betriebe mit Flächenknappheit müssen sich dies teilweise durch eine kostenträchtige Gülleabgabe an entfernt gelegene Ackerbaustandorte erkaufen.

Das Ausschöpfen der Möglichkeiten der Minimierung des N- und P-Inputs mit den zugekauften / beschafften Futtermitteln ist damit eine wirtschaftliche und ökologische Notwendigkeit. Es steigt auch ökonomisch die Attraktivität dafür, in einer vielgliedrigen standortgerechten Fruchtfolge zumindest teilweise Körnerfrüchte, wie z. B. Leguminosen, zu erzeugen, die in der Fütterung als Proteinträger verwendet werden. Um vermehrt lokal erzeugte Proteinträger konsequent in Mischungen verwenden zu können, ist möglicherweise ein

Tab. 9-2: Beispiel-Mischungen für eine 850g-TZ-Mast mit einem Aminogramm Lys = 100 %: M + C : Thr : Trp : Val : His : Ile : Leu = 56-63-19-66-32-50-100

				Gehalte im Mineralfutter									Mischung								
Mastphase ab... kg	v. Lys. ME	MJ ME	XP%	MinF%	Ca	P	Na	Lys	Met	Thr	Trp	Val	Ge 11%	We 11,6%	Ma	SES	RES	AB	Er	Lupi	AF-Preis
30	0,77	13,4	17,5	3,5	17,0	1,8	6,1	10,8	2,8	4,4	0,2		20,6	57,0		18,9					23,56
30	0,77	13,4	17,0	3,5	17,1	2,0	6,1	11,9	3,0	5,0	0,4	0,6	21,3	58,0		17,2					-0,1 %
30	0,77	13,3	17,4	3,5	16,6	2,1	6,2	10,2	4,0	5,1	0,9	1,1	14,1	51,0		8,9		7,5	7,5	7,5	-2,4 %
50	0,64	13,0	14,5	3,0	18,1	0,8	5,4	12,6	2,2	4,5	0,2		51,5	34,0		6,5	5,0				-9,5 %
50	0,64	13,0	14,1	3,0	17,1	0,5	5,4	11,9	2,4	4,8	1,0	0,8	41,7	23,0	11,2		9,3		11,8		-11,0 %
50	0,64	13,0	14,9	3,0	17,1	1,2	5,4	12,0	3,3	4,6	0,8	0,6	51,7	25,0			3,3	6,0		11,0	-10,5 %
90	0,50	13,0	12,0	2,5	18,6	0,4	6,5	12,7	1,7	3,9			76,9	18,0		2,6					-16,9 %
90	0,50	13,0	11,7	2,5	18,2	0,1	6,4	13,9	1,7	4,5	0,2		72,2	23,0			2,3				-17,2 %
90	0,50	13,0	11,7	2,5	18,5	0,7	6,5	12,5	2,1	4,4	0,4		73,4	18,0					6,1		-17,3 %

v.Lys.ME = verdauliches Lysin/Umsetzbare Energie g/MJ; MJ ME = Energiedichte; XP% = Rohproteingehalt
Mischungskomponenten: Ge = Gerste, We = Weizen, Ma = Mais, SES = SojaES, RES = RapsES; ES = Extraktionsschrot, AB=Ackerbohnen, Er=Erbsen, Lupi=Lupinen
AF-Preis = Preis des Alleinfutters in €/dt bzw. Abweichung in % Vergleichsmaßstab in der Tabelle

Tab. 9-3: Beispiel-Mischungen für eine 1050g-TZ-Mast mit einem Aminogramm Lys = 100 %: M + C : Thr : Trp : Val : His : Ile : Leu = 56-63-19-66-32-50-100

				Gehalte im Mineralfutter									Mischung								
Mastphase ab... kg	v. Lys. ME	MJ ME	XP%	MinF%	Ca	P	Na	Lys	Met	Thr	Trp	Val	Ge 11%	We 11,6%	Ma	SES	RES	AB	Er	Lupi	AF-Preis
30	0,80	13,5	17,0	3,5	18,2	2,1	6,7	12,8	3,3	5,6	0,7	1,3	15,1	53,0	10,0	18,4					24,18
30	0,80	13,5	17,1	3,5	17,3	2,6	6,8	10,5	4,5	5,7	1,6	2,2	3,6	41,5	13,0	8,4			20,0	10,0	-0,2 %
30	0,80	13,5	16,7	3,5	16,8	1,9	6,7	12,9	4,0	6,0	1,6	2,7	0,5	42,0	22,0	7,0	5,0		10,0	10,0	0,6 %
50	0,62	13,1	14,0	3,0	18,3	0,5	7,1	12,1	2,3	4,4	0,2		59,4	29,0		8,6					-12,6 %
50	0,62	13,1	13,9	3,0	16,4		7,0	13,9	2,0	4,8	0,7	0,8	38,7	35,0	10,0		10,2			3,1	-11,7 %
50	0,62	13,1	14,6	3,0	16,7		7,0	11,9	2,2	4,5	0,5	0,2	30,4	48,5			9,0	4,6	4,5		-12,5 %
90	0,55	13,0	12,5	2,5	20,0	0,6	6,5	14,0	2,2	4,8	0,2		75,3	18,0		4,2					-17,2 %
90	0,55	13,0	12,8	2,5	19,7	0,6	6,5	13,5	2,9	4,9	0,6	0,1	69,5	18,0				5,0		5,0	-17,8 %
90	0,55	13,0	12,5	2,5	19,2	0,6	6,5	13,0	2,4	4,9	0,7	0,1	64,8	16,0	5,0		3,0		8,7		-17,0 %

v.Lys.ME = verdauliches Lysin/Umsetzbare Energie g/MJ; MJ ME = Energiedichte; XP% = Rohproteingehalt
Mischungskomponenten: Ge = Gerste, We = Weizen, Ma = Mais, SES = SojaES, RES = RapsES; ES = Extraktionsschrot, AB=Ackerbohnen, Er=Erbsen, Lupi=Lupinen
AF-Preis = Preis des Alleinfutters in €/dt bzw. Abweichung in % Vergleichsmaßstab in der Tabelle

lokaler Erfassungshandel als Bündler von kleinen Produktionspartien und eine externe Ergänzungsfutterherstellung sinnvoll.

In Tabelle 9-2 und Tabelle 9-3 sind Mischungsbeispiele aufgeführt, die zugleich bedarfsdeckend und durch gleitendes Verschneiden der aufeinander folgenden Mischungen eng nährstoffangepasst sind und mit lokalen Proteinträgern, wie Rapsextraktionsschrot (RES) und Körnerleguminosen Ackerbohne (AB), Erbse (Er) und Lupine (Lupi – blaue) berechnet worden sind. In diesen Tabellen ist außerdem die erste Mischung jeder Mastphase eine klassische Weizen+Gerste+Soja-Extraktionsschrot (SES)-Mischung. Erst durch die Verwendung von freien Aminosäuren in den Mischungen lassen sich Rohproteingehalte sehr weitgehend absenken. Sobald weitere essenzielle Aminosäuren als Futterzusatzstoffe zur Verfügung stehen, ergeben sich auch zusätzliche Spielräume für Rohproteinabsenkungen. Denn eine bedarfsdeckende Versorgung mit Aminosäuren kann trotz abnehmender Rohproteingehalte in den Mischungen bei hohen Leistungen und sehr effizienter Nährstoffverwertung erreicht werden. Diese Möglichkeiten bestehen in der ökologischen Fütterung nicht, weil die ökologischen Fütterungsrichtlinien die freien Aminosäuren nicht erlauben.

Mischungen, die vollständig auf freie Aminosäuren verzichten, sind für hohe Wachstumsleistungen und eine hoch effiziente Nährstoffverwertung, also für eine nachhaltige Fütterung, weniger geeignet. Denn diese Strategie führt zwangsläufig zu höheren belastenden Rohproteingehalten. Sie nimmt bewusst eine starke Aminosäure-Defizitversorgung in Kauf, verliert dadurch Nährstoffverwertungseffizienz und führt bei Hochleistungstieren zu Beeinträchtigungen aufgrund der Mangelversorgung und der Nährstoffimbalanzen im Futter. Die 4. Mischung der Tabelle 9-3 würde ohne freie Aminosäuren im Mineralfutter statt 8,6 % den 3-fachen Sojaschrotanteil (25,8 % SES) beanspruchen, um alle essenziellen Aminosäuren annähernd bedarfsgerecht versorgen zu können. Eine bedarfsgerechte Mischung mit Körnerleguminosen und Rapsextraktionsschrot ohne freie Aminosäuren würde zwangsläufig mit deutlich über 20 % Rohprotein für 70 kg-Schweine zu starken N-Belastungen und sehr großen N-Emissionen führen.

Fütterungsregime zur Verbesserung der Nachhaltigkeit in der Fleischerzeugung müssen Rohstoff- und Nährstoff-Minimierungspotenziale durch eng an den Bedarf angepasste Futterwerte und Möglichkeiten zur Verbesserung von Verdaulichkeiten (z. B. Behandlungen und Futterzusatzstoffe), der Hygiene und der Darmgesundheit enthalten.

9.3 Beschäftigungsfutter für mehr Tierwohl

Gerhard Stalljohann

Ein Futter hat nicht nur die Funktion Energie und Bausteine für den Stoffwechsel zu liefern, sondern es wirkt sich auch auf die Widerstandskraft, die Darmgesundheit und damit auf das Wohlbefinden des Tieres aus. Ein natürliches Tierverhalten umfasst immer auch eine Erkundung nach Fressbarem, eine Beschäftigung mit Futter und dem Fressen und Verdauen von Futter. Ein Mangel an Erkundungs- und Beschäftigungsverhalten kann zu mehr Stress beitragen. Insbesondere bei der Vorbeugung und Vermeidung von extremen Formen des Fehlverhaltens. Das sind bei Schweinen zum Beispiel aggressive Verhaltensweisen, wie Schwanzbeißen, was insbesondere bei einer eingeengten Gruppenhaltung auftreten kann. Ein ausreichend ausgelebtes Beschäftigungsverhalten mit Futter wirkt dann aggressionsdämpfend. Eine Diät, die wenig Anreiz zum Kauen gibt und hoch mit Energie und essenziellen Bausteinen verdichtet ist, kann Aggressivität fördern und ein labiles und für Fehlentwicklungen anfälliges Microbiom begünstigen. Inhaltsstoffgruppen, die bisher wegen ihrer geringen Beiträge zur Versorgung des Tieres mit Energie und Nährstoffen nicht besonders geschätzt wurden, erweisen sich mehr und mehr zu Stabilisatoren der Darmgesundheit und -widerstandskraft. Eine intakte noch nicht zerkleinerte Futterstruktur provoziert beim Tier das Erkunden und Zerkauen. Die als Fasern bezeichneten Strukturkohlenhydrate, wie Cellulose und andere Faserstoffe, wirken im Verdauungstrakt

Abb. 9-3: Zusammenfassung der Eigenschaften spezieller Futtermittel

insbesondere für die Mikroben günstig, die eine stabile und gesunde Lage im Darm erhalten. Das Tier entwickelt dadurch eine effiziente Verdauung und belastbare Gesundheit.

Aufgrund dieser Zusammenhänge fordern Initiativen zur Förderung und Verbesserung des Tierwohls, wie die ITW (Initiative Tierwohl), den Tieren neben dem bedarfsdeckend ernährenden Hauptfutter ein reines Beschäftigungsfuttermittel anzubieten.

Da die Tiere mit dem Beschäftigungsfuttermittel intensiv in Kontakt kommen, dürfen davon keine futterhygienischen Zusatzrisiken ausgehen. Gerade Stroh aber auch GPS oder Kleien können mit Mykotoxinen belastet sein. Bei schlechten Lagerungsbedingungen können auch Toxin- und Keimbelastungen hinzukommen.

Zur weiteren Steigerung des Tierwohls kann im Rahmen der Initiative Tierwohl (ITW) ein Beschäftigungsfuttereinsatz, kombiniert mit Maßnahmen zur Verbesserung der Haltung, insbesondere des Platzangebotes, vereinbart und gefördert werden.

Als Beschäftigungsfutter kommen Grobfutter, wie hygienisch einwandfreies Heu und Stroh sowie Ganzpflanzensilagen aus Gras und Feldfutter, wie Mais, aber auch faserstoffreiche Einzelkomponenten, wie z. B. Kleien, Grünmehle und melassierte Trockenschnitzel und andere faserreiche Nebenerzeugnisse der Lebensmittelwirtschaft, infrage. Die Attraktivität für die Tiere steht im Vordergrund und der Futterwert hat eher keine Bedeutung. Es können auch Gemische von Faserträgern verwendet werden. Durch eine Pelletierung der Beschäftigungsfuttermittel ist eine Mechanisierung der Verabreichung leichter möglich.

Anstelle von Stroh wird auch gerne ein Heueinsatz in Erwägung gezogen bzw. empfohlen. Insbesondere blattreiche Heupartien werden von Schweinen gerne gefressen. Beim Einsatz von Heu ist die Sorgfaltspflicht hinsichtlich Einhaltung einer Futter- und Fütterungshygiene genauso wichtig wie beim Stroheinsatz, weil eine höher verdauliche organische Substanz auch schneller von Keimen befallen werden kann.

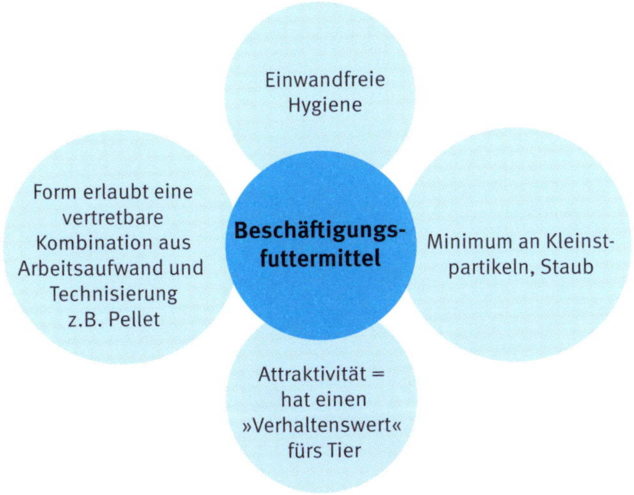

Abb. 9-4: Anforderungen an Beschäftigungsfuttermittel

Vom Heu wird sicherlich aufgrund der höheren Nährstoffverdaulichkeit doppelt so viel gefressen, was auch hinsichtlich einer besseren Futtereffizienz genutzt werden kann. Eine Entscheidung für Stroh oder Heu sollte von der jeweiligen betrieblichen Situation (Bewirtschaftung von Grünlandflächen) abhängig gemacht werden.

Aus praxisnahen Versuchen ließen sich grobe Anhaltspunkte für den Verbrauch von Beschäftigungsfuttermitteln ableiten (vgl. Abb. 9-5). Es wird damit in einer Größenordnung von 0,5 bis 2,0 % der üblichen Futteraufnahme das Beschäftigungsfuttermittel aufgenommen. Es ist damit nicht mit nennenswerten Einbußen in der Versorgung mit Energie und essenziellen Nährstoffen zu rechnen. In einem Versuch in der Forschungsanstalt Haus Düsse (vgl. Abb. 9-6) konnte gezeigt werden, dass Maissilage ebenfalls sehr attraktiv für die Tiere ist und die Verbräuche in der Mast eines Schweines über 8 kg erreichen können. Trotz hoher Beschäftigungsfuttermittelverbräu-

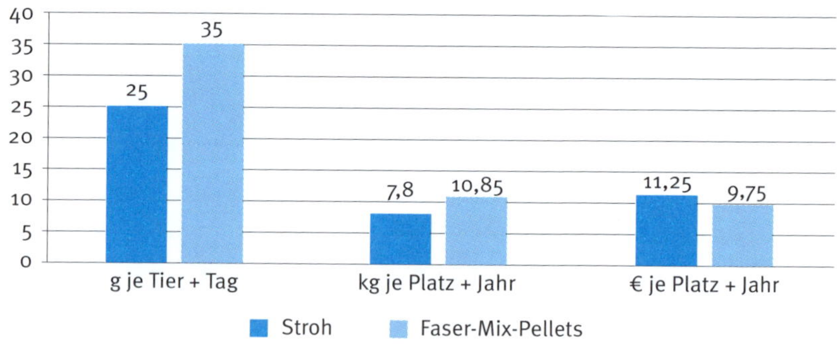

Abb. 9-5: Anhaltspunkte für den Beschäftigungsfutterverbrauch

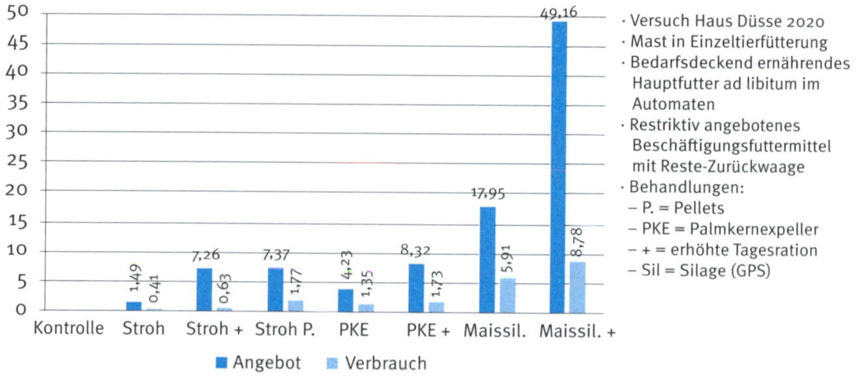

Abb. 9-6: Angebot und Verbrauch von Beschäftigungsfuttermitteln in der Gesamtmast

che konnten keine signifikanten Veränderungen in den Tageszunahmen und der Schlachtkörperqualität beobachtet werden. In der Futterverwertung war sogar tendenziell eine verbesserte Futterverwertung zu beobachten. Ähnliche Versuche bestätigen diese Beobachtungen. Mit einem maßvollen Beschäftigungsfuttereinsatz ist nicht mit Einbußen in den Fütterungseffizienzmerkmalen zu rechnen.

9.4 Typische Verfahren der N-/P-reduzierten Fütterung

Bei der Reduktion des Nährstoffanfalls, insbesondere von N-/P-/K, aber auch Zink und Kupfer, trägt die Fütterungsstrategie der N-/P-reduzierten Fütterung wohl am effektivsten dazu bei, dem Nachhaltigkeitsziel der geschlossenen Nährstoffkreisläufe auf einzelbetrieblicher Ebene spürbar näherzukommen.

Die DLG und die öffentlichen praxisnahen Forschungs- und Beratungseinrichtungen der Länder und des Bundes haben im Laufe der Zeit neue Standards der N-/P-reduzierten Fütterung entwickelt. Landwirte, Beratungseinrichtungen und Unternehmen der Futtermittelwirtschaft entwickeln mittlerweile intensiv und umfassend, angepasste Produkte und Fütterungsstrategien zu mehr Nachhaltigkeit in der allgemeinen Schweinefütterungspraxis.

Die insbesondere von der DLG initiierten sowie koordinierten wissenschaftlichen und praktischen Beiträge hierzu fördern die Wissensweitergabe und die Umsetzung von Beratungen in Betrieben sowie politischen Entscheidungsgremien.

Für die N-/P-reduzierten Schweinefütterungen stehen nunmehr vier Verfahren zur Auswahl (vgl. Abb. 9-7). Sie unterscheiden sich in der Intensität der N- und P-Absenkungen in den zum Einsatz kommenden Futtermischungen im

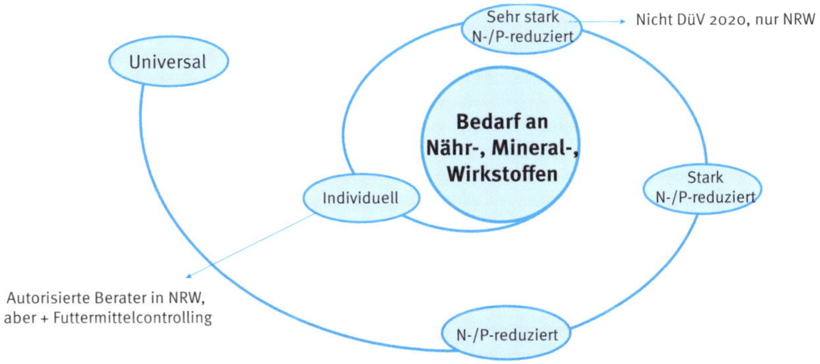

Abb. 9-7: DLG-Standards der N-/P-reduzierten Fütterung als Stufen einer enger werdenden Annäherung der Fütterung an den Bedarf der Schweine

Vergleich zu einem Ausgangs-Standard, nämlich der Universal-Fütterung. Mit jeder nächsten Stufe der DLG-Standards der N- und P-reduzierten Fütterung nähert sich die Versorgung immer mehr dem leistungsabhängigen Bedarf an. Dabei soll keinesfalls eine Unterversorgung in Kauf genommen werden. Dies kann nur gelingen, wenn in der Mischungsoptimierung alle Möglichkeiten genutzt werden, das Liefervermögen der Komponenten und den Leistungsbedarf der Tiere möglichst exakt/präzise zu ermitteln. Je mehr es gelingt, sich dem tatsächlichen Bedarf anzunähern, um so wichtiger wird es, ein effektives Fütterungscontrolling durchzuführen. Das Verfahren »Individuell« ist generell für Betriebe mit sehr gutem Futter- und Fütterungsmanagement eine Option, einen noch geringeren N-/P-Anfall zu dokumentieren. Dies kann durch noch weiter abgesenkte Rohprotein- und Phosphorgehalte im Futter, aber vor allem durch geringere Futterverbräuche gegenüber den DLG-typischen Mengen bei den N-/P-, stark N-/P- und sehr stark N-/P- erreicht werden. Maßgeblich für die Fütterungsstatus-Anerkennung ist es, dass die mittleren N- und P-Gehalte im Futterverbrauch der gesamten Mast nicht die Grenzwerte der DLG-Standards gemäß der Abbildung 9-8 überschreiten. Fütterungsfachberater arbeiten zunehmend mit Berechnungswerkzeugen[9], um sowohl die einzelne Futtermischung, als auch das Fütterungsregime in den Blick zunehmen und die maßgeblichen Kennzahlen auszuweisen. Die düngerechtliche Anerkennung im Einzelnen ist länderspezifisch geregelt. In den DLG-Fachpublikationen DLG Kompakt Nr. 6 aus 2020 und DLG werden Wege aufgezeigt, wie aus fachlicher Sicht die Nährstoffreduktionen

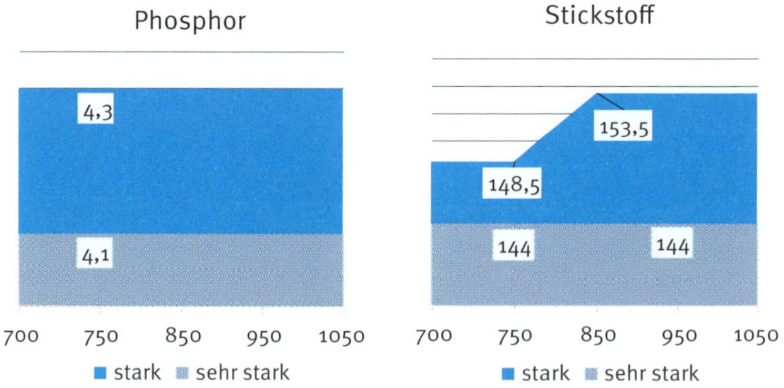

Abb. 9-8: Gegenüberstellung der Anforderungen der N- und P-reduzierten Fütterungsstandards »stark« und »sehr stark« reduzierte Fütterung – gewogenes Mittel in den N- und P-Gehalten (g/kg) im Fütterungsregime mit unterschiedlicher Wachstumsintensität (TZ in g)

[9] *z.B. EXCEL-Werkzeug zum Download bei der LWK NRW Arbeitsblätter, N-/P-reduzierte Schweinefütterung, 2019*

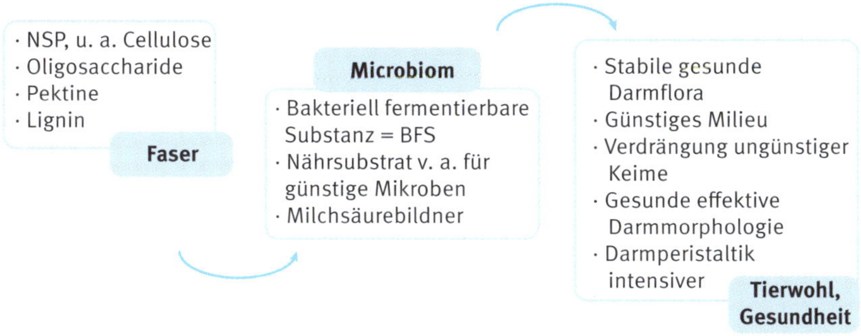

Abb. 9-9: Faserwirkungen auf Tierwohl- und -gesundheit

in der Fütterung gegenüber der Behörde plausibel dargestellt und nachvollziehbar gemacht werden können.

Für den Landwirt muss es vor allem darauf ankommen, dass für eine optimale Wachstumsintensität oder Milchbildungsintensität im Stoffwechsel ausreichend Energie und essenzielle Nährstoffe zur Verfügung stehen. Dann können sich die Tiere störungsfrei und gesund entwickeln. Der Aufwand dafür muss vertretbar sein. Dann hat sich die Erzeugung am Ziel der Nachhaltigkeit ausgerichtet.

Tierwohl und Fasern

Fasern sind überwiegend unverdauliche Kohlenhydrate. Das Lignin gehört analytisch auch zur Rohfaser ist aber kein Kohlenhydrat, sondern ein phenolisches Makromolekül, welches von Pflanzen in Stengeln eingelagert wird, wenn mehr Standfestigkeit und Stabilität nötig ist, wie z. B. beim gelben Getreidehalm in der Abreifephase. Den Faserstoffen wird mittlerweile eine maßgebliche Bedeutung für das Tierwohl beigemessen. Futtermittel mit höheren Anteilen von Fasern tragen dazu bei, dass Schweine ihr artgerechtes Fressverhalten etwas besser ausleben können und unterstützen den Aufbau und die Stabilisierung einer für das Tier gesunden mikrobiellen Besiedlung der hinteren Darmabschnitte.

Um die ausreichende Versorgung mit Fasern genauer bemessen zu können, werden zunehmend die Futterkennwerte NDF, ADF und ADL analysiert als NDFom (Neutral-Detergenzien-Faser, neutral detergent fibre, nach Amylasebehandlung und Veraschung) und ADFom (Säure-Detergenzien-Faser, acid detergent fibre, aschefrei) verwendet, weil sie den organischen Rest zwischen den leicht löslichen Kohlenhydraten (Stärke, Zucker) und der Rohfaser umfassender einbeziehen und die Faser unterschiedlichen Faserfraktionen zuordnen lassen. Damit lässt sich Faser als Mittel zur Förderung von Darmgesundheit und Tierwohl gezielter verwenden.

10 Planung – Optimierung – Controlling

10.1 Methoden der Optimierung von Mischungen, Rationen und Fütterungsregimen

Wilke Griep

Eine Nutztierhaltung braucht zur Versorgung der Tiere Mischfuttermittel die zu den Tieren passen. Um den Bedürfnissen der Tiere optimal gerecht zu werden und gleichzeitig nachhaltig und wirtschaftlich zu füttern, ist eine Optimierung der Mischfuttermittel notwendig. Dabei werden viele teilweise sehr unterschiedliche Kriterien berücksichtigt. Bei diesem unternehmerischen Optimierungsverfahren sind optimale Futtermischungen zu finden, die für die betrieblich individuelle Situation den betriebswirtschaftlichen Erfolg im Betriebszweig ermöglicht und die ernährungsphysiologische Befriedigung der Bedürfnisse der Tiere gewährleistet. Ein externer Berater mit dem Know-how zur Tierernährung, zu Einzelfuttermitteln, zur Fütterung und zu den betrieblich individuellen Verhältnissen kann den landwirtschaftlichen Unternehmer in diesem zentralen Teil des Fütterungsmanagements unterstützen. Dazu sind geeignete Werkzeuge, wie ein Futteroptimierungs- und -berechnungsprogramm notwendig, damit die bestmögliche Lösung für die vielen Ansprüche an Futtermischungen und zugleich eine ökonomisch optimale Verwendung der Ressourcen erreicht wird.

Aufwand und Unterstützung ist notwendig, wenn es darum geht, Informationen zu den verfügbaren Futtermittelpartien zu vervollständigen und die für den Tierbestand angemessenen Bedarfseckwerte abzuleiten, um dann eine ernährungsphysiologisch-ökonomisch optimierte Mischung zu erlangen. Die Algorithmen der Optimierungsberechnungen können viele Restriktionen und Anforderungen berücksichtigen, wenn sie die ökonomisch günstigste Mischung ermitteln. Es sind Erfahrung und Kompetenz notwendig, um möglicherweise Anpassungen bei den Vorgaben vorzunehmen, damit mit den Optimierungswerkzeugen praxistaugliche Lösungen generiert werden.

Eigenmischungen mit Flüssigfutter

Der Betrieb mit Eigenmischungen verwertet seine selbst erzeugten Pflanzenerträge, hat betriebseigene Anlagen zur Lagerung der Körnerfrüchte und Silagen, zur Aufbereitung, Behandlung, Vermahlung und Mischung von

Einzelfuttermitteln und Herstellung von Mischfuttermitteln. Die Menge und Qualität der selbst erzeugten Futtermittel fällt jährlich unterschiedlich aus. Daher ist für jede Fütterungssaison immer wieder ein Fütterungsmanagement mit Prozessen, wie sie in Controlling-Regelkreisen üblich sind, erforderlich. Dazu gehören nach der Ernte die Ist-Analyse, eine Art Bestandsaufnahme zu Vorratsmengen und Futterwerten der Partien. Danach ist eine Ableitung einer optimalen Verwendung der Erntegüter und -mengen mit Festlegung der optimalen Fütterungsregime und der dafür benötigten optimalen Futtermischungen erforderlich.

Bei Flüssigfütterungssystemen im landwirtschaftlichen Betrieb sollte das Bewertungskriterium Trockenfuttergehalt im Fließfutter festgestellt und optimal eingestellt werden. Bei zu geringem Trockenfutteranteil am Fließfutter besteht die Gefahr, dass die Tiere ihr Futteraufnahmevermögen nicht ausschöpfen, weil das viel aufgenommene Wasser aufgrund der Masse eine Sättigung der Tiere auslöst. Die Minimierung des Wassergehaltes in einem Fließfutter stößt dann an seine Grenzen, wenn die Pumpfähigkeit verloren geht oder technologisch zu aufwendig wird. Dafür ist es notwendig, die Trockenmasseanteile, insbesondere der feuchten Futterkomponenten und der Mischungen, zu kennen.

In der Mischfutterberechnung sollte das Optimierungswerkzeug die wertbestimmenden Inhaltsstoffe und Energiegehalte als Gehalte für eine Futtermischung mit 88 % Trockenmasse ausweisen. Diese Werte lassen sich mit den anerkannten Versorgungsempfehlungen abgleichen. Dabei tritt zutage, ob mit der erwartbaren täglichen Fließfutter- und Trockenfutteraufnahme genügend Energie, Nähr- und Wirkstoffe aufgenommen werden können, um ein gestecktes Ziel in der Leistung (TZ) und Effizienz (FVw) zu erreichen.

Die in Tabelle 10-1 benannten Mischungen ermöglichen eine eng an den Bedarf angepasste Versorgung der Schweine. Eine stark N- und P-reduzierte Fütterung ist damit möglich. Die Bedürfnisse an Futterstruktur und essenziellen Bausteinen, wie den essenziellen Aminosäuren, werden befriedigt. Zugleich werden gegenüber einer durchschnittlichen Fütterung die Verwendung von Proteinressourcen für die Tierfütterung eingeschränkt und die Einträge von N und P aus der Tierhaltung in die Böden und Atmosphäre verringert.

Eine Leistung bis zu 950 g Tageszunahmen lässt sich mit diesen Mischungen realisieren. Bei geringen Rohproteingehalten von 16 %, 14,5 % und 12,5 bis 12 % in der Vor-, Mittel- und Endmast können durch Ausrichtung auf eine ausreichende Versorgung mit den acht essenziellen Aminosäuren auf der Ebene der praecaecal verdaulichen (pcv) Gehalte je kg Futter hohe Proteinbildungsraten ermöglicht werden.

In den Tabellen 10-1 a bis d sind unter den Marktverhältnissen im September/Oktober 2021 Futteroptimierungen mit dem Programm ROM, des Unternehmens Högemann, als Anregungen und Beispiele für Praktiker erstellt worden. Als standardisierte Vergleichsbasis werden Mischungen mit der Grundstruktur Weizen+Gerste+Sojaextraktionsschrot herangezogen. Die ganze Praxisvielfalt, die natürlich sehr viel größer ist, kann hier natürlich wegen des Umfangs nicht dargestellt werden. Die Bedarfsanforderungen für die Mast mit 950 g Tageszunahmen ab 30 kg Lebendgewicht (a) und ab 90 kg Lebendgewicht (b) sowie die Sauenfütterung in der Laktation (c) und Trächtigkeit (d) wurden in allen Varianten erfüllt. Zu den wesentlichen hier berücksichtigten Futterwerteigenschaften der Mischungen gehörten der Energiegehalt, die Menge an verdaulichem Lysin je MJ umsetzbarer Energie (v. Lys-ME-Verhältnis), das Aminogramm (Verhältniszahlen der anderen essenziellen Aminosäuren zu der Leitaminosäure verdauliches Lysin in %) und die Ca-, P- und Na-Versorgung.

Anforderungen zur sinnvollen und optimalen Versorgung mit Fasern wurden in den Optimierungsergebnissen (Spalten) berücksichtigt, die im Kopf der Tabelle + »mit Faser« gekennzeichnet sind. Durch Berücksichtigung der Faser-Anforderungen verändern sich die Mischungen und faserreichere Komponenten oder Faserträger erhalten ein größeres Gewicht. Die faserbezogenen Inhaltsstoffe Rohfaser (XF), NDF, ADF und bakteriell fermentierbare Substanz (bfS, DLG, 1991) wurden in diesen Berechnungen ausgewiesen. Die Optimierungsbeispiele zeigen, dass Faserträger und Körnerleguminosen für die Anhebung auf ein anspruchsvolles Versorgungsniveau erforderlich sind.

In Optimierungen mit Proteinträger-Alternativen (siehe entsprechend bezeichnete Kopfzeile) wurde der wichtigste Proteinträger, das Sojaextraktionsschrot, teilweise oder ganz durch eine in der Optimierung vorgegebene Verwendungseinschränkung ersetzt durch Körnerleguminosen oder Rapsextraktionsschrot. Ein Körnerleguminosenanteil in der Größenordnung von über 15 % in der Mischung könnte einen zu großen Gesamtverbrauch bewirken. Diese Dimension des Anteils an Futtermischungen übersteigt den praxisüblichen und sinnvollen Anteil der Körnerleguminosen in den Fruchtfolgen der Betriebe mit geschlossenen Nährstoffkreisläufen. Zumindest in Vormastmischungen (vgl. a) erscheint es daher sinnvoll, nur einen Teilersatz für Sojaschrot durch Körnerleguminosen anzustreben. In Mittel- und Endmast-Futtermischungen können Körnerleguminosen oder andere Ölschrote aus Raps, Sonnenblume ohne weiteres Import-Sojaschrot aus nicht nachhaltigem Anbau ersetzen. Auch eine intensivere Verwendung von Faserträgern, wie zum Beispiel Schlempe, Treber oder Trester, kann Proteine zur Versorgung beisteuern.

Da mittlerweile sehr viele freie Aminosäuren zur Abdeckung von Aminosäurelücken in den Proteinen der Hauptfuttermittel zugelassen sind und zur Verfügung stehen, kann eine Proteinreduktion gelingen, ohne eine AS-Unterversorgung zu riskieren (vgl. Beispiele 38/3 – 6 und 39/2 – 4 in Abbildung 10-1 a und 1 b).

Tab. 10-1: Beispielmischungen für eine Schweinemast mit Flüssigfuttermischungen

Vormast

Rezeptur		38/1	38/3	38/4	38/5	38/6	31/5	32/2	31/6	32/1
Fütterungsphase	Mast	ab 30	ab 30	ab 30	ab 30	ab 30	ab 30	ab 30	ab 30	ab 30
Soja-ES-Einschränkung	%	0	SES: -2	SES: -4	SES: -6	SES: -8	0	0	0	0
mit Faser-Plus		-	-	-	-	-	-	-	+ Faser	+ Faser
Proteinträger-Alternative		Soja-ES	Soja-ES	Soja-ES	Soja-ES	Soja-ES	Erbsen	Ackerbohnen	Erbsen	Ackerbohnen
andere Proteinträger	%						15,6	20,7	21,9	10,4
Soja-ES	%	19,2	17,0	15,0	13,0	11,0	15,5	9,5	14,9	16,3
Weizen	%	65,0	65,0	65,0	65,0	65,0	65,0	64,7	45,3	54,4
Gerste	%	11,7	13,6	15,3	17,1	18,7			12,9	13,8
Pflanzenöl	%	1,07	1,22	1,32	1,38	1,45	0,93	1,91	1,98	2,02
Mineralfutter	%	2,97	3,15	3,33	3,57	3,82	3,01	3,21	2,97	3,03
Preise:										
Rohstoffpreis der Mischung	€/dt	28,49	28,63	29,35	30,65	32,13	28,29	29,05	29,38	29,42
Preis Mikro. K + Öl	€/dt	2,17	2,58	3,60	5,25	7,09	2,18	2,76	2,13	2,24
Preis Proteinträger	€/dt	7,69	6,80	6,00	5,20	4,40	10,09	8,88	11,44	9,08
Preis Öl	€/dt	1,60	1,83	1,98	2,07	2,17	1,40	2,86	2,97	3,03
Preis Getreide	€/dt	17,03	17,42	17,77	18,12	18,47	14,63	14,55	12,84	15,07
Futterwerte:										
Energie (ME - G1)	MJ	13,36	13,38	13,39	13,40	13,41	13,45	13,48	13,57	13,46
Energie (ME - G2)	MJ	13,40	13,40	13,40	13,40	13,40	13,40	13,40	13,40	13,40
Rohprotein (XP)	%	17,62	16,96	16,41	15,88	15,37	17,93	17,61	18,00	18,00
Lysin (b.)	%	1,13	1,12	1,12	1,12	1,11	1,15	1,15	1,17	1,15
Lysin (v.)	%	1,03	1,03	1,03	1,03	1,03	1,03	1,03	1,03	1,03
Lysin (v.) / Energie (ME - G1)	g/MJ	0,77	0,77	0,77	0,77	0,77	0,77	0,77	0,76	0,77
Calcium	%	0,68	0,68	0,68	0,68	0,68	0,68	0,68	0,68	0,68
Phosphor	%	0,35	0,36	0,36	0,35	0,35	0,38	0,41	0,40	0,40
v. P inkl. Phytase-Wirkung	%	0,31	0,32	0,32	0,32	0,32	0,34	0,34	0,34	0,34
P-VQ % inkl. Phytase	%	88	89	90	91	92	89	84	86	84
Rohfaser	%	3,44	3,41	3,38	3,36	3,33	3,45	3,95	4,00	4,00
NDF	%	12,50	12,52	12,54	12,56	12,57	12,15	11,69	13,09	12,63
ADF	%	4,32	4,24	4,17	4,10	4,04	4,54	4,43	5,15	4,69
SQF	%	8,54	8,17	7,84	7,51	7,18	7,50	6,03	8,00	8,00
Aminosäuren im 3%-MiFu										
Lys - im 3%er	%	12,5	14,1	15,5	16,8	18,2	10,4	12,2	8,8	11,0
Met - im 3%er	%	4,8	5,3	5,8	6,3	6,9	5,6	7,3	6,3	5,8
Thr - im 3%er	%	5,9	6,8	7,6	8,5	9,3	5,8	7,1	5,6	5,8
Trp - im 3%er	%					0,4		0,3		
Val - im 3%er	%		1,1	2,0	3,0	3,9		1,3		
His - im 3%er	%				0,5	1,1				
Ile - im 3%er	%				1,0	2,1				
Leu - im 3%er	%			1,5	3,0	4,6				

Im Abschnitt »Preise: in % der jeweiligen Vergleichsmischung« wird ein Eindruck davon vermittelt, in welcher Größenordnung die unterschiedlichen Optimierungsergebnisse sich im Rohwarenwert in etwa unterscheiden. Da-

Endmast

Rezeptur		39/1	39/2	39/3	39/4	39/6	40/2	42/3	42/5	43/1	43/3	44/4
Fütterungsphase	Mast	ab 90	ab 90	ab 90	ab 90	ab 90	ab 90	ab 90	ab 90	ab 90	ab 90	ab 90
Soja-ES-(SES) Einschränkung	%	13	13	13; SES: -3 %	12; SES: -3 %	0	12	12	12	12	13	12,4
mit Faser-Plus		-	+ Faser	-	-	+ Faser	-	-	+ Faser	-	+ Faser	-
Proteinträger-Alternative		Soja-ES	Soja-ES	Soja-ES	Soja-ES	Faser	Raps-ES	Erbsen	Erbsen	Acker-Bohnen	Acker-Bohnen	Lup
andere Proteinträger	%						3,6	8,2	32,6	5,9	10,8	5,7
Soja-ES	%	6,3	7,9	3,0	2,4							
Weizen	%	40,5	12,8	79,3	51,8	15,9	56,3	49,8	48,2	54,0	65,0	59,6
Gerste	%	51,3	75,8	15,0	43,6	70,4	38,0	39,8	11,5	38,0	12,0	32,6
Faserträger	%					10,2			6,0		9,6	
Pflanzenöl	%		1,56			1,45			0,05		0,71	
Mineralfutter	%	1,93	1,89	2,68	2,12	2,05	2,05	2,10	1,60	2,12	1,88	2,09
Preise:												
Rohstoffpreis der Mischung	€/dt	23,34	25,07	24,61	23,07	25,35	23,02	22,90	24,06	22,87	24,54	23,13
Preis Mikro. K + Öl	€/dt	1,20	1,14	2,49	1,49	1,59	1,47	1,47	0,82	1,49	1,32	1,49
Preis Proteinträger	€/dt	2,51	3,17	1,20	0,98	0,00	1,09	2,06	8,16	1,45	2,64	1,53
Preis Faserträger inkl. Hafer	€/dt					3,58			1,80		2,41	
Preis Öl	€/dt		2,33			2,17			0,07		1,07	
Preis Getreide	€/dt	19,63	18,43	20,92	20,60	18,00	20,46	19,38	13,20	19,94	17,09	20,10
Futterwerte:												
Energie (ME - G1)	MJ	13,00	13,11	13,28	13,09	12,80	13,04	13,13	13,23	13,09	13,06	13,21
Energie (ME - G2)	MJ	12,90	12,90	13,30	12,90	12,95	12,90	12,90	12,90	12,90	12,90	12,90
Rohprotein (XP)	%	13,00	13,00	13,00	12,00	12,57	12,14	12,00	14,50	12,14	13,10	12,36
Lysin (b.)	%	0,74	0,75	1,19	0,72	0,75	0,73	0,74	0,79	0,73	0,75	0,72
Lysin (v.)	%	0,65	0,65	1,12	0,65	0,65	0,65	0,65	0,65	0,65	0,65	0,65
Lysin (v.)/Energie (ME - G1)	g/MJ	0,50	0,50	0,84	0,50	0,51	0,50	0,49	0,49	0,50	0,50	0,49
Calcium	%	0,51	0,51	0,51	0,51	0,51	0,51	0,51	0,51	0,51	0,51	0,51
Phosphor	%	0,33	0,35	0,30	0,32	0,35	0,33	0,32	0,32	0,32	0,35	0,31
v. P inkl. Phytase-Wirkung	%	0,29	0,29	0,29	0,29	0,30	0,29	0,29	0,29	0,29	0,29	0,29
P-VQ % inkl. Phytase	%	87	83	96	91	84	87	91	89	89	84	93
Rohfaser	%	4,23	5,00	2,99	3,75	5,00	3,87	3,82	4,50	3,86	4,50	4,01
NDF	%	14,97	16,48	12,36	15,13	18,58	15,03	15,01	15,00	14,68	15,00	14,68
ADF	%	4,81	5,55	3,58	4,33	6,17	4,56	4,50	5,77	4,33	5,00	4,52
SQF	%	7,83	9,18	5,55	6,78	9,72	6,40	6,23	8,20	6,03	8,50	7,23
Aminosäuren im 3%-MiFu												
Lys - im 3%er	%	8,2	7,1	26,5	10,9	12,3	11,3	10,1	2,7	10,6	9,0	11,0
Met - im 3%er	%	0,9	0,9	1,1	1,4	2,3	1,1	1,7	1,9	1,7	1,7	1,6
Thr - im 3%er	%	2,7	2,2	4,0	4,2	3,9	4,2	4,3	1,8	4,3	3,8	4,1
Trp - im 3%er	%											
Val - im 3%er	%											
His - im 3%er	%											
Ile - im 3%er	%											
Leu - im 3%er	%											

Sauen – in der Laktation

Rezeptur		50/3	50/4	51/3	51/5	52/1	52/2	52/3	53/2	53/3
mit Faser-Plus		-	+ Faser	-	+ Faser	-	+ Faser	+ Faser	+ Faser	-
Proteinträger-Alternative		Soja-ES	Soja-ES	Erbsen	Erbsen	Acker-bohnen	Acker-bohnen	Acker-bohnen	Raps-ES	Raps-ES
andere Proteinträger	%			34,5	25,0	18,2	15,4	21,7	9,5	18,2
Soja-ES	%	12,6	14,6	9,0	8,4	7,5	10,0	10,0	10,3	7,5
Weizen	%	65,0	50,6	53,7	49,9	65,0	36,7	59,4	44,8	65,0
Gerste	%	19,3	15,4			5,7	26,7		30,0	5,7
Faserträger	%		13,5	0,0	11,6		6,4	4,3		
Pflanzenöl	%	0,07	3,00	0,00	2,31	0,64	1,91	1,80	2,62	0,64
Mineralfutter	%	3,05	2,92	2,67	2,77	3,03	2,81	2,76	2,85	3,03
Preise:										
Rohstoffpreis der Mischung	€/dt	25,65	29,21	25,58	28,01	26,00	28,23	28,12	28,68	26,00
Preis Mikro. K + Öl	€/dt	1,68	1,54	1,05	1,30	1,65	1,41	1,36	1,57	1,65
Preis Protein-träger	€/dt	5,29	5,83	12,43	9,63	7,60	7,98	9,53	6,97	7,60
Preis Faserträger inkl. Hafer	€/dt		2,80		2,40		2,24	1,17		
Preis Öl	€/dt	0,10	4,50	0,00	3,46	0,96	2,86	2,70	3,93	0,96
Preis Getreide	€/dt	18,58	14,53	12,09	11,22	15,79	13,75	13,36	16,22	15,79
Futterwerte:										
Energie (ME - G1)	MJ	13,13	13,10	13,32	13,23	13,21	13,10	13,36	13,32	13,21
Energie (ME - G2)	MJ	13,20	13,20	13,20	13,20	13,20	13,20	13,20	13,20	13,20
Rohprotein (XP)	%	15,62	15,93	17,50	16,38	16,50	17,61	17,52	16,27	16,50
Lysin (b.)	%	0,91	0,92	0,97	0,96	0,93	0,95	0,95	0,94	0,93
Lysin (v.)	%	0,82	0,82	0,82	0,82	0,82	0,82	0,82	0,82	0,82
Lysin (v.)/Energie (ME - G1)	g/MJ									
Calcium	%	0,78	0,78	0,78	0,78	0,78	0,78	0,78	0,78	0,78
Phosphor	%	0,40	0,48	0,40	0,44	0,44	0,46	0,45	0,47	0,44
v. P inkl Phytase-Wirkung	%	0,35	0,35	0,34	0,33	0,37	0,37	0,37	0,37	0,37
P-VQ% inkl. Phytase	%	88	73	86	74	84	80	83	79	84
Rohfaser	%	3,17	4,50	3,68	4,50	3,78	4,50	4,50	4,50	3,78
NDF	%	12,78	16,39	12,40	15,31	11,94	15,24	12,46	15,00	11,94
ADF	%	3,91	5,21	4,95	5,53	4,23	5,47	4,97	5,60	4,23
SQF	%	7,22	9,83	6,25	8,00	5,71	8,50	8,50	8,49	5,71
Aminosäuren im 3%-MiFu										
Lys - im 3%er	%	9,2	8,1	1,3	4,7	6,7	5,7	3,9	8,0	6,7
Met - im 3%er	%	1,5	1,5	2,1	2,3	2,4	2,1	2,3	0,9	2,4
Thr - im 3%er	%	3,1	2,9	1,2	2,8	2,9	1,4	1,7	2,3	2,9
Trp - im 3%er	%					0,1				0,1

Sauen – in der Tragezeit

Rezeptur		55/2	55/3	55/4	55/5	55/7
mit Faser-Plus		-	-	+ Faser	+ Faser	+ Faser
Proteinträger-Alternative		Faser	Faser	Ackerbohnen	Erbsen	Soja-ES
andere Proteinträger	%	4,0	7,8	15,0	16,9	
Soja-ES	%					3,1
Weizen	%	13,3		3,0		
Gerste	%	65,0	33,6	65,0	65,0	65,0
andere Getreide	%		45,0		7,5	15,5
Faserträger	%	16,1	12,1	15,2	8,9	14,5
Pflanzenöl	%			0,23	0,16	0,32
Mineralfutter	%	1,65	1,54	1,60	1,54	1,57
Preise:				100,00	100,00	100,00
Rohstoffpreis der Mischung	€/dt	21,91	21,25	21,87	22,01	22,81
Preis Mikro. K + Öl	€/dt	0,62	0,54	0,38	0,39	0,59
Preis Proteinträger	€/dt	1,21	2,33	3,68	4,23	1,22
Preis Faserträger inkl. Hafer	€/dt	3,77	4,85	3,48	3,82	5,67
Preis für Öl	€/dt			0,35	0,24	0,48
Preis Getreide	€/dt	16,31	13,53	13,99	13,33	14,85
Futterwerte:						
Energie (ME - G1)	MJ	12,07	12,20	12,10	12,60	12,37
Energie (ME - G2)	MJ	11,80	11,80	11,80	11,80	11,80
Rohprotein (XP)	%	11,50	11,50	12,66	11,59	11,50
Lysin (b.)	%	0,54	0,56	0,58	0,56	0,53
Lysin (v.)	%	0,43	0,43	0,44	0,43	0,43
Lysin (v.) / Energie (ME - G1)	g/MJ					
Calcium	%	0,59	0,59	0,59	0,59	0,59
Phosphor	%	0,41	0,39	0,43	0,31	0,31
v. P inkl Phytase-Wirkung	%	0,24	0,23	0,24	0,21	0,22
P-VQ% inkl. Phytase	%	59	58	57	67	68
Rohfaser	%	6,68	6,67	7,00	7,00	7,00
NDF	%	20,42	20,73	20,00	19,90	21,11
ADF	%	7,26	7,81	7,22	7,90	8,00
SQF	%	13,35	13,75	12,00	13,17	15,92
Aminosäuren im 3%-MiFu						
Lys - im 3%er	%	3,2	2,2			2,9
Met - im 3%er	%					
Thr - im 3%er	%	0,7	0,3		0,2	0,4
Trp - im 3%er	%					
Val - im 3%er	%					
His - im 3%er	%					
Ile - im 3%er	%					
Leu - im 3%er	%					

nach zeigen die Beispiele der Abbildung 10-1 bis zu 10 % Abweichungen vom Vergleichsmaßstab Weizen+Gerste+Soja+Mineralfutter. Wenn eine Anhebung in der Faser-Versorgung gemäß neueren Empfehlungen erfolgen soll, steigt dadurch der Rohwarenwert. Proteinträger-Alternativen zu Sojaschrot aus Importware sind den Vergleichsmischungen recht ähnlich in den Aufwendungen für Rohstoffe. Natürlich lassen sich keine grundsätzlichen Schlüsse zur ökonomischen Vorzüglichkeit von Mischungstypen benennen, weil Marktpreise kein starres Verhältnis zueinander aufweisen.

Der Energiemindestgehalt wird bei der Futtergestaltung mit dem Gehalt an umsetzbarer Energie (ME), berechnet mit der Einzelfutterformel, oder wie in diesem Beispiel, mit der Nettoenergie (NE), berechnet in der von Prof. Noblet, INRA Frankreich, empfohlenen Art und Weise, für die Mischung eingestellt. Ein mittlerer Gehalt von 9,6 MJ NE/kg entspricht in diesen Mischungen einem Gehalt von über 13 MJ ME/kg entsprechend der Futtermitteldeklaration (Mischfutterformel) und von 12,6 bis 12,8 MJ ME/kg nach ME-Werten, die mit der Einzelfuttermittelformel berechnet wurden. Die Deklaration des Mischfutters basiert dann auf den Energiegehalten an umsetzbarer Energie, die mit der Mischfutterformel berechnet worden sind. Die ökonomische Optimierung der Mischungen mit der Nettoenergie (NE) als Bewertungsebene berücksichtigt im Unterschied zur ME die Energieverluste, die durch Wärmebildung dem Tier verloren gehen. Es wird die Energie, die für Erhaltung und Leistung zur Verfügung steht, in der Optimierung verwendet.

In der Versorgung mit Phosphor ist die brutto-P-Versorgung zu minimieren, damit die P-Fracht mit der Gülle auf die zugeordneten Felder kleiner werden kann und zugleich die Bedürfnisse des wachsenden Tieres nach verdaulichem Phosphor befriedigt werden. In der Optimierung wird daher beim brutto-P-Gehalt der Mischung eine Maximum-Vorgabe eingestellt, die für die Mischung den Status »stark N- und P-reduziert« rechtfertigt. Um die tier- und leistungsgerechte P-Versorgung zu erreichen, ist die Verwendung von Phytasen, die die Verdaulichkeit von Phytin gebundenem

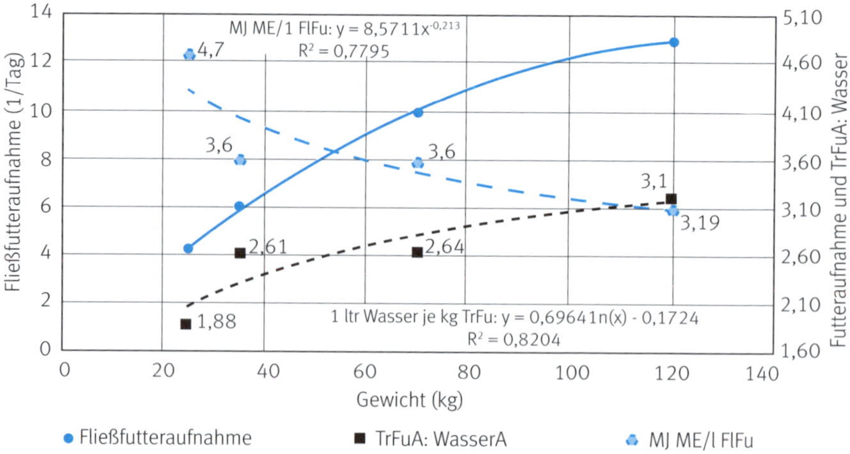

Abb. 10-1: Ernährungsphysiologische Anforderungen an das Wasser-Trockenfutter (TrFuA)-Verhältnis in der Flüssigfütterung von Mastschweinen

Phosphor erhöhen kann, sinnvoll. In der Versorgungsberechnung muss dies berücksichtigt werden, damit es zu einer effektiven brutto-P-Minimierung in der Mischung kommt. Um Vorgaben für die Futterrezeptur zu erlangen, muss das Futteroptimierungsprogramm die Möglichkeit bieten, Wasser als Komponente einzubeziehen und einen Ziel-Trockensubstanzgehalt zwischen 25 bis 27 % in der Mischung zu erreichen.

Mischfutterproduktentwicklung

Welche Eigenschaften soll das Mischfutterprodukt eines Mischfutterherstellers haben? Es muss solche ernährungsphysiologischen Eigenschaften aufweisen, dass die Tiere bei optimalen Haltungsbedingungen und guter gesundheitlicher Lage ihr genetisches Vermögen zur Ausprägung von hohen physiologischen Leistungen, wie der täglichen Gewichtszunahme bei hoher Effizienz in der Verwertung des Futters, sehr weit ausschöpfen. Gleichzeitig muss eine Wettbewerbsfähigkeit des Mischfutterproduktes im Markt der Mischfutter für Schweine gegeben sein. Über diese Grundvoraussetzungen hinaus sollten Eigenschaften des Produktes eine Produktdifferenzierung im Markt erlauben. Eine Schweinefütterung und damit auch die Optimierung der Futtermischungen eines Fütterungsregimes können sich in den in Abb. 10-2 benannten Kriterienfeldern besonders abheben von der allgemein verbreiteten Qualität.

Denn ein Zusatznutzen, den ein Mischfutterprodukt aufweisen kann, wird zukünftig mehr denn je die Überlegenheit in der Nachhaltigkeit in der Wertschöpfungskette bis zum erzeugten Lebensmittel sein. Schon jetzt

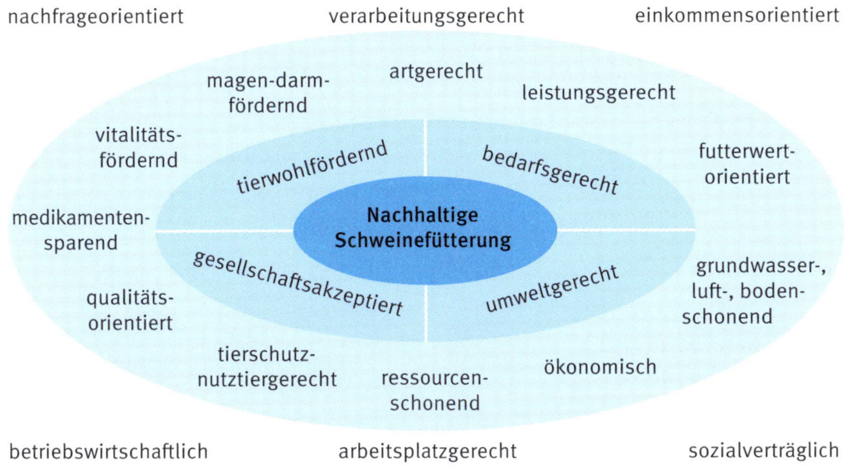

Abb. 10-2: Kriterien einer nachhaltigeren Optimierung von Futtermittelmischungen

argumentieren Unternehmen des Lebensmitteleinzelhandels gegenüber den Verbrauchern mit Nachhaltigkeit der Lebensmittel und stellen große Fortschritte in den nächsten Jahren in Aussicht.

Wie kann ein Mischfuttererzeugnis sich von den Massenerzeugnissen durch Eigenschaften der Nachhaltigkeit abheben? Wie muss ein Prozess der Produktentwicklung gestaltet werden, damit mehr Nachhaltigkeit eine nachvollziehbare und glaubwürdige Produkteigenschaft ist?

Futtermitteloptimierungsprogramme

Zur Beantwortung dieser Frage kann der Leitgedanke dienen, dass wertvolle Ressourcen sparsam verbraucht und mit hoher Effizienz verwendet werden sollten (Abb. 10-3). Die Vermeidung unnötiger Verbräuche verringert automatisch auch unnötige Belastungen durch Emissionen. Wenn Sicherheitspuffer in der Fütterung minimiert werden, muss die Mischfutterberechnung und -optimierung mit höherer Genauigkeit Mischungen ermitteln. Die errechneten Mischungen sollten in allen essenziellen Nähr- und Wirkstoffen sowie der Energieversorgung den Bedarf der jeweiligen Tiere gemäß ihrer Entwicklung und Leistungen decken.

Mithilfe geeigneter Optimierungsprogramme können sehr viele Kriterien gleichzeitig berücksichtigt werden. Im Mittelpunkt stehen Kriterien auf der Ebene der verdaulichen essenziellen Nährstoffe (Aminosäuren, Phosphor) und der umsetzbaren Energie ME oder Nettoenergie NE. Die Feuchtegehalte der Komponenten und der Zielmischung lassen sich damit korrekt gestalten. Einzelfutterverwendungsrestriktionen werden konsequent beachtet. Derzeit noch nicht verbreitet aber zukünftig sollten Einflüsse auf die Verdaulichkeit durch eine Futtermittelbehandlung oder durch die Verwendung von Zusatzstoffen damit berücksichtigt werden können. Das Werkzeug, das Futteroptimierungsprogramm, muss für die vielfältigen Anforderungen geeignet sein. Der Anwender muss es entsprechend einrichten (Parameter anlegen, geeignete Formeln hinterlegen, Futtermitteldatensätze einpflegen) und die Kompetenz haben, den Optimierungsprozess zu einer optimalen, plausiblen und praktikablen Zielmischung zu führen.

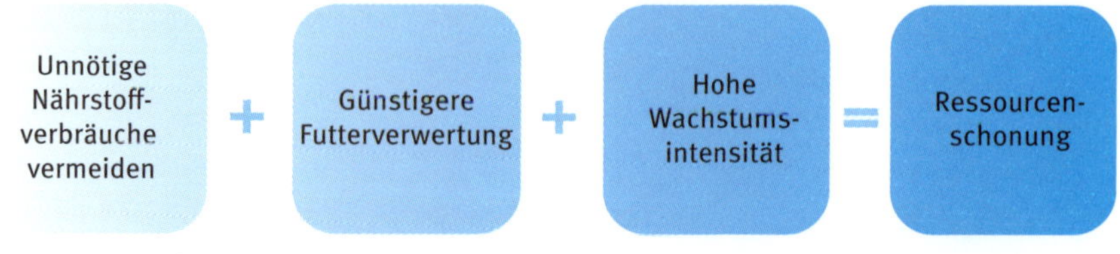

Abb. 10-3: Ressourcenschonung

Um ein Mischfutter, welches zu einem eng an den Bedarf der Tiere angepassten Fütterungsregime gehört, mit der Futteroptimierung zu ermitteln, sind möglichst genaue Futterwertinformationen zu den Mischungskomponenten notwendig. Ein konsequent umgesetztes schlüssiges Futteranalysekonzept liefert dazu die Datengrundlagen. Durch systematische Beprobung und Analyse der Rohstoffe lassen sich zu den Partien der Komponenten Werte ermitteln, die als Matrixwerte eingepflegt werden. Dies ist die erste ganz wesentliche Voraussetzung für hohe Genauigkeit und Zuverlässigkeit in der Mischfuttergestaltung. Technologien, die eine Schnellanalyse im fließenden Futtermittelstrom oder Mischbehälter machen können, können dazu genutzt werden, eine Feinjustierung durchzuführen und eine möglichst genau den Anforderungen entsprechende Mischung zu produzieren. Für die Mischfuttermitteloptimierung sind Informationslücken in der Datenmatrix der Futterkomponenten, die verblieben sind, weil keine analytischen Ergebnisse vorliegen, durch möglichst genaue und treffsichere Schätzverfahren zu ermitteln. Futterwertdatenbanken, wie www.feedtables.com oder Softwarewerkzeuge, die auf der Grundlage von Forschungsergebnissen und Futtermittelanalysen entwickelt worden sind, wie zum Beispiel das EvaPig® oder das AMINODAT®, sind für diese Zwecke sehr nützlich, weil sie plausible Werte für die nicht analytisch bestimmten Gehalte der nachrangig essenziellen Aminosäuren, des Phosphors oder der Energie liefern können. Außerdem können sie diese Werte auf der Bewertungsebene der verdaulichen Nährstoffgehalte oder der Nettoenergie ausweisen. Tabellenwerte aus der Literatur sollten nur dann verwendet werden, wenn sie angemessen erscheinen und genauere Futterwertinformationen nicht verfügbar sind. Schließlich sind zu den Futtermitteln die ökonomischen Gewichte einzupflegen, damit letztendlich eine ökonomisch optimale Lösung ermittelt werden kann.

Im Optimierungsverfahren wird zuerst sichergestellt, dass für alle ausgewählten Einzelfuttermittel und Zusatzstoffe die benötigten Matrixwerte eingepflegt worden sind. Minimum-Restriktionen sind zu setzen für die Gehalte der Energie, dem Calcium, dem verdaulichen Phosphor sowie den Leitkennzahlen pcv Lysin und Vitamin A. Dadurch wird die generierte Mischung die Eckanforderungen hinsichtlich Energie, Proteine, Mineralstoffe sowie Vitamine und Spurenelemente, die über einen Premix in die Mischung eingebracht werden, einhalten. Durch die Restriktion des minimalen pcv-Lysin-Gehaltes in Verbindung mit der Wahrung der Aminosäurenverhältnisse von pcv Lysin zu den sieben essenziellen Aminosäuren Methionin, Threonin, Tryptophan, Valin, Leucin, Isoleucin und Histidin stellt sich ein Rohproteingehalt ein, sodass in der Regel kaum nachreguliert werden muss. Es könnte sich aufgrund der Preise ein zu hoher Rohproteingehalt einstellen. In diesem Fall ist ein Rohprotein-Maximum einzugeben, damit das Futter als nachhaltig und Mischfuttermittel einer stark oder sehr stark N- und P-reduzierten Fütterung anerkannt werden kann. Bei einem sehr geringen Rohproteingehalt kann eine Minimum-Vorgabe bewirken, dass mehr natürliche Proteinträger in der Mischung verwendet werden.

Neuere Anforderungen an ein Futteroptimierungswerkzeug ergeben sich aufgrund der dringenden Notwendigkeit zukünftig nicht nur ernährungsphysiologisch-ökonomische, sondern auch Auswirkungsfelder der Nachhaltigkeit in der Fütterungsoptimierung zu berücksichtigen. Die Futterrezepturen und das Fütterungsregime beeinflussen maßgeblich die Emission klimaschädlicher Gase, den Eintrag von Nährstoffen in die Natur oder das Tierwohl. Dabei ist es zunehmend erforderlich eine Futterrezeptur nicht isoliert und individuell zu betrachten, sondern das ganze Fütterungsregime mit seinen Begleitumständen in einen Optimierungsprozess zu nehmen. Neben den Futterwertkriterien und dem ökonomischen Warenwert der Mischung werden Nachhaltigkeitsindikatoren als Futtereigenschaften in die Daten- und Optimierungssysteme einbezogen werden. Dabei erlangen Rohstoffpartieeigenschaften wie Anbaustandort, pflanzenbauliches Anbauverfahren, Rohstoffaufbereitung oder Verarbeitungsprozesse eine kalkulatorische Bedeutung. Rohstoffe und Prozesse der Mischfutterherstellung werden nach internationalen Standards hinsichtlich sehr unterschiedlicher Nachhaltigkeitsindikatoren bewertet werden und dann bis zur abgegebenen Tonne Mischfutter verrechnet werden. Auf der nächsten Stufe in der Lebenzyklus-Betrachtung des ökologischen Rucksacks sind dann die Futter-Fußabdrücke entsprechend dem Fütterungsregime auf das Lebensmittelausgangserzeugnis kg Schlachtgewicht zu verrechnen. Hinzu kommen dann noch die von der landwirtschaftlichen Erzeugung abhängigen Produktions-Fußabdrücke der Fleischerzeugung. Insgesamt ist dies 2022 noch weitgehend Neuland. Vereinzelt entstehen Werkzeuge, die noch losgelöst von der Futteroptimierung Fußabdrücke der Futterherstellung und tierischen Erzeugung kalkulieren können wie AMINOFootprint von EVONIK oder Feedprint, der Universität Wageningen. Das KTBL hat Berechnungsparameter Berechnungsstandards für die Berechnung einzelbetrieblicher Klimabilanzen (BEK) auf der Grundlage internationaler methodischer Vorgaben entwickelt.

10.2 Futtermittelpreiswürdigkeit und Optimierungsrestriktionen

Die Berechnung der Preiswürdigkeit eines Futtermittels kann über verschiedene Wege erfolgen (Austauschmethode, Divisionsmethode, z. B. €/10 MJ

ME). Futtermittelspezifische Einsatzbeschränkungen (z. B. antinutritive Stoffe) sind bei der Suche nach einem preiswürdigen Austausch eines Futters zu berücksichtigen. Die Preiswürdigkeit von Futtermitteln allgemein lässt sich auf der Basis der wertbestimmenden Inhaltsstoffe berechnen. Für die Bewertung von Schweinefuttermitteln ist die Einbeziehung des praecaecal verdaulichen Lysin und des Energiegehaltes sinnvoll. Hierbei werden weitere wertbestimmende Inhaltsstoffe allerdings nicht berücksichtigt. Für eine umfassendere Berücksichtigung des speziellen Futterwertes reicht diese Methode deshalb nicht aus. Der spezielle Futterwert ist nur im Rahmen einer kompletten Rationsberechnung/Mischungsoptimierung möglich. Beispielsweise geht in die Berechnung der Preiswürdigkeit der Leguminosen die Proteinqualität nur unzureichend ein. Anhand eines Beispieles wird dargestellt, wie Austauschmengen von Futtermitteln berechnet werden können.

Frage: Wie viel Weizen und Sojaschrot ersetzen 1 dt Gerste? Zunächst müssen die Lysin- und Energiegehalte der Futtermittel bekannt sein.

Übersicht 10-1 zeigt diejenigen Mengen an Weizen und Sojaschrot (HP), die 1 dt Gerste ersetzen.

Übersicht 10-1: Austauschmengen an Weizen und Sojaschrot (HP) zum Ersatz von 1 dt Gerste

	Weizen	Sojaschrot (HP)
	dt	dt
Gerste	0,904	0,012

Der Rechenweg wird nachfolgend erläutert.
Die Kombinationsmengen an Weizen und Sojaschrot sollen die gleichen Mengen an Lysin und ME wie 1 dt Gerste enthalten. Die gesuchte Weizenmenge wird mit x_1 die gesuchte Sojaschrotmenge mit x_2 bezeichnet. Auf der Grundlage der Nährstoffgehalte sind folgende Gleichungen aufzustellen:

$$3{,}8\,x_1 + 29{,}8\,x_2 = 3{,}8 \text{ (Gleichung für Lysin)}$$
$$14{,}06\,x_1 + 14{,}64\,x_2 = 12{,}89 \text{ (Gleichung für ME)}$$

Nach Auflösung der zwei Gleichungen mit zwei Unbekannten ergibt sich:

$$x_1 = 0{,}904 \text{ dt Weizen}$$
$$x_2 = 0{,}012 \text{ dt Sojaschrot}$$

Diese Mengen ersetzen nährstoffäquivalent 1 dt Gerste. Zu beachten ist, daß neben Lysin und Energie keine weiteren Inhaltsstoffe berücksichtigt werden.

Neben den Austauschmengen der Futtermittel sind ihre Austauschwerte von wirtschaftlicher Bedeutung. Bei einem angenommenen Preis von 12 €/dt Weizen und 24 €/dt Sojaschrot (HP) errechnet sich der Wert von Gerste wie folgt:

$$0{,}904 \text{ dt Weizen} \times 12\ € + 0{,}012 \text{ dt Sojaschrot} \times 24\ € = 11{,}14\ €/\text{dt Gerste}$$

Die dargestellten Berechnungen lassen sich auf einfache Weise anhand von zwei Gleichungen nachvollziehen. Mit dieser als Austauschmethode nach Köhne bezeichneten Berechnung kann der Substitutionswert eines Futtermittels kalkuliert werden.

Übersicht 10-2: Berechnung des Substitutionswertes von Gerste nach der Austauschmethode

	Lysin	ME	Preis
	g/kg	MJ/kg	€/dt
Weizen (x)	3,8	14,06	12
Sojaschrot (HP) (y)	29,8	14,64	24
Gerste	3,8	12,89	?

Diese Methode ist eine extrem vereinfachte Methode zur Ermittlung eines Wertansatzes für eine Futterkomponente auf der Grundlage von nur zwei wertbestimmenden Futterwerteigenschaften. In einer professionellen Bewertung der Vorzüglichkeit einer Futterkomponente würde man mithilfe von komplexeren Optimierungswerkzeugen gleichzeitig sehr viele Kriterien heranziehen und mit Gewichtungsfaktoren zu einer Gesamtbewertung zusammenfassen. So lassen sich ökonomische, effiziente und tierbezogene Futterwerteigenschaften und Nachhaltigkeitskennwerte gleichzeitig in eine Bewertung einbeziehen. Daraus lassen sich dann auch ökonomische Wertmaßstäbe einer zunehmend nachhaltigeren Erzeugung ableiten.

Autoren

Dr. Wilke Griep, seit 2018 bei Salvana Tierernährung als Fachkoordinator Tierernährung, KleinOffenseth-Sparrieshoop

Prof. Dr. Mechthild Freitag, seit 1994 Professorin für Tierproduktion mit Schwerpunkt Tierernährung am Fachbereich Agrarwirtschaft/Soest der Fachhochschule Südwestfalen. Ihre Forschungsschwerpunkte liegen in den Bereichen Tierernährung, Tiergesundheit und Tierwohl.

Andrea Meyer, seit 1993 bei der Landwirtschaftskammer Niedersachsen, Hannover, Referentin für die Fütterung von Rindern und Schweinen

Ursula Rauf, seit 1993 Dipl.-Ing. Lebensmitteltechnologie TFH Berlin, seit 1995 Lead Auditor für Futtermittel, seit 1998 selbständige Qualitätsmanagement-Beratung, Bersenbrück

Dr. Heinrich Graf von Reichenbach, seit 2015 bei Deutsche Tiernahrung Cremer, Düsseldorf als Leiter Forschung & Entwicklung, zuvor bei Amandus in Reinbek als Vertriebsprokurist und Leiter Forschung & Entwicklung Futtertechnologie

Prof. Dr. Peter Spring, seit 1999 an der Berner Fachhochschule, Departement für Agrar-, Forst- und Lebensmittelwissenschaften, Professor für Schweine- und Geflügelernährung, Zollikofen, Schweiz

Dr. Gerhard Stalljohann, seit 1993 bei der Landwirtschaftskammer Westfalen-Lippe, Haus Düsse, Bad Sassendorf, Referent für die Fütterung von Schweinen, Geflügel und Pferden, 2002-2008 Leiter des Sachgebietes Schwein im VBZL Haus Düsse und stellvertretender Dienststellenleiter, zuvor Fachlehrer für Rinder-, Schweine-, Pferde- und Geflügelfütterung und -haltung.

Dr. Manfred Weber, seit 1992 Mitarbeiter der Landesanstalt für Landwirtschaft und Gartenbau Sachsen-Anhalt in Iden, leitet dort das Dezernat Schweinehaltung und -zucht. Aufgabenschwerpunkte sind die Schweinefütterung und -haltung.

Dr. Uwe Zürner, Ministerialrat, seit 2006 Leiter des Referates Verbraucherschutz- und tiergesundheitsbezogene Futtermittelüberwachung, Ein-, Aus- und Durchfuhr im Niedersächsischen Ministerium für Ernährung, Landwirtschaft und Verbraucherschutz, Hannover

Literaturverzeichnis

Alltech (2006): Efficacy, use and application of microbial phytase in pig production: a review

Arbeitsgemeinschaft Wirkstoffe in der Tierernährung (2014): Vitamine in der Tierernährung, AWT

Bauer J., Binder, S. (1993): Fumonisine in Futtermitteln: Vorkommen und Bedeutung einer neuen Gruppe von Fusarientoxinen. Tierärztliche Umschau 48; S. 718–727

Bundesregierung (2017): Deutsche Nachhaltigkeitsstrategie; 2021 aktualisierte Version; weitere Quelle: https://www.bundesregierung.de

Boudergue, C., Burel, C., Dragacci, S., Favrot, M.-C., Fremy, J.-M., Massimi, C., Prigent, P., Debongnie, P., Pussemier, L., Boudra, H., Morgavi, D., Oswald, I., Perez, A., Avataggiato, G. (2009): Review of mycotoxin-detoxifying agents used as feed additives: mode of action, efficacy and feed/food safety. Scientific Report to EFSA

Brünig, P. (2009): In-vitro- und in-vivo-Untersuchungen zur Effizienz verschiedener mikrobieller Phytasen als Futterzusatzstoff, Dissertation

Bucher, E., Thalmann, A. (2006): Mikrobiologische Untersuchung von Futtermitteln. Kraftfutter 6, S. 16–23

Cowieson, A. J., Wilcock, P., Bedford, M. R. (2011): Super-dosing effects of phytase in poultry and other monogastrics

Deutsche Landwirtschafts-Gesellschaft (1999): Verdaulicher Phosphor und Phytaseaktivität, DLG

DSM-Kompendium Vitamine

Efken, J. (2015): Thünen Working Paper 42 – Stellungnahme zur aktuellen Situation der Fleischerzeugung und Fleischwirtschaft in Deutschland [Online], thuenen-working-paper@ti.bund.de

Engels, H. (2004): Verhalten von ausgewählten Tetrazyklinen und Sulfonamiden in Wirtschaftsdünger und Boden. Forschungsbericht Agrartechnik 427, Cuvilliert Verlag, Göttingen, SS. 125

European Food Safety Authority (2004): Opinion oft the Scientific Panel on Contaminants in Food Chain on a request from the Commission related to ochratoxin A (OTA) as undesirable substance in animal feed. EFSA Journal 101, S. 1–36

European Food Safety Authority (2005): Opinion oft the Scientific Panel on Contaminants in Food Chain on a request from the Commission related to ergot as undesirable substance in animal feed. EFSA Journal 225, S. 1–27

European Food Safety Authority (2010): Results of the monitoring of dioxin levels in food and feed. EFSA Journal 8 (3), 1385

European Food Safety Authority (2010): Scientific opinion on a quantitative microbial risk assessment of salmonella in slaughter and breeder pigs. EFSA Journal 8 (4), S. 1547–1636

European Food Safety Authority (2012): Update of the monitoring of levels of dioxins and PCBs in food and feed. EFSA Journal 10 (7); 2832

Flachowsky, G. (2006): Möglichkeiten der Dekontamination von »Unerwünschten Stoffen nach Anlage 5 der Futtermittelverordnung (2006)«. Landbauforschung Völkenrode, Sonderheft 294, SS. 294

Fink-Gremmels, J. (2005): Mykotoxikosen und Tiergesundheit. Proceedings from European Mycotoxin Seminar Series, Alltech, 9.–25.2.2005

Freitag, M., Yolcu, D. H., Hayen, H., Betsche, T., Grote, M. (2008): Screening zum Antibiotika-Transfer aus dem Boden in Getreide in Regionen Nordrhein-Westfalens mit großen Viehbeständen. J. Verbr. Lebensm. 3, S. 174-184

Gesellschaft für Ernährung (2006): Empfehlungen zur Energie und Nährstoffversorgung von Schweinen, S. 153ff

Große Beilage E., Wendt M. (2013): Anforderungen an die Futter- und Fütterungshygiene im Schweinebestand. Diagnostik und Gesundheitsmanagement im Schweinebestand, Band 1,Eugen Ulmer KG, Stuttgart, S. 110–116

Heinritzi K., Plonait H. (2004): Vergiftung mit Kumarinderivaten. Lehrbuch der Schweinekrankheiten, 4. Auflage (Hrsg. Waldmann K.-H., Wendt M.), Parey Verlag, Stuttgart, S. 192–193

Jud, M., Knetsch, G., Solbach, C., Virnich, C. (2013): Umweltschutz – Standbein der Lebensmittelsicherheit. Dioxin- und PCB-Einträge vermeiden. Bundesministerium für Umwelt, Naturschutz und Reaktorsicherheit (Hrsg). SS 36

Jongbloed, A. W., Kemme, P. A. (2002): Phosphor-Versorgung von Schweinen ohne Futtermittel tierischer Herkunft. Lohmann Information 1, S. 1-8

Kamphues, J., Coenen, M., Iben, C., Kienzle, E., Pallauf, J., Simon, O., Wanner, M., Zentek, J. (2009): Supplemente zu Vorlesungen und Übungen in der Tierernährung. 11. Auflage, Schaper

Kamphues, J., Reichmuth, Chr. (2000): Vorrastsschädlinge in Futtermitteln. Potenzielle Schadorganismen und Stoffe in Futtermitteln sowie in tierischen Fäkalien. DFG Sachstandsbericht Mitteilung 4, Wiley-VCH Verlag Weinheim, S. 238-284

Kamphues, J., Schulze-Becking, M. (1992): Milben in Futtermitteln – Vorkommen, Effekte und Bewertung. Übers. Tierernährung 20, S. 1–38

Landesanstalt für Landwirtschaft (2009): Grundsätze der Schweinefütterung

LLFG Iden (2011): Reichen native Phosphorgehalte zur Versorgung von Mastschweinen aus?, Versuchsbericht

Mayorga, E.J. et al. (2019): Heat stress adaptations in pigs

NRC (2012): Nutrient requirements of Swine, S 104ff

Pape, H-Chr. (2006): Futtermittelzusatzstoffe – Technologie und Anwendung, Agrimedia

Patience, J. F. (2012) Feed efficiency in Swine, Wageningen Academic Press, Kap. 9 Effect of climate environment on feed efficiency in Swine

Rodrigues, I., Schuh, M. (2013): Mycotoxicoses in Swine. Mycotoxins in Swine Production, BIOMIN Edition, ISBN 978-899043-41-5

Schuhmacher-Wolz, U., Heine, K., Schneider, K. (2010): Report on toxicity data on trichothecene mycotoxins HT-2 and T-2 toxins. CT/EFSA/CONTAM/2010/03

Schwake-Anduschus, C., Langenkämper, G., Lindhauer, M.G. (2011): Antibiotika im Getreide. Kreisläufe unerwünschter Stoffe in der Lebensmittelkette. Schriftenreihe des Bundesministeriums für Ernährung, Landwirtschaft und Verbraucherschutz, Reihe A: Angewandte Wisenschaft, Heft 524, S. 154–156

Schwind, K.-H., Jira, W. (2012): Zum Carry over von Dioxinen und dioxinähnlichen PCB in landwirtschaftliche Nutztiere. Fleischwirtschaft 12, S. 99-103

Scientific Committee on Food (2001): Opinion of the Scientific Committee on Food on Fusarium Toxins. Part 5: T-2 Toxin and HT-2 Toxin, adopted on 30 May 2001. SCF/CS/CNTM/MYC/25 Rev 6 Final. http://ec.europa.eu/food/fs/sc/scf/out88_en.pdf.

Seeboth, J., Solinhac, R., Oswald, I. P., Guzylack-Piriou, L. (2012): The fungal T-2 toxin alters the activation of primary macrophages induced by TLR-agonists resulting in a decrease oft he inflammatory response in the pig. Veterinary Research 43, S. 35-45

Spring, P. (2014): Unterrichtsunterlagen zum Thema Phytase

Spring, W. (2006): Enzyme, in Pape H.-Ch.: Futtermittelzusatzstoffe – Technologie und Anwendung, Agrimedia, S. 271-283

Ulbrich, M., Hoffmann, M., Drochner, W. (2004): Futtermittelbedingte Schadwirkungen in Fütterungsregimes. Fütterung und Tiergesundheit, Eugen Ulmer, S. 225–291

Ulbrich M., Hoffmann, M., Drochner ,W. (2004): Schäden durch mangelnde Futterhygiene. Fütterung und Tiergesundheit. Eugen Ulmer, S. 256–286

Umweltbundesamt: Mehlmilbe. www.biozid.info/deutsch/schaedlingsratgeber

Verordnung (EU) Nr. 1259/2011 der Kommission zur Änderung der Verordnung (EG) Nr. 1881/2006 hinsichtlich der Höchstgehalte für Dioxine, dioxinähnliche PCB und nicht dioxinähnliche PCB in Lebensmitteln, Amtsblatt der Europäischen Union L 320 vom 2.12.2011

Willamil, J., Badiola, I., Devillard, E., Geraert, P. A., Torrallardona, D. (2012): Wheat-barley-rye or corn-fed growing pigs respond differently to dietary supplementation with a carbohydrase complex. J. Anim. Sci. 90, S. 824-832

Quellen

Wir danken an dieser Stelle noch einmal allen Personen und Institutionen, die uns Bilder und Abbildungen zur Verfügung gestellt haben. Sofern keine Quelle angegeben ist, liegen die Rechte beim Autoren oder Verlag

Cover Foto: AdobeStock, Countrypixel; **S. 10:** Statistisches Bundesamt, Thünen-Institut, BLE (423); **S. 11:** Mitte Statistisches Bundesamt (Destatis) 2017, unten: Statistisches Bundesamt (Destatis) 2016; **S. 25:** nach Wikipedia, »Magen« **S. 26:** :Weiß, et al., 2011 S. 40, Abb. 2.26) dtv-Atlas Physiologie, S. 211; **S. 57:** Quelle: Pape (Hrsg.), 2006 S. 182, Abb. 1, Flachowsky 2001; **S. 69:** Spring, 2006; **S. 125:** Datenquelle: dtv-Atlas Physiologie; **S. 126:** www.spektrum.de/lexikon/ernaehrung/brennwert/1278; **S. 133:** (Primärquelle: BMEL, Sekundärquelle: DVT); **S. 140:** www.feedtables.com, Hrsg.: INRA, EAAP, französische Fachgesellschaften; **S. 190–195** (Fotos): Manfred Weber; **S. 213:** GfE, 2006; **S. 217:** AMINODat 5.0, EVONIK, F: INRA Porc, van Milgen et al., 2015, DK: SEGES, D: GfE, nieder-, hochtragend und laktierend, EVONIK AMINO Dat 5.0; **S. 231:** nach Rechenmeister, 2018; **S. 237:** (Vorlage Rechenmeister, 2018, basiert auf GfE, 2006, DLG 2008; **S. 248:** (nach Kirchgessner 2004); **S. 263 oben:** (nach DLG 2008) **S. 280:** Rechenmeister 2016; **S. 300 unten:** Norda, Scholz und Stalljohann, mündl. Mitteilung, 2021 (Fachberatertagung 2021); **S. 312:** Diss. Luft, 2008

Sachwortregister

Raiffeisen Kraftfutterwerk
Mittelweser Heide GmbH
... für die erfolgreiche Tierernährung!
Industriestraße 2
27333 Schweringen
Tel. 0 42 57 / 93 01-0
Fax. 0 42 57 / 93 01-712
kontakt@raiffeisen-kraftfutterwerk.de
www.raiffeisen-kraftfutterwerk.de

Roggen für mehr Tierwohl.
Ihre Vorteile durch Roggen in der Schweinefütterung:
Höhere Aufnahme von Ballaststoffen
Bessere Darmgesundheit
Mehr Ruhe im Stall
Weniger Salmonellen
Weniger Ebergeruch
Durch wissenschaftliche Studien begleitet:
6-R-Konzept für Mastschweine
Rye-SaFe für Sauen und Ferkel
Gefördert durch:
Bundesministerium für Ernährung und Landwirtschaft
ptble
Projektträger Bundesanstalt für Landwirtschaft und Ernährung
aufgrund eines Beschlusses des Deutschen Bundestages
Neugierig?
www.kws.de/roggenfuetterung
ZUKUNFT SÄEN
SEIT 1856
KWS